La FALSA medida del HOMBRE

DRAKONTOS

Director:
JOSÉ MANUEL SÁNCHEZ RON

La FALSA medida del HOMBRE

Edición revisada y ampliada

Stephen Jay Gould

Traducción castellana de
Ricardo Pochtar y Antonio Desmonts

CRÍTICA
BARCELONA

Primera edición: abril de 2003
Primera edición en esta nueva presentación: febrero de 2025

La falsa medida del hombre

Stephen Jay Gould

Título original: *The Mismeasure of Man*

Traducción de Ricardo Pochtar y Antonio Desmonts, 2003

Av. Diagonal, 662-664, 08034 Barcelona (España)
Crítica es un sello editorial de Editorial Planeta, S. A.

editorial@ed-critica.es
www.ed-critica.es

ISBN: 978-84-9199-617-0
Depósito legal: B. 418-2025
Impresión y encuadernación: Arteos Digital
Printed in Spain - Impreso en España

Si la miseria de nuestros pobres no es causada por las leyes de la naturaleza, sino por nuestras instituciones, cuán grande es nuestro pecado.

CHARLES DARWIN, *El viaje del Beagle*

*A la memoria de Grammy y Papa Joe,
que vinieron, lucharon y prosperaron, a
pesar de míster Goddard.*

Agradecimientos

Aunque, en un sentido metafórico, y limitado, los genes puedan ser egoístas, el gen del egoísmo no existe, puesto que tantos son los amigos y colegas dispuestos a ayudarme. Agradezco a Ashley Montagu, no sólo las sugerencias concretas que ha aportado, sino también el haber combatido durante tantos años contra el racismo científico sin volverse escéptico acerca de las posibilidades humanas. Varios colegas que han escrito, o están escribiendo, libros sobre el determinismo biológico, han compartido de buen grado la información de que disponían y me han permitido incluso utilizar los resultados de sus investigaciones, a veces antes de que ellos mismos los publicaran: G. Allen, A. Chase, S. Chorover, L. Kamin y R. Lewontin. Otros oyeron hablar de mi trabajo y espontáneamente me hicieron llegar datos y sugerencias que han enriquecido mucho este libro: M. Leintenberg y S. Selden. L. Meszoly realizó las ilustraciones originales del capítulo 6. Después de todo, quizá Kropotkin tenía razón; aún conservo la esperanza.

Una indicación acerca de las referencias. En lugar de las tradicionales notas a pie de página, he utilizado el sistema de referencias de uso corriente en las publicaciones científicas: el nombre del autor y la fecha de publicación citados entre paréntesis a continuación del pasaje pertinente. (La bibliografía contiene la lista de las obras de cada autor, ordenadas según la fecha de publicación.) Sé que al principio muchos lectores se desconcertarán; a muchos el texto les parecerá confuso. Sin embargo, confío en que, después de algunas páginas, empezarán a leer de corrido las citas, y descubrirán que éstas no interrumpen el hilo del discurso. Creo que cualquier defecto estético de este sistema queda ampliamente compensado por las ventajas que entraña: ya no es preciso suspender la lectura para consultar las notas del final (porque ya ningún editor las inserta todas a pie de la página) y descubrir que el molesto numerito no aporta ninguna información sustanciosa, sino una seca referencia bibliográfica;[1] *el lector accede inmediatamente a los dos datos que de hecho importan para toda averiguación histórica: el quién y el cuándo. Considero que este sistema de re-*

1. Esto permite insertar a pie de página las, no muy numerosas, notas realmente informativas.

ferencias es una de las pocas contribuciones que los científicos, cuyas dotes literarias no suelen ser excesivas, podrían hacer a otros campos del saber escrito.

Una indicación acerca del título. Espero que se entienda el sentido de un título aparentemente sexista, que no sólo juega con el famoso aforismo de Protágoras, sino que también entraña un comentario sobre los procedimientos de los deterministas biológicos, que se analizan en el libro. De hecho, estos últimos estudiaron al «hombre» (es decir, al europeo, blanco, de sexo masculino) y lo consideraron como el criterio de medida que consagraba la inferioridad de cualquier otro ser humano. El hecho de que hayan medido incorrectamente al «hombre» pone en evidencia la doble falacia en que incurrieron.

Introducción a la edición revisada y ampliada

Reflexiones a los quince años

El marco de *La falsa medida del hombre*

El título original de *La falsa medida del hombre* habría sido un homenaje a mi héroe Charles Darwin por la exposición incisiva y plena de belleza que hizo sobre el determinismo biológico, para culminar su denuncia de la esclavitud, en *El viaje del Beagle*. Yo quería llamar a este libro *Cuán grande es nuestro pecado*, por la cita de Darwin utilizada como epígrafe al principio del libro: «Si la miseria de nuestros pobres no es causada por las leyes de la naturaleza, sino por nuestras instituciones, cuán grande es nuestro pecado».

No seguí mi inicial inclinación —y estoy seguro de haber tomado la decisión correcta— porque sabía condenadamente bien que mi trabajo habría sido en ese caso mal clasificado, condenándolo al olvido, en la sección religiosa de muchas librerías (lo mismo que mi volumen de ensayos sobre la evolución, *La sonrisa del flamenco*, acabó en la sección de ornitología de una gran institución bostoniana cuyo nombre no mencionaremos). Las cosas siempre pueden empeorar. Una vez, en otro emporio bostoniano igualmente prestigioso, encontré un ejemplar de un manifiesto estudiantil de la década de 1960, titulado *El estudiante como negro*, en la estantería rotulada «Relaciones entre razas». Mi amigo Harry Kemelman, autor de la maravillosa serie de misterio protagonizada por el detective teólogo David Small, me contó que el primer volumen de la serie —*Friday the Rabbi...* (Viernes el Rabino...)— apareció en una lista de libros para niños con el título de «Freddy the Rabbit...» (Freddy el conejo...). Pero las tornas cambian a veces. Mi compadre Alan Dershowitz me contó que una mujer consiguió adquirir su *Chutzpah* diciéndole al vendedor de una librería: «Quiero un ejemplar de aquel libro cuyo título no puedo pronunciar, de un autor cuyo nombre no logro recordar».

Al final me decidí por *La falsa medida del hombre* porque la esencia de mi libro, desde una perspectiva paradójica que le ha conferido una fuerza estable durante los quince años transcurridos desde la primera publicación, radica en lo limitado de su propósito. *La falsa medida del hombre* no trata fundamentalmente sobre la depravación moral general de los falaces argumentos biológicos aplicados a la escena social (como podría haber implicado el título más amplio tomado de Darwin). Ni siquiera trata sobre toda la gama de argumentos falsos que defienden la base genética de las desigualdades humanas. *La falsa medida del hombre* trata sobre *una concreta forma* de tesis *cuantificada* sobre la graduación o clasificación por méritos de los grupos humanos: el argumento de que la inteligencia puede abstraerse sin perder sentido en forma de cifra única capaz de clasificar a todas las personas en una escala lineal de capacidades intelectuales intrínsecas e inalterables. Por fortuna —y tomé mi decisión adrede— esta temática limitada encarna el error filosófico más profundo (y más común), con el impacto social más fundamental y de más largo alcance, sobre el inquietante tema de la naturaleza y la educación, o de la aportación de la genética a la organización social de los seres humanos.

Si algo he aprendido de ser ensayista en publicaciones mensuales durante más de veinte años, es haber llegado a comprender la fuerza de tratar las generalidades mediante concreciones. No sirve para nada escribir un libro sobre «el significado de la vida» (aunque todos añoremos saber las respuestas a esas grandes preguntas, ¡aunque sospechemos con razón que no existen verdaderas soluciones!). Pero un ensayo sobre «el significado del bateo de 0,400 en béisbol»* puede llegar a una conclusión con sorprendente relevancia, por extensión, para temas tan amplios como la naturaleza de las tendencias, el significado de la excelencia e incluso (créase o no) la constitución de la realidad natural. Hay que aproximarse a las generalidades sin que se note, no asaltarlas frontalmente. Una de mis frases favoritas, de G. K. Chesterton, proclama: «Arte es limitación; la esencia de todo cuadro es el marco».

(El título elegido me trajo algunos problemas, pero no me disculpo y paladeé la entera discusión. *La falsa medida del hombre* tiene un intencionado doble sentido, no es un vestigio del sexismo inconsciente. Mi título parodia el famoso aforismo de Protágoras sobre todo el mundo y también señala la realidad de un pasado verdaderamente sexista que consideraba a los varones la norma de la humanidad y por tanto tendía a medir falsamente a los hombres, a la vez que ignoraba a las mujeres. Expuse esta justificación desde el principio en el prefacio original: de ese modo me era posible utilizar la crítica inconsciente como prueba para ver quién gustaba de despotricar sin leer antes el libro, lo mismo que el señor Dole critica la violencia de películas que no ha visto y que no se dignaría ver. [No me preocupan, por supuesto, las críticas del título basadas en desacuerdos con la justificación expuesta.] En todo caso, mi título permitió a mi colega Carol Tavris parodiar mi parodia en el título de su maravilloso libro *The Mismeasure of Woman* [La falsa medida de la mujer], de lo que me siento sumamente contento.)[1]

* Estadística de bateos de un jugador o de un equipo. Se dice «un cuatrocientos». Véase el ensayo «La racha de las rachas» en *«Brontosaurus» y la nalga del ministro*, del mismo autor. (*N. del r.*)

1. Un amigo lingüista previó correctamente el único y curioso problema que entraña mi título. Por alguna razón (y yo soy quien lo ha hecho, de manera que no estoy deshaciéndome de la culpa sino manifestando mi asombro) la gente tiende a pronunciar mal la primera palabra y decir «*mishmeasure*» [y no «*mismeasure*», lo que evoca la palabra *mishmash*, «revoltijo, mezcla»], dando lu-

La falsa medida del hombre se sitúa dentro de un triple marco, un conjunto de limitaciones que me permitieron abarcar uno de los más extensos temas intelectuales dentro de un análisis y una narración coherentes y razonablemente globales.

1. Restringí el tratamiento del determinismo biológico a la forma históricamente más sobresaliente (y reveladoramente falaz) de argumentación cuantificada sobre la mentalidad: la teoría de la inteligencia medible, genéticamente fijada y unitaria. Como escribí en la Introducción para vincular el alegato pseudocientífico con su utilidad social:

> Por tanto, este libro analiza la abstracción de la inteligencia como entidad singular, su localización en el cerebro, su cuantificación como número único para cada individuo, y el uso de esos números para clasificar a las personas en una sola escala de méritos, descubrir en todos los casos que los grupos —razas, clases o sexos— oprimidos y menos favorecidos son innatamente inferiores y merecen ocupar esa posición. En suma, este libro analiza la Falsa Medida del Hombre.

Esta parte del marco explica asimismo lo que he dejado fuera. Por ejemplo, se me ha preguntado a menudo por qué he omitido un movimiento tan influyente como la frenología en mi relación de las teorías cuentificadas sobre el funcionamiento mental. Pero la frenología es filosóficamente contraria al tema de *La falsa medida del hombre*. Los frenólogos celebraron la teoría de las inteligencias sumamente múltiples e independientes. Su visión condujo hasta Thurstone y Guilford, más a principios de siglo, y a Howard Gardner y otros actuales; en otras palabras, hasta la teoría de las inteligencias múltiples: el mayor desafío a Jensen planteado en la anterior generación, a Herrnstein y Murray hoy, y a toda la tradición de la inteligencia unitaria y clasificable que caracteriza la falsa medida del hombre. Al interpretar cada protuberancia del cráneo como una medida de la «domesticidad», o de la «amatividad», de la «sublimidad» o de la «causalidad», los frenólogos dividieron el funcionamiento mental en un rico cúmulo de atributos en buena medida independientes. Con tal perspectiva, no es posible que ningún número único pueda expresar el mérito general de los seres humanos, y todo el concepto del CI como peculiaridad biológica unitaria es un sinsentido. Confieso que siento en mi corazón una cierta

gar a una indeseada ligereza y desconcierto en las introducciones previas a las charlas. Al parecer, o así lo explica mi amigo, prevemos el sonido *zh* que habrá en la palabra «*measure*»; e inconscientemente tratamos de encajar la primera parte de la palabra con el sonido posterior, diciendo por lo tanto «*mish*» en lugar de «*mis*». Encuentro este error fascinante. Después de todo, cometemos el error al prever un sonido aún no pronunciado, lo que indica (o eso supongo yo) cómo el cerebro controla el lenguaje antes del acto de expresarlo. ¿No es también notable la forma del error? ¿Nos vemos impulsados a preferir las combinaciones de sonidos aliterados y agradablemente repetidos? ¿Se produce esta consonancia meramente para facilitar la articulación o se pone así de manifiesto algo más profundo sobre nuestra conformación cerebral? ¿Qué tienen que decir estos fenómenos sobre el origen y la forma de la poesía? ¿Qué sobre la naturaleza y la organización de las funciones mentales?

debilidad por los frenólogos (¿hay en los corazones protuberancias con mayor afectividad?), pues filosóficamente estaban en la buena senda; a la vez estaban tan absolutamente equivocados como los falsos medidores de este libro en su particular teoría sobre las protuberancias craneales. (A menudo la historia suma ironía sobre ironía. Las protuberancias craneales pueden no tener sentido, pero la localización en la corteza cerebral interior de procesos mentales muy específicos es una realidad que cada vez produce más fascinación en la moderna investigación neurológica.)

En cualquier caso, en tanto que versión falsa de la teoría probablemente correcta de las inteligencias múltiples, la frenología constituiría un capítulo importante de un libro sobre la medición craneal en general, pero cae fuera del tema de este volumen sobre la historia de las falacias contenidas en la teoría de la inteligencia unitaria, innata y linealmente clasificable. Si excluyo la frenología en nombre de «tema correcto, teoría diferente», también omito un océano de material por la razón afín, si bien opuesta, de «tema equivocado, misma teoría»; en otras palabras, todas las propuestas de clasificaciones innatas unilineales basadas en argumentaciones biológicas distintas de la cuantificación de la inteligencia. Por lo tanto, no incluyo, por ejemplo, ningún capítulo dedicado explícitamente al movimiento eugenésico (aunque he tratado el tema en su intersección con el CI) porque la mayor parte de las argumentaciones se basan en la supuesta posesión de genes concretos que determinan rasgos innatos, no en las mediciones del interior ni del exterior de la cabeza.

2. Me he centrado en los «grandes» argumentos y errores de los iniciadores históricos, no en los usos modernos, pasajeros y efímeros. Dentro de cinco años ¿quién recordará (a quién va a interesarle ni siquiera evocar) a los adalides de la retórica o de las argumentaciones tendenciosas de nuestros actuales gladiadores, en buena medida epigonales?; pero no podemos (ni debemos) olvidar nunca la brillantez de Darwin ni los errores verdaderamente importantes e instructivos cometidos por la última generación de sus oponentes creacionistas, Agassiz y Sedgwick. Las piedras fundacionales son para siempre; la mayor parte de las escaramuzas vigentes siguen la vieja máxima de los periodistas: el periódico de ayer envuelve la basura de hoy.

La falsa medida del hombre, en un segundo rasgo esencial de su marco, restringió la atención a los orígenes, y a los fundadores perdurables, de la teoría de la inteligencia innata, unitaria y linealmente clasificable. Esta decisión permitió una clara división del libro en dos mitades que representan las piezas centrales de esta teoría, en orden cronológico, durante los doscientos últimos años en que ha sido prominente. El siglo XIX se centró en las mediciones físicas de cráneos, ya fuera por el exterior (mediante regla y calibrador, y mediante la creación de varios índices y proporciones sobre las formas y tamaños de la cabeza), o desde dentro (mediante semillas de mostaza o perdigones de plomo, para llenar el cráneo y medir el volumen de la caja craneal). El siglo XX pasó al método, supuestamente más directo, de medir el contenido del cerebro mediante los tests de inteligencia. En suma, de medir las propiedades físicas de los cráneos a medir el contenido interno de los cerebros.

Creo en esta restricción a los grandes documentos fundacionales desde el fondo de mi alma de estudioso, pero también me doy cuenta de que esta decisión confiere un enorme beneficio práctico a esta versión revisada. Las viejas argumentaciones tienen una fuerza estable, son los fundamentos, las «patas» en lenguaje moderno. Nosotros no alcanzaremos nunca la serena confianza de los cristianos en que el *verbum Dei manet in aeternum*, pero nos preocuparemos de Broca, Binet y Burt mientras perduren la erudición y la fascinación por la historia. Pero sospecho que el mundo prestará poca atención y no recordará mucho tiempo a Jensen, Murray, Herrnstein, Lewontin y Gould.

Puesto que escribí acerca de las argumentaciones grandes y originales, y, prácticamente, ignoré los modernos avatares de 1981, esta revisión requiere pocos cambios en el texto principal y la actual versión no difiere casi nada del libro original; la novedad de esta revisión radica en esta introducción y en la sección de ensayos agregados al final. Los temas candentes en 1981 son ahora historias sin sustancia; dudo de que Herrnstein y Murray superen el milenio, aunque la forma básica de su argumentación nunca desaparece y sigue repitiéndose cada pocos años; de ahí la necesidad de que este libro y su tema central versen sobre las fuentes perdurables que reaparecen constantemente.

Como escribí en la Introducción de la primera edición:

> Apenas me he referido al actual resurgimiento del determinismo biológico porque sus tesis suelen tener una vigencia tan efímera que los sitios más adecuados para refutarlas son las páginas de una revista o de un periódico. ¿Acaso alguien recuerda los temas candentes de hace diez años: las propuestas de Shockley en el sentido de indemnizar a los individuos dispuestos a someterse a la esterilización voluntaria, teniendo en cuenta los puntos que les faltaban para alcanzar un CI de 100, el gran debate sobre la combinación cromosómica XYY, o los intentos de explicar los disturbios callejeros por las alteraciones neurológicas de los alborotadores? Me pareció que sería más valioso e interesante examinar las fuentes originales de los argumentos que aún pululan a nuestro alrededor. Respecto a estos últimos, se trata, en el mejor de los casos, de un gran despliegue de errores, por lo demás bastante esclarecedores.

3. El tercer aspecto fundamental del marco surge de mis competencias profesionales. Soy un científico en activo por profesión, no un historiador. Siento una inmensa fascinación por la historia; leo y estudio el tema con profusión, y he escrito mucho, incluidos tres libros y docenas de ensayos, sobre temas predominantemente históricos. Creo tener una comprensión honrada y adecuada de la lógica y de los charlatanes que sostienen los argumentos acerca del determinismo biológico. De lo que carezco, por falta de preparación profesional, es del «sentido» del profesional —el *sine qua non* de la investigación de primera clase— para los grandes contextos políticos (antecedentes y telones de fondo), la escena en que impactan los argumentos biológicos en la sociedad. En la jerga profesional, estoy bastante al tanto (incluso podría ser arrogante y decir «mejor que otros») de los temas «internos» que crean la complejidad de los argumentos y de las significaciones, y de las falacias de los datos en que

se basan, pero lamentablemente no lo bastante preparado sobre el lado «exterior», que es el contexto histórico más amplio, el «encaje» de las alegaciones científicas en los medios sociales.

En consecuencia, y siguiendo la antigua táctica de hacer de la necesidad virtud, exploré una vía distinta al ocuparme de la historia del determinismo biológico, una vía para la que sirvieran mis concretas habilidades y competencias y que no sufriera más de lo debido a causa de mis insuficiencias. En absoluto habría escrito este libro —ni siquiera habría contemplado el proyecto en primer lugar— de no haber sido capaz de trazar un camino previamente no cartografiado para abordar este tema importante y de ninguna manera descuidado. (Tengo horror personal a los textos epigonales y nunca he chapoteado —con una única pequeña excepción, a título de favor personal a un colega querido, mayor y reverenciado— en el género de los manuales; la vida es demasiado corta.)

Mi especial habilidad radica en una combinación, no en la originalidad. He acertado a reunir dos elementos sobresalientes y sumamente interactuantes: cada uno de ellos se dan de por sí en la competencia de muchos individuos, pero rara vez se combinan en los intereses de una única persona. Nadie antes que yo había unido sistemáticamente estos dos elementos a todo lo largo de un libro y en la visión general del tema.

Los científicos en activo suelen ser buenos en el análisis de los datos. Estamos formados para percibir falacias en las argumentaciones y, en especial, para ser hipercríticos con los datos en que se basan. Escrutamos los mapas y vemos todos los puntos del gráfico. La ciencia avanza tanto haciendo nuevos descubrimientos como criticando las conclusiones de otros. Yo me formé para ser un paleontólogo con mentalidad estadística, especializado sobre todo en manejar grandes matrices de datos sobre las variaciones de las poblaciones y el cambio histórico dentro de los linajes. (La falsa medida del hombre reside en los mismos temas: las diferencias entre los individuos son análogas a la variación de las poblaciones, y las disparidades que se miden entre grupos son análogas a las diferencias temporales de los linajes a lo largo del tiempo.) Por lo tanto, me siento especialmente competente para analizar los datos y percibir las falacias en las argumentaciones sobre las diferencias que se han medido entre los grupos humanos.

Pero cualquier científico en activo podría proceder del mismo modo. Llegamos ahora al inmenso provincianismo de mi profesión fundamental. A la mayor parte de los científicos la historia no les importa un bledo; es posible que mis colegas no sigan la máxima de Henry Ford, para quien la historia es palabrería, pero ven el pasado como un mero depositario del error: en el mejor de los casos, una fuente de instrucción moral sobre los peligros ocultos que hay en el camino del progreso. Tal actitud no da lugar a simpatía ni interés por las figuras históricas de nuestro pasado científico, y menos por quienes cometieron importantes errores. Así que la mayor parte de los científicos podrían, en principio, analizar los conjuntos de datos originales del determinismo biológico, pero nunca se sentirán inclinados a ni siquiera plantearse ese esfuerzo.

Los historiadores profesionales, por otra parte, podrían repasar las estadísticas y criticar los gráficos relativos a sus temas. El procedimiento no es en realidad nada arcano ni difícil. Pero de nuevo encontramos un provincianismo profesional: los historiadores estudian los contextos sociales. El historiador quiere saber cuál fue el impacto de la conclusión de Morton sobre la inferior capacidad craneal de los amerindios en los debates sobre la expansión hacia el Oeste; pero por regla general no pensará en estudiar las tablas de Morton de mediciones craneales para tratar de comprobar si Morton había presentado sus datos correctamente.

Por lo tanto, encontré mi nicho personal, pues me es posible analizar los datos con cierta preparación estadística y atención a los detalles; y adoro estudiar el origen histórico de los grandes temas que todavía nos circundan. En suma, que puedo combinar la pericia del científico con la preocupación del historiador. *La falsa medida del hombre* se centra, por lo tanto, en el análisis de los grandes conjuntos de datos que hay en la historia del determinismo biológico. Este libro es una crónica de las falacias profundas y aleccionadoras (no de los errores tontos y superficiales) que hay en el origen y en la defensa de la teoría de la inteligencia unitaria, linealmente clasificable, innata y muy poco alterable.

La falsa medida del hombre es, pues, desvergonzadamente «internalista» al ocuparse de las mediciones de la inteligencia. Vuelvo a analizar los datos de las grandes tesis históricas, en un sentido, espero, más afín a la aventura forense (tema de general fascinación) que a los catálogos resecos y polvorientos. Investigaremos el cambio llevado a cabo por Morton de las semillas de mostaza por perdigones de plomo para medir la capacidad craneal; las meticulosas estadísticas de Broca a la extravagante luz de sus prejuicios sociales inconscientes; las fotografías alteradas de Goddard sobre el linaje imbécil de los Kallikak en los yermos de coníferas de Nueva Jersey; el supuesto test de inteligencia innata de Yerkes (pero que es un auténtico índice de la familiaridad con la cultura estadounidense) que se hizo a todos los reclutas durante la primera guerra mundial (y también, por su seguro servidor, a cursos de estudiantes de Harvard); el grandioso, crucial y genuino error de Cyril Burt (no su insignificante y posterior fraude declarado) en la justificación matemática de la inteligencia como un factor único.

Dos citas famosas y contradictorias captan el interés y la potencial importancia de este empeño, este tercer aspecto de mi marco para la falsa medida del hombre. Dios mora en los detalles; y lo mismo el diablo.

¿Por qué revisar *La falsa medida del hombre* después de quince años?

Considero la crítica del determinismo biológico a la vez intemporal y oportuna. La necesidad de análisis es intemporal debido a que los errores del determinismo biológico son tan profundos e insidiosos, y debido a que la argumentación apela a las peores manifestaciones de nuestra naturaleza común. La profundidad vincula el determinismo biológico a algunas de las cuestiones y errores más antiguos de nuestras tradiciones filosóficas, incluido el *reduccionismo,* o bien al deseo de explicar fenómenos en parte aleatorios, a gran escala e irreductiblemente complejos mediante el comportamiento determinista de los elementos constituyentes más pequeños (los objetos físicos por el movimiento de los átomos, las funciones mentales por la cantidad heredada de materia gris); la *reificación*, o propensión a convertir un concepto abstracto (como la inteligencia) en una entidad sólida (como una cantidad de materia cerebral cuantificable); la *dicotomización*, o nuestro deseo de analizar gramaticalmente la realidad continua y compleja en divisiones duales (inteligente y estúpido, blanco y negro); y la *jerarquía*, o nuestra inclinación a ordenar los temas clasificándolos en una serie lineal de valor creciente (grados de inteligencia innata en este caso, a menudo luego rota por el dualismo que impone nuestra necesidad de dicotomizar, como en normal frente a débil mental, para utilizar la terminología favorita de los primeros tiempos de las pruebas de CI).

Cuando sumamos nuestras tendencias a cometer estos errores generales a la realidad sociopolítica de una xenofobia que tantas veces (y tan lamentablemente) regula nuestra actitud hacia los «otros» juzgados inferiores, aprehendemos la potencia del determinismo biológico como arma social: pues los «otros» serán, como consecuencia, rebajados y su condición económica inferior ratificada como una consecuencia científica de su ineptitud innata más bien que de las injustas opciones de la sociedad. Permítaseme, pues, repetir la gran frase de Darwin: «Si la miseria de nuestros pobres no es causada por las leyes de la naturaleza, sino por nuestras instituciones, cuán grande es nuestro pecado».

Pero las críticas al determinismo biológico también son oportunas en determinados momentos (incluido el actual) porque —y ahora se puede elegir la imagen personal favorita, desde la cabeza de la hidra de Lerna, si se es de gustos clásicos, hasta la moneda falsa y los gatos pardos, si se prefieren los proverbios y refranes, o el garranchuelo de los céspedes suburbiales si se prefiere la vulgaridad contemporánea— los mismos malos argumentos se repiten cada pocos años con predecible y deprimente regularidad. Tan pronto desprestigiamos una versión surge, con efímera prominencia, un nuevo capítulo del mismo mal texto.

No hay ningún misterio en la razón de estas repeticiones. No son manifestaciones de ninguna condición cíclica de fondo, que obedezca a una ley natural que pudiera captarse con una fórmula matemática tan manejable como el CI; tampoco representan estos episodios ningún tema candente derivado de nuevos datos ni ninguna novedad previamente no considerada se entreteje en el argumento, pues la teoría de la inteligencia unitaria, clasificable, innata y de hecho inalterable nunca se modifica demasiado en cada formulación de la serie. Cada ascenso a la popularidad opera con la misma lógica falaz y con información defectuosa.

Las razones de la repetición son sociopolíticas y no hay que buscarlas lejos: los resurgimientos del determinismo biológico se correlacionan con episodios de retroceso político, en especial con las campañas para reducir el gasto del Estado en los programas sociales, o a veces con el temor de las clases dominantes, cuando los grupos desfavorecidos siembran seria intranquilidad social o incluso amenazan con usurpar el poder. ¿Qué argumento contra el cambio social podría ser más deprimentemente eficaz que la tesis de que los órdenes establecidos, con unos grupos en la cima y otros abajo, existen como exacto reflejo de las capacidades intelectuales, innatas e inalterables, de las personas así clasificadas?

¿Por qué esforzarse, y gastar, en aumentar el inelevable CI de razas o grupos sociales situados en el fondo de la escala económica; no es mejor aceptar sencillamente los desgraciados dictados de la naturaleza y ahorrar un montón de fondos federales (¡así nos será más fácil mantener bajos los impuestos de los ricos!)? ¿Por qué molestarnos por la infrarrepresentación de los grupos desfavorecidos en los puestos honrosos y remunerativos si tal ausencia señala la menor capacidad o la inmoralidad general, biológicamente impuesta, de la mayor parte de los miembros del grupo rechazado y no el legado ni la realidad vigente de los prejuicios sociales? (Los grupos estigmatizados pueden ser razas, clases, sexos, propensiones de conducta, religiones u orígenes nacionales. El determinismo biológico es una teoría general y quienes son objeto del actual menosprecio actúan como subrogados de todos los demás sometidos a similares prejuicios en distintos tiempos y lugares. En este sentido, las peticiones de solidaridad entre los grupos degradados no deben ser descartadas como mera retórica política, sino antes aplaudidas como reacciones adecuadas a las razones comunes del maltrato.)

Repárese, por favor, en que me estoy ocupando de la cíclica *ascensión a la popularidad* de los argumentos innatistas a favor de la inteligencia unitaria y clasificable, no de la formulación episódica de tales alegatos. La argumentación general está siempre presente, siempre disponible, siempre pregonada, siempre explotable. Los episodios de intensa atención pública señalan, por lo tanto, oscilaciones en el péndulo de las preferencias políticas hacia una posición correcta para explotar esta vieja falacia venerable con una seriedad basada en la ingenua esperanza o el cínico reconocimiento de su evidente utilidad. Los resurgimientos del determinismo biológico se correlacionan con períodos de retroceso político y de destrucción de la generosidad social.

Los Estados Unidos del siglo XX han vivido tres principales episodios, todos ellos así correlacionados. El primero constituye una de las más tristes ironías de la historia norteamericana y ocupa el capítulo más largo de *La falsa medida del hombre*. Nos gusta pensar que los Estados Unidos son una tierra con tradiciones en general igualitarias, una nación «concebida en libertad y dedicada a defender que todos los hombres fueron creados iguales». Reconocemos, *au contraire*, que muchas naciones europeas, con su larga historia de monarquía, régimen feudal y estratificación social, han estado menos comprometidas con los ideales de la justicia social o la igualdad de oportunidades. Puesto que el test de CI se originó en Francia, podríamos asumir con naturalidad que la falsa interpretación hereditaria, tan en general y tan perjudicialmente impuesta a los tests, surgió en Europa. Irónicamente, este razonable supuesto es por completo falso. Como se documenta en el capítulo 6, Alfred Binet, el francés que lo inventó, no sólo evitó la interpretación hereditaria de su test sino que advirtió explícitamente (y fervientemente) contra tal lectura, considerándola una perversión de su deseo de utilizar los tests para identificar a los niños que precisaban de ayuda especial. (Binet argumentó que la interpretación innatista sólo serviría para estigmatizar a los niños por ineducables, dando lugar así a un resultado opuesto a su propósito, temor entera y trágicamente justificado por la historia posterior.)

La interpretación hereditaria del CI surgió en Estados Unidos, en buena medida gracias al proselitismo de tres psicólogos (H. H. Goddard, L. M. Terman y R. M. Yerkes) que tradujeron y popularizaron los tests en este país. Si nos preguntamos cómo pudo producirse esa perversión en nuestra tierra de libertad y justicia para todos, debemos recordar que los años inmediatamente posteriores a la primera guerra mundial, el momento culminante de la actividad de estos científicos, se caracterizó por un patriotismo estrecho, provinciano, chauvinista, aislacionista «nativista» (WASP [*White Anglo-Saxon Protestant*, protestante, blanco y anglosajón], no indio), cerrado-alrededor-de-la-bandera y de relumbrón, no comparable con ningún otro período de nuestro siglo, ni siquiera con el apogeo del mccartismo a principio de la década de 1950. Fue ésta la época de las restricciones a la inmigración, de la difusión de las cuotas para judíos, de la ejecución de Sacco y Vanzetti, y el momento álgido de los linchamientos en los estados del Sur. Es interesante que la mayor parte de los hombres que construyeron el biodeterminismo en la década de 1920 se retractaran de sus propias conclusiones en los años treinta, cuando la pobreza y las colas de comida que sufrían los titulados universitarios ya no podían explicarse por la idiotez congénita.

Los dos episodios más recientes también corresponden a oscilaciones políticas. El primero me inspiró para escribir *La falsa medida del hombre* como reacción positiva que presentara una visión alternativa (no, confío, una diatriba negativa); el segundo me ha impulsado a publicar esta versión revisada.

Arthur Jensen inició el primero de estos recientes episodios, en 1969, con un artículo notoriamente falaz sobre el supuesto carácter innato de las diferencias grupales en el CI (poniendo el énfasis en la disparidad entre blancos y negros en Estados Unidos). Su escalofriante primera línea desmiente todos los posteriores alegatos de haberlo publicado sólo como estudioso desinteresado y no como hombre con programa social. Comenzaba con un ataque explícito contra el programa federal Head Start: «Se ha intentado una educación compensatoria y al parecer ha fracasado». Mi colega Richard Herrnstein disparó una segunda andanada importante en 1971, con un artículo en *Atlantic Monthly* que se convirtió en el esbozo y el epítome de *The Bell Curve* (La curva de campana), publicado junto con Charles Murray en 1994, y en el estímulo inmediato de esta versión revisada de *La falsa medida del hombre*.

Como se ha expuesto antes, todos los meses aparecen en lugares destacados artículos sobre este tema escritos por personas con notoriedad. Al analizar por qué el artículo de Jensen se convirtió en una *cause célèbre*, en lugar de ser uno más de los manifiestos ignorados dentro de un género bien conocido, debemos atender al contexto social. Puesto que el artículo de Jensen no contenía ningún argumento nuevo, debemos buscar el nuevo suelo fértil que permitió que germinara una semilla tan vieja y siempre presente. Como también he expuesto antes, no soy especialista en cuestiones sociales y mi visión del asunto puede que sea ingenua. Pero me acuerdo muy bien de los tiempos de activismo político de mi juventud. Me acuerdo del crecimiento de la oposición a la guerra de Vietnam, del asesinato de Martin Luther King en 1968 (y del miedo que inspiraron las concomitantes algaradas urbanas), del rechazo de Lyndon B. Johnson dentro y fuera de la refriega en la Convención del Partido Demócrata celebrada en Chicago en 1968, de la resultante elección de Richard Nixon como nuevo presidente, con la arremetida de la reacción conservadora que siempre engendra una renovada atención por los argumentos falsos y viejos, pero ahora de nuevo útiles, del determinismo biológico. Escribí *La falsa medida del hombre* en el apogeo de esta reacción, comenzando a mediados de la década de 1970. La primera edición apareció en 1981 y el libro se ha impreso numerosas veces desde entonces.

No tenía planes para hacer una versión revisada. No soy una persona modesta, aunque procuro guardarme la arrogancia para mí mismo (lo que no conseguiré siempre, supongo). Pero no sentía necesidad de ponerlo al día, porque había tomado lo que sigo considerando una sabia decisión cuando escribí por primera vez el libro (¡y seguramente no porque crea que ese niño defectuoso pero orgulloso que es uno es inmejorable!) *La falsa medida del hombre* no precisó puesta al día en los quince primeros años porque me había centrado en los documentos fundacionales del determinismo biológico y no en los usos «actuales», que tan deprisa se anticúan. Yo había subrayado los profundos errores filosóficos que no cambian, más que las formulaciones inmediatas (y superficiales) que quedan obsoletas año tras año.

El tercer gran episodio se inició en 1994, con la publicación de *The Bell Curve*, de Richard Herrnstein y Charles Murray. Una vez más, el largo libro no contenía nada nuevo, aunque los autores daban vueltas a los viejos argumentos a lo largo de ochocientas páginas repletas de copiosos cuadros y gráficos que embaucan a la gente y hacen que confunda tanto la novedad como la profundidad con el temor a no comprender. (En realidad *The Bell Curve* es eminentemente comprensible. La argumentación es vieja, nada complicada y sabida; las exposiciones matemáticas, aunque elaboradas a lo largo de cientos de páginas mediante reiterados ejemplos tras ejemplos, representan un único estudio, debidamente simple desde el punto de vista conceptual y bastante fácil de entender. Además, pese a mi severa crítica del contenido, concederé gustosamente que los autores escriben bien y con claridad.) Cuando conocí a Charles Murray, en un debate del Instituto de Política de Harvard, lo único que se me ocurrió fue empezar por mi fragmento preferido de *Trabajos de amor perdidos* de Shakespeare: «Desbroza el hilo de su verbosidad mejor que el meollo de su argumentación».

El notable impacto de *The Bell Curve* debe por lo tanto, y una vez más, registrarse como una oscilación del péndulo político a una triste posición que exige una justificación con que reafirmar las desigualdades sociales como dictados de la biología. (Si puedo permitirme una analogía biológica algo extravagante, pero creo que *à propos*, la teoría de la inteligencia unitaria, clasificable, innata e inalterable actúa como una espora fúngica, como un ciste de dinoflagelada o un tardígrado en la fase de tonel: siempre presente con abundancia, pero en una fase inactiva, en suspenso o latente, aguardando a brotar, a atiborrarse o a despertar cuando las fluctuantes condiciones exteriores pongan término al sopor.)

Parte de las razones del impacto de *The Bell Curve* deben ser idiosincráticas: un título con gancho, un hermoso trabajo de edición a cargo de una figura legendaria de la escena neoyorquina, una brillante campaña publicitaria (confesaré mis celos y el deseo de encontrar a las personas responsables para contratarlas para mis propios libros). Pero estos factores concretos deben contar poco en comparación con la generalidad predominante: un suelo político de nuevo fértil. ¿Sorprenderá a alguien que la publicación de *The Bell Curve* coincidiera exactamente con la elección de Newt Gingrich en el Congreso y con una nueva era de mezquindad social sin precedentes en mi época? Criticar acerbamente todos los servicios sociales para las personas con genuina necesidad; poner fin al apoyo a las artes (pero no recortar un centavo, el cielo no lo permita, el gasto militar); equilibrar el presupuesto y conseguir alivio fiscal para los ricos. Quizás esté haciendo una caricatura, pero ¡podemos dudar de la consonancia de este nuevo ánimo mezquino con el argumento de que el gasto social no puede funcionar porque, en contra de lo que afirma Darwin, la miseria de los pobres es el resultado de las leyes naturales y de la ineptitud innata de los desfavorecidos?

Añadiré otra razón para explicar el concreto atractivo de las explicaciones genéticas en la década de 1990. Vivimos en una época de progreso científico revolucionario gracias a la biología molecular. Desde el modelo de Watson y Crick de 1953 hasta la invención de la PCR* y la secuenciación rutinaria del DNA —para objetivos tan diversos como la firma sanguínea de O. J. Simpson y el desciframiento de la filogenia de las aves—, tenemos ahora un acceso sin precedentes a información sobre la constitución genética de los individuos. Favorecemos de modo natural, y tendemos a difundir demasiado, las novedades estimulantes con la vana esperanza de que pueden aportar soluciones generales o panaceas, cuando tales aportaciones constituyen en realidad piezas más modestas (bien que vitales) de un rompecabezas mucho más complejo. Hemos hecho lo mismo con todos los grandes descubrimientos del pasado sobre la naturaleza humana, incluidas las teorías no genéticas arraigadas en la dinámica familiar y social, y de forma más llamativa (por supuesto) la teoría de Freud sobre las etapas psicosexuales, con la neurosis que nace del desarrollo reprimido y desviado en la ontogenia. Si las penetrantes teorías no genéticas pudieron exagerarse hasta tales extremos en el pasado, ¿debe sorprendernos que estemos

* Reacción en cadena de la polimerasa. (*N. del r.*)

ahora repitiendo el mismo error al extender demasiado la genuina emoción que sentimos ante las explicaciones genéticas?

Aplaudí el descubrimiento de los genes que predisponen a los portadores a determinadas enfermedades, o que causan directamente la enfermedad en ambientes normales (la enfermedad de Tay-Sachs, la anemia falciforme, la corea de Huntington), pues la mayor esperanza de curación radica en la identificación de un sustrato material y de un modo de actuación. También celebro el valor humano y liberador de identificar los fundamentos biológicos congénitos de condiciones que en tiempos se suponían enteramente psicogénicas y por tanto se atribuían sutilmente a los padres (en especial por parte de profesionales que juraban y perjuraban no albergar tal intención, sino que únicamente pretendían especificar los orígenes en interés de la futura prevención; el autismo, en distintos momentos y según varios psicólogos, pasó a ser el resultado de demasiado amor maternal o de demasiado poco).

El cerebro, al ser un órgano del cuerpo, está sometido a enfermedades y a defectos genéticos como cualquier otro. Di la bienvenida al descubrimiento de las causas o influencias genéticas presentes en azotes como la esquizofrenia, la depresión maníaca bipolar y el trastorno obsesivo-compulsivo. Ningún dolor puede compararse al del padre que «pierde» a un hijo vibrante y prometedor por las devastaciones de estas enfermedades, que con frecuencia se desencadenan tarde, hacia el final de la segunda década de la vida. Celebremos la liberación de los padres de la culpabilidad que consume y, lo que tiene más importancia, la posibilidad de aliviar, e incluso curar, que proporcionó la identificación de las causas.

Pero todos estos genuinos descubrimientos se refieren a patologías concretas y específicas, enfermedades o condiciones que bloquean lo que podemos seguir llamando legítimamente el desarrollo normal; es decir, la curva de campana. (Se denominan técnicamente curvas de campana las distribuciones normales; surgen cuando la variación se distribuye aleatoriamente alrededor de la media: en la misma medida en ambas direcciones, con mayor probabilidad en los valores próximos a la media.) Las patologías concretas no corresponden a la curva de campana, sino que habitualmente forman conglomerados o agrupamientos alejados del valor del término medio de la curva y al margen de la distribución normal. Las causas de estas excepciones, por lo tanto, no se corresponden con las razones que explican las variaciones alrededor de la media de la curva de campana.

Precisamente porque las personas con el síndrome de Down tienden a ser de baja estatura como consecuencia del cromosoma 21 adicional, no deducimos que las personas de baja estatura dentro de la distribución normal de la curva de campana deban su talla a poseer un cromosoma extra. Del mismo modo, el descubrimiento del gen «para» de la corea de Huntington no implica la existencia de un gen para la gran inteligencia, o para la poca agresividad, o para la alta propensión a la xenofobia, o para sentir una especial atracción por el rostro, el cuerpo o las piernas de la pareja sexual; ni para ningún otro rasgo general que pudiera distribuirse en forma de curva de campana entre toda la población. Los «errores de categorización» forman parte de los errores más comunes del pensamiento humano: cometemos un clásico error de categorización cuando igualamos las causas de una variación normal con las razones de las patologías (exactamente igual que cometemos un error de categorización al argumentar que, debido a que el CI presenta una heredabilidad moderada dentro de los grupos, las causas de las diferencias medias entre los grupos deben ser genéticas; véase más adelante, mi recensión de *The Bell Curve* en el primer ensayo de la última parte, pp. 330-340). Así que debemos emocionarnos por los progresos en identificar las causas genéticas de ciertas enfermedades, pero no debemos partir de este tipo de explicación para resolver las variaciones de la conducta en la población en general.

De todas las perniciosas dicotomías falsas que obstaculizan nuestra comprensión de la complejidad del mundo, la de naturaleza frente a educación debe clasificarse como una de las dos o tres cimeras (una división tonta sólo fomentada por la eufonía de los nombres [en inglés: *nature versus nurture*]). No creo que ninguna pantalla de humo me enfurezca más que el habitual alegato del biodeterminismo: «Pero nosotros somos los sofisticados; nuestros oponentes son puramente ambientalistas, partidarios exclusivamente de la educación; nosotros reconocemos que sus comportamientos surgen de una interacción de naturaleza y educación». Tengo, pues, que volver a poner el énfasis, como se hace a todo lo largo del texto de *La falsa medida del hombre*, en que todas las partes en debate, por supuesto que hombres de buena voluntad y con información adecuada, sostienen la afirmación absolutamente incontrovertible de que la forma y el comportamiento humanos surgen de combinaciones complejas de las influencias genéticas y las ambientales.

Los errores del reduccionismo y del biodeterminismo prevalecen en afirmaciones como «La inteligencia es en un 60 por 100 genética y en un 40 por 100 ambiental». El 60 por 100 (o la cifra que sea) «hereditario» atribuido a la inteligencia no significa eso. No entenderemos correctamente este tema hasta que comprendamos que el «interaccionismo» que todos aceptamos no permite afirmaciones como «El rasgo x es en un 29 por 100 ambiental y en un 71 por 100 genético». Cuando los factores causales (más de dos, dicho sea de paso) interaccionan de forma tan compleja, y a lo largo de todo el crecimiento, para producir un ser adulto intrincado, en principio no podemos analizar el comportamiento de ese ser en porcentajes cuantitativos de las causas originarias remotas. El ser alto es una entidad emergente que debe comprenderse a su propio nivel y en su totalidad. Las verdaderas cuestiones sobresalientes son la maleabilidad y la flexibilidad, no el falaz analisis en porcentajes. Un rasgo puede ser heredable en un 9 por 100 pero ser absolutamente maleable. Un par de gafas de veinte dólares compradas en la farmacia del barrio pueden corregir por completo un defecto de visión que es hereditario en un 100 por 100. El «60 por 100» biodeterminista no es un interaccionismo sutil, sino un determinismo del tipo «sólo un poquito embarazada».

Así, por ejemplo, enojado por mi recensión de *The Bell Curve* (reimpresa aquí como el primer ensayo de la última sección), el señor Murray escribe en el *Wall Street Journal* (2 de diciembre de 1994), vituperando mi supuesta falta de equidad con él:

> Gould prosigue diciendo que «Herrnstein y Murray pecan contra la equidad al transformar un caso complejo que sólo puede producir agnosticismo en un resumen tendencioso a favor de las diferencias permanentes y hereditarias». Compárense ahora las palabras del señor Gould con las que Richard Herrnstein y yo escribimos en el párrafo crucial que resume nuestras opiniones sobre los genes y la raza: «Si el lector está ya convencido de que o bien la explicación genética o bien la ambientalista ha ganado con exclusión de la otra, no lo hemos hecho lo bastante bien al presentar una u otra de estas caras. Nos parece sumamente probable que tanto los genes como el ambiente tengan algo que ver con las diferencias raciales. ¿Cuál podría ser la combinación?».

¿Todavía no lo capta, señor Murray? Yo no afirmo que usted atribuya *toda* la diferencia a la genética: ninguna persona con un ápice de conocimiento diría tal estupidez. La frase mía que usted cita no lo acusa de eso; mi frase afirma con precisión que usted aboga por las «diferencias permanentes y heredables», no que usted atribuya toda la disparidad a la genética. Su defensa muestra que usted no capta el punto principal. Su exposición sigue presentando el problema como una batalla entre dos bandos, con una victoria exclusiva potencial alcanzable por uno de ellos. Nadie cree tal cosa; todo el mundo acepta la interacción. Luego, se retrata a sí mismo como un valiente apóstol de la modernidad y de la cautela académica al proclamar «sumamente probable que tanto los genes como el ambiente tengan algo que ver con las diferencias raciales». Se ha limitado a exponer una perogrullada al margen del verdadero problema. Cuando haga usted la debida distinción entre heredabilidad y flexibilidad de las manifestaciones de la conducta, entonces podremos tener un auténtico debate más allá de la retórica de la fraseología.

No proseguiré aquí mi crítica de *The Bell Curve*, pues presento ese empeño en los dos primeros ensayos de la sección final. Sólo deseo exponer que decidí llevar a cabo esta versión revisada de *La falsa medida del hombre* en respuesta a este último episodio cíclico del biodeterminismo. Podría parecer raro que un libro escrito hace quince años pueda servir para refutar un manifiesto aparecido en 1994; más que raro, en realidad, puesto que nuestras nociones básicas de causalidad bien pudieran estar por eso mismo invertidas. Y sin embargo, al volver a leer *La falsa medida del hombre* y hacer unos pocos cambios, además de corregir las erratas tipográficas y suprimir unas cuantas referencias por completo de actualidad en 1981, me di cuenta de que mi libro de quince años está escrito como una refutación de *The Bell Curve*. (Para que esta afirmación no parezca un anacronismo absurdo, me apresuro a señalar que el artículo de 1981 de Herrnstein en *Atlantic Monthly*, un epítome punto por punto de *The Bell Curve*, constituye una parte importante del contexto de *La falsa medida del hombre*.) Pero mi alegato no es un absurdo anacronismo por otra razón más importante. *The Bell Curve* no presenta nada nuevo. Este manifiesto de ochocientas páginas es poco más que un largo resumen de la versión intransigente del factor *g* de Spearman: la teoría según la cual la inteligencia es algo unitario, con fundamento genético y mínimamente alterable que hay en la cabeza. Desde luego yo no podía saber qué hechos concretos traería el futuro. Pero lo mismo que el darwinismo puede proporcionar tan buen argumento contra los futuros episodios de creacionismo como contra los antievolucionistas de la época de Darwin, confío en que una refutación coherente de una teoría en bancarrota conservará todos sus méritos cuando alguien trate de sacar a flote una cuestión muerta y sin ningún fundamento en un momento futuro. De por sí, el tiempo no es ninguna alquimia que mejore una argumentación. Si los buenos argumentos no superan el paso del tiempo, entonces más vale tirar nuestras bibliotecas.

Razones, historia y revisión de *La falsa medida del hombre*

1. *Razones*

Mis razones iniciales para escribir *La falsa medida del hombre* combinaban las personales con las profesionales. Confieso, antes que nada, ser muy sensible a esta concreta cuestión. Me crié en una familia con tradición de participar en las campañas a favor de la justicia social y fui activo, cuando era estudiante, en el movimiento pro derechos civiles en una época de gran agitación y éxitos, la de principios de la década de 1960.

A menudo los investigadores son circunspectos a la hora de citar estos compromisos, pues, en el estereotipo, la gélida imparcialidad opera como un *sine qua non* de la debida y desapasionada objetividad. Considero este argumento una de las exigencias más falaces, incluso perjudiciales, que se hacen normalmente en mi profesión. La imparcialidad (aun siendo deseable) es algo que no está al alcance de los seres humanos con inevitables antecedentes, necesidades, creencias y deseos. Es peligroso para un investigador imaginar tan siquiera que podría alcanzar la absoluta neutralidad, pues entonces se deja de ser vigilante sobre las preferencias personales y sus influencias; y entonces de verdad que se es víctima de los dictados del prejuicio.

La objetividad puede definirse desde una perspectiva funcional como el justo tratamiento de los datos, no como la ausencia de preferencias. Además, se precisa entender y conocer las inevitables preferencias a fin de percibir su influencia, ¡para lograr un tratamiento justo de los datos y los argumentos! Ninguna presunción podría ser peor que la creencia en la propia objetividad intrínseca, ninguna prescripción sería más adecuada para delatar a los bobos. (Los psíquicos farsantes como Uri Geller han tenido el concreto éxito de embaucar a los científicos con magia escénica normal y corriente, porque sólo los científicos tienen la arrogancia de pensar que ellos siempre observan con atención rigurosa y objetiva y, por lo tanto, nunca podrían ser engañados; mientras que los mortales normales y corrientes saben perfectamente que los buenos prestidigitadores siempre encuentran la manera de hacer trampas a la gente.) La mejor forma de objetividad consiste en identificar explícitamente las preferencias, de modo que su influencia pueda reconocerse y contrarrestarse. (Negamos nuestras preferencias en todo momento al reconocer la objetividad de la naturaleza. La verdad es que detesto el hecho de la muerte personal, pero no basaré mis opiniones biológicas en tal aversión. Hablando más en serio, de verdad que prefiero el modo más cordial de la evolución lamarckiana a lo que Darwin denominaba los procedimientos miserables, bajos, chapuceros e ineficaces de su propia selección natural; pero a la naturaleza le importan un bledo mis preferencias y funciona a la manera de Darwin, y, por lo tanto, elegí dedicar mi vida profesional a dicho estudio.)

Debemos identificar las preferencias con objeto de limitar su influencia en nuestro trabajo, pero no nos extraviamos cuando utilizamos esas preferencias para decidir a qué temas deseamos dedicarnos. La vida es corta e infinitos los estudios potenciales. Tenemos muchas mejores posibilidades de alcanzar algo importante cuando seguimos nuestros impulsos afectivos y trabajamos en campos con mayor significado personal. Por supuesto, esta estrategia aumenta el peligro de los prejuicios, pero lo que gana en dedicación tal vez compense sobradamente esa inquietud, sobre todo si nos mantenemos igualmente comprometidos con el objetivo general de la imparcialidad y ferozmente comprometidos con la vigilancia y examen constantes de nuestros prejuicios personales.

(No tengo ningún deseo de proporcionar al señor Murray munición para futuros enfrentamientos, pero nunca me ha sido posible comprender por qué insiste él en promulgar el nada solapado argumento de que no tiene apuesta ni preferencia personales en el tema de *The Bell Curve*, sino que emprendió su estudio por desinteresada curiosidad personal; una alegación que lo incapacitó en nuestro debate en Harvard, pues le hizo perder credibilidad. Después de todo, su patente hoja de servicios en un bando político es mucho más extensa que la mía en el otro. Estuvo empleado durante años por los centros de estudios derechistas que no contratan a liberales fervientes. Escribió el libro *Common Ground*, que pasó a ser la biblia de Reagan tanto como *Other America* de Michael Harrington pudo influir en los demócratas de Kennedy. De ser él, yo diría algo así: «Mire, soy conservador en política y me enorgullezco de serlo. Sé que la argumentación de *The Bell Curve* engrana bien con mis ideas políticas y lo he reconocido desde el principio. De hecho, este reconocimiento me condujo a ser especialmente vigilante y cuidadoso cuando analizaba los datos de mi libro. Además, no soy conservador por razones caprichosas. Creo que el mundo funciona a la manera de la curva de campana y que mis opiniones políticas representan la mejor forma de gobernar a la luz de estas realidades». Este argumento podría respetarlo yo, a la vez que considerara tanto sus premisas como los datos en que se basa, falsos y mal interpretados.) Escribí *La falsa medida del hombre* porque tengo una visión política distinta y porque también creo (o no mantendría el ideal) que las personas están constituidas por la evolución de tal modo que es posible alcanzar esta visión; no inevitable, bien lo sabe Dios, pero alcanzable mediante el esfuerzo.

Por lo tanto, estudié el tema con pasión. Había tomado parte en la fase de las sentadas contra los comedores del movimiento pro derechos civiles. Había asistido al Antioch College, del suroeste de Ohio, cerca de Cincinnati y de la frontera con el estado de Kentucky, por lo tanto un terreno «fronterizo» y todavía en buena medida segregado en la década de 1950. Allí tomé parte en muchas acciones para integrar las boleras y las pistas de patinaje (hasta entonces con unas noches «blancas» y otras «negras»), las salas de cine (hasta entonces negras en el gallinero y blancas en la platea), los restaurantes y, en especial, la barbería de Yellow Springs que dirigía un hombre tozudo (a quien llegué a respetar en un sentido especial) llamado Gegner (que significa «adversario» en alemán, lo que contribuía a darle sentido simbólico), quien juraba que no podía cortarles el pelo a los negros porque no sabía cómo hacerlo. (Conocí a Phil Donahue cuando estuvo cubriendo esta historia para el *Dayton Daily News*). Pasé buena parte de un año previo a la licenciatura en Inglaterra, llevando de hecho a cabo, junto con otros norteamericanos (aunque no pudiéramos hablar en público debido a nuestro «mal» acento), una campaña amplia y exitosa para integrar el mayor local de baile de Gran Bretaña, la sala Mecca Locarno de Bradford. Pasé por alegrías y tristezas, por éxitos y derrotas. Me sentí consternado cuando, en un ataque de intolerancia comprensible aunque lamentable, los dirigentes negros del Comité de Coordinación de los Estudiantes No Violentos decidieron apartar a los blancos de la organización.

Todos mis abuelos fueron emigrantes en Estados Unidos, y formaban parte del grupo de los judíos europeos orientales que tan severamente restringirían Goddard y los suyos. Dediqué *La falsa medida del hombre* a mis abuelos maternos húngaros (los únicos que conocí bien), personas brillantes y sin acceso a mucha educación formal. Mi abuela hablaba cuatro lenguas con facilidad, pero sólo sabía escribir fonéticamente en el inglés de adopción. Mi padre se hizo izquierdista, junto con otros muchos idealistas, durante los cataclismos de la depresión, la guerra civil española y el desarrollo del nazismo y del fascismo. Siguió siendo políticamente activo hasta que la mala salud imposibilitó nuevas tensiones, y aún después se mantuvo políticamente comprometido. Siempre me ha emocionado hasta las lágrimas que, aunque él nunca viese *La falsa medida del hombre* en su forma definitiva, viviese lo bastante para leer las galeradas y saber (vestigios, lo reconozco, de Al Jolson cantando el Kol Nidre* mientras el padre muere escuchándolo) que su hijo universitario no había olvidado sus raíces.

Algunos lectores pueden considerar esta confesión un signo seguro de tener demasiados sentimientos para escribir como es debido una obra ensayística. Pero estoy dispuesto a defender que la pasión debe ser el ingrediente central que se necesita para que tales libros se salgan de lo ordinario y que la mayor parte de las obras ensayísticas consideradas clásicas o perdurables por nuestra cultura están centradas en las profundas creencias del autor. Por lo tanto, sospecho que la mayor parte de mis colegas en estas tareas podrían contar histo-

* Rezo con que comienza el servicio judío de la víspera del Yom Kippur, el Día de la Expiación. (*N. del t.*)

rias similares de pasión autobiográfica. También agregaría que, pese a todas mis convicciones sobre la justicia social, soy aún más apasionado sobre una creencia central más próxima a mi vida personal y a mis actividades: mi pertenencia a la «antigua y universal sociedad de los intelectuales» (por citar la maravillosa expresión arcaica que utiliza el presidente de Harvard al entregar los doctorados en la ceremonia anual de la clausura del curso). Esta tradición representa, junto con la bondad humana, el rasgo más magnífico, más noble y más perdurable del lado luminoso de una ceremonia mixta que define lo que podemos llamar la «naturaleza humana». Puesto que soy mejor en el terreno académico que en el de la bondad, necesitaba proyectar mi fidelidad a la bondad humana sobre esa esfera. Es posible que acabe cerca de Judas Iscariote, de Bruto y de Casio, en la boca del demonio, en el centro del infierno, si no logro presentar mi valoración más honesta y mi mejor juicio sobre las pruebas de la verdad empírica.

Mi razón profesional para escribir *La falsa medida del hombre* fue también, en una gran parte, personal. El más lamentable provincianismo de la vida académica —la deprimente contradicción con los ideales que he mencionado en el párrafo anterior— consiste en los ataques sueltos que desencadenan los miembros estrechos de miras de cualquier profesión cuando alguien con credenciales en otro mundo osa decir algo sobre las actividades de la parroquia en que es un francotirador. Así ha sido siempre y así aguamos nosotros tanto los pequeños placeres como los ardientes gozos de la erudición. Algunos científicos se enfrentaron a Goethe porque un «poeta» no debe escribir sobre la naturaleza empírica (Goethe hizo interesantes y perdurables trabajos sobre mineralogía y botánica; por suerte, todo francotirador tiende a ser defendido por los mejores científicos con generosidad de espíritu, y Goethe contó con muchos biólogos, sobre todo con Étienne Geoffroy Saint-Hilaire, entre sus partidarios). Otros refunfuñaron cuando Einstein y Pauling expusieron sus sentimientos humanitarios y escribieron sobre la paz.

La queja estrecha de miras más común acerca de *La falsa medida del hombre* reza así: Gould es paleontólogo, no psicólogo; no sabe del tema, y su libro puede ser pura palabrería. Quiero ofrecer dos refutaciones concretas de este sinsentido, pero primero recordaré a mis colegas que todos nosotros podríamos pensar en prestar algo más que un servicio insincero al ideal de juzgar una obra por su contenido, no por el nombre ni por la cualificación del autor.

Para mi concreta refutación, no obstante, quiero echar mano de la cualificación. Es cierto que no soy psicólogo y que entiendo poco sobre los aspectos técnicos de la selección de temas para los tests psicológicos y sobre el uso social de los resultados en los Estados Unidos actuales. De ahí que haya tenido buen cuidado en no decir nada sobre estos asuntos (no habría escrito el libro de haber juzgado que era esencial para mis intenciones dominar esa materia). Mi libro, dicho sea de pasada, ha sido en general imaginado, incluso (para mi pesar) a menudo alabado, como un ataque general contra los tests de inteligencia. *La falsa medida del hombre* no es tal cosa y yo mantengo una actitud agnóstica (fruto en gran medida de la ignorancia) hacia los tests psicológicos en general. Si mis críticos lo dudan y leen estas líneas como una cortina de humo, basta con que consideren mi explícita opinión sobre el original test de CI de Binet: firme y enteramente positiva (pues Binet rechazó la interpretación hereditaria y sólo quería usar los tests como instrumento para identificar a los niños necesitados de ayuda especial; y sobre este fin humanitario no tengo más que alabanzas). *La falsa medida del hombre* es una crítica de una *concreta* teoría de la inteligencia a menudo sostenida por la *particular* interpretación de un *determinado* estilo de tests psicológicos: la teoría de la inteligencia unitaria, de base biológica e inmodificable.

El tema que elegí para *La falsa medida del hombre* representa un campo central de mi especialidad profesional; de hecho, iría más lejos y diría (poniéndome ahora arrogante) que he comprendido este campo mejor que la mayor parte de los psicólogos profesionales que han escrito sobre la historia de los tests de inteligencia, porque ellos no están especializados en este tema vital y yo sí. Soy biólogo evolutivo por formación. La variación es el tema central de la biología evolutiva. En la teoría de Darwin la evolución se produce (diciéndolo técnicamente, de momento) mediante la conversión de una variación ocurrida dentro de la población en diferencias entre poblaciones. Es decir (expresado ahora con mayor sencillez), que los individuos difieren, y parte de esta variación tiene un fundamento genético. La selección natural opera conservando de forma diferencial las variaciones que otorgan mejor adaptación a los ambientes locales cambiantes. Dicho en forma de caricatura, por ejemplo, los elefantes más peludos se adaptarían mejor cuando el casquete de hielo se extendió por Siberia y eventualmente surgirían los mamuts velludos, fruto de la selección, que al actuar de forma estadística y no absoluta preserva a los elefantes más hirsutos una generación tras otra. En otras palabras, la variación dentro de una población (los elefantes con más pelo de cualquier momento dado) se convierte en diferencias con el tiempo (los mamuts velludos como descendientes de los elefantes con más pelo de lo normal).

Considérense ahora los temas de esta mezcla: variación de base genética dentro de la población y desarrollo de diferencias entre las poblaciones, ¿y qué es lo que tenemos? *Voilà*: el tema de *La falsa medida del hombre.* Mi libro trata de la medida de la variación en la inteligencia, supuestamente de base genética, que se da entre los miembros de la población (el objetivo de quienes hacen tests de CI que valoran a todos los alumnos de un curso o las mediciones craneométricas decimonónicas de la cabeza de todos los trabajadores de una fábrica y el pesar los cerebros de los colegas académicos). Mi libro trata también sobre las supuestas razones que existen para medir las diferencias entre grupos (raciales en la oposición entre blancos y negros, o clasistas en la oposición entre ricos y pobres, por ejemplo). Si conozco los fundamentos técnicos de algún tema, este material es el que mejor comprendo (y no así muchos psicólogos que no tienen preparación especializada en una profesión como la biología evolutiva que considera que las mediciones de las variaciones con base genética es central para su existencia).

Para lo que atañe a mi segunda refutación específica, me inicié en la paleontología a mediados de la década de 1960, en un momento interesante de la historia de la profesión, cuando las tradiciones de la descripción subjetiva e idiosincrática estaban empezando a ceder el paso a la exigencia de aproximaciones más cuantitativas, generalizadas y teóricas a los organismos fósiles. (Dicho sea de pasada, ya no estoy tan fascinado por el atractivo de la cuantificación, pero en ésta me formé y fui en tiempos un verdadero creyente.) Los jóvenes turcos de este movimiento nos especializamos todos en dos campos, entonces los más desconocidos (si es que no anatema) para los paleontólogos en activo: la estadística y los ordenadores.

Por lo tanto, me instruí en el análisis estadístico de las variaciones de base genética entre poblaciones y dentro de poblaciones; una vez más, el tema clave de *La falsa medida del hombre* (pues *Homo sapiens* es una especie biológica variable, no distinta en este aspecto de todos los demás organismos que he estudiado). En otras palabras, creo que abordé la falsa medida del hombre con conocimientos rigurosos y no convencionales desde una profesión adecuada que no ha promocionado con la bastante frecuencia su opinión especial sobre un tema que tan cerca se halla de su centro de interés.

Al escribir numerosos ensayos sobre vidas de científicos he encontrado que los libros sobre materias en general o sistemas completos suelen originarse a partir de diminutos rompecabezas o de cuestiones un tanto inquietantes, pocas veces a partir del deseo abstracto y global de conocer la naturaleza de la totalidad. Así, el geólogo bíblico del siglo XVII Thomas Burnet construyó una teoría general de la Tierra porque quería conocer el origen del agua del diluvio de Noé. El geólogo dieciochesco James Hutton desarrolló un sistema igualmente general a partir de una insignificante paradoja inicial: si Dios hizo el suelo para la agricultura humana, pero el suelo proviene de la erosión de las rocas; y si la erosión de las rocas destruirá en último término la tierra y cubrirá por completo la Tierra de agua, entonces ¿cómo pudo Dios elegir un medio que conduce a nuestra final destrucción como método para formar el suelo que nos sostiene? (Hutton respondió con la inferencia de la existencia de fuerzas internas que elevan las montañas desde las profundidades, desarrollando así una teoría cíclica de la erosión y la reconstrucción: un mundo viejo sin vestigios de principio ni perspectivas de final.)

La falsa medida del hombre también empieza con una pequeña intuición que me asombró con un *frisson* de reconocimiento. Nuestra generación de jóvenes turcos paleontólogos vinculó la estadística a los ordenadores al aprender la técnica del análisis multivariante; es decir, la consideración estadística simultánea de las relaciones entre muchas propiedades medidas de los organismos (tamaño de los huesos, quizás, en las especies fósiles, realización de numerosos tests psicológicos a los seres humanos en la falsa medida del hombre). Estas técnicas no son en absoluto difíciles desde la perspectiva conceptual; muchas han sido desarrolladas o previstas en parte a principios de siglo. Pero la utilidad práctica requiere cálculos inmensamente largos que sólo han sido posibles gracias al desarrollo de los ordenadores.

Me preparé fundamentalmente en el abuelito de las técnicas multivariantes (todavía firmemente en boga y eminentemente útiles): el análisis factorial. Yo había aprendido esta técnica como una teoría matemática abstracta y había aplicado el análisis factorial al estudio del desarrollo y la evolución de diversos organismos fósiles (por ejemplo, mi tesis doctoral, publicada en 1969, sobre caracoles terrestres de las Bermudas; y uno de mis primeros artículos, publicado en 1967, sobre el crecimiento y la forma de los reptiles pelicosaurios: esas curiosas criaturas que poseían velas en el dorso, siempre incluidas entre los juegos de dinosaurios de plástico pero que en realidad eran antepasados de los mamíferos y no eran en absoluto dinosaurios).

El análisis factorial nos permite encontrar ejes comunes que influyen en conjuntos de variables medibles por separado. Por ejemplo, cuando un animal crece, la mayor parte de los huesos se alargan; de modo que el aumento general de tamaño actúa como un factor común que subyace en las correlaciones positivas en la longitud de los huesos de una serie de organismos, que van de pequeñas a grandes dentro de una misma especie. Este ejemplo es trivial. En un caso más complejo, motivo de numerosas interpretaciones, por regla general medimos correlaciones positivas entre los tests psicológicos planteados a la misma persona; es decir, en general y con muchas excepciones, la persona que hace bien una clase de tests tiende a hacer bien los demás. El análisis factorial podría detectar un eje general que, en sentido matemático, puede captar un elemento común de esta variación conjunta entre los tests.

Yo había pasado un año aprendiendo las detalles complejos del análisis factorial. Era entonces históricamente ingenuo y nunca se me ocurrió que esa valiosa abstracción, que sólo había aplicado a fósiles de nimio peso político, podría haber aparecido en un contexto social para importunar una concreta teoría del funcionamiento psíquico con una significación política concreta. Luego, un día estaba leyendo, casi sin objeto y sólo por diversión, un artículo sobre la historia de los tests psicológicos y me di cuenta de que el factor *g* de Spearman —la principal tesis de la teoría unitaria de la inteligencia y la única justificación que ha tenido esa noción (*The Bell Curve* es en esencia una larga defensa de *g*, como explícitamente afirma)— no era más que el primer componente principal de un análisis factorial de los tests psíquicos. Sobre todo, entendí que Spearman había inventado la técnica del análisis factorial específicamente para estudiar el fundamento subyacente en las correlaciones positivas entre los tests. También comprendí que los principales componentes del análisis factorial son abstracciones matemáticas, no realidades empíricas; y que todas las matrices sometidas al análisis factorial pueden representarse exactamente igual por otros componentes con distinto significado, según el tipo de análisis factorial que se aplique en cada caso concreto. Dado que el tipo elegido es en buena medida cuestión de las preferencias del investigador, no se puede afirmar que los componentes principales tengan realidad empírica (a menos que la argumentación pueda respaldarse con datos exactos de otra clase; las pruebas matemáticas solas nunca bastarán, porque siempre podemos generar ejes alternativos con significados totalmente distintos).

Sólo puede haber contados momentos así —los eurekas, las escamas que se caen de los ojos— en la vida de un estudioso. Mi preciosa abstracción, la técnica que potenciaba mi propia investigación en aquellos momentos, no había sido creada para analizar fósiles ni con vistas al idealizado placer del matemático. Spearman había inventado el análisis factorial para apoyar una determinada interpretación de los tests psicológicos: la que ha plagado nuestro siglo con sus implicaciones biodeterministas. (Confío en este orden de causalidad porque Spearman había defendido la teoría de la inteligencia unitaria durante años, con otras técnicas, antes de inventar el análisis factorial. De manera que sabemos que desarrolló el análisis factorial para defender la teoría; y que la teoría no surgió posteriormente de reflexiones inspiradas por los primeros resultados del análisis factorial.) Un *frisson* de fascinación combinado con un poco de cólera me recorrió el espinazo, tanto como se me vino abajo la anterior idealización de la ciencia (a ser sustituida en último término por una perspectiva mucho más humana y sensata). El análisis factorial había sido inventado para un uso social contrario a mis creencias y valores.

Me sentí personalmente ofendido, y este libro, aunque no se escribió hasta diez años después, surgió en último término de esta percepción y sensación de profanación. Me sentí obligado a escribir *La falsa medida del hombre*. Mi principal instrumento de investigación había surgido para un uso social distinto. Adicionalmente, lo que constituía otra ironía, la dañina versión hereditaria del CI no se había creado en Europa, donde Binet había inventado el test con un propósito caritativo, sino en mi país, que se enorgullece de sus tradiciones igualitarias. Soy patriota de corazón. Tuve que escribir el libro para hacer correcciones y pedir comprensión.

2. *Historia y revisión*

Publiqué *La falsa medida del hombre* en 1981; el libro ha tenido desde entonces con toda seguridad una historia activa y fascinante. Me sentí orgulloso cuando *La falsa medida* ganó el Premio del Círculo Nacional de Críticos para ensayo, pues este premio es un homenaje profesional, concedido por quienes hacen las recensiones. Las propias recensiones siguieron una pauta interesante: uniformemente cálidas en la prensa de divulgación seria, predeciblemente variadas en las publicaciones técnicas de psicología y ciencias sociales. La mayor parte de los principales practicantes de los tests psicológicos que siguen la tradición hereditaria escribieron grandes recensiones y bien podría haberse esperado uno su arremetida. A Arthur Jensen, por ejemplo, no le gustó el libro. Pero la mayor parte de los demás psicólogos profesionales escribieron elogiosamente, a menudo con abundancia y generosidad.

El nadir llegó, desde luego (con un poco de humor absurdo), en el número de otoño de 1983 de una publicación archiconservadora, *The Public Interest*, cuando mi dispépsico colega Bernard D. Davis publicó un ridículo ataque personal contra mí y contra el libro bajo el título de «Neo-Lysenkoism, IQ, and the Press». Su tesis es fácil de resumir: el libro de Gould tuvo magníficas recensiones en la prensa de divulgación, pero todos los académicos lo criticaron sin piedad. Por lo tanto, el libro es basura con motivación política y el propio Gould no es mucho mejor en nada de lo que hace, incluido el equilibrio intermitente y todas sus ideas evolucionistas.

Adorable basura. Creo firmemente que no se debe responder a las recensiones negativas injustas, pues nada desorienta tanto a un atacante como el silencio. Pero ésta era un poco excesiva, de modo que consulté entre mis amigos. Tanto Noam Chomsky como Salvador Luria, grandes investigadores y humanistas, dijeron en esencia lo mismo: nunca repliques a no ser que tu atacante haya sacado a la luz un argumento demostrablemente falso que, de no tener respuesta, podría desarrollar «una existencia propia». Me pareció que la diatriba de Davis caía en esta categoría y, por lo tanto, respondí en el número de primavera de 1984 de la misma publicación (mi única colaboración en publicaciones de esa clase).

Como expliqué y documenté, el señor Davis sólo había leído unas cuantas recensiones, probablemente de publicaciones de su gusto, o que le habían enviado colegas que compartían sus convicciones políticas. Yo, gracias al prodigioso servicio de prensa de mi editor, tuve acceso a todas las recensiones. Entresaqué las veinticuatro escritas por académicos especializados en psicología y encontré catorce positivas, tres mixtas y siete negativas (casi todas éstas escritas por practicantes de los tests psicológicos hereditarios, ¿qué otra cosa cabía esperar?). Me complacía especialmente que la vieja revista de Cyril Burt, *The British Journal of Mathematical and Statistical Psychology*, hubiese escrito una de las exposiciones más positivas: «Gould ha realizado un valioso servicio al exponer los fundamentos lógicos de uno de los debates más importantes dentro de las ciencias sociales, y este libro debería ser lectura obligatoria tanto para estudiantes como para profesionales».

El libro se ha vendido mucho desde el momento mismo en que se publicó y ya ha superado la venta de 250.000 ejemplares, además de estar traducido a diez lenguas. Me he sentido especialmente gratificado por la cálida y estimulante correspondencia que constantemente he recibido (y al menos me ha divertido el correo malintencionado, incluidas unas pocas amenazas de neonazis y antisemitas). Estoy en especial contento, retrospectivamente, de haber elegido escribirlo de una forma que con seguridad rechazaba un máximo éxito en el momento preciso de publicarse (como habría conseguido con un estilo más vivo y con más referencia a temas de actualidad), pero que otorgó al libro una fuerza permanente (al centrarse en los argumentos fundamentales, analizándolos mediante consultas de las fuentes originales en sus lenguas originales).

La falsa medida del hombre no es fácil de leer, pero yo dirigí el libro a todas las personas serias que se interesaran por el tema. Seguí las dos reglas cardinales que uso al escribir mis ensayos. En primer lugar, no detenerse interminablemente en generalidades (como me temo haber hecho un poco en esta indroducción; ¡sin duda, son pecados de la edad madura!). Centrarse en esos detalles pequeños pero fascinantes, capaces de captar el interés de la gente e ilustrar las generalidades mucho mejor que un tratamiento frontal y tendencioso. Esta estrategia proporciona un mejor libro a los lectores, pero también hizo que la composición me fuera mucho más divertida. Llegué a leer todas las fuentes originales; obtuve todo el placer de meterme en los datos de Broca y descubrir las lagunas y los prejuicios inconscientes, de reconstruir el test de Yerkes para los reclutas militares, de sopesar un cráneo relleno de perdigones de plomo. ¡Cuánto más gratificante que fiarse cómodamente de las fuentes secundarias y copiar unas cuantas ideas convencionales de otros comentaristas!

En segundo lugar, simplificar la escritura eliminando la jerga, por supuesto, pero no adulterar los conceptos; nada de compromisos, nada de aturdir. La divulgación forma parte de la gran tradición humanística de la erudición seria, no es un ejercicio de aturdir por placer ni por sacar provecho. Por lo tanto, no me avergüenzo de la dificultad, ni siquiera de los recursos matemáticos. Puesto que llevo quince años conteniéndome, permítasenme unos cuantos párrafos de pura fanfarronería para decir lo que más me ha gustado del libro.

La historia de los tests psicológicos en el siglo XX tiene dos corrientes principales: la jerarquización y clasificación en función de la edad mental representada por las pruebas del CI, y el análisis de las correlaciones entre los tests psicológicos, tal como se manifiestan en el análisis factorial. De hecho, todas las obras populares sobre los tests psicológicos explican en detalles la vía del CI y prácticamente ignoran el análisis factorial. Esta estrategia se adopta por una razón evidente y comprensible: la historia del CI es fácil de explicar y de comprender; el análisis factorial, y el pensamiento multivariante en general, son enormemente difíciles para la mayor parte de la gente y cuesta exponerlos sin abundantes matemáticas.

Pero estas obras convencionales no pueden presentar adecuadamente la historia de la teoría hereditaria de la inteligencia unitaria, dado que esta noción se apoya por igual en ambas partes. Debemos comprender por qué la gente siempre ha pensado que una clasificación unilineal podría ordenar a las personas por su mérito intelectual: la vía del CI, por lo general bien tratada. Pero no podemos captar o interpretar la teoría de la inteligencia unitaria hasta conocer los fundamentos de la tesis previa de que la inteligencia puede interpretarse como una entidad única (que podría medirse mediante un número único, lo mismo que el CI). Esta justificación procede del análisis factorial y su supuesta revalidación de la *g* de Spearman: una cosa unitaria que hay en la cabeza. Pero el análisis factorial se ha ignorado por lo general, imposibilitando así toda auténtica comprensión.

Decidí que debía tratar el análisis factorial frontalmente; y nunca he luchado tanto para hacer el material accesible al lector no especializado. Seguí fallando al no acertar a traducir las matemáticas a prosa comprensible. Luego, al final, me di cuenta, en uno de esos vislumbres de ¡ajá!, de que podía utilizar la alternativa de la representación geométrica de los ejes y los tests mediante vectores que utiliza Thurstone. Esta perspectiva resolvía el problema, porque la mayor parte de la gente capta los gráficos mejor que los números. El capítulo 6 resultante no es de ninguna manera fácil. Nunca ocupará un lugar alto en la aceptación del público, pero nunca me he sentido tan orgulloso de ninguna otra cosa que haya escrito para audiencias populares. Creo que encontré la clave para presentar el análisis factorial y que una de las más importantes cuestiones científicas del siglo xx no puede comprenderse sin tratar este tema. Nada me ha resultado nunca más gratificante que los numerosos comentarios no solicitados, procedentes de estadísticos profesionales a lo largo de años, dándome las gracias por este capítulo y afirmando que en realidad he conseguido explicar el análisis factorial y que lo he hecho con gran exactitud e inteligibilidad. No estoy preparado todavía, pero entonaré mi *Nunc dimitis* en paz.

Un último punto periférico sobre el análisis factorial y Cyril Burt: mi capítulo sobre el análisis factorial lleva por título «El verdadero error de Cyril Burt: el análisis factorial y la cosificación de la inteligencia». Burt había sido acusado de fraude manifiesto al reunir los datos para sus estudios, hechos al final de una larga carrera, sobre los gemelos idénticos separados al principio de su vida y educados en condiciones sociales distintas. Inevitablemente, supongo yo, algunos comentaristas recientes han tratado de rehabilitar a Burt y arrojar dudas sobre las acusaciones. Considero estas tentativas débiles y condenadas al fracaso, pues las pruebas del fraude de Burt me parecen concluyentes y abrumadoras. Pero deseo subrayar que considero este asunto desafortunado, desorientador y sin importancia; y el título de mi capítulo trataba de expresar esta opinión, aunque quizás con un juego de palabras demasiado opaco. Hiciera o no hiciera lo que fuese Burt, lo hizo siendo un lastimoso anciano (acabé sintiendo bastante simpatía por él, no gozándome en su desenmascaramiento, sino atribuyendo los orígenes de su acción al dolor personal y la posible enfermedad mental) y esta última obra no tiene una significación perdurable en la historia de los tests psicológicos. El anterior error de Burt, más profundo y honesto, personifica la fascinante y portentosa influencia que tiene su carrera. Pues Burt fue el más importante de los analistas factoriales posteriores a Spearman (heredó el puesto académico de éste); y el error clave del análisis factorial radica en la reificación, la conversión de abstracciones en entidades supuestamente reales. Los análisis factoriales sobre cómo funciona la herencia, no los posteriores estudios sobre los gemelos, representan el «verdadero» error de Burt; pues reificación procede de la palabra latina *res*, que significa cosa real.

Inevitablemente, como para todos los sujetos activos, mucho ha cambiado, a veces para beneficio mío y a veces para mi déficit, desde que el libro apareció por primera vez en 1981. Pero he elegido dejar el texto principal esencialmente «como es», porque la forma básica de la argumentación sobre la inteligencia unitaria, clasificable, hereditaria y en buena medida inalterable no ha variado en ningún momento mucho, y las críticas tienen similar estabilidad y fuerza devastadora. Como se ha indicado antes, he suprimido las contadas referencias a temas de actualidad en 1981, he cambiado unos pocos errores tipográficos de menor importancia y he insertado unas cuantas notas a pie de página para crear algo de diálogo entre el yo de 1981 y el yo de ahora. Por lo demás, en esta edición revisada se lee mi libro original.

La mayor novedad de esta revisión consiste en las dos rebanadas de pan que envuelven la carne del texto original: esta exposición introductoria del principio y la sección final de los últimos ensayos. He incluido cinco ensayos en dos grupos para esta rebanada de cierre. El primer grupo de dos reproduce dos recensiones mías, muy distintas, de *The Bell Curve*. La primera apareció en *The New Yorker* del 28 de noviembre de 1994. Me complació más que nada que el señor Murray se mostrara tan apoplético acerca de este artículo y que muchas personas opinaran que yo había proporcionado un comentario global y equitativo (bien que afilado) mediante la crítica tanto de la lógica de la argumentación cuatripartita de *The Bell Curve* como de las insuficiencias de las tesis empíricas del libro (expuestas en buena medida al mostrar cómo los autores ocultaron los datos concluyentemente contrarios en un apéndice mientras celebraban su apoyo potencial en el texto principal). Me siento reconfortado de que esta recensión fuera el primer comentario importante que apareció basado en una lectura completa y crítica del auténtico texto del libro (otros habían escrito comentarios coherentes sobre el significado político de *The Bell Curve*, pero desconociendo el texto, ¡alegando incapacidad para comprender las matemáticas!). El segundo representa mis tentativas de aportar un contexto más filosófico a la falacia de *The Bell Curve,* al atender a su consonancia con otras argumentaciones procedentes de la historia del biodeterminismo. Este ensayo, publicado en *Natural History*, en febrero de 1995, repite parte del material de *La falsa medida del hombre*, tomado de la sección sobre Binet y el origen del test de CI; pero dejé la redundancia, dado que pensé que citar a Binet en este contexto distinto podría chocar a los lectores y resultarles interesante. La primera sección sobre Gobineau, el abuelo del racismo científico moderno, presenta un material que seguramente debería haber colocado, pero no lo hice, en *La falsa medida del hombre* original.

El segundo grupo contiene tres ensayos históricos sobre figuras clave de los siglos XVII, XVIII y XIX, respectivamente. Primero encontramos a sir Thomas Browne y su refutación, hecha en el siglo XVII, de la patraña de que «los judíos huelen mal». Pero valoré el argumento de Browne ante todo por seguir la convincente formulación que se ha opuesto al biodeterminismo desde entonces; de modo que su vieja refutación tiene un valor perdurable. Este ensayo acaba con un resumen de la sorprendente revisión que deben imponer sobre nuestra noción de las razas y su significado los actuales datos genéticos y evolutivos referentes a los orígenes del ser humano.

El segundo ensayo analiza el documento fundacional de la moderna clasificación racial, el sistema quíntuple ideado a finales del siglo XVIII por el genial antropólogo liberal alemán Blumenbach. Utilizo este ensayo para mostrar cómo la teoría y la presunción inconsciente siempre influyen en nuestro análisis y organización de los datos presumiblemente objetivos. Blumenbach tenía buena intención, pero acabó afirmando la jerarquía racial mediante la geometría y la estética, no por ninguna manifiesta mala intención. Si se ha preguntado usted alguna vez por qué los blancos se denominan caucásicos, en honor a una pequeña región de Rusia, encontrará la respuesta en este ensayo y en las definiciones de Blumenbach. El último artículo es un compendio de las opiniones de Darwin, a veces convencionales y a veces valientes, sobre las diferencias raciales, y acaba con una solicitud para que las figuras históricas se comprendan en el contexto de su época y no en anacrónica referencia a la nuestra.

No quería acabar con el pan rancio y, por lo tanto, busqué cerrar la sección final con ensayos no previamente aparecidos en antologías. De los cinco, sólo uno ha aparecido en colecciones mías: la última pieza sobre Darwin procedente de *Ocho cerditos*. Pero no soportaba erradicar a mi héroe personal, a la vez que concluir con este ensayo me garantizaba la simetría de permitirme cerrar el libro con la misma hermosa cita de Darwin que tanto abre la primera rebanada de pan como sirve de cita epigráfica para el meollo del libro, el texto de *La falsa medida del hombre*. Otro de los ensayos —la recensión de *The Bell Curve* en la revista *The New Yorker*— se ha reimpreso en colecciones publicadas para responder inmediatamente al libro de Herrnstein y Murray. Los demás ensayos no han sido recogidos en libro antes y los dejé a propósito fuera de mi próxima colección por aparecer, *Un dinosaurio en un pajar*.*

El tema del biodeterminismo tiene una historia larga, compleja y disputada. Es fácil que nos perdamos en las minucias de las discusiones académicas abstractas. Pero nunca debemos olvidar que la significación de la vida humana queda disminuida por estas falsas argumentaciones; y debemos, fundamentalmente por esta razón, no flaquear nunca en nuestra resolución de desenmascarar las falacias de la ciencia mal utilizada con propósitos extraños. Así que permítaseme acabar con un párrafo que sigue siendo vigente de *La falsa medida del hombre*: «Pasamos una sola vez por este mundo. Pocas tragedias pueden ser más vastas que la atrofia de la vida; pocas injusticias, más profundas que la de negar una oportunidad de competir, o incluso de esperar, mediante la imposición de un límite externo, que se intenta hacer pasar por interno».

* Crítica, Barcelona, en preparación. (*N. del r.*)

1

Introducción

Sócrates aconsejaba educar a los ciudadanos de la República, y asignarles funciones, de acuerdo con estas tres clases: gobernantes, ayudantes y artesanos. Una sociedad estable exige el respeto de esa jerarquía y la aceptación, por parte de los ciudadanos, de la condición social que se les ha conferido. Pero ¿cómo obtener esa aceptación? Incapaz de elaborar una argumentación lógica, Sócrates forjó un mito. Con un cierto embarazo, dice a Glaucón:

> Hablaré, aunque en realidad no sé cómo mirarte a la cara, ni con qué palabras expresar la audaz invención ... Hay que decirles [a los ciudadanos] que su juventud fue un sueño, y que la educación y la preparación que les dimos fueron sólo una apariencia; en realidad, durante todo ese tiempo se estaban formando y nutriendo en el seno de la Tierra...

Glaucón no puede resistir y exclama: «Buena razón tenías para sentirte avergonzado de la mentira que ibas a decirme». «Es cierto —responde Sócrates—, pero todavía falta; sólo te he dicho la mitad.»

> Ciudadanos, les diremos, siguiendo con el cuento, sois todos hermanos, si bien Dios os ha dado formas diferentes. Algunos de vosotros tenéis la capacidad de mandar, y en su composición ha puesto oro; por eso son los que más honra merecen; a otros los ha hecho de plata, para que sean ayudantes; a otros aún, que deben ser labradores y artesanos, los ha hecho de bronce y de hierro; y conviene que, en general, cada especie se conserve en los hijos ... Un oráculo dice que cuando la custodia del Estado esté en manos de un hombre de bronce o de hierro, eso significará su destrucción. Este es el cuento. ¿Hay alguna posibilidad de hacer que nuestros ciudadanos se lo crean?

Glaucón responde: «No en la generación actual; no hay manera de lograrlo; pero sí es posible hacer que sus hijos crean ese cuento, y los hijos de sus hijos, y luego toda su descendencia».

Glaucón formuló una profecía. Desde entonces, el mismo cuento, en diferentes versiones, no ha dejado de propalarse y ser creído. Según los flujos y reflujos de la historia de Occidente, las razones aducidas para establecer una jerarquía entre los grupos basándose en sus valores innatos han ido variando. Platón se apoyó en la dialéctica; la Iglesia, en el dogma. Durante los dos últimos siglos, las afirmaciones científicas se han convertido en el principal recurso para justificar el mito platónico.

Este libro analiza la versión científica del cuento de Platón. Podemos llamar *determinismo biológico* a la argumentación general que para ello se aduce. Consiste en afirmar que tanto las normas de conducta compartidas como las diferencias sociales y económicas que existen entre los grupos —básicamente, diferencias de raza, de clase y de sexo— derivan de ciertas distinciones heredadas, innatas, y que, en este sentido, la sociedad constituye un reflejo fiel de la biología. Este libro analiza, desde la perspectiva histórica, uno de los principales aspectos del determinismo biológico: la tesis de que el valor de los individuos y los grupos puede determinarse *a través de la medida de la inteligencia como cantidad aislada*. Esta tesis se ha basado en datos extraídos de dos fuentes principales: la craneometría (o medición del cráneo) y determinados estilos de tests psicológicos.

Los metales han sido reemplazados por los genes (aunque conservemos algún vestigio etimológico del cuento de Platón en el uso de la palabra «temple» para designar la dignidad de la persona). Pero la argumentación básica sigue siendo la misma: los papeles sociales y económicos de las personas son un reflejo fiel de su constitución innata. Sin embargo, un aspecto de la estrategia intelectual ha variado. Sócrates sabía que estaba mintiendo.

Los deterministas han invocado a menudo el tradicional prestigio de la ciencia como conocimiento objetivo, a salvo de cualquier tipo de corrupción social y política. Se pintan a sí mismos como los portadores de la cruel verdad, y a sus oponentes como personas sentimentales, ideólogos y soñadores. Al defender su tesis de que los negros constituían una especie aparte, Louis Agassiz (1850, p. 111) escribió: «Los naturalistas tienen derecho a considerar las cuestiones derivadas de las relaciones físicas de los hombres como cuestiones meramente científicas, y a investigarlas sin tomar en cuenta la política ni la religión». Cuando Carl C. Brigham (1923) propuso la exclusión de los inmigrantes del sur y del este de Europa que habían alcanzado valores muy bajos en unos tests que supuestamente medían la inteligencia innata, afirmó: «Desde luego, las medidas que han de adoptarse para preservar o incrementar nuestra actual capacidad intelectual deben estar dictadas por la ciencia y no por razones de conveniencia política». Por su parte, Cyril Burt, invocando datos falsos recogidos por la inexistente señorita Conway, se quejaba de que las dudas acerca de la base genética del CI «parecen fundadas más en los ideales sociales o en las preferencias subjetivas de los críticos que en cualquier examen directo de las pruebas favorables a la concepción opuesta» (en Conway, 1959, p. 15).

Dada la evidente utilidad que el determinismo presenta para los grupos dirigentes, es lícito sospechar que, pese a las negativas recién citadas, su aparición también requiere cierto contexto político. Porque, si el *statu quo* es una extensión de la naturaleza, entonces cualquier cambio importante —suponiendo que sea factible— destinado a imponer a las personas un tipo antinatural de organización, entrañaría un coste enorme, psicológico para los individuos y económico para la sociedad. En su memorable libro *An American Dilemma* (1944), el sociólogo sueco Gunnar Myrdal analizó la motivación de las argumentaciones biológicas y médicas acerca de la naturaleza humana: «Tanto en Norteamérica como en el resto del mundo, han estado asociadas con ideologías conservadoras e incluso reaccionarias. Durante su larga hegemonía, ha habido una tendencia a aceptar de forma incuestionada la causalidad biológica, y a admitir las explicaciones sociales sólo cuando las pruebas eran tan poderosas que no quedaba otra salida. En las cuestiones políticas, esta tendencia favoreció una actitud inmovilista». O bien, como dijo Condorcet de forma mucho más resumida hace ya mucho tiempo: «convierten a la naturaleza misma en un cómplice del crimen de la desigualdad política».

Este libro intenta demostrar tanto la debilidad científica como el condicionamiento político de las argumentaciones deterministas. Sin embargo, no me propongo establecer una oposición entre los malvados deterministas que se apartan del sendero de la objetividad científica y los esclarecidos antideterministas que abordan los datos con imparcialidad y, por tanto, logran ver la verdad. Me interesa, más bien, criticar el mito mismo de la ciencia como una empresa objetiva, realizable sólo cuando los científicos logran liberarse de los condicionamientos de sus respectivas culturas y ver el mundo tal como en realidad es.

Entre los científicos, no han sido muchos los ideólogos conscientes, dispuestos a entrar en este tipo de debate, tanto de una parte como de la otra. Para reflejar estos insidiosos aspectos de la vida, los científicos no necesitan convertirse en apologistas explícitos de su respectiva clase o cultura. No me propongo afirmar que los deterministas biológicos fueron malos científicos, y ni siquiera que siempre se equivocaron. Lo que pienso es, más bien, que la ciencia debe entenderse como un fenómeno social, como una empresa valiente, humana, y no como la obra de unos robots programados para recoger información pura. Además, considero que esta concepción es un estímulo para la ciencia, y no un sombrío epitafio para una noble esperanza sacrificada en el altar de las limitaciones humanas.

Puesto que debe ser obra de las personas, la ciencia es una actividad que se inserta en la vida social. Su progreso depende del pálpito, de la visión y de la intuición. Muchas de las transformaciones que sufre con el tiempo no corresponden a un acercamiento progresivo a la verdad absoluta, sino a la modificación de los contextos culturales que tanta influencia ejercen sobre ella. Los hechos no son fragmentos de información puros e impolutos; también la cultura influye en lo que vemos y en cómo lo vemos. Las teorías más creativas suelen ser visiones imaginativas proyectadas sobre los hechos; también la imaginación deriva de fuentes en gran medida culturales.

Aunque para muchas personas dedicadas a la actividad científica esta argumentación todavía constituya un anatema, creo que casi todos los historiadores de la ciencia estarían dispuestos a aceptarla. Sin embargo, al proponerla no suscribiré una extrapolación bastante difundida en determinados círculos de historiadores: la tesis puramente relativista según la cual el cambio científico sólo se debe a la modificación de los contextos sociales; la verdad considerada al margen de toda premisa cultural se convierte en un concepto vacío de significado, y, por tanto, la ciencia es incapaz de proporcionar respuestas duraderas. Como persona dedicada a la actividad científica, comparto el credo de mis colegas: creo que existe una realidad objetiva y que la ciencia, aunque a menudo de una manera torpe e irregular, es capaz de enseñarnos algo sobre ella. A Galileo no le mostraron los instrumentos de tortura durante el transcurso de un debate abstracto sobre el movimiento de la Luna: sus ideas amenazaban la argumentación tradicional de la Iglesia en favor de la estabilidad social y doctrinal, el orden estático del mundo donde los planetas giraban alrededor de una Tierra central, los sacerdotes estaban subordinados al papa y los siervos a sus señores. Pero la Iglesia no tardó en hacer las paces con la cosmología de Galileo. No le quedaba otra alternativa: la Tierra gira realmente alrededor del Sol.

Sin embargo, la historia de muchos temas científicos se desarrolla prácticamente al margen de este tipo de condicionamiento fáctico. Ello obedece a dos razones. En primer término, hay algunos temas que ostentan una enorme importancia social, pero acerca de los cuales sólo se dispone, lamentablemente, de muy escasa información fidedigna. Cuando la proporción entre los datos y la trascendencia social es tan despareja, una historia de las actitudes científicas apenas puede ser más que un registro indirecto del cambio social. Por ejemplo, la historia de las concepciones científicas acerca de la raza constituye un espejo de los movimientos sociales (Provine, 1973). Es un espejo que refleja tanto en los buenos tiempos como en los malos, en los períodos de creencia en la igualdad como en las eras de racismo desenfrenado. El ocaso de la vieja eugenesia norteamericana se debió menos a los progresos del conocimiento genético que al uso particular que hizo Hitler de los argumentos con que entonces solían justificarse la esterilización y la purificación racial.

En segundo término, los científicos formulan muchas cuestiones de una manera tan restrictiva, que las únicas respuestas legítimas son aquellas que confirman determinada preferencia social. Por ejemplo, gran parte de las discusiones sobre las diferencias raciales en la capacidad intelectual se basaban en la premisa de que la inteligencia es una cosa que existe en la cabeza. Mientras no se eliminó esa creencia, ninguna acumulación de datos logró conmover la firme tradición occidental favorable a ordenar elementos relacionados entre sí según una escala progresiva.

La ciencia no puede escapar a su singular dialéctica. A pesar de estar inserta en un contexto cultural, puede ser un factor poderoso para poner en entredicho, e incluso para derribar, las premisas en las que éste se sustenta. La ciencia puede aportar información para reducir el desequilibrio entre los datos y su repercusión social. Los científicos pueden esforzarse por identificar las ideas que tienen sus pares acerca de la cultura y preguntarse por el tipo de respuestas que podrían formularse partiendo de premisas diferentes. Los científicos pueden proponer teorías creativas que sorprendan a sus colegas y los obliguen a revisar la validez de unos procedimientos hasta entonces incuestionados.

Sin embargo, la capacidad de la ciencia para convertirse en un instrumento de identificación de las limitaciones culturales que la determinan sólo podrá valorarse plenamente cuando los científicos renuncien al doble mito de la objetividad y de la marcha inexorable hacia la verdad. De hecho, antes de poder interpretar correctamente la paja incrustada en el ojo ajeno, es preciso localizar la viga clavada en el propio. Una vez reconocidas, las vigas dejan de ser obstáculos para convertirse en instrumentos del saber.

En el siguiente pasaje, Gunnar Myrdal (1944) logra expresar ambos aspectos de esa dialéctica:

> Durante los últimos 50 años, un puñado de personas dedicadas a la investigación social y biológica han logrado que el público culto se haya ido desprendiendo de algunos de nuestros errores biológicos más flagrantes. Sin embargo, deben de existir innumerables errores de este tipo que ningún hombre ha podido detectar hasta el presente debido a la neblina en que nuestro tipo occidental de cultura tiende a envolvernos. Las influencias culturales han establecido nuestras ideas básicas acerca de la mente, el cuerpo y el universo; son ellas las que deciden qué preguntas formulamos, las que influyen sobre los hechos que vemos, las que determinan la interpretación que damos a esos hechos, y las que dirigen nuestra reacción ante esas interpretaciones y conclusiones.

El determinismo biológico es un tema demasiado amplio para un solo hombre y un solo libro, porque incide virtualmente en todos los aspectos de la dialéctica entre biología y sociedad, tal como se ha desarrollado desde los albores de la ciencia moderna. Por consiguiente, me he limitado a considerar una de las tesis centrales, y abarcables, dentro de la estructura del determinismo biológico: una tesis desarrollada en dos capítulos históricos, basada en dos graves falacias, y presentada en ambos casos con un mismo estilo.

Dicha tesis parte de una de las falacias: la *reificación* o tendencia a convertir los conceptos abstractos en entidades (del latín *res*, «cosa»). Reconocemos la importancia de la mentalidad en nuestras vidas y deseamos caracterizarla, en parte para poder establecer las divisiones y distinciones entre las personas que nuestros sistemas político y cultural nos dictan. Por tanto, bautizamos con la palabra «inteligencia» ese conjunto de capacidades humanas prodigiosamente complejo y multifacético. Luego, ese símbolo taquigráfico es reificado, y así la inteligencia alcanza su dudoso estado de cosa unitaria.

Una vez que la inteligencia se ha convertido en una entidad, los procedimientos normales de la ciencia prácticamente deciden que debe dotársela de una localización y de un substrato físico. Puesto que el cerebro es la sede de la mentalidad, la inteligencia debe residir allí.

Ahora aparece la segunda falacia: la *gradación* o tendencia a ordenar la variación compleja en una escala graduada ascendente. Las metáforas del progreso y el desarrollo gradual figuran entre las más recurrentes del pensamiento occidental: véanse el clásico ensayo de Lovejoy (1936) sobre la gran cadena del ser, o el famoso estudio de Bury (1920) sobre la idea de progreso. La utilidad social de dichas metáforas puede apreciarse en el consejo que Booker T. Washington (1904, p. 245) daba a los negros norteamericanos:

> Uno de los peligros que acechan a mi raza es el de impacientarse y creer que puede acelerar la marcha mediante esfuerzos artificiales y superficiales, en lugar de seguir el proceso más lento pero más seguro que conduce paso a paso a través de todos los grados del desarrollo industrial, mental, moral y social por los que han debido pasar todas las razas que han alcanzado la fuerza y la independencia.

Pero la gradación requiere un criterio que permita asignar a cada individuo su respectiva posición dentro de la escala única. ¿Qué mejor criterio que un número objetivo? Así pues, el estilo común en que se expresaron ambas falacias mentales fue el de la cuantificación, o medición de la inteligencia como número único para cada persona.[1] Por tanto, este libro analiza la abstracción de la inteligencia como entidad singular, su localización en el cerebro, su cuantificación como número único para cada individuo, y el uso de esos números para clasificar a las personas en una sola escala de méritos, descubrir en todos los casos que los grupos —razas, clases o sexos— oprimidos y menos favorecidos son innatamente inferiores y merecen ocupar esa posición. En suma, este libro analiza la Falsa Medida del Hombre.[2]

Durante los dos últimos siglos, la gradación se ha justificado de diferentes maneras. En el siglo XIX, la ciencia numérica en que se apoyó el determinismo biológico fue la craneometría. En el capítulo 2 analizo los datos más amplios compilados antes de Darwin con vistas a una clasificación de las razas según el tamaño del cerebro: la colección de cráneos del médico de Filadelfia Samuel George Morton. El capítulo 3 trata del florecimiento de la craneometría como ciencia rigurosa y respetable a finales del siglo XIX: la escuela de Paul Broca. A continuación, el capítulo 4 destaca la repercusión del tratamiento cuantitativo de la anatomía humana sobre el determinismo biológico del siglo XIX. En él se estudian dos casos típicos: la teoría de la recapitulación como criterio básico para la gradación unilineal de los grupos humanos, y el intento de explicar la conducta criminal como un atavismo biológico reflejado en la morfología simiesca de los asesinos y otros malhechores.

En el siglo XX, los tests de inteligencia desempeñan la misma función que supuso la craneometría en el siglo pasado: según ellos, la inteligencia (o al menos una parte dominante de la misma) es una cosa separada, innata, heredable y medible. En el capítulo 5 (la versión hereditaria de la escala CI como un producto norteamericano) y en el capítulo 6 (el razonamiento a favor de la cosifi-

1. Peter Medawar (1977, p. 13) ha presentado otros ejemplos interesantes de «la ilusión que entraña querer asignar valores numéricos simples a cantidades complejas»; por ejemplo, cuando los demógrafos intentan localizar las causas de las tendencias demográficas en una medida simple del «coraje reproductivo», o cuando los edafólogos pretenden expresar la «calidad» de determinado suelo mediante un número simple.

2. Como me atengo estrictamente al análisis de la argumentación que acabo de bosquejar, no tomo en consideración todas las teorías de la craneometría (por ejemplo, excluyo la frenología, porque ésta no reificó la inteligencia como entidad aparte, sino que trató de localizar diversos órganos en el cerebro). Análogamente, omito toda referencia a ciertos tipos de determinismo, importantes y a menudo cuantificados, que no intentan medir la inteligencia como una propiedad del cerebro: por ejemplo, la mayor parte de la eugenesia.

cación de la inteligencia como entidad aparte mediante la técnica matemática del análisis factorial) analizo los dos componentes de este enfoque incorrecto de la medición de la capacidad mental. El análisis factorial es un tema matemático bastante arduo, y casi siempre suele ser omitido en los escritos destinados a un público no profesional. Sin embargo, creo que es posible presentarlo de una manera accesible y clara valiéndose de gráficos en lugar de números. Con todo, el contenido del capítulo 6 no es «de fácil lectura»; pero no puedo eliminarlo, porque es imposible entender la historia de los tests de inteligencia sin haber comprendido el razonamiento basado en el análisis factorial, y sin haber detectado la profunda falacia conceptual que éste entraña. El gran debate acerca del CI resulta ininteligible si no se considera este tema tradicionalmente omitido.

He intentado tratar estos temas de una manera original, utilizando un método que ni el científico ni el historiador suelen emplear en sus respectivas esferas de acción. Es raro que los historiadores analicen los detalles cuantitativos que entrañan los conjuntos de datos primarios. Sus trabajos versan sobre el contexto social, la biografía, o la historia general del intelecto (cosas todas que, por mi parte, soy incapaz de abordar de una manera satisfactoria). Los científicos están acostumbrados a analizar los datos obtenidos por sus colegas, pero pocos se interesan suficientemente en la historia como para poder aplicar ese método a sus predecesores. Así, muchos estudiosos han escrito sobre la repercusión de Broca, pero ninguno ha revisado sus cálculos.

Si me he concentrado en la revisión de los conjuntos de datos clásicamente utilizados en craneometría y en el estudio cuantitativo de la inteligencia, ello se debe a dos razones, además de mi incapacidad para aplicar cualquier otro enfoque de una manera fructífera, y mi deseo de hacer algo un poco diferente. En primer lugar, creo que Satanás también mora con Dios en los detalles. Si las influencias culturales sobre la ciencia pudiesen detectarse en las minucias más insignificantes de una cuantificación supuestamente objetiva, y casi automática, entonces quedaría demostrado que el determinismo biológico es un prejuicio social que los científicos reflejan en su esfera específica de acción.

La segunda razón para analizar los datos cuantitativos deriva del puesto privilegiado que suele reservarse a los números. Según la mística de la ciencia, los números constituyen la máxima prueba de objetividad. Desde luego, podemos pesar un cerebro o registrar los datos de un test de inteligencia sin necesidad de indicar nuestras preferencias sociales. Si las diferencias de nivel se exponen en números incuestionables, obtenidos mediante procedimientos rigurosos y normalizados, entonces tienen que reflejar la realidad, aunque confirmen lo que deseábamos creer desde el comienzo. Los antideterministas fueron conscientes del especial prestigio de los números, y de las dificultades que entraña su refutación. Léonce Manouvrier (1903, p. 406), excelente estadístico, no determinista y oveja negra del rebaño de Broca, escribió acerca de los datos de este último sobre la pequeñez de los cerebros femeninos:

> Las mujeres desplegaron sus talentos y sus diplomas. También invocaron algunas autoridades filosóficas. Pero tenían que enfrentarse con unos *números* que ni Condorcet ni John Stuart Mill habían conocido. Esos números cayeron como una almádena sobre las pobres mujeres, y con ellos unos comentarios y sarcasmos más feroces que las más misogínicas imprecaciones de ciertos padres de la Iglesia. Los teólogos se habían preguntado si las mujeres tenían alma. Varios siglos más tarde, algunos científicos se mostraron dispuestos a negarles la posesión de una inteligencia humana.

Si —como creo haber probado— los datos cuantitativos están tan expuestos al condicionamiento cultural como cualquier otro aspecto de la ciencia, entonces no ostentan ningún título especial que garantice su veracidad supuestamente inapelable.

Al volver a analizar los conjuntos de datos utilizados en los estudios clásicos sobre el tema, he podido detectar una y otra vez la incidencia de unos prejuicios *a priori* que guiaron a los científicos hacia conclusiones incorrectas a pesar de haber partido de datos adecuados, o que, incluso distorsionaron la recolección de dichos datos. En unos pocos casos —el de Cyril Burt, que, como se ha probado, falsificó datos sobre el CI de gemelos idénticos; y el de Goddard que, según he descubierto, alteró las fotografías de los miembros de la familia Kallikak para que parecieran retardados mentales— podemos afirmar que la incidencia de los prejuicios sociales fue producto de un fraude deliberado. Sin embargo, el fraude no presenta interés alguno desde el punto de vista histórico, salvo como anécdota, porque sus autores saben lo que están haciendo: así pues, no constituye un ejemplo adecuado de los prejuicios, *inconscientes* que reflejan los sutiles e inevitables condicionamientos de origen cultural. En la mayoría de los casos analizados en este libro podemos estar bastante seguros de que la influencia de dichos prejuicios se produjo de forma inconsciente —si bien muchas veces alcanzó expresiones tan insignes como en los casos de fraude deliberado—, y que los científicos creyeron que estaban buscando la verdad inmaculada.

Puesto que, según los criterios actuales, muchos de los casos que aquí se presentan son tan obvios e, incluso, tan ridículos, me interesa destacar que no he escogido figuras, marginales y, por tanto, presas especialmente fáciles (salvo, quizá, los señores Bean, en el capítulo 3, cuyo caso introduzco a modo de entremés para ilustrar un tema general, y Cartwright, en el capítulo 2, cuyas afirmaciones eran demasiado preciosas como para dejar de mencionarlas). El catálogo de las presas fáciles es muy extenso: desde un eugenista llamado W. D. McKim, doctor en ciencias (1900), según el cual el ácido carbónico gas constituía el arma ideal para liquidar a los ladrones nocturnos, hasta cierto profesor inglés que recorrió los Estados Unidos a finales del siglo XIX aconsejando, sin esperar a ser consultado, una solución de nuestros problemas raciales que consistía en que cada irlandés matara a un negro y luego fuese colgado por ese crimen.[3] Pero las presas fáciles no tienen un valor histórico, sino anecdó-

3. Entre las afirmaciones demasiado preciosas como para dejar de mencionarlas se encuentra ésta de Bill Lee, que se considera a sí mismo filósofo del béisbol. Para justificar el lanzamiento

tico; a pesar de ser divertidas, su importancia es efímera y su influencia mínima. Me he concentrado en los científicos más importantes y más influyentes de cada época, y he analizado sus obras más significativas.

He disfrutado haciendo de detective en la mayoría de los estudios de casos que integran este libro: descubriendo pasajes expurgados, sin indicación pertinente, en las cartas publicadas; rehaciendo los cálculos para localizar los errores que permitían extraer las conclusiones esperadas; descubriendo cómo podían filtrarse los datos adecuados a través de los prejuicios para obtener unos resultados ya previstos, e, incluso, sometiendo a mis alumnos al Test de Inteligencia que utiliza el ejército para los analfabetos, y logrando unos resultados muy interesantes. Sin embargo, confío en que el empeño puesto en la investigación de los detalles no haya hecho perder de vista la tesis fundamental de que, al margen de cualquier alarde numérico, los argumentos elaborados por los deterministas para clasificar a las personas de acuerdo con una única escala de inteligencia se limitan prácticamente a reproducir un prejuicio social; y también espero que del desarrollo de dicho análisis se desprenda algún resultado esperanzador acerca de la naturaleza de la ciencia.

Si este tema sólo tuviese un interés meramente erudito, podría abordarlo con un tono más mesurado; pero pocos temas biológicos han ejercido una influencia más directa sobre millones de vidas. El determinismo biológico es, esencialmente, una *teoría que fija límites*. Según él, la posición que cada grupo ocupa de hecho en la sociedad constituye una medida de lo que dicho grupo podría y debería ser (si bien concede que algunos pocos individuos asciendan en la escala social debido a su constitución biológica privilegiada).

Apenas me he referido al actual resurgimiento del determinismo biológico porque sus tesis suelen tener una vigencia tan efímera que los sitios más adecuados para refutarlas son las páginas de una revista o de un periódico. ¿Acaso alguien recuerda los temas candentes de hace diez años: las propuestas de Shockley en el sentido de indemnizar a los individuos dispuestos a someterse a la esterilización voluntaria, teniendo en cuenta el número de puntos que les faltara para alcanzar el CI = 100, el gran debate sobre la combinación cromosómica XYY, o los intentos de explicar los disturbios callejeros por las alteraciones neurológicas de los alborotadores? Me pareció que sería más valioso e interesante examinar las fuentes originales de los argumentos que aún pululan a nuestro alrededor. En el caso de estos últimos, se trata, en el mejor de los supuestos, de un gran despliegue de errores, por lo demás bastante esclarecedores. Sin embargo, la idea de escribir este libro surgió en mí cuando comprobé que el determinismo biológico volvía a estar de moda, como siempre sucede en épocas de retroceso político. Con la habitual profundidad, empiezan a correr, de cóctel

dirigido hacia la cabeza del bateador, argumentó lo siguiente (*New York Times*, 24 de julio de 1976): «En la universidad he leído un libro titulado *Territorial Imperative*. Lo que más debe proteger un tío en toda la calle es la casa de su patrón. Mi territorio se extiende hasta donde puedan batear los otros. Si no quiero que salgan y se hagan con la pelota, tengo que lanzarla lo más cerca posible del bateador».

en cóctel, los rumores acerca de la agresión innata, los papeles propios de uno y otro sexo, y el mono desnudo. Millones de personas empiezan ahora a sospechar que, después de todo, sus prejuicios sociales corresponden a hechos científicos. Más aún: el resurgimiento del interés por este tema no deriva de la existencia de nuevos datos, sino de la vigencia de esos prejuicios latentes.

Pasamos una sola vez por este mundo. Pocas tragedias pueden ser más vastas que la atrofia de la vida; pocas injusticias, más profundas que la de negar una oportunidad de competir, o incluso de esperar, mediante la imposición de un límite externo, que se intenta hacer pasar por interno. Cicerón cuenta la historia de Zopiro, quien afirmó que Sócrates tenía unos vicios innatos, reflejados en sus rasgos fisonómicos. Los discípulos rechazaron la afirmación, pero Sócrates defendió a Zopiro y dijo que en verdad poseía tales vicios, pero que había anulado sus efectos mediante el ejercicio de la razón. Vivimos en un mundo de distinciones y preferencias entre los hombres, pero la extrapolación de estos hechos para transformarlos en teorías que establecen límites rígidos es un producto ideológico.

George Eliot supo apreciar la singular tragedia que supone la imposición de una etiqueta biológica sobre los miembros de los grupos socialmente menos favorecidos, y la expresó tal como la viven las personas como ella: mujeres dotadas de un talento extraordinario. Por mi parte, me gustaría expresarla con mayor amplitud: no sólo tal como se da entre quienes ven burlados sus sueños, sino también entre quienes nunca llegan a describir que también ellos pueden soñar. Pero soy incapaz de igualar su prosa (en la introducción a *Middlemarch*):

> Algunos han pensado que estas vidas llenas de desatinos se deben a la fastidiosa vaguedad que el Poder Supremo imprimió al temperamento de las mujeres: si el nivel de incompetencia femenina pudiese determinarse por un criterio tan nítido como el de saber contar sólo hasta tres, la suerte social de las mujeres podría definirse con certeza científica. En realidad, los límites de variación son mucho más amplios que lo que cabría imaginar a partir de la uniformidad del peinado femenino y las preferencias en materia de historias de amor, ya sean éstas en prosa o en verso. Acá y allá un patito feo crece, no sin zozobra, entre los otros, en la fangosa laguna, y nunca encuentra la viva corriente de hermandad donde podría bogar con sus congéneres. Acá y allá nace una santa Teresa que no funda nada y cuyos amorosos latidos y sollozos en pos de una bondad inalcanzada dejan al fin de vibrar y se extinguen entre una multitud de obstáculos en vez de concentrarse en una obra duradera.

2

La poligenia y la craneometría norteamericanas antes de Darwin

Los negros y los indios como especies separadas e inferiores

La primera ley del Cielo es el orden; y, admitido esto,
algunos son, y deben ser, más grandes que los otros.*

ALEXANDER POPE, *Essay on Man* (1733)

A lo largo de la historia se ha invocado con frecuencia la razón o la naturaleza del universo para santificar las jerarquías sociales existentes presentándolas como justas e inevitables. Las jerarquías sólo suelen durar unas pocas generaciones, pero los argumentos, retocados para la justificación de cada nueva ronda de instituciones sociales, circulan indefinidamente.

El catálogo de las justificaciones basadas en la naturaleza abarca toda una serie de posibilidades: complejas analogías entre los gobernantes y toda una jerarquía de clases subordinadas, y la Tierra central en la astronomía de Ptolomeo y el orden jerárquico de los cuerpos celestes que giran a su alrededor; o referencias al orden universal de una «gran cadena del ser» donde, desde las amebas hasta Dios, todo se ordena en una única serie ontológica que, cerca de su culminación, presenta la serie jerárquica de las diferentes razas y clases humanas. Como dice, de nuevo, Alexander Pope:

Sin esa justa gradación, ¿acaso podrían estar
Sujetos éstos a aquéllos, o todos a ti?
....
En la cadena de la naturaleza, cualquiera que sea el eslabón que se golpee,
ya sea el décimo o el diez mil, rompe la cadena.**

Tanto los más humildes como los más grandes desempeñan un papel en la conservación del orden universal; cada uno ocupa el lugar que le ha sido fijado.

* [Order is Heaven's first law; and, this confessed / Some are, and must be, greater than the rest.]
** [Without this just gradation, could they be / Subjected, these to those, or all to thee? ... From Nature's chain whatever link you strike, / Tenth, or ten thousandth, breaks the chain alike.]

El propósito de este libro es examinar un argumento que, para sorpresa de muchos, parece ser algo reciente: el determinismo biológico, o sea, la tesis de que los miembros de las capas bajas de la sociedad están hechos con unos materiales intrínsecamente inferiores (ya se trate de cerebros más pobres, de genes de mala calidad, o de lo que sea). Una propuesta que, como hemos visto, Platón lanzó en *La República*, si bien con mucha cautela y, al fin y al cabo, presentándola como una mentira.

Aunque el prejuicio racial sea tan antiguo como la historia humana conocida, su justificación biológica supuso para los grupos despreciados la carga adicional de la inferioridad intrínseca, y eliminó la posibilidad de que éstos se redimieran a través de la conversión o la asimilación. Durante más de un siglo, el argumento «científico» constituyó un arma ofensiva de primera línea. Cuando se aborda el análisis de la primera teoría biológica basada en amplios datos cuantitativos —la craneometría de comienzos del siglo XIX—, surge una pregunta relativa a la causalidad: ¿la introducción de la ciencia inductiva aportó datos legítimos que alteraron o reforzaron un argumento ya esbozado en favor de la jerarquización racial? ¿O bien la opción *a priori* en favor de dicha jerarquización moldeó las preguntas «científicas» que se formularon e incluso los datos que se recogieron para sustentar una conclusión establecida de antemano?

Un contexto cultural compartido

Para apreciar la repercusión de la ciencia sobre las ideas imperantes en los siglos XVIII y XIX acerca de las razas, debemos empezar reconociendo el ambiente cultural de una sociedad cuyos dirigentes e intelectuales no abrigaron dudas acerca de la pertinencia de la jerarquización racial, una jerarquización que asignaba a los indios un puesto inferior al de los blancos, y a los negros, uno inferior al de todos los demás (véase la figura 2.1). Dentro de este horizonte general, la desigualdad estaba fuera de discusión. Un grupo —podríamos llamarlo «duro»— sostenía que los negros eran inferiores y que su condición biológica justificaba la esclavitud y la colonización. Otro grupo —«blando», por decirlo así— estaba de acuerdo en que los negros eran inferiores, pero sostenía que el derecho a la libertad no dependía del nivel de inteligencia de las personas. «Cualquiera que sea su grado de talento —escribió Thomas Jefferson—, éste no constituye medida alguna de sus derechos.»

Los blandos adoptaron diferentes actitudes acerca de la naturaleza de la inferioridad de los negros. Algunos sostuvieron que estos últimos podrían «elevarse» hasta una condición similar a la de los blancos si contasen con una educación y un nivel de vida adecuados; otros, en cambio, defendían la idea de la incapacidad permanente de los negros. Tampoco estaban todos de acuerdo acerca de las raíces biológicas o culturales de la inferioridad de estos últimos. Sin embargo, en el conjunto de la tradición igualitarista de la Ilustración europea y la revolución norteamericana, no logro descubrir ninguna posición difundida comparable, aunque sólo sea remotamente, con el «relativismo cultural» que predomina (al menos de labios afuera) en los círculos liberales de la

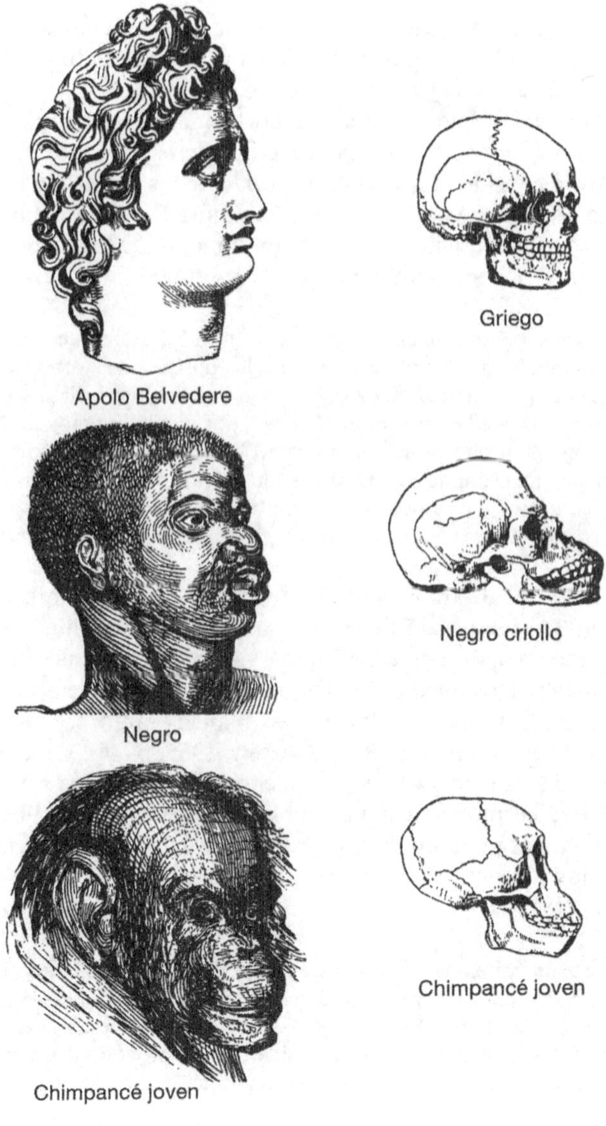

2.1. La escala unilineal de las razas humanas y sus parientes inferiores, según Nott y Gliddon, 1868. El cráneo del chimpancé aparece incorrectamente agrandado, y la mandíbula del negro falsamente extendida, para dar la impresión de que los negros podrían situarse incluso más abajo que los monos.

actualidad. El argumento que más se aproxima es la tesis de que la inferioridad de los negros es puramente cultural y que una educación hasta el nivel de los caucásicos puede erradicarla por completo.

La totalidad de los héroes culturales norteamericanos adoptaron unas actitudes racistas que pondrían en más de un aprieto a los fabricantes de mitos escolares. Pese a considerar que la inferioridad de los negros era puramente cultural y podía remediarse por completo, Benjamin Franklin manifestó su esperanza de que Norteamérica llegara a ser un dominio de los blancos, sin mezcla con otros colores menos agradables.

> Desearía que su número fuese en aumento. Y puesto que, por decirlo así, estamos puliendo nuestro planeta, al talar los bosques de Norteamérica, y haciendo con ello que este lado del globo refleje una luz más brillante para quienes lo contemplan desde Marte o desde Venus, ¿por qué habríamos ... de oscurecer su población? ¿Por qué aumentar el número de los Hijos de África aclimatándolos a Norteamérica, donde se nos ofrece una oportunidad tan buena para excluir a todos los negros y tostados, y favorecer la multiplicación de los hermosos blancos y rojos? (*Observations Concerning the Increase of Mankind*, 1751).[1]

Otros héroes de nuestra nación sostuvieron la tesis de la inferioridad biológica. Thomas Jefferson escribió, si bien a título de mera hipótesis: «Sugiero, pues, sólo como conjetura, que los negros, ya constituyan una raza aparte desde su origen o bien se hayan ido diferenciando a lo largo del tiempo y por imperio de las circunstancias, son inferiores a los blancos tanto por sus dotes físicas como por sus talentos mentales» (en Gossett, 1965, p. 44). La satisfacción que el desempeño de los soldados negros en el ejército unionista supuso para Lincoln contribuyó en mucho a incrementar su respeto por los libertos y los ex esclavos. Sin embargo, la libertad no entraña la igualdad biológica, y Lincoln nunca abandonó la actitud básica que con tanto vigor expuso en los debates con Douglas (1858):

> Existe una diferencia física entre las razas blanca y negra que, en mi opinión, impedirá siempre que ambas razas convivan en condiciones de igualdad social y política. Y en la medida en que no pueden vivir de esa manera, pero han de seguir juntas, una debe ocupar la posición superior y otra la inferior, y yo, como cualquier otro hombre, prefiero que dicha posición superior sea asignada a la raza blanca.

1. He comprobado con sorpresa lo frecuentes que son estos tipos de juicios estéticos cuando se trata de justificar determinadas preferencias raciales. Aunque J. F. Blumenbach, fundador de la antropología, hubiese afirmado que para los sapos sus congéneres han de representar otros tantos dechados de belleza, pocos intelectuales sagaces pusieron en duda la ecuación entre blancura y perfección. Franklin tuvo al menos la honradez de incluir a los habitantes originales en su Norteamérica del futuro; sin embargo, un siglo más tarde, Oliver Wendell Holmes se alegró de poder eliminar a los indios por razones de tipo estético: «... así se borra el bosquejo trazado con sanguina y el lienzo puede acoger un retrato de la humanidad un poco más semejante a la propia imagen de Dios» (en Gossett, 1965, p. 243).

Para que esta afirmación no se atribuya a la mera retórica electoral, citaré la siguiente nota privada, escrita de prisa en un trozo de papel (1859):

> ¡La igualdad de los negros! ¡Tonterías! ¿Hasta cuándo, en el reino de un Dios lo bastante grande como para crear y gobernar el universo, seguirá habiendo pícaros para vender, y necios para tomarse en solfa, un ejemplo de demagogia tan barata como ésta? (en Sinkler, 1972, p. 47).

No cito estas afirmaciones para sacar esqueletos de los viejos armarios: si menciono a los hombres que han merecido con toda justicia el mayor de nuestros respetos, es para mostrar que en los siglos XVIII y XIX los dirigentes blancos de las naciones occidentales no pusieron en tela de juicio la pertinencia de la jerarquía racial. Dada esa situación, el hecho de que los científicos aprobaran masivamente las jerarquías establecidas no se debió al estudio de unos datos objetivos recogidos para responder a un problema sujeto a discusión, sino a la circunstancia de compartir determinada creencia social. Sin embargo, por un curioso efecto de causalidad invertida, esas declaraciones se interpretaron como una justificación independiente del contexto político.

La totalidad de los científicos más importantes se atuvieron a las formas sociales establecidas (véanse las figuras 2.2 y 2.3). En la primera definición formal de las razas humanas dentro del marco de la taxonomía moderna, Linneo mezcló los rasgos del carácter con los anatómicos (*Systema naturae*, 1758). El *Homo sapiens afer* (el negro africano), declaró, está «gobernado por el capricho»; el *Homo sapiens europaeus* está «gobernado por la costumbre». Acerca de las mujeres africanas, escribió: *mammae lactantes prolixae*, de senos que secretan muchísima leche. Y añadió que los hombres eran indolentes y se untaban con grasa.

Los tres naturalistas más importantes del siglo XIX no tuvieron en gran estima a los negros. Georges Cuvier, celebrado ampliamente en Francia como el Aristóteles de su época, y uno de los fundadores de la geología, la paleontología y la anatomía comparada moderna, afirmó que los indígenas de África constituían «la más degradada de las razas humanas, cuya forma se asemeja a la de los animales y cuya inteligencia nunca es lo suficientemente grande como para llegar a establecer un gobierno regular» (Cuvier, 1812, p. 105). Charles Lyell, considerado como el padre de la geología moderna, escribió:

> El cerebro del bosquimano ... remite al de los Simiados [monos]. Esto entraña una relación entre la falta de inteligencia y la asimilación estructural. Cada raza de Hombre tiene un puesto propio, como sucede entre los animales inferiores (en Wilson, 1970, p. 347).

Charles Darwin, amable liberal y abolicionista apasionado,[2] se refirió a una época futura en que la brecha entre el ser humano y el mono se ensancharía

2. Por ejemplo, en *El viaje del Beagle* Darwin escribe lo siguiente: «Cerca de Río de Janeiro vivía enfrente de una señora mayor que guardaba torniquetes para aplastar los dedos de sus esclavas. También pasé un tiempo en una casa en la que un joven sirviente mulato era injuriado, maltra-

2.2. Intento burdo de sugerir la existencia de una marcada afinidad entre los negros y los gorilas. Fuente: Nott y Gliddon, *Types of Mankind*, 1854. He aquí el comentario de los autores a esta figura: «Las evidentes analogías y diferencias entre un tipo inferior de humanidad y un tipo superior de monos no requieren comentario alguno».

---

tado y perseguido cada día, cada hora, lo bastante como para quebrar el espíritu del más rastrero de los animales. He visto cómo un niño pequeño, de seis o siete años, era golpeado por tres veces en la cabeza con una fusta de caballo (antes de que yo pudiera intervenir), en castigo por haberme servido un vaso de agua no lo bastante limpio... ¡Y tales actos son perpetrados y justificados por hombres que profesan amar al prójimo tanto como a sí mismos, hombres que creen en Dios y que rezan para que se haga su Voluntad sobre la Tierra! Le enciende a uno la sangre, pero también le encoge el corazón, pensar que los ingleses y nuestros descendientes americanos, con su orgulloso grito de libertad, hemos sido y somos tan culpables».

2.3. Otras dos comparaciones entre negros y monos tomadas de Nott y Gliddon, 1854. Este libro no era un documento marginal, sino el principal texto norteamericano sobre el tema de las diferencias raciales.

debido a la previsible extinción de especies intermedias como el chimpancé y el hotentote.

> Entonces la grieta será más amplia, porque se insertará entre el hombre, que habrá alcanzado, como cabe esperar, un estadio de civilización mayor que el caucásico, y un mono inferior como el babuino, en vez de insertarse, como en la actualidad, entre el negro o el australiano y el gorila (*El origen del hombre*, 1871, p. 201).

Aún más instructivas son las creencias de aquellos pocos científicos que suelen citarse retrospectivamente como partidarios del relativismo cultural y defensores de la igualdad. J. F. Blumenbach atribuyó las diferencias raciales a las variedades del clima. Rechazó las jerarquías basadas en la supuesta habilidad mental, y reunió una colección de libros escritos por negros. Sin embargo, no dudó de que el hombre blanco constituyese la norma respecto de la cual todas las demás razas debían considerarse desviaciones (véase el ensayo «Geometría racial», al final del libro, para más información sobre Blumenbach):

> Si se toman en cuenta todos los principios fisiológicos, la raza caucásica debe considerarse como la fundamental, o central, de estas cinco principales. Los dos extremos hacia los que ésta se ha desviado son, de una parte, la raza mongólica y, de la otra, la raza etíope [negros africanos] (1825, p. 37).

Alexander von Humboldt, viajero incansable, estadista y máximo divulgador de la ciencia del siglo XIX, podría ser el héroe de todos los igualitaristas modernos que buscan antecedentes históricos. Fue el científico de su época que más, y con más fuerza, discutió la pretensión de establecer jerarquías basadas en criterios estéticos o intelectuales. También extrajo una serie de consecuencias políticas de sus convicciones, y se opuso a toda forma de esclavitud y sojuzgamiento por considerarlos un obstáculo para el libre ejercicio de la tendencia natural de todas las personas a luchar por la conquista de un nivel mental más elevado. Escribió, en el pasaje más famoso de su obra en cinco volúmenes titulada *Cosmos*:

> Al tiempo que afirmamos la unidad de la especie humana, rechazamos la desalentadora creencia de que existirían razas humanas superiores e inferiores. Hay naciones más propicias para el perfeccionamiento intelectual que otras, pero ninguna es en sí misma más noble que las otras. Todas están destinadas por igual al ejercicio de la libertad (1849, p. 368).

Sin embargo, incluso Humboldt se remitió a una diferencia intelectual innata para resolver ciertos dilemas de la historia humana. ¿Por qué, se pregunta en el segundo volumen de *Cosmos*, el florecimiento cultural y científico de los árabes se produjo poco tiempo después del surgimiento del islamismo, mientras que las tribus escitas del sureste de Europa permanecieron aferradas a sus viejas costumbres, a pesar de ser igualmente nómadas y de vivir en un clima y un entorno similares? Humboldt menciona algunas diferencias culturales, como por ejemplo el mayor contacto de los árabes con las culturas urbanas circundantes. Pero, al final, afirma que estos últimos son «una raza mejor dotada» y les atribuye una «adaptabilidad natural para el perfeccionamiento intelectual» (1849, p. 578).

Alfred Russel Wallace, codescubridor junto con Darwin de la selección natural, ostenta justificadamente una fama de antirracista. De hecho, afirmó la casi igualdad de la capacidad intelectual innata de todas las personas. Sin embargo, es curioso que esa misma creencia lo impulsara a abandonar la idea de la selección natural y a regresar al concepto de creación divina como explicación de la mente humana, para gran disgusto de Darwin. Wallace sostenía que la selección natural sólo era capaz de construir estructuras que tuviesen una utilidad inmediata para los animales dotados de ellas. Potencialmente, el cerebro de los salvajes es tan bueno como el nuestro. Pero no lo utilizan de forma plena, como lo indica su primitivismo y su inferioridad cultural. Puesto que los salvajes modernos se parecen mucho a los antepasados del hombre, nuestro cerebro debe de haber desarrollado sus capacidades superiores mucho tiempo antes de que empezásemos a utilizarlas.

Estilos preevolucionistas del racismo científico: monogenismo y poligenismo

Las justificaciones preevolucionistas de la jerarquía racial adoptaron dos modalidades. Según el argumento «más blando» —para retomar estas definiciones inadecuadas, procedentes de un punto de vista moderno—, la creación única de Adán y Eva garantizaba, como afirma la Biblia, la unidad de todos los pueblos. Esa concepción se llamó *monogenismo*, u origen a partir de una única fuente. Las razas humanas son producto de la degeneración que sucedió a la perfección del Paraíso. Esa degeneración ha sido mayor o menor según las razas, menor en los blancos y mayor en los negros. Con mucha frecuencia se invocó sobre todo el factor climático para explicar las diferencias raciales. En cuanto a la posibilidad de remediar los defectos que presentan ciertas razas modernas, la opinión de los «degeneracionistas» estaba dividida. Algunos sostenían que, pese a haberse desarrollado de forma gradual por influencia del clima, las diferencias ya estaban fijadas y eran irreversibles. Otros, en cambio, argüían que el hecho del desarrollo gradual entrañaba la posibilidad de revertir el proceso, en un entorno adecuado. Samuel Stanhope Smith, presidente del College of New Jersey (que más tarde sería la Universidad de Princeton) expresó sus esperanzas de que, sometidos a un clima más adecuado a los temperamentos caucásicos, los negros norteamericanos no tardarían en volverse blancos. Sin embargo, otros degeneracionistas pensaron que los resultados benéficos del clima no se manifestarían con la rapidez suficiente como para tener algún tipo de repercusión en la historia humana.

El argumento «más duro» prescindió de la versión bíblica por considerarla alegórica, y sostuvo que las razas humanas eran especies biológicas separadas y descendían de Adanes diferentes. Como los negros constituían otra forma de vida, no era necesario que participasen de la «igualdad del hombre». A los que propusieron este argumento se los llamó «poligenistas».

Probablemente, el argumento más difundido fue el degeneracionismo, aunque sólo fuese porque no era tan fácil prescindir de la Biblia. Además, la interfecundidad entre todas las razas humanas parecía garantizar su pertenencia a una sola especie, según el criterio de Buffon de que el cruzamiento sólo es posible entre miembros de la misma especie, y nunca entre miembros de especies distintas. El propio Buffon, una de las figuras más destacadas de la Francia dieciochesca, fue un gran defensor del abolicionismo y un convencido de que las razas inferiores podían mejorar en los ambientes adecuados. Sin embargo, nunca dudó del valor intrínseco de la norma blanca:

> El clima más templado se encuentra entre los 40 y los 50 grados de latitud, y produce los hombres más apuestos y bellos. De ese clima es del que deben extraerse las ideas sobre el color genuino de la humanidad, y sobre los diferentes grados de belleza.

Algunos degeneracionistas eran declarados partidarios de la fraternidad humana. Étienne Serres, famoso anatomista médico francés, escribió en 1860 que la perfectibilidad de las razas inferiores era una demostración de que la especie humana era la única capaz de mejorar debido a sus propios esfuerzos. Fustigó a la teoría poligenista tildándola de «salvaje» porque «parece proporcionar una base científica a la esclavitud de las razas menos avanzadas en civilización que la caucásica»:

> Concluyen [los poligenistas] que la diferencia entre el negro y el hombre blanco no es menor que la que existe entre un asno y un caballo o una cebra; teoría que, para vergüenza de la civilización, se ha llevado a la práctica en los Estados Unidos de América (1860, pp. 407-408).

Sin embargo, Serres trató de documentar la existencia de signos de inferioridad en las razas de baja condición. En su calidad de anatomista, intentó descubrir dichas pruebas en el terreno de su especialidad, pero tuvo que reconocer que no era fácil obtener criterios ni datos claros. Elaboró la teoría de la recapitulación, según la cual los animales superiores pasan, en el transcurso de su crecimiento, por unos estadios que corresponden a los estadios adultos de los diversos animales inferiores (véase el capítulo 4). Sostuvo que los negros adultos vendrían a ser como los niños blancos, y los mongólicos adultos como los adolescentes blancos. Por más empeño que puso, no logró idear nada mejor que la distancia entre el ombligo y el pene, «ese signo imborrable de la vida embrionaria del hombre». En los bebés de todas las razas, esa distancia es pequeña comparada con la longitud del cuerpo. Durante el crecimiento, el ombligo se desplaza hacia arriba, pero en los blancos sube más que en los amarillos, y en los negros nunca se eleva demasiado. Los negros son siempre como los niños blancos, y eso revela su inferioridad.

A pesar de haber gozado de menos popularidad, la poligenia también tuvo sus ilustres partidarios. David Hume no consagró toda su vida al pensamiento puro. Desempeñó varios cargos políticos, entre ellos el de administrador del Ministerio inglés de Colonias (en 1766). Hume fue un defensor tanto de la inferioridad innata de las razas no blancas como de su creación por separado:

> Tiendo a pensar que los negros y en general todas las otras especies de hombres (porque hay cuatro o cinco clases distintas) son naturalmente inferiores a los blancos. Nunca ha existido una nación civilizada cuya tez no fuese blanca, como tampoco ningún individuo que se destacara en la acción o en la especulación.[3] Entre ellos no existen fabricantes ingeniosos, ni artes ni ciencias ... Una diferencia tan uniforme y constante no podría darse en tantos países y épocas si la naturaleza no hubiese establecido una distinción original entre esas razas de hombres. Para no mencionar nuestras colonias, en toda Europa hay negros esclavos, y nadie ha descubierto en ellos síntoma alguno de ingenio, mientras que entre nosotros hay personas de baja condición y sin cultura que se destacan y llegan a distinguirse en cualquier profesión. De hecho, en Jamaica se menciona el caso de un negro que posee talento y cultura; pero es probable que esa admiración se refiera a alguna habilidad sin importancia, como la de los loros que pueden decir con claridad unas pocas palabras (en Popkin, 1974, p. 143; véase este excelente artículo de Popkin para un análisis en detalle del poligenismo de Hume).

La defensa más vehemente de la poligenia data de 1799 y se debe a la pluma del cirujano inglés Charles White: *Account of the Regular Gradation in Man*. White abandonó el criterio de la interfecundidad, que Buffon había utilizado para definir la especie, y citó ejemplos de hibridación exitosa entre miembros de grupos tradicionalmente distintos, como zorros, lobos y chacales.[4] Se bur-

3. Este argumento «inductivo» basado en las culturas humanas, dista mucho de haber desaparecido como instrumento para la defensa del racismo. En su *Study of History* (edición de 1934), Arnold Toynbee escribió lo siguiente: «Cuando clasificamos la humanidad por el color, [comprobamos que] la única raza principal, de acuerdo con dicha clasificación, que no ha realizado ninguna contribución creativa a ninguna de nuestras veintiuna civilizaciones es la Raza Negra» (en Newby, 1969, p. 211).

4. La teoría evolucionista moderna considera que la imposibilidad de interfecundidad constituye el criterio básico para reconocer la existencia de la especie. He aquí la definición estándar: «Las especies son poblaciones cuyos miembros son o pueden ser interfecundos, que comparten un mismo acervo génico y que desde el punto de vista reproductivo están aisladas del resto de los grupos». Sin embargo, este aislamiento reproductor no significa que no puedan aparecer híbridos, sino que, en el contacto natural entre dos especies, cada cual mantiene su propia integridad. Los híbridos pueden ser estériles (mulas). También pueden darse con cierta frecuencia los casos de híbridos fértiles, pero si la selección natural actúa preferentemente contra ellos (en virtud de la inferioridad de su diseño constitutivo, de su no aceptación como parejas sexuales por parte de los miembros plenos de una u otra especie, etc.), su frecuencia no aumentará y las dos especies permanecerán separadas. A menudo pueden producirse híbridos fértiles en el laboratorio imponiendo situaciones que no se dan en la naturaleza (por ejemplo, forzando el cruzamiento entre especies que normalmente maduran en diferentes épocas del año). Este tipo de ejemplos no permiten cuestionar la existencia de la especie como fenómeno separado porque en estado salvaje ambos grupos no llegarían a amalgamarse (la maduración en diferentes épocas del año puede ser un medio eficaz para obtener el aislamiento reproductor).

ló de la idea de que las diferencias raciales podían ser resultado de la diversidad climática, argumentando que por esa vía podría llegarse a la «degradante idea» de una evolución dentro de las distintas especies. Declaró que su propósito era ajeno a cualquier motivación de carácter político, y que sólo le interesaba «investigar una tesis de historia natural». Rechazó de forma explícita cualquier extensión de la poligenia destinada a «sancionar la perniciosa práctica de la esclavitud humana». Los criterios de jerarquización que invocó White eran más bien de carácter estético, y su razonamiento en favor de la misma incluye la siguiente perla, citada con frecuencia. ¿Dónde sino entre los caucásicos —argumentó— podemos encontrar

> ... esa frente de curva tan noble, capaz de contener tanta cantidad de cerebro ...? ¿Dónde una fisonomía tan rica y una expresión tan plena, esos rizos largos, graciosos y abundantes, esa barba majestuosa, esas mejillas rosadas y esos labios de coral? ¿Dónde ... esa manera tan noble de andar? ¿En qué otra parte del globo encontraremos el rubor que cubre las suaves facciones de las hermosas mujeres europeas, ese emblema de modestia, de sensibilidad ... dónde sino en el pecho de la mujer europea [encontraremos] dos hemisferios tan llenos y tan níveos, coronados de bermellón? (en Stanton, 1960, p. 17).

Louis Agassiz, el teórico norteamericano de la poligenia

Ralph Waldo Emerson sostuvo que a la independencia política debía seguir la emancipación intelectual. Los eruditos norteamericanos debían abandonar su dependencia de los estilos y las teorías europeos. «Durante demasiado tiempo hemos escuchado —escribió Emerson— las lisonjeras musas de Europa.» «Andaremos con nuestros pies, trabajaremos con nuestras manos y pensaremos con nuestra propia mente» (en Stanton, 1960, p. 84).

A comienzos de la segunda mitad del siglo XIX, los incipientes cultivadores de la ciencia norteamericana se organizaron para seguir el consejo de Emerson. Un ecléctico conjunto de aficionados, que hasta entonces habían reverenciado el prestigio de los teóricos europeos, se convirtieron en un grupo de profesionales con ideas autóctonas y con una dinámica interna que ya no necesitaba ser constantemente alimentada desde Europa. La doctrina de la poligenia fue un agente fundamental para esa transformación; porque fue una de las primeras teorías de origen casi totalmente norteamericano que mereció la atención y el respeto de los científicos europeos, hasta el punto de que para referirse a la poligenia éstos hablaban de la «escuela antropológica norteamericana». Como acabamos de ver, la poligenia tenía antecedentes europeos, pero los norteamericanos ampliaron los datos que podían citarse en su favor y realizaron un vasto conjunto de investigaciones basándose en sus principios. Me concentraré en los dos defensores más famosos de la poligenia: Agassiz, el teórico, y Morton, el analizador de datos; e intentaré poner al descubierto tanto los motivos ocultos como la manipulación de los datos, tan importante para su justificación.[5]

5. En *The Leopard's Spots*, W. Stanton presenta una excelente historia de la «escuela norteamericana».

Para empezar, obviamente no es accidental que una nación que aún practicaba la esclavitud y que estaba expulsando de sus tierras a los aborígenes, haya favorecido el desarrollo de unas teorías que presentaban a los negros y a los indios como especies aparte, inferiores a la blanca.

Louis Agassiz (1807-1873), el gran naturalista suizo, se hizo famoso en Europa sobre todo por haber sido discípulo de Cuvier, así como por sus estudios acerca de los peces fósiles. En la década de 1840 emigró a Norteamérica y eso supuso una inmediata elevación del nivel de la historia natural en dicho país. Era la primera vez que un teórico europeo de primera línea se interesaba tanto por las posibilidades que ofrecían los Estados Unidos como para viajar y quedarse. Agassiz pasó a ser profesor en Harvard, donde fundó y dirigió el Museo de Zoología Comparada, cargo que desempeñó hasta su muerte en 1873 (mi despacho se encuentra situado en el ala original de su edificio). Agassiz era un seductor; desde Boston a Charlestown, los círculos sociales e intelectuales lo agasajaron. Con el mismo entusiasmo ilimitado que ponía en exaltar la ciencia recogía dinero para financiar sus edificios, colecciones y publicaciones. Nadie hizo más en el siglo XIX para consolidar e incrementar el prestigio de la biología norteamericana.

Agassiz se convirtió también en el principal portavoz de la poligenia en Norteamérica. No había traído esa teoría de Europa. Fue después de sus primeros contactos con los negros norteamericanos cuando se convirtió a la doctrina de que las razas humanas constituían especies distintas.

La poligenia no atrajo a Agassiz por ninguna razón política deliberada. Si bien nunca dudó de la conveniencia de la jerarquía racial, se opuso a la esclavitud. Su adhesión a la poligenia fue una consecuencia directa de los procedimientos de investigación biológica que había elaborado con anterioridad para el estudio de otras cuestiones. Fue, ante todo, un creacionista fervoroso que vivió lo suficiente como para convertirse en el único científico importante que se opuso a la evolución. Sin embargo, hasta 1859 casi todos los científicos fueron creacionistas, y la mayoría de ellos, no se adhirió a la poligenia (el hecho de la diferenciación racial dentro de una misma especie no suponía amenaza alguna para la doctrina de la creación especial, como puede apreciarse en el caso de los cruzamientos entre distintas razas de perros o de ganado vacuno). La predisposición de Agassiz a la poligenia se debió básicamente a dos aspectos de sus teorías y métodos personales:

1. Al estudiar la distribución geográfica de los animales y las plantas, Agassiz elaboró una teoría acerca de los «centros de creación». Estaba persuadido de que las especies habían sido creadas en los sitios que les convenían, y que en general no se alejaban demasiado de dichos centros. Otros biogeógrafos afirmaban que la creación se había producido en un único sitio, y que después las especies habían migrado hacia territorios lejanos. Por tanto, cuando Agassiz estudiaba lo que para nosotros sería una sola especie relativamente difundida, dividida en una serie de razas geográficas bastante distintas, tendía a hablar de varias especies separadas, cada una de ellas creada en su propio centro de origen. Así, *Homo sapiens* constituiría un ejemplo primario de especie variable y cosmopolita.

2. Agassiz era un taxonomista que tendía a introducir el máximo de separaciones. Los taxonomistas suelen dividirse en dos grupos: los «aglutinadores», que se concentran en las similitudes y amalgaman en una sola especie los grupos que presentan pequeñas diferencias entre sí, y los «separadores», que atienden a las diferencias de detalle y crean especies basándose en los más minúsculos pormenores de diseño. Agassiz era un separador entre los separadores. En cierta ocasión afirmó la existencia de tres géneros de peces fósiles basándose en dientes diferentes que un paleontólogo posterior reconoció como la dentición variable de un solo individuo. Creó centenares de especies incorrectas de peces de agua dulce basándose en individuos peculiares que correspondían a variaciones dentro de una misma especie. Un gran defensor de la separación, que pensaba que los organismos habían sido creados en toda su gama, podía muy bien sentir la tentación de considerar las razas humanas como productos de creaciones separadas. Sin embargo, antes de llegar a Norteamérica, Agassiz era partidario de la doctrina de la unidad humana, aunque el hecho de su variación le pareciese excepcional. En 1845 escribió lo siguiente:

> Esto muestra una vez más la superioridad del género humano y su mayor grado de independencia dentro de la naturaleza. Mientras que los animales constituyen especies diferentes en las distintas provincias zoológicas a las que pertenecen, el hombre, pese a la diversidad de sus razas, representa una única e idéntica especie en toda la superficie del globo (en Stanton, 1960, p. 101).

Por más que sus convicciones biológicas pudieran haberlo predispuesto a la poligenia, dudo de que un hombre piadoso como Agassiz hubiese abandonado la versión bíblica ortodoxa de un único Adán sin haber conocido a los negros norteamericanos y sin haberse visto apremiado por sus colegas poligenistas. Agassiz nunca produjo datos en favor de la poligenia. Su conversión fue consecuencia de un juicio visceral inmediato y del persistente esfuerzo de persuasión por parte de sus amigos. Su adhesión no llegó nunca a basarse en un conocimiento biológico más profundo.

Agassiz jamás había visto un negro en Europa. Cuando se encontró por primera vez con camareros de esa tez en su hotel de Filadelfia, en 1846, sintió una intensa aversión visceral. Esa experiencia desagradable, sumada a los temores sexuales que le inspiraba el mestizaje, lo condujo aparentemente al convencimiento de que los negros constituían una especie aparte. En un pasaje de una franqueza notable de una carta que envió a su madre desde Norteamérica, escribió lo siguiente:

> Fue en Filadelfia donde estuve por primera vez en contacto prolongado con los negros; todos los criados de mi hotel eran hombres de color. Apenas puedo expresarte la penosa impresión que me produjeron, sobre todo porque lo que sentí es contrario a todas nuestras ideas acerca de la confraternidad del tipo [género] humano y el origen único de nuestra especie. Pero lo único que cuenta es la verdad. Sin embargo, sentí piedad al contemplar a esta raza degradada y degenerada, y me llené de compasión al pensar en su destino, si es que son realmente hom-

bres. Sin embargo, no puedo evitar la impresión de que no tienen la misma sangre que nosotros. Al ver sus negros rostros, con esos labios gruesos y la mueca de sus dentudas bocas, la lana de su cabeza, las piernas torcidas, las manos alargadas, sus grandes uñas arqueadas y, sobre todo, el color lívido de la palma de sus manos, no pude dejar de clavar mis ojos en su rostro para indicarles que se mantuvieran bien lejos. Y cuando esa horrible mano se dirigía hacia mi plato para servirme, deseé ser capaz de marcharme a comer un trozo de pan en cualquier otro sitio con tal de no cenar atendido por esos camareros. ¡Qué desgracia para la raza blanca el haber ligado tan estrechamente en ciertos países su existencia a la de los negros! (Carta de Agassiz a su madre, diciembre de 1846.) (La versión clásica de *Life and Letters*, compilada por la esposa de Agassiz, presenta una versión expurgada de esta famosa carta, donde se omiten las líneas que acabamos de citar. Otros historiadores las han parafraseado o bien las han pasado por alto. En la Biblioteca Houghton de Harvard se conserva el manuscrito original, donde rescaté este pasaje del que —al menos, que me conste— esta es la primera versión literal.)

Agassiz publicó su principal exposición sobre el tema de las razas humanas en el *Christian Examiner* en 1850. Comienza rechazando por demagogos tanto a los ministros del culto, que lo acusarían de infiel (dado que estaría predicando la doctrina de los múltiples Adanes), como a los abolicionistas, que lo estigmatizarían como defensor de la esclavitud:

> Las ideas aquí propuestas han sido acusadas de tender a justificar la esclavitud ... ¿Se trata de una objeción válida en el caso de una investigación filosófica? Lo único que nos interesa aquí es el origen del hombre; que sean los políticos, los que se sienten llamados a ordenar la sociedad humana, quienes luego consideren qué pueden hacer con los resultados [de nuestra investigación] ... Sin embargo, negamos que exista la menor relación [entre la misma] y cualquier cuestión que entrañe consecuencias políticas. Hemos tratado de establecer algunos hechos relacionados con las razas humanas con el solo propósito de poder apreciar las diferencias que existen entre los hombres y, con el tiempo, poder determinar si éstos se han originado en distintas partes del mundo, y en qué circunstancias (1850, p. 113).

A continuación, Agassiz expone su argumento, según el cual la teoría de la poligenia no constituye un ataque contra la doctrina bíblica de la unidad humana. Los hombres están unidos por una estructura común y un vínculo de simpatía, aunque las razas hayan sido creadas como especies distintas. La Biblia no habla de las partes del mundo desconocidas por los antiguos; el relato de Adán sólo se refiere al origen de los caucásicos. Las diferencias que se aprecian en la actualidad entre estos últimos y los negros son las mismas que pueden observarse en los restos egipcios momificados. Si las razas humanas fuesen el producto de la influencia climática, el transcurso de tres mil años debería de haber engendrado cambios sustanciales (Agassiz no tenía la menor idea acerca de la antigüedad real del hombre; creía que tres mil años comprendían un lapso importante de nuestra historia). Las razas modernas ocupan áreas geográficas delimitadas y no superpuestas entre sí, aunque los fenómenos migratorios hayan confundido o borrado los límites de algunos territorios. Distintas físicamente, invariables en el tiempo y dotadas de territorios geográficos separados, las razas humanas satisfacían todos los criterios biológicos que, según Agassiz, permitían afirmar la existencia de especies diferentes.

> Estas razas deben de haberse originado ... en las mismas proporciones numéricas y en las mismas áreas en que existen actualmente ... No pueden haberse originado a partir de individuos únicos, sino que deben de haber sido creadas en esa armonía numérica que es característica de cada especie; los hombres deben de haberse originado como naciones, igual que las abejas lo han hecho como enjambres (pp. 128-129).

Luego, ya hacia el fin de su artículo, Agassiz cambia de actitud y proclama una exigencia moral, aunque haya justificado explícitamente su propuesta presentándola como una investigación objetiva dentro del campo de la historia natural.

> En la Tierra existen diferentes razas de hombres, que habitan en diferentes partes de su superficie y tienen características físicas diferentes; y este hecho ... nos impone la obligación de determinar la jerarquía relativa entre dichas razas, el valor relativo del carácter propio de cada una de ellas, desde un punto de vista científico ... Como filósofos, debemos abordar de frente esta cuestión (p. 142).

A título de prueba en favor de las diferencias innatas, Agassiz no se arriesga a proponer nada que exceda el habitual conjunto de estereotipos culturales caucásicos:

> ¡Qué distinto se ve el indómito, valiente y altivo indio junto al sumiso, servil e imitativo negro, o junto al tramposo, artero y cobarde mongólico! ¿Acaso estos hechos no indican que las diferentes razas no ocupan el mismo nivel en la naturaleza? (p. 144).

Los negros, declara Agassiz, deben ocupar el escalón más bajo de cualquier jerarquía objetiva que se establezca:

> Nos parece que es una parodia filantrópica y filosófica afirmar que todas las razas poseen las mismas capacidades, gozan de los mismos poderes y muestran las mismas disposiciones naturales, y que como resultado de dicha igualdad tienen derecho a ocupar la misma posición en la sociedad humana. En este caso, la historia habla por sí sola ... El compacto continente africano exhibe una población que ha estado en constante comercio con la raza blanca, que se ha beneficiado con el ejemplo de la civilización egipcia, de la civilización fenicia, de la civilización romana, de la civilización árabe ... y, sin embargo, en ese continente nunca ha existido una sociedad ordenada de hombres negros. ¿Acaso esto no indica la existencia de una peculiar apatía en dicha raza, una peculiar indiferencia a las ventajas que presenta la sociedad civilizada? (pp. 143-144).

Por si su mensaje político no estuviera suficientemente claro, Agassiz concluye defendiendo una política social específica. La educación, sostiene, debe adaptarse a las habilidades innatas; los negros deben ser adiestrados para el trabajo manual, los blancos para el intelectual:

> ¿Cuál debería ser el mejor tipo de educación que habría que impartir a las diferentes razas atendiendo a sus diferencias innatas? ... No nos cabe la menor duda de que los asuntos humanos vinculados con las razas de color estarían dirigidos con mucha mayor sensatez si en nuestro contacto con ellas tuviésemos plena conciencia de las diferencias reales que existen entre ellas y nosotros, y tratásemos de fomentar las disposiciones que más sobresalen en ellas, en lugar de tratarlas en pie de igualdad (p. 145).

Puesto que las disposiciones «que más sobresalen» son la sumisión, el servilismo y la imitación, podemos imaginar bien lo que pensaba Agassiz. He analizado en detalle este artículo porque es muy típico dentro de su género: consiste en promover determinada política social aparentando que se trata de una investigación desapasionada de ciertos hechos científicos. Una estrategia que dista mucho de estar en vías de desaparición.

En cartas posteriores, escritas en plena guerra civil, Agassiz expresó sus ideas políticas con más amplitud y con mayor energía. (En la correspondencia publicada por su esposa, estas cartas también han sido expurgadas sin la debida indicación. Así pues, hube de recurrir de nuevo a los originales, conservados en la Biblioteca Houghton de Harvard, para restaurar los pasajes pertinentes.) S. G. Howe, miembro de la Comisión Investigadora de Lincoln, requirió la opinión de Agassiz acerca del papel de los negros en una nación reunificada. (Howe, más conocido por su labor en la reforma de las cárceles y la educación de los ciegos, era esposo de Julia Ward Howe, autora del «Himno de Batalla de la República».) En cuatro extensas y apasionadas cartas, Agassiz defendió su punto de vista. La persistencia de una población negra numerosa y permanente debe ser reconocida como una desagradable realidad en Norteamérica. Los indios, impulsados por su encomiable orgullo, podrán morir luchando, pero «el negro muestra por naturaleza una docilidad, una disposición a amoldarse a las circunstancias, así como una tendencia a imitar a aquellos entre quienes vive» (9 de agosto de 1863).

Aunque la igualdad legal deba asegurarse para todos, a los negros no debería otorgárseles la igualdad social so pena de comprometer y debilitar a la raza blanca. «Considero que la igualdad social nunca puede practicarse. Se trata de una imposibilidad natural que deriva del propio carácter de la raza negra» (10 de agosto de 1863); como los negros son «indolentes, traviesos, sensuales, imitativos, sumisos, afables, veleidosos, inconstantes, devotos, cariñosos, en un grado que no se observa en ninguna otra raza, sólo cabe compararlos con los niños, pues, aunque su estatura sea la del adulto, conservan una mente infantil ... Por tanto, sostengo que son incapaces de vivir en pie de igualdad social con los blancos, en el seno de una única e idéntica comunidad, sin convertirse en un elemento de desorden social» (10 de agosto de 1863). Los negros deben estar controlados y sujetos a ciertas limitaciones, porque la decisión imprudente de otorgarles determinados privilegios sociales engendraría ulteriores discordias:

> Nadie tiene derecho a algo que es incapaz de usar ... Si cometemos la imprudencia de conceder de entrada demasiado a la raza negra, luego tendremos que retirarle violentamente algunos de los privilegios que puede utilizar tanto en detrimento de nosotros como en perjuicio de ella misma (10 de agosto de 1863).

Lo que más temía Agassiz era la perspectiva de una amalgama racial a través de los matrimonios mixtos. El vigor de la raza blanca depende de su aislamiento: «La producción de mestizos constituye un pecado contra la naturaleza comparable con el incesto, que, en una comunidad civilizada, representa un pecado contra la pureza de carácter ... Lejos de considerarla una solución natural para nuestras dificultades, la idea de la amalgama repugna a mi sensibilidad, y la considero una perversión completa del sentimiento natural ... No han de escatimarse esfuerzos para impedir semejante abominación contra nuestra mejor naturaleza, y contra el desarrollo de una civilización más elevada y una moralidad más pura» (9 de agosto de 1863).

De pronto Agassiz comprende que se ha metido en un atolladero. Si el cruzamiento entre razas (o sea, según Agassiz, entre especies separadas) es antinatural y repugnante, ¿entonces por qué hay tantos «mestizos» en Norteamérica? Agassiz atribuye ese hecho lamentable a la receptividad sexual de las criadas y a la ingenuidad de los jóvenes caballeros sureños. Parece que las criadas ya son mestizas (si bien no se nos dice cómo lo hicieron sus padres para superar la mutua repulsión); ante una mujer de su propia raza, los jóvenes blancos reaccionan estéticamente; en cambio, esa natural inhibición de los miembros de una raza superior cede cuando existe algún grado de herencia negra. Una vez habituados, los pobres jóvenes ya no pueden liberarse y se aficionan a las negras puras:

> Tan pronto como el deseo sexual empieza a despertar en los jóvenes sureños, les resulta fácil satisfacerlo dada la prontitud con que se les brindan las criadas de color [mestizas] ... Esto estropea sus mejores instintos torciéndolos en esa dirección, y los conduce gradualmente a buscar parejas más sabrosas, como he oído decir a ciertos jóvenes disolutos para referirse a las mujeres totalmente negras (9 de agosto de 1863).

Por último, Agassiz combina la imagen vívida con la metáfora para advertir acerca del peligro extremo que entraña el desarrollo de una población mixta y debilitada:

> Imagínese por un momento la diferencia que supondría en el futuro, para el porvenir de las instituciones republicanas y de nuestra civilización en general, que, en lugar de contar con la viril población, descendiente de naciones consanguíneas, que tienen en la actualidad, los Estados Unidos estuviesen habitados por la afeminada progenie de una mezcla racial, mitad india y mitad negra, con algu-

nas salpicaduras de sangre blanca ... Me estremezco con sólo pensar en las consecuencias que ello tendría. Ya debemos luchar, para no detener nuestro progreso, contra la influencia de la igualdad universal, dado lo difícil que resulta preservar las adquisiciones de la superioridad de los individuos y el caudal de cultura y refinamiento que producen las asociaciones entre personas selectas. ¿Cómo estaríamos, pues, si a esas dificultades se añadiesen las influencias muchísimo más tenaces de la incapacidad física? ... ¿Cómo erradicaríamos el estigma de una raza inferior después de haber permitido que su sangre afluyera libremente a la de nuestros hijos? (10 de agosto de 1863).[6]

Agassiz concluye que el otorgamiento de la libertad legal a los esclavos emancipados debe impulsar la instauración de una rígida separación social entre las razas. Por suerte, la naturaleza colaborará con la virtud moral, porque, cuando las personas pueden elegir con libertad, tienden a desplazarse hacia las regiones donde reina un clima similar al de sus países de origen. La especie negra, creada para vivir en condiciones de calor y humedad, prevalecerá en las tierras bajas del Sur, mientras que los blancos mantendrán el dominio de las costas y las regiones elevadas. En el nuevo Sur surgirán varios estados negros. Deberíamos aceptar esa situación y admitirlos en el seno de la Unión; al fin y al cabo, ya hemos reconocido a «Haití y a Liberia».[7] Pero el vigoroso Norte no es una tierra adecuada para gente despreocupada y abúlica, creada para vivir en regiones más cálidas. Los negros puros emigrarán hacia el Sur, dejando en el Norte un pequeño grupo de empecinados que se irán reduciendo hasta extinguirse: «Espero que gradualmente se vayan extinguiendo en el Norte, donde su implantación sólo es artificial» (11 de agosto de 1863). En cuanto a los mulatos, «su físico enfermizo y su fecundidad menoscabada» deberían asegurar su desaparición una vez que los grilletes de la esclavitud dejen de brindarles la oportunidad de participar en cruzamientos antinaturales.

Durante la última década de su vida, el mundo de Agassiz se derrumbó. Sus discípulos se rebelaron; sus partidarios lo dejaron solo. Para el público siguió siendo un héroe, pero los científicos empezaron a considerarlo un dogmático rígido y anticuado, adherido a unas creencias que la marea darwiniana ha-

6. E. D. Cope, uno de los principales paleontólogos y biólogos evolucionistas norteamericanos, reiteró en 1890 este mismo tema en términos aún más enérgicos (p. 2.054): «La raza humana superior no puede arriesgarse a perder o incluso a comprometer las ventajas que ha adquirido a través de siglos de esfuerzo y fatiga mezclando su sangre con la raza inferior ... No podemos enturbiar o extinguir la fina sensibilidad nerviosa y la fuerza mental que la cultura ha producido en la constitución de los indoeuropeos [mezclándolos] con los lascivos instintos y la oscuridad mental de los africanos. Esto no sólo supone un estancamiento intelectual y la instauración de un tipo de vida meramente vegetativa, sino también la imposibilidad, o la improbabilidad, de una eventual resurrección».

7. No todos los detractores de los negros eran tan generosos. E. D. Cope, quien temía que el mestizaje obstruyera el camino hacia el cielo (véase la nota precedente), propiciaba el regreso de todos los negros a África (1890, p. 2.053): «¿No es suficiente carga para nosotros el tener que soportar a los campesinos europeos que cada año se nos incita a recibir y asimilar? ¿Acaso nuestra propia raza ha alcanzado un nivel tan alto como para que podamos introducir impunemente ocho millones de materia muerta en el mismo centro de nuestro organismo vital?».

bía relegado a la historia. Sin embargo, sus ideas sociales en favor de la segregación racial prevalecieron, en la medida en que sus extravagantes esperanzas de que se produciría una separación geográfica voluntaria se vieron frustradas.

Samuel George Morton, empirista de la poligenia

Agassiz no pasó todo su tiempo en Filadelfia injuriando a los camareros negros. En alguna carta a su madre describe en términos entusiastas su visita a la colección anatómica del distinguido científico y médico de Filadelfia Samuel George Morton: «Imagínate un conjunto de 600 cráneos, la mayoría pertenecientes a indios de todas las tribus que habitan o han habitado en América. En ningún otro sitio existe algo parecido. Esta colección justifica por sí sola un viaje a América» (Agassiz a su madre, diciembre de 1846; traducido de la carta original que se conserva en la Biblioteca Houghton, Universidad de Harvard).

Agassiz especuló libre y ampliamente, pero no acumuló dato alguno para justificar su teoría poligenista. Morton, un patricio de Filadelfia graduado dos veces en medicina —una de ellas en la Universidad de Edimburgo, que a la sazón estaba de moda—, aportó los «hechos» que conquistarían el respeto mundial para la «escuela norteamericana» de la poligenia. Morton empezó a formar su colección de cráneos humanos en la década de 1820; cuando murió, en 1851, tenía más de un millar. Sus amigos (y sus enemigos) llamaban a su gran osario «el Gólgota americano».

Morton alcanzó la fama de gran recolector de datos y de objetivista dentro del ámbito de la ciencia norteamericana: el hombre que habría extraído una empresa aún inmadura del pantano de la especulación fantasiosa. Oliver Wendell Holmes valoró a Morton por «el carácter severo y prudente» de sus obras, que «por su propia naturaleza constituyen datos permanentes para todos los que en el futuro se dediquen a los estudios etnológicos» (en Stanton, 1960, p. 96). El propio Humboldt, que había afirmado la igualdad inherente de todas las razas, escribió:

> Los tesoros craneológicos que usted ha tenido la fortuna de poder reunir en su colección, han encontrado en su persona un intérprete meritorio. Su obra es notable tanto por la profundidad de las ideas anatómicas que propone, como por los detalles numéricos de las relaciones que presenta la conformación orgánica, así como por la ausencia de esas fantasías poéticas que constituyen los mitos de la fisiología moderna (en Meigs, 1851, p. 48).

Cuando Morton murió, en 1851, el *New York Tribune* escribió que «probablemente ningún científico norteamericano gozaba de tanta reputación entre los estudiosos del mundo entero, como el Dr. Morton» (en Stanton, 1960, p. 144).

Sin embargo, Morton no se dedicó a recoger cráneos movido por el interés abstracto del *dilettante*, y tampoco lo hizo por un empeño taxonómico en obtener la representación más completa posible. Lo que le interesaba era probar una hipótesis: la de que podía establecerse objetivamente una jerarquía entre las razas basándose en las características físicas del cerebro, sobre todo en su tamaño. Morton se interesó especialmente en los indígenas americanos. Como escribió George Combe, su ferviente amigo y defensor:

> Uno de los rasgos más singulares de la historia de este continente es el hecho de que, salvo unas pocas excepciones, las razas aborígenes han perecido o retrocedido permanentemente ante el empuje de la raza anglosajona, y en ningún caso se han mezclado con ella situándose en pie de igualdad, ni han adoptado sus costumbres y su civilización. Esos fenómenos deben tener una causa; y ninguna investigación puede ser más interesante y al mismo tiempo más filosófica que la que se esfuerza por averiguar si dicha causa está relacionada con una diferencia cerebral entre la raza indígena americana y los invasores que emprendieron su conquista (Combe y Coates, reseña del libro de Morton *Crania Americana*, 1840, p. 352).

Además, Combe sostenía que la colección de Morton *sólo* adquiriría verdadero valor científico *si* el valor mental y moral pudiese deducirse de las características del cerebro: «Si esta doctrina resultase infundada, dichos cráneos sólo serían meros hechos de Historia Natural, que no aportarían ninguna información particular sobre las cualidades mentales de las personas» (del apéndice de Combe al mencionado libro de Morton *Crania Americana*, 1839, p. 275).

Aunque a comienzos de su carrera Morton tuvo algunas vacilaciones, no tardó en convertirse en uno de los adalides del poligenismo norteamericano. Escribió varios artículos para defender el carácter distinto de las diferentes razas humanas como especies creadas por separado. Arremetió por dos lados distintos contra la tesis más poderosa de quienes rechazaban la poligenia: el hecho de que los miembros de todas las razas humanas fueran interfecundos. Se apoyó en ciertos relatos de viajeros para afirmar que algunas razas humanas —en particular, los aborígenes australianos y los caucásicos— raramente producen una descendencia fértil (Morton, 1851). Atribuyó ese fracaso a «una disparidad en la organización básica». Además —añadió—, el criterio de la interfecundidad, propuesto por Buffon, debía abandonarse porque la hibridación es común en la naturaleza incluso entre especies pertenecientes a géneros distintos (Morton, 1847, 1850). La especie debe definirse de nuevo, como «forma orgánica primordial» (1850, p. 82). «¡Bravo!, estimado Señor —le escribió Agassiz en una carta—, por fin la ciencia dispone, gracias a Usted, de una verdadera definición filosófica de especie» (en Stanton, 1960, p. 141). Pero ¿cómo reconocer una forma primordial? He aquí la respuesta de Morton: «Si las huellas de ciertos tipos orgánicos existentes pueden seguirse hasta la "noche de los tiempos" para comprobar que siempre han tenido las mismas diferencias que presentan ahora, ¿no es acaso más razonable considerar que dichos tipos son originarios, en lugar de suponer que se trata de meras derivaciones accidentales de un tronco patriarcal aislado, del que nada sabemos?» (1850, p. 82). Así, Morton consideró que varias razas de perros, eran especies distintas porque los esqueletos que de ellas se encontraron en las catacumbas egipcias eran tan reconocibles y tan distintos de los de otras razas como lo son en la actualidad. En dichas tumbas también había esqueletos de blancos y caucásicos. Según Morton, el arca de Noé había abordado el monte Ararat 4.179 años antes de su época, y las tumbas egipcias databan sólo de 1.000 años más tarde, o sea un lapso demasiado breve como para que los hijos de Noé pudieran haberse diferenciado hasta formar razas diferentes. (¿Cómo —se preguntaba— podemos creer que las razas cambiaron tan rápidamente en esos 1.000 años si no lo hicieron en absoluto durante los 3.000 años siguientes?) Las razas humanas deben de haber estado separadas desde el comienzo (Morton, 1839, p. 88).

Sin embargo, como dijo en cierta ocasión el Tribunal Supremo, separado no significa desigual. Por tanto, Morton se propuso demostrar «objetivamente» la existencia de una jerarquía entre las razas. Examinó los dibujos egipcios antiguos y descubrió que los negros siempre estaban representados como servidores: signo inequívoco de que siempre habían desempeñado el papel que biológicamente les convenía. «Los negros eran numerosos en Egipto, pero la posición social que ocupaban en la Antigüedad era la misma que ocupan ahora, la de servidores y esclavos» (Morton, 1844, p. 158). (Curioso argumento, sin duda, porque esos negros habían sido capturados en la guerra; en las sociedades subsaharianas, los negros estaban representados como gobernantes.)

Pero la fama científica de Morton se apoyaba en su colección de cráneos y la importancia de estos últimos para establecer la jerarquía entre las razas. Como la cavidad craneal constituye una medida fidedigna del cerebro que ha alojado, Morton se abocó a establecer una jerarquía entre las razas basándose en el tamaño promedio de los respectivos cerebros. Rellenó la cavidad craneal con semillas de mostaza blanca tamizadas, luego vertió las semillas en un cilindro graduado y obtuvo el volumen craneal en centímetros cúbicos.* Posteriormente, se sintió insatisfecho con las semillas de mostaza porque con ellas no podía obtener resultados uniformes: las semillas no formaban una masa lo bastante compacta porque eran demasiado ligeras y además variaban demasiado de tamaño, a pesar de estar tamizadas. Así, en cráneos con una capacidad promedio de alrededor de 1.300 cm^3, podía haber una variación de 65 centímetros cúbicos, o sea de más del 5 por 100, entre una medición y otra medición del mismo espécimen. Por tanto, reemplazó las semillas por perdigones de plomo de menos de medio centímetro de diámetro, «del tamaño denominado BB», y obtuvo resultados uniformes que nunca variaban en más de quince centímetros cúbicos de una medición a otra del mismo cráneo.

Morton publicó tres obras importantes sobre los tamaños de los cráneos humanos: *Crania Americana*, su espléndido y bellamente ilustrado volumen sobre los indios americanos, de 1839; sus estudios sobre los cráneos encontrados en las tumbas egipcias, *Crania Aegyptiaca*, de 1844; y el epítome de toda su colección, en 1849. En cada una de esas obras había una tabla que resumía sus resultados acerca de los diferentes volúmenes craneales medios, ordenados

* Las mediciones originales las hizo Morton en pulgadas cúbicas, cuyos valores se han transformado en centímetros cúbicos para mejor comprensión del lector hispano. (*N. del r.*)

por raza. He reproducido las tres tablas (véanse las tablas 2.1 a 2.3). Representan la mayor contribución de la poligenia norteamericana a los debates sobre la jerarquía racial. Sobrevivieron a la teoría de las creaciones separadas, y se reimprimieron en reiteradas ocasiones a lo largo del siglo XIX porque se consideraba que los datos que incluían eran «sólidos» y constituían una prueba irrefutable del diferente valor mental de las razas humanas (véase el capítulo 3). Huelga decir que coinciden con los prejuicios de todo buen yanqui: los blancos arriba, los indios en el medio y los negros abajo; y, entre los blancos, los teutones y los anglosajones arriba, los judíos en el medio y los hindúes abajo. Además, ese orden no se ha modificado en el curso de la historia conocida, porque en el antiguo Egipto la ventaja de los blancos sobre los negros era la misma. La posición social y la posibilidad de acceso al poder de las diferentes razas presentes en los Estados Unidos en la época de Morton eran el fiel reflejo de los distintos méritos biológicos de dichas razas. ¿Cómo podían las personas sentimentales e igualitaristas oponerse a los dictados de la naturaleza? Morton había aportado unos datos limpios y objetivos, basados en la colección de cráneos más grande del mundo.

Durante el verano de 1977 dediqué varias semanas a revisar los datos de Morton. (Morton, que se decía objetivista, publicó todos sus datos brutos; por tanto, podemos inferir con bastante seguridad los pasos que dio para llegar a los resultados que presentan las tablas.) En pocas palabras, y para decirlo con toda crudeza, los datos resumidos en las tablas son un abigarrado conjunto

TABLA 2.1. Tabla resumida de la capacidad craneal por raza, según Morton

		Capacidad interna (cm³)		
Raza	N	Media	Mayor	Menor
Caucásica	52	1.426	1.786	1.229
Mongólica	10	1.360	1.524	1.131
Malaya	18	1.327	1.458	1.049
Americana	144	1.344	1.639	983
Etíope	29	1.278	1.540	1.065

TABLA 2.2. Capacidades craneales de calaveras halladas en tumbas egipcias

Grupos	Capacidad media (cm³)	N
Caucásica		
Pelásgica	1.442	21
Semítica	1.344	5
Egipcia	1.311	39
Negroide	1.295	6
Negra	1.196	1

TABLA 2.3. Resumen final de los datos sobre capacidades craneales por raza, según Morton

		Capacidad craneal (cm³)			
Razas y familias	N	Mayor	Menor	Media	Media
Grupo caucásico moderno					
Familia teutónica					
Alemanes	18	1.868	1.147	1.475	
Ingleses	5	1.721	1.491	1.573	1.508
Angloamericanos	7	1.590	1.344	1.475	
Familia pelásgica	10	1.540	1.229	1.377	
Familia céltica	6	1.590	1.278	1.426	
Familia indostánica	32	1.491	1.098	1.311	
Familia semítica	3	1.606	1.377	1.459	
Familia nilótica	17	1.573	1.082	1.311	
Grupo caucásico antiguo					
Familia pelásgica	18	1.590	1.213	1.442	
Familia nilótica	55	1.573	1.114	1.311	
Grupo mongólico					
Familia china	6	1.491	1.147	1.344	
Grupo malayo					
Familia malaya	20	1.590	1.114	1.409	1.393
Familia polinesia	3	1.377	1.344	1.360	
Grupo americano					
Familia tolteca					
Peruanos	155	1.655	950	1.229	1.295
Mexicanos	22	1.508	1.098	1.295	
Tribus bárbaras	161	1.704	1.147	1.377	
Grupo negro					
Familia africana indígena	62	1.622	1.065	1.360	1.360
Negros nacidos en América	12	1.459	1.196	1.344	
Familia hotentote	3	1.360	1.114	1.229	
Australianos	8	1.360	1.032	1.229	

de falsificaciones y acomodaciones destinadas evidentemente a verificar determinadas creencias *a priori*. Sin embargo —y este es el aspecto más intrigante del caso—, no encuentro pruebas de fraude deliberado; de hecho, si Morton hubiese sido un falsificador intencional, no habría publicado con tanta amplitud sus datos.

Es probable que el fraude deliberado sea poco común en la ciencia. Tampoco resulta demasiado interesante, porque nos dice muy poco acerca de la naturaleza de la actividad científica. Cuando se descubre a los mentirosos, se los excomulga; los científicos declaran que su corporación se ha supervisado a sí misma como corresponde, y retoman su trabajo; así la mitología queda incólume, e incluso objetivamente justificada. Por otra parte, el predominio de la acomodación *inconsciente* de los datos sugiere una conclusión general acerca del contexto social de la ciencia. Porque si los científicos pueden autoengañarse honradamente, hasta niveles como el de Morton, entonces el condicionamiento de los prejuicios ha de incidir en todas partes, incluso en los procedimientos elementales para la medición de los huesos y la suma de los datos.

Primer caso. La inferioridad de los indios: Crania Americana[8]

La primera obra de Morton, y la más extensa, *Crania Americana*, de 1839, se inicia con un discurso sobre el carácter esencial de las razas humanas. En lo que afirma se traslucen inmediatamente sus prejuicios. Acerca de los «esquimales de Groenlandia» escribe lo siguiente: «Son astutos, sensuales, ingratos, empecinados e insensibles, y gran parte de su afecto por los niños puede imputarse a motivos puramente egoístas. Devoran los alimentos más repugnantes sin limpiarlos ni cocinarlos, y no parecen pensar en otra cosa que en la satisfacción de las necesidades del momento ... Sus facultades mentales se caracterizan, desde la niñez hasta la vejez, por un infantilismo constante ... Quizá no exista ninguna nación que los iguale en voracidad, egoísmo e ingratitud» (1839, p. 54). Sus ideas sobre los otros mongólicos no eran mucho mejores, porque acerca de los chinos escribió lo siguiente: «Sus sentimientos y sus actos son tan veleidosos que han sido comparados con la raza de los monos, cuya atención salta permanentemente de un objeto a otro» (p. 50). Los hotentotes, afirmó (p. 90), son «la aproximación más cercana a los animales inferiores ... Su tez es de un color pardo amarillento, y los viajeros lo han comparado con el tono peculiar que adquiere la piel de los europeos en la última fase de la ictericia ... Se dice que la apariencia de las mujeres es aún más repulsiva que la de los hombres». Sin embargo, cuando Morton tiene que describir una tribu caucásica como una «simple horda de rapaces bandidos» (p. 9), se apresura a añadir que, «sin duda, bajo la influencia de un gobierno justo, sus intuiciones morales adoptarían un aspecto mucho más estimable».

En el cuadro resumido (véase la tabla 2.1) puede verse cuál es el argumento «duro» de Morton en *Crania Americana*. Midió la capacidad de 144 cráneos indios y calculó un promedio de 1.344 centímetros cúbicos, o sea un volumen inferior en 82 centímetros cúbicos a la norma caucásica (véanse las figuras 2.4 y 2.5). Además, Morton adjuntó una tabla de mediciones frenológicas que indicaban una deficiencia de las facultades mentales «superiores» entre los indios. «Los espíritus benevolentes —concluía Morton (p. 82)— pueden lamentar

8. En esta exposición se omiten muchos datos estadísticos de mi análisis. El informe completo consta en Gould, 1978. Algunos pasajes incluidos en las páginas 75-87 proceden de dicho artículo.

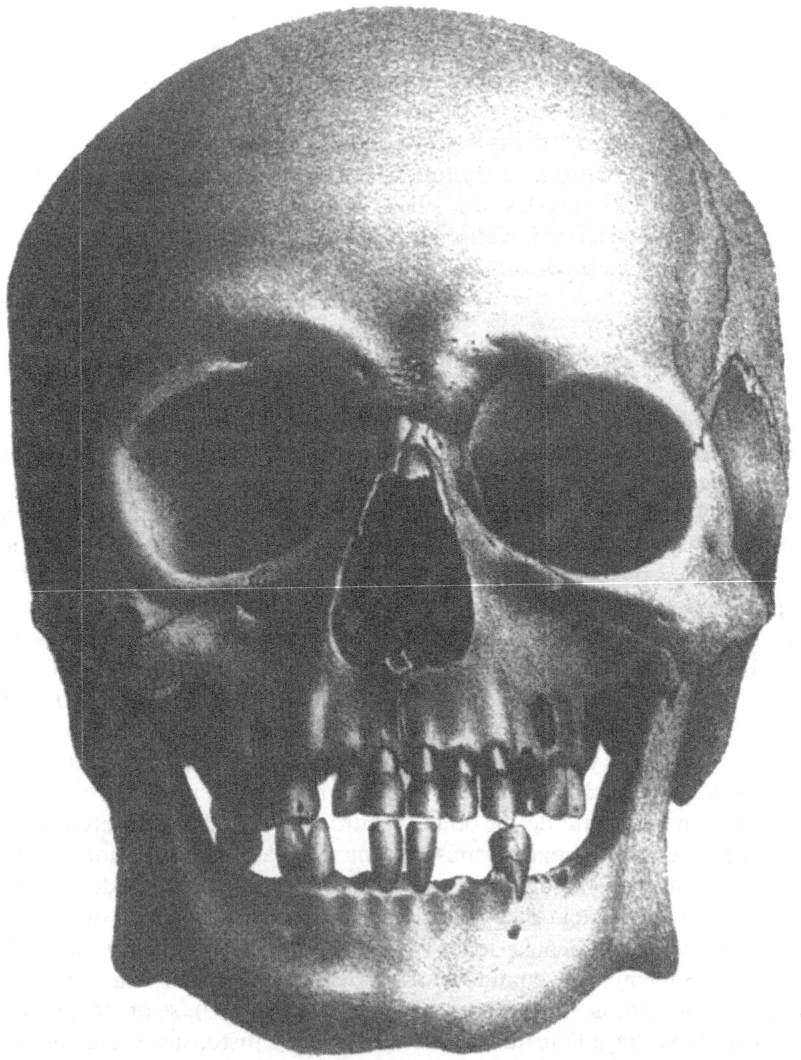

2.4. Cráneo de indio araucano. Tanto la litografía de esta figura como la de la siguiente se deben a John Collins, destacado artista científico lamentablemente olvidado en la actualidad. Ambas ilustraciones se incluyen en *Crania Americana*, de Morton (1839).

la incapacidad del indio para la civilización», pero el sentimentalismo debe rendirse a la evidencia. «Su estructura mental resulta ser diferente de la del hombre blanco, y sólo en la escala más limitada puede existir armonía en las relaciones sociales entre uno y otro.» Los indios «no sólo se resisten a adaptarse a las limitaciones que entraña la educación, sino que en su mayor parte son incapaces de razonar de forma continuada sobre temas abstractos» (p. 81).

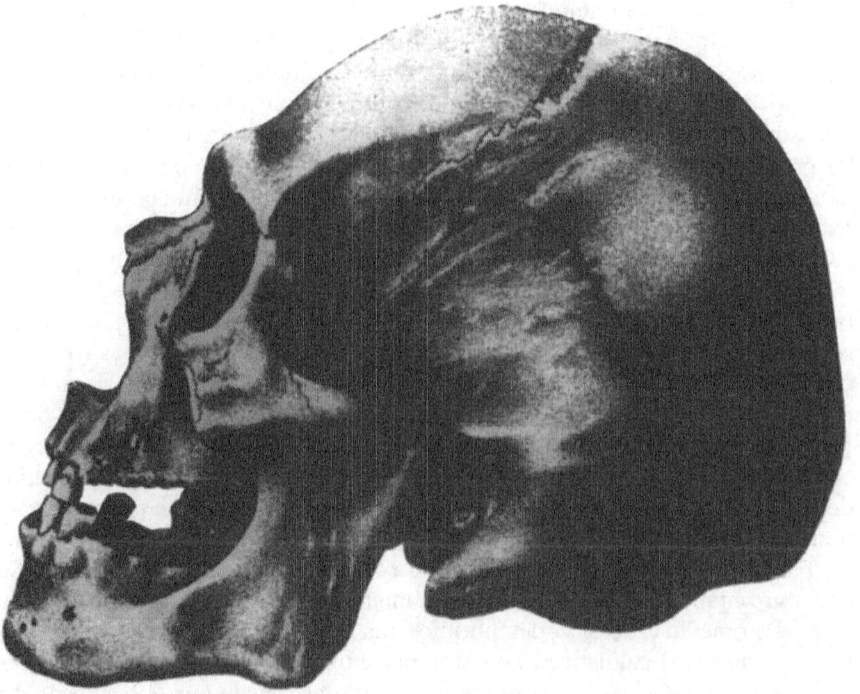

2.5. Cráneo de indio hurón. Litografía de John Collins procedente de *Crania Americana*, de Morton (1839).

Puesto que *Crania Americana* es básicamente un tratado sobre la inferioridad cualitativa del intelecto indio, indicaré ante todo que el ya citado promedio de 1.344 cm^3 que Morton atribuye a los cráneos indios no es correcto. Morton separó a los indios en dos grupos: los «toltecas», de México y Suramérica, y las «tribus bárbaras», de Norteamérica. El promedio de 1.344 cm^3 corresponde a los cráneos de este último grupo; la muestra total de 144 cráneos da un promedio de 1.314 cm^3, o sea, que indica la existencia de una brecha de casi 115 cm^3 entre los promedios indios y los caucásicos. (No sé cómo Morton cometió este error elemental. Como quiera que sea, le permitió conservar la escala jerárquica tradicional: los blancos arriba, los indios en el medio y los negros abajo.)

Pero el valor «correcto» de 1.314 es excesivamente bajo, porque resulta de un procedimiento inadecuado. Los 144 cráneos de Morton pertenecen a indios de muchos grupos diferentes, entre los cuales existen diferencias significativas en cuanto a la capacidad craneal. Para que el promedio final no resulte distorsionado por el tamaño desigual de las muestras parciales, la medición de los diferentes grupos ha de ajustarse a un criterio de igualdad. Supongamos, por ejemplo, que para tratar de calcular la altura media del ser humano partiésemos de una muestra compuesta por dos jockeys, el autor de este libro (cuya estatura es estrictamente mediana) y todos los jugadores que integran la Asociación Nacional de Baloncesto. Estos últimos, que se cuentan por centenas, sumergirían a los primeros tres, y el promedio obtenido estaría por los dos metros, superior al promedio normal. En cambio, si calculásemos el promedio de los promedios de cada grupo (el de los jockeys, el integrado por mí, y el de los jugadores de baloncesto), la cifra obtenida se aproximaría mucho más al valor real. La muestra de Morton está muy distorsionada debido a la presencia mayoritaria de cráneos pertenecientes a miembros de un grupo extremo: el de los incas, del Perú, cuyo cerebro es pequeño. (Constituyen el 25 por 100 de la muestra, y su capacidad craneal media es de 1.219 cm^3.) Por otra parte, los iroqueses, cuyo cerebro es grande, sólo están representados por 3 cráneos (o sea un 2 por 100 de la muestra). Si, por las casualidades de la recolección, la muestra de Morton hubiese contenido un 25 por 100 de iroqueses y sólo unos pocos incas, su promedio habría sido notablemente superior. Así pues, he corregido en lo posible esa distorsión estableciendo un promedio de los valores medios de las diferentes tribus representadas por 4 o más cráneos. Este procedimiento ha dado un promedio de 1.373 cm^3 para la capacidad craneal de los indios.

Esta cifra corregida dista aún más de 49 cm^3 del promedio caucásico. Sin embargo, cuando examinamos el procedimiento utilizado por Morton para calcular el promedio caucásico, descubrimos una incongruencia sorprendente. Puesto que la técnica estadística es en gran parte un desarrollo de los últimos cien años, el error de Morton me hubiese parecido excusable por el hecho de que podría haber ignorado los efectos distorsionantes derivados de las diferencias de tamaño entre las muestras parciales. Sin embargo, descubrimos que conocía perfectamente ese fenómeno: para calcular el —elevado— promedio caucásico, eliminó deliberadamente de su muestra a los hindúes, cuyo cráneo es pequeño. Dice lo siguiente (p. 261): «Conviene mencionar, sin embargo, que sólo se incluyen 3 hindúes en el conjunto total, porque los cráneos de ese pueblo son probablemente más pequeños que los de cualquier otra nación existente. Por ejemplo, 17 cabezas hindúes dan un promedio de sólo 1.229 cm^3, y las tres incluidas en la tabla corresponden a ese promedio». Así pues, Morton incluyó una gran muestra parcial de miembros de un grupo de cerebro pequeño (los incas) para hacer descender el promedio indio, pero excluyó otros tantos cráneos caucásicos pequeños para elevar el promedio de su propio grupo. Puesto que con tanta franqueza nos expone su procedimiento, debemos suponer que no lo estimaba incorrecto. Pero ¿cómo justificar su inclusión de los incas y su exclusión de los hindúes salvo por la existencia de un prejuicio en el sentido de la superioridad del promedio caucásico? Porque si esa superioridad ya se diese por descontada, la muestra hindú debería excluirse por anómala, mientras que la inca (cuyo promedio, dicho sea de paso, es el mismo del de la hindú) debería incluirse por constituir el extremo inferior del valor normal de su grupo desfavorecido más numeroso.

Utilizando el mismo procedimiento de equiparación del tamaño de los diferentes grupos, he reintroducido los cráneos hindúes en la muestra de Morton.

La muestra caucásica que este último utiliza para su cálculo contiene cráneos de cuatro grupos; por tanto, los cráneos hindúes deberían constituir una cuarta parte de la muestra. Si reintroducimos los cráneos hindúes excluidos y consideramos los diecisiete que coleccionó Morton, éstos constituyen el 26 por 100 de la muestra total (integrada por sesenta y seis cráneos). Entonces el promedio caucásico desciende a 1.384 cm^3, o sea, que no existen diferencias dignas de mención entre los indios y los caucásicos. (Pese a la pobre opinión que Morton tenía de ellos, los esquimales dan un promedio de 1.422, oculto por su amalgama con otros subgrupos de la raza mongólica, cuyo promedio global es de 1.360.) No es necesario añadir más sobre el tema de la inferioridad de los indios.

Segundo caso. Las catacumbas egipcias: Crania Aegyptiaca

George Gliddon, amigo de Morton y partidario de la teoría poligenista, fue cónsul de los Estados Unidos en la ciudad de El Cairo. Envió a Filadelfia más de un centenar de cráneos procedentes de tumbas egipcias antiguas. La respuesta de Morton fue su segundo gran tratado: *Crania Aegyptiaca*, de 1844. Ya había mostrado, o creía haberlo hecho, que la dotación mental de los blancos era superior a la de los indios. Ahora coronaría su demostración probando que la discrepancia entre los blancos y los negros era aún más grande, y que esa diferencia se había mantenido estable durante más de tres mil años.

Morton pensó que podía identificar tanto las razas como los diferentes subgrupos que las integraban, basándose en los rasgos craneales (para la mayoría de los antropólogos actuales, esa atribución nunca puede realizarse de forma inequívoca). Dividió sus cráneos caucásicos en pelásgicos (helenos, o antepasados de los antiguos griegos), judíos y egipcios: en ese orden, confirmando de nuevo las preferencias anglosajonas (véase la tabla 2.2). A los cráneos no caucásicos los identificó como «negroides» (híbridos de negro y caucásico con mayor proporción de negro) o como negros puros.

Es evidente que la división subjetiva que Morton introdujo entre los cráneos caucásicos carece de justificación, porque se limitó a atribuir los cráneos más abultados a su grupo preferido, el pelásgico, y los más achatados a los egipcios; no menciona ningún otro criterio de subdivisión. Si hacemos caso omiso de su triple separación y amalgamamos los sesenta y cinco cráneos caucásicos en una sola muestra, obtenemos una capacidad media de 1.346 cm^3. (Si concedemos a Morton el beneficio de la duda y ordenamos sus cuestionables muestras parciales según un criterio de igualdad —como hicimos al calcular los promedios indios y caucásicos en el caso de *Crania Americana*—, obtenemos un promedio de 1.365 cm^3.)

Ambos valores aún superan de forma apreciable los promedios negroide y negro. Morton supuso que había medido una diferencia innata de inteligencia. Nunca consideró cualquier otra explicación de esa disparidad en los promedios de capacidad craneal, aunque tuviera ante sus ojos otra tan obvia como sencilla.

El tamaño del cerebro se relaciona con el tamaño del cuerpo al que pertenece: las personas altas tienden a tener el cerebro más grande que las pequeñas. Esto no significa que las personas altas sean más listas que las otras, como tampoco el hecho de que los elefantes tengan un cerebro más grande que los hombres entraña que su inteligencia sea mayor. Si se toman en cuenta las diferencias del tamaño del cuerpo deben introducirse las correcciones adecuadas. Los hombres tienden a ser más altos que las mujeres: por tanto, su cerebro es más grande. Una vez introducidas las correcciones basadas en el tamaño del cuerpo, los hombres y las mujeres vienen a tener cerebros aproximadamente iguales. Morton no sólo dejó de corregir las diferencias relacionadas con el sexo o el tamaño del cuerpo: ni siquiera reconoció la existencia de esa relación, aunque sus datos la proclamaran con toda claridad. (Lo único que puedo conjeturar al respecto es que nunca separó sus cráneos por sexo o estatura —pese a que sus tablas registrasen esos datos— porque lo único que le interesaba era interpretar directamente las diferencias de tamaño del cerebro como diferencias de inteligencia.)

Muchos cráneos egipcios llegaron junto con restos momificados de las personas a quienes habían pertenecido (véase la figura 2.6), de modo que Morton pudo registrar el sexo de estas últimas con toda claridad. Si utilizamos las atribuciones del propio Morton y calculamos promedios separados para los varones y las mujeres (cosa que él nunca hizo), obtenemos este resultado sorprendente: la capacidad media de veinticuatro cráneos caucásicos masculinos es de 1.417 cm^3; el promedio de veintidós cráneos femeninos es de 1.265 (los diecinueve cráneos restantes nunca pudieron distinguirse desde el punto de vista del sexo). De los seis cráneos negroides, Morton identificó dos femeninos (de 1.163 y 1.262 cm^3) y no pudo atribuir ninguno de los cuatro restantes (de 1.262, 1.262, 1.426 y 1.442 cm^3).[9] Si hacemos el cálculo razonable de que los dos cráneos más pequeños (1.262 y 1.262) son femeninos, y los dos más grandes (1.426 y 1.442) masculinos, obtenemos un promedio negroide masculino de 1.434 —levemente superior al promedio caucásico masculino de 1.417— y un promedio negroide femenino de 1.237 —levemente inferior al promedio caucásico femenino de 1.265. Es probable que la aparente diferencia de 66 cm^3 entre las muestras caucásica y negroide de Morton se deba sólo al hecho de que alrededor de la mitad de su muestra caucásica es masculina, mientras que únicamente un tercio de la muestra negroide podría ser masculina. (La diferencia aparente resulta magnificada por el hecho de que Morton redondea incorrectamente el promedio negroide haciéndolo descender hasta 1.295 en lugar de elevarlo hasta 1.311. Como tendremos ocasión de volver a comprobar, todos los errores numéricos de poca monta que comete Morton tienden a confirmar sus prejuicios.) Las diferencias de capacidad cerebral media entre caucásicos y negroides pro-

9. En su catálogo final de 1849, Morton realizó conjeturas acerca del sexo (y de la edad, ¡con una aproximación de cinco años!) de todos los cráneos. En esa última obra indica que los cráneos de 1.262, 1.426 y 1.442 cm^3 correspondían a individuos masculinos, mientras que el otro de 1.262 pertenecía a una mujer. Esas atribuciones eran meras conjeturas; mi propia hipótesis tampoco pasa de ser una suposición verosímil. En *Crania Aegyptiaca*, Morton había sido incluso más cauteloso y *sólo* había identificado el sexo de los especímenes provistos de restos momificados.

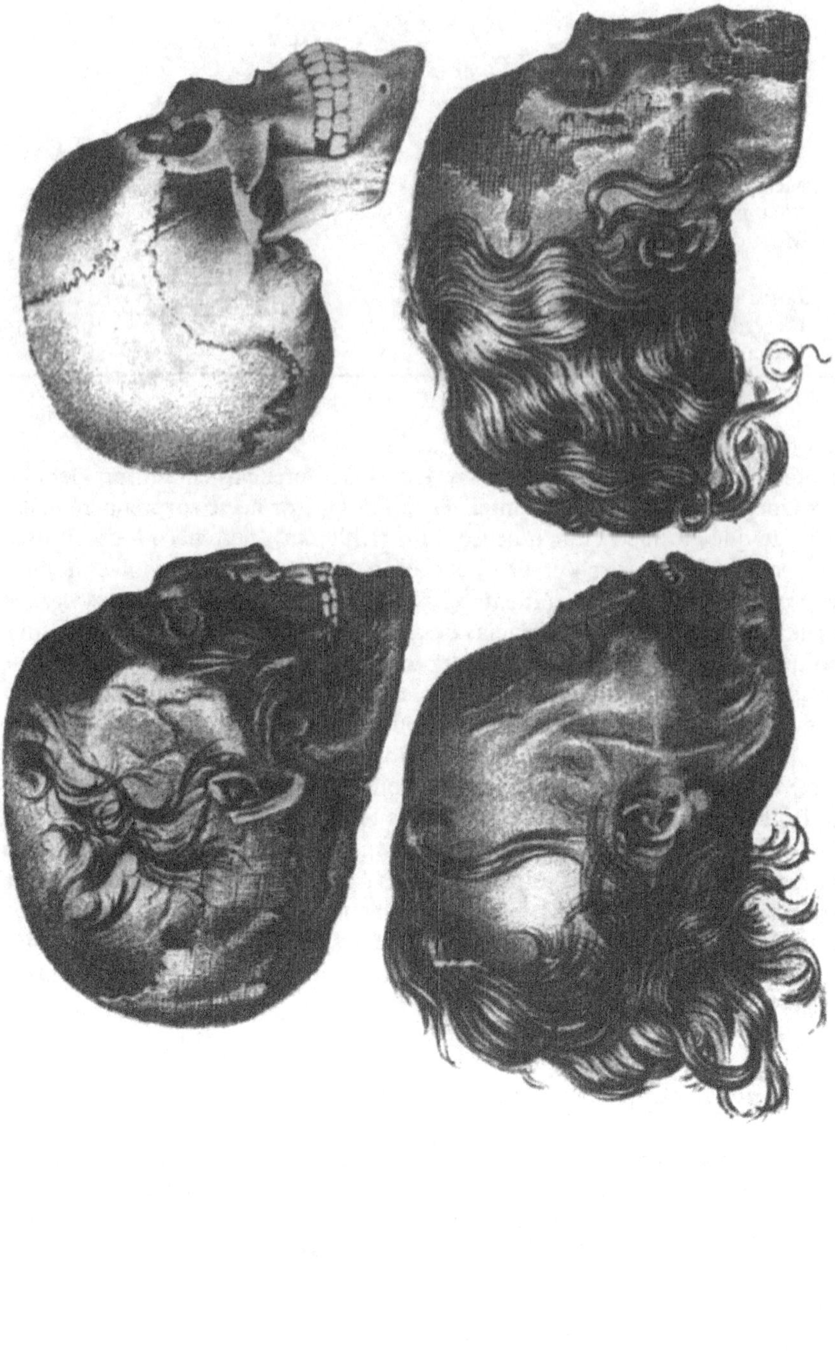

2.6. Cráneos procedentes de las catacumbas egipcias. Fuente: *Crania Aegyptiaca*, de Morton (1844).

TABLA 2.4. Capacidades craneales de diferentes grupos indios ordenados según las estaturas calculadas por Morton

Estatura y grupo	Capacidad craneal (cm³)	N
Altos		
Seminola-muskogee	1.447	8
Chippeway y grupos afines	1.455	4
Dacotas y osagas	1.383	7
Medianos		
Mexicanos	1.314	13
Menominee	1.319	8
Mounds	1.339	9
Bajos		
Cabezas planas del río Columbia	1.291	10
Peruanos	1.219	33

cedentes de las tumbas egipcias sólo reflejan las diferencias en estatura debidas al sexo, no a una variación de «inteligencia». El lector no se sorprenderá al enterarse de que el único cráneo negro puro (1.196 cm³) pertenece a una mujer.

La correlación entre el cerebro y el cuerpo también permite resolver un problema que hemos dejado pendiente al examinar los datos de *Crania Americana*: ¿de qué dependen las diferencias de capacidad cerebral media entre los distintos pueblos indios? (Diferencias que preocuparon bastante a Morton, porque no podía entender cómo los incas, cuyo cerebro era pequeño, habían sido capaces de construir una civilización tan compleja, si bien se consolaba pensando en la rapidez con que habían sucumbido ante los conquistadores.) También en este caso la respuesta estaba ante sus ojos, pero Morton nunca reparó en ella. En sus descripciones de las diferentes tribus, Morton presenta una serie de datos subjetivos sobre la estatura de sus miembros; por mi parte, en la tabla 2.4 presento esas evaluaciones junto con las capacidades craneales medias. La correlación entre el tamaño del cerebro y del cuerpo resulta confirmada sin excepción alguna. El bajo promedio hindú dentro del grupo caucásico también corresponde a una diferencia de estatura, y en modo alguno constituye una prueba más de la estupidez india.

Tercer caso. La variación del promedio negro

La cifra que Morton daba en *Crania Americana* para expresar la capacidad craneal media de los negros era de 1.278 cm³. Cinco años más tarde, en *Crania Aegyptiaca*, añadió la siguiente nota al pie de su tabla de mediciones: «Tengo en mi poder 79 cráneos de negros nacidos en África ... 58 de los cuales son adultos ... y cuyos cerebros presentan un tamaño promedio de 1.393 cm^3» (1844, p. 113).

Puesto que entre 1839 y 1844 Morton había reemplazado en sus mediciones las semillas de mostaza por los perdigones de plomo, imaginé que la elevación del promedio negro podía deberse a esa causa. Por suerte, el propio Morton volvió a medir la mayoría de sus cráneos, y en sus diferentes catálogos figuran datos tabulados relativos a los mismos cráneos medidos con semillas y medidos con perdigones (véase Gould, 1978, donde se incluyen referencias detalladas).

Supuse que las mediciones realizadas con semillas darían resultados inferiores. Las semillas son ligeras y de tamaño variable, incluso después de haber sido tamizadas. Por tanto, no se acomodan de manera uniforme. Si se agita enérgicamente la calavera o se presiona con el pulgar en el *foramen magnum* (el orificio situado en la base del cráneo), pueden asentarse mejor las semillas dejando espacio libre para añadir más. Las mediciones realizadas con semillas eran muy variables; Morton registra diferencias de varios centímetros cúbicos entre uno y otro calibrado del mismo cráneo. Al final se sintió desanimado, despidió a sus ayudantes y se encargó personalmente de volver a medir todos sus cráneos con perdigones de plomo. Esos nuevos resultados nunca presentaron variaciones mayores de 15 centímetros cúbicos; así pues, podemos aceptar su afirmación de que los datos obtenidos con este método eran objetivos, precisos y constantes, mientras que los anteriores, obtenidos con el método de las semillas, eran muy subjetivos y variables.

Por consiguiente, calculé, para cada raza, las discrepancias entre los datos obtenidos con uno y otro método. Como imaginaba, el método de los perdigones siempre produjo datos más elevados que el de las semillas. En 111 cráneos indios medidos con ambos métodos, los resultados obtenidos con los perdigones superaban en un promedio de 36 cm^3 a los obtenidos con el otro método. Los datos relativos a los negros y los caucásicos no son tan seguros porque Morton no especificó los cráneos individuales considerados en *Crania Americana* para la determinación de las capacidades craneales de dichas razas (cuya medición se realizó por el método de las semillas). En el caso de los caucásicos, 19 cráneos identificables presentan una discrepancia media de sólo 29 cm^3 (siempre a favor del método de los perdigones). Sin embargo, 18 cráneos africanos, pertenecientes a la misma muestra utilizada en *Crania Americana*, producen, al ser medidos por el método de los perdigones, una media de 1.367 cm^3, o sea 72 cm^3 más que la media de 1839 (obtenida por el método de las semillas). Con otras palabras: cuanto más «inferior» es una raza para el juicio *a priori* de Morton, mayor es la discrepancia existente entre una medida subjetiva, fácil e inconscientemente falsificable, y una medida objetiva, no influida por ningún juicio previo. La discrepancia en el caso de los negros, indios y caucásicos es de 72, 36 y 29 cm^3, respectivamente.

No es difícil imaginar lo que pudo haber sucedido. Morton se dispone a medir, con el método de las semillas, un cráneo negro amenazadoramente grande: coge el cráneo, lo rellena sin apretar y le da una que otra sacudida leve. Después coge un cráneo caucásico de dimensiones lamentablemente pequeñas, lo agita con energía y presiona bien con el pulgar en el *foramen magnum*. La cosa resulta fácil, sin que obre ningún propósito deliberado; las expectativas constituyen una poderosa guía para la acción.

La tabulación final de 1849

Cuando Morton presenta, en 1849, su tabulación final —una rotunda confirmación de la jerarquía prevista por cualquier anglosajón— su floreciente colección cuenta con 623 cráneos.

Las muestras parciales caucásicas adolecen de múltiples errores y distorsiones. En el resumen, el promedio germánico es de 1.475, mientras que el cálculo realizado sobre la base de los datos relativos a los diferentes cráneos incluidos en el catálogo da 1.449; el promedio angloamericano correcto no es 1.475 sino 1.461. El elevado promedio inglés de 1.573 es correcto, pero se trata de una muestra pequeña, integrada sólo por individuos masculinos.[10] Si aplicamos nuestro procedimiento, que consiste en calcular los promedios entre las diferentes muestras parciales, las seis «familias» caucásicas modernas dan una media de 1.426 cm^3.[11] El promedio caucásico antiguo (dos muestras) es de 1.377 cm^3 (véase la tabla 2.5).

Seis cráneos chinos le proporcionan a Morton una media mongólica de 1.344, pero este bajo valor ilustra dos casos de amnesia selectiva: primero, Morton excluyó el último espécimen chino (cráneo número 1.336, de 1.606 cm^3), pese a que éste debió de figurar en su colección en la época en que Morton publicó el resumen, porque este último incluía muchos cráneos peruanos de número elevado; en segundo lugar, aunque Morton lamentara la ausencia de esquimales en su colección (1849, p. IV), no mencionó los tres cráneos esquimales que

10. Para demostrar de nuevo lo amplias que pueden ser las diferencias derivadas de la estatura, presento estos datos adicionales, extraídos de las tabulaciones de Morton pero nunca calculados o reconocidos por él: 1) para los incas, cincuenta y tres cráneos masculinos dan un promedio de 1.270; sesenta y un cráneos femeninos, un promedio de 1.182; 2) para los germánicos, nueve cráneos masculinos dan un promedio de 1.511; ocho cráneos femeninos, un promedio de 1.381.

11. En mi informe original (Gould, 1978), se asignaba a los caucásicos modernos el promedio equivocado de 1.398. Aunque sea incómodo aclarar la razón de dicho error, creo que resultará instructivo hacerlo porque ilustra, en detrimento mío, el principio fundamental de este libro: la inserción social de la ciencia y la frecuente injerencia de las expectativas en la investigación supuestamente objetiva. En la línea 7 de la tabla 2.3 figuran las cifras correspondientes a los tres cráneos semíticos de la muestra de Morton, que oscilan entre 1.377 y 1.606 cm^3. Sin embargo, el promedio citado en mi artículo original era de 1.311, lo cual es obviamente imposible si el cerebro más pequeño media 1.377. En aquella ocasión utilicé una fotocopia de la tabla original de Morton, y el valor correcto de 1.458 aparecía borroneado de forma que podía confundirse con la cifra 1.311. De todas maneras, la variación entre 1.377 y 1.606 aparece claramente indicada al lado, aunque, con toda probabilidad, en ningún momento me di cuenta de la incongruencia, porque ese valor bajo de 1.311 satisfacía mi expectativa respecto de un promedio caucásico poco elevado. Por eso el promedio de 1.311 «me pareció» correcto y nunca lo verifiqué. Agradezco al doctor Irving Klotz de la Northwestern University el haberme señalado este error.

TABLA 2.5. Valores corregidos para la tabulación final de Morton

Grupos	Capacidad craneal (cm³)
Mongólicos	1.426
Caucásicos modernos	1.426
Indígenas americanos	1.409
Malayos	1.393
Caucásicos antiguos	1.377
Africanos	1.360

había medido para *Crania Americana*. (Los cráneos en cuestión pertenecían a su amigo George Combe y no figuran en el catálogo final de Morton.)

Morton nunca volvió a medir esos cráneos con perdigones, pero si aplicamos la corrección india de 36 cm^3, su promedio (método de las semillas) de 1.422 se transforma en 1.458. Estas dos muestras (añadido el cráneo chino número 1.336, y corregido el promedio esquimal con criterio moderado) dan un promedio mongólico de 1.426 cm^3.

Para 1849 el promedio indio de Morton había caído hasta 1.295. Pero esta cifra es incorrecta por la misma razón que la cifra mongólica, agravada aún más en este caso por la desigualdad numérica de las diferentes muestras parciales. En 1839, el 23 por 100 de la muestra estaba compuesto por cráneos de indios peruanos (de cabeza y estatura pequeñas); en 1849, su frecuencia ascendió hasta cerca de la mitad de la muestra (155 en un total de 338). Si utilizamos nuestro criterio precedente y calculamos el promedio de todas las muestras parciales igualmente ponderadas, el promedio indio se eleva a 1.409 cm^3.

Para el promedio negro tendríamos que dejar de lado a los australoides de Morton, porque lo que éste quería era evaluar la posición de los negros africanos y en la actualidad ya no se admite la existencia de una relación estrecha entre ambos grupos (la piel oscura no apareció sólo una vez entre los grupos humanos). También dejo de lado la muestra de tres cráneos hotentotes: se trata de individuos femeninos, y la estatura de los hotentotes es muy pequeña. La muestra integrada por negros africanos y negros nacidos en América da un valor medio que oscila entre 1.344 y 1.360, pero que se aproxima más a 1.360.

En pocas palabras: mi corrección de la jerarquía tradicional que presenta Morton no revela la existencia de ninguna diferencia significativa entre las razas, siempre ateniéndose a los propios datos de Morton (tabla 2.5). Todos los grupos se ordenan entre los 1.360 y los 1.426 cm^3, y los caucásicos no están solos en la cumbre. Si los europeos occidentales intentaran mostrar su superioridad señalando los promedios elevados de sus muestras parciales (germánicos y anglosajones en las tabulaciones caucásicas), yo les señalaría el hecho de que varias muestras parciales indias son igualmente elevadas (pese a que Morton amalgamó a todos los indios norteamericanos y nunca registró los promedios de los diferentes subgrupos), y que todos los promedios teutónicos y anglosajones que figuran en la tabla de Morton presentan errores de cálculo o están distorsionados.

Conclusiones

La tergiversación de Morton puede reducirse a cuatro categorías generales:

1. Incongruencias tendenciosas y criterios modificados: a menudo Morton decide incluir o eliminar muestras parciales numerosas para que los promedios de grupo puedan ajustarse a las expectativas previas. Incluye a los incas para reducir el promedio indio, pero elimina a los hindúes para elevar el promedio caucásico. También decide presentar o bien no calcular los promedios de las muestras parciales, según criterios que se corresponden notablemente con el tipo de resultados que desea obtener. En el caso de los caucásicos, calcula dichos promedios para demostrar la superioridad de los teutones y los anglosajones; pero nunca presenta los datos relativos a determinadas muestras parciales indias cuyos promedios son igualmente elevados.

2. Subjetividad orientada hacia la obtención de resultados preconcebidos: las mediciones realizadas por Morton con el método de las semillas eran lo bastante imprecisas como para permitir un amplio margen de influencia subjetiva; en cambio, las mediciones posteriores, realizadas con el método de los perdigones, eran repetibles y supuestamente objetivas. Cuando se midieron los mismos cráneos con ambos métodos, los valores obtenidos con los perdigones siempre fueron superiores a los obtenidos con las semillas (más ligeras y de compactación más deficiente). Sin embargo, los grados de discrepancia entre unos y otros resultados concuerdan con los prejuicios: un promedio de 88 cm^3, en el caso de los negros, de 36, en el de los indios, y de 29, en el de los blancos. Dicho de otro modo: cuando los resultados podían dirigirse para satisfacer las expectativas, los negros se llevaban la peor parte y los blancos la mejor.

3. Omisiones de procedimiento que nos parecen obvias: Morton estaba persuadido de que las diferencias de capacidad craneal correspondían a diferencias innatas de habilidad mental. Nunca consideró otras hipótesis alternativas, aunque sus propios datos pidiesen casi a gritos una interpretación diferente. Morton nunca calculó los promedios por sexo o estatura, aunque sus tabulaciones recogieran esos datos (por ejemplo, en el caso de las momias egipcias). Si hubiese calculado la influencia de la estatura, es de suponer que habría reconocido que la misma explicaba todas las diferencias importantes de tamaño cerebral entre los grupos que estaba considerando. En los cráneos egipcios, la inferioridad del promedio negroide respecto del caucásico no se debía a una estupidez innata de los negros, sino al hecho de que, probablemente, la muestra negroide contuviese un elevado porcentaje de individuos femeninos, de estatura pequeña. Tanto los incas, que incluyó en la muestra india, como los hindúes, que excluyó de la caucásica, tenían cerebros pequeños porque el tamaño de su cuerpo era pequeño. Morton utilizó una muestra exclusivamente femenina de hotentotes (tres especímenes) para respaldar la tesis de la estupidez de los negros, y una muestra exclusivamente masculina de ingleses para afirmar la superioridad de los blancos.

4. Errores de cálculo y omisiones convenientes: todos los errores de cálculo y las omisiones que he detectado benefician a Morton. Redondeó el promedio

negroide egipcio rebajándolo a 1.295 en lugar de elevarlo a 1.311. Los promedios germánico y anglosajón que cita son de 1.475 cm^3 cuando los valores correctos son de 1.442 y 1.458. En su tabulación final de los datos relativos a los mongoloides excluyó un cráneo grande chino y una muestra parcial esquimal, para que el promedio resultase inferior al caucásico.

Sin embargo, en todo este escamoteo no he detectado signo alguno de fraude o manipulación deliberada de los datos. Morton nunca intentó borrar sus huellas, y debo suponer que no fue consciente de haberlas dejado. Expuso todos sus procedimientos y publicó todos sus datos brutos. Lo único que puedo percibir es la presencia de una convicción *a priori* acerca de la jerarquía racial, suficientemente poderosa como para orientar sus tabulaciones en una dirección preestablecida. Sin embargo, la opinión generalizada era que Morton constituía un modelo de objetivismo para su época y que había rescatado a la ciencia norteamericana del pantano de la especulación infundada.

La escuela norteamericana y la esclavitud

La actitud de los principales poligenistas norteamericanos ante la esclavitud no era homogénea. La mayoría eran norteños, y en su mayor parte hubieran optado por alguna versión de la salida de Squier: «[Tengo una] opinión bastante pobre sobre los negros ... [y] una [opinión] aún más pobre sobre la esclavitud» (en Stanton, 1960, p. 193).

Pero es obvio que la identificación de los negros como una especie distinta y aparte constituía un argumento atractivo en favor de la esclavitud. Josiah Nott, notorio poligenista, impartió unas «lecciones de negrología» (según su propia denominación) en el Sur, donde encontró un público particularmente receptivo para las mismas. También *Crania Aegyptiaca* de Morton tuvo una cálida acogida en el Sur (véase Stanton, 1960, pp. 52-53). Un partidario de la esclavitud afirmó que el Sur ya no debía dejarse «atemorizar» por las «voces de Europa o del Norte de América» cuando estaba en juego la defensa de sus «propias instituciones». A la muerte de Morton, el principal periódico médico sureño proclamó lo siguiente (R. W. Gibbs, *Charleston Medical Journal*, 1851, citado en Stanton, 1960, p. 144): «Las gentes del Sur deberíamos considerarlo como un benefactor por haber aportado la ayuda más sustancial para asignar al negro su verdadera posición de raza inferior».

Sin embargo, el argumento poligenista no ocupó un puesto esencial en la ideología esclavista norteamericana de mediados del siglo XIX, y por una razón de peso. Para la mayoría de los sureños, ese excelente argumento era demasiado costoso. Los poligenistas habían denostado a los ideólogos por considerarlos como un impedimento para su búsqueda desinteresada de la verdad, pero sus ataques solían dirigirse más contra los pastores protestantes que contra los abolicionistas. Su teoría, que afirmaba la existencia de una pluralidad de creaciones del hombre, contradecía la doctrina del Adán único y estaba en conflicto con la verdad bíblica literal. Aunque los principales poligenistas adoptaron diversas posiciones religiosas, ninguno fue ateo. Morton y Agassiz eran devotos tradicionales, pero estaban convencidos de que tanto la ciencia como la religión se beneficiarían si los pastores carentes de preparación dejaban de meter sus narices en las cuestiones científicas y renunciaban a considerar a la Biblia como un documento apto para dirimir las discusiones de historia natural. Josiah Nott formuló su meta en términos muy enérgicos (Agassiz y Morton no lo hubiesen expresado con tanta franqueza): «... desvincular la historia natural de la Biblia, y asentar a cada una sobre su respectiva base, donde ambas pueden permanecer sin que se produzcan colisiones ni interferencias» (en Stanton, 1960, p. 119).

Los poligenistas ponían en un dilema a los defensores de la esclavitud: ¿Debían aceptar el poderoso argumento que les ofrecía la ciencia si a cambio tenían que admitir una limitación de la esfera religiosa? En la mayoría de los casos, el dilema se resolvió a favor de la Biblia. Al fin y al cabo no faltaban argumentos bíblicos para justificar la esclavitud. Siempre podía recurrirse al viejo, y sin lugar a dudas funcional, expediente de la degeneración de los negros como consecuencia de la maldición de Cam. Además, la poligenia no era el único argumento cuasicientífico disponible.

Por ejemplo, John Bachman era un pastor protestante de Carolina del Sur y al mismo tiempo un destacado naturalista. Partidario acérrimo del monogenismo, dedicó gran parte de su carrera científica a tratar de refutar la tesis poligénica. También utilizó los principios monogenistas para defender la esclavitud:

> En cuanto a la capacidad intelectual, el africano constituye una variedad inferior de nuestra especie. Toda su historia demuestra que es incapaz de gobernarse por sí solo. Pese a su debilidad e ignorancia, el niño que llevamos de la mano, y que busca en nosotros protección y ayuda, tiene, sin embargo, nuestra misma sangre (en Stanton, 1960, p. 63).

Entre las defensas «científicas» no poligenistas de la esclavitud ninguna fue tan absurda como las doctrinas de S. A. Cartwright, eminente médico sureño. (No las considero típicas, y dudo de que hayan sido muchos los sureños inteligentes que les prestaran demasiada atención: si las cito es sólo porque deseo ilustrar una posición extrema dentro de la gama de los argumentos «científicos».) Según Cartwright, los problemas de los negros derivaban de una imperfecta descarbonización de la sangre en los pulmones (eliminación insuficiente del dióxido de carbono): «La deficiente ... atmosferización de la sangre, junto con una deficiencia de materia cerebral en el cráneo ... constituye la verdadera causa de esa degradación mental que ha impedido a los africanos ser capaces de cuidar de sí mismos» (citado en Chorover, 1979; todas las citas de Cartwright proceden de las ponencias que presentó en 1851 en el congreso de la Asociación Médica de Luisiana).

Cartwright llegó a acuñar un término para referirse a esa deficiencia: *disestesia*, una enfermedad ligada a un defecto respiratorio. Describe así los síntomas de la misma en el esclavo: «Cuando se le obliga a trabajar ... realiza la tarea que se le ha asignado en forma precipitada y torpe, pisando, o cortando con la azada, las plantas que debe cultivar, rompiendo los útiles con que trabaja y estropeando todo lo que toca». Los ignorantes norteños atribuían esa conducta a «la influencia degradante de la esclavitud», pero Cartwright supo ver en ella una expresión de una verdadera enfermedad. Otro de los síntomas que identificó fue la falta de sensibilidad para el dolor: «Cuando el infortunado individuo es sometido a castigo, no siente mayor dolor ... [ni] enfado particular salvo un estúpido resentimiento. En ciertos casos ... parece haber una pérdida casi total de sensibilidad». He aquí la cura propuesta por Cartwright:

> Hay que estimular la actividad del hígado, la piel y los riñones ... para que ayuden a la descarbonización de la sangre. La mejor manera de estimular la piel consiste, primero, en lavar bien al paciente con agua caliente y jabón; después, en untarlo por todas partes con aceite y azotar la piel aceitada con una faja ancha de cuero; a continuación debe ponerse a trabajar al paciente en una tarea pesada al aire libre y bajo los rayos del sol, como cortar leña, instalar cercas o tronzar madera con la sierra transversal o cabrilla.

La disestesia no era la única enfermedad que figuraba en el catálogo de Cartwright. Se preguntó por qué los esclavos trataban con tanta frecuencia de huir, y atribuyó esa conducta a una enfermedad mental llamada *drapetomanía*, o deseo insano de escapar. «Como los niños, unas leyes fisiológicas inalterables los impulsan a amar a sus superiores. Así pues, en virtud de una ley de su naturaleza el negro no puede dejar de amar al amo bondadoso, así como el niño no puede dejar de amar a la que lo amamanta.» La cura que Cartwright proponía para los esclavos enfermos de drapetomanía era de carácter conductista: los propietarios debían evitar tanto la extrema indulgencia como la extrema crueldad: «Sólo hay que mantenerlos en ese estado, y tratarlos como niños, para evitar que escapen y curarlos de esa enfermedad».

Los defensores de la esclavitud no necesitaban la poligenia. La religión aún era una fuente de legitimación del orden social más poderosa que la ciencia. Sin embargo, la polémica norteamericana sobre la poligenia fue quizá la última ocasión en que los argumentos de estilo científico no constituyeron una primera línea de defensa del *statu quo* y del carácter inamovible de las diferencias entre los hombres. La guerra civil estaba sólo a la vuelta de la esquina, pero también lo estaba el año 1859 y *El origen de las especies* de Darwin. En lo sucesivo, los argumentos en favor de la esclavitud, el colonialismo, las diferencias raciales, las estructuras clasistas y la discriminación sexual habrían de enarbolar ante todo el estandarte de la ciencia.

3

La medición de las cabezas

Paul Broca y el apogeo de la craneología

> Ningún hombre racional, bien informado, cree en la igualdad, y menos aún en la superioridad, del negro medio respecto del blanco medio. Y, si esto es verdad, resulta sencillamente increíble que, una vez eliminadas todas las incapacidades de nuestro pariente prognático, éste pueda competir en condiciones justas, sin ser favorecido ni oprimido, y esté habilitado para medirse con éxito con su rival de cerebro más grande y mandíbula más pequeña, en una pugna ya no de dentelladas sino de ideas.
>
> T. H. Huxley

La fascinación por los números

Introducción

La teoría evolucionista eliminó la base creacionista sobre la que se había apoyado el intenso debate entre monogenistas y poligenistas, pero satisfizo a ambas partes proporcionándoles una justificación aún mejor para el racismo por ambas compartido. Los monogenistas siguieron construyendo jerarquías lineales de las razas, basadas en sus respectivos valores mentales y morales; los poligenistas tuvieron que reconocer la existencia de un antepasado común hundido en las brumas de la prehistoria, pero afirmaron que las razas habían estado separadas durante un tiempo suficientemente prolongado como para desarrollar significativas diferencias hereditarias en cuanto al talento y la inteligencia. El historiador de la antropología George Stocking ha escrito (1973, p. LXX) que «las tensiones intelectuales generadas se resolvieron después de 1859 mediante un evolucionismo amplio que era al mismo tiempo monogenista y racista, y afirmaba la unidad del hombre al tiempo que relegaba al salvaje de piel oscura a una posición cercana a la del mono».

La segunda mitad del siglo XIX no fue sólo la era de la evolución en la antropología. Otra corriente, igualmente irresistible, barrió el campo de las ciencias humanas: la fascinación por los números, la fe en que las mediciones rigurosas podrían garantizar una precisión irrefutable, y serían capaces de marcar la transición entre una especulación subjetiva y una ciencia tan válida como la física newtoniana. La evolución y la cuantificación formaron una alianza temible; en cierto sentido, su unión forjó la primera teoría racista «científica» de peso, si, como muchos que se equivocan sobre la verdadera naturaleza de la ciencia, consideramos científica toda afirmación aparentemente respaldada por abundantes cifras. Antes de Darwin, los antropólogos habían presentado datos numéricos, pero la tosquedad de un análisis como el de Morton (véase el capítulo 2) invalida cualquier pretensión de rigor. Hacia finales del siglo de Darwin, unas técnicas generalizadas y un creciente cuerpo de conocimientos estadísticos habían producido un diluvio de datos numéricos más fidedignos.

Este capítulo es la historia de unos números que, en su momento, fueron considerados de mayor importancia que cualesquiera otros: los datos de craneometría, o sea, la medida de los cráneos y su contenido. Los principales craneómetras no fueron ideólogos conscientes. Se consideraban a sí mismos esclavos de los números, apóstoles de la objetividad. Y confirmaron todos los prejuicios habituales de los hombres blancos pudientes: que los negros, las mujeres y las clases pobres ocupan puestos subordinados debido a los rigurosos dictados de la naturaleza.

La interpretación creativa es el suelo donde la ciencia hunde sus raíces. Los números sugieren, obligan, refutan, pero, por sí solos, no determinan el contenido de las teorías científicas. Estas últimas se construyen sobre la base de la interpretación de dichos números, y los intérpretes suelen quedar atrapados en su propia retórica. Están convencidos de su objetividad y son incapaces de ver los prejuicios que les llevan a escoger sólo una de las muchas interpretaciones que sus números admiten. Paul Broca está bastante alejado del presente como para que podamos echar una mirada retrospectiva sobre su obra y mostrar que su utilización de los datos numéricos supuso más una ilustración de conclusiones decididas de antemano que la producción de nuevas teorías. ¿Hemos de creer acaso que en la actualidad la ciencia es diferente sólo porque compartimos el marco cultural de la mayoría de los que la practican y, por tanto, confundimos la influencia de dicho marco cultural con la verdad objetiva? Broca fue un científico ejemplar; ningún otro ha superado su meticulosidad y la precisión con que realizó sus mediciones. ¿Con qué derecho, salvo el derivado de nuestros propios prejuicios, podríamos identificar los suyos y sostener que en la actualidad la ciencia opera al margen de toda influencia cultural o de clase?

Francis Galton, apóstol de la cuantificación

Nadie expresó mejor la fascinación de su época por los números que el famoso primo de Darwin, Francis Galton (1822-1911). Galton dispuso de una fortuna personal que le permitió gozar de una libertad poco común para consagrar sus notables energías y su inteligencia al cultivo de su tema favorito: la medición. Precursor de la estadística moderna, estaba convencido de que, con suficiente empeño e inventiva, todo podía medirse, y de que la medición constituía el criterio fundamental del trabajo científico. ¡Llegó a proponer, y empezó a realizar, un estudio estadístico sobre la eficacia de la plegaria! Fue él quien acuñó el término «eugenesia», en 1883, y abogó por la regulación del matrimonio y del tamaño de la familia de acuerdo con el patrimonio hereditario de los padres.

Su fe en la medición se apoyaba en la ingeniosidad de los métodos que desarrolló, muy idiosincráticos. Por ejemplo, se propuso confeccionar un «mapa de belleza» de las islas británicas por el siguiente procedimiento (1909, pp. 315-316):

> Cada vez que tengo ocasión de clasificar a las personas que encuentro en tres clases distintas, «buena, regular y mala», utilizo una aguja montada a modo de púa con la que perforo, sin mirar, un trozo de papel cortado toscamente en forma de cruz alargada. En el extremo superior marco los valores «buenos», en los brazos los valores «regulares», y en el extremo inferior los valores «malos». Las perforaciones están lo bastante separadas como para permitir una lectura fácil en el momento deseado. Cada papel lleva escrito el nombre del sujeto, el lugar y la fecha. Con este método he registrado mis observaciones sobre la belleza, y he clasificado a las muchachas que he visto por la calle o en otros sitios asignándoles los siguientes valores: atractivas, indiferentes y repulsivas. Desde luego, se trata de una estimación puramente individual, pero, a juzgar por la coincidencia de los diferentes intentos realizados con la misma población, puedo afirmar que los resultados son consistentes. Así, he comprobado que Londres ocupa el puesto más elevado en la escala de belleza, y Aberdeen el más bajo.

He aquí el método que, no sin humor, propuso para cuantificar el aburrimiento (1909, p. 278):

> Muchos procesos mentales admiten una medición aproximada. Por ejemplo, el grado en que se aburren las personas puede medirse por la cantidad de movimientos de inquietud que realizan. En más de una ocasión he aplicado este método durante las reuniones de la Royal Geographical Society, pues incluso allí llegan a leerse memorias bastante tediosas ... Como el uso de un reloj puede llamar la atención, calculo el tiempo por mi frecuencia respiratoria, que es de 15 por minuto. No cuento mentalmente, sino que marco quince veces con el dedo. Reservo la cuenta mental para registrar los movimientos de inquietud. Este tipo de observaciones ha de limitarse a las personas de edad madura. Los niños rara vez permanecen quietos, y los filósofos de edad provecta en ocasiones adoptan posturas rígidas durante varios minutos.

La cuantificación era el dios de Galton, y a su derecha figuraba su firme convicción de que casi todo lo que podía medir tenía carácter hereditario. Estaba persuadido de que hasta las conductas más insertas en un marco social poseían fuertes componentes innatos: «Puesto que muchos miembros de nuestra Cámara de los Lores se casan con hijas de millonarios —escribió en 1909 (pp. 314-315)— es bastante lógico pensar que con el tiempo nuestro Senado se caracterizará por una capacidad para los negocios más aguda que la común y corriente, y también es posible que su nivel de probidad comercial llegue a ser más bajo que el actual». En su búsqueda constante de nuevos e ingeniosos métodos para medir las diferencias de valor entre las personas, propuso clasificar a los negros y los blancos estudiando la historia de los encuentros entre jefes negros y viajeros blancos (1884, pp. 338-339):

> Desde luego, estos últimos traen consigo el conocimiento que existe en los países civilizados; sin embargo, la ventaja que ello supone es mucho menor de lo que podríamos imaginar. La educación del jefe indígena en el arte de gobernar a los hombres es todo lo buena que puede desearse; permanentemente se ejercita en la práctica del gobierno personal, y por lo común debe la conservación de su puesto al hecho de que cada día tiene que mostrar su ascendiente en el trato con sus súbditos y rivales. También el que viaja por regiones salvajes desempeña, hasta cierto punto, el papel de gobernante, y en cada sitio habitado debe enfrentarse a los jefes indígenas. El resultado de esos encuentros es bastante conocido: el viajero blanco casi siempre sale bien parado. Rara vez oímos hablar de un viajero blanco que al encontrarse con un jefe negro sienta que está en presencia de un hombre superior.

Si bien la antropometría figuró entre los criterios utilizados por Galton en su principal obra sobre el carácter hereditario de la inteligencia (*Hereditary Genius*, 1869), su interés por la medición de los cráneos y los cuerpos alcanzó el nivel máximo cuando instaló un laboratorio en la Exposición Internacional de 1884. Allí, por pocas monedas, las personas pasaban por la línea de montaje de sus tests y mediciones, y al final recibían su valoración. Después de la Exposición, mantuvo el laboratorio durante seis años en un museo londinense. El laboratorio se hizo famoso y atrajo a muchas personas notables, entre ellas a Gladstone:

> Míster Gladstone hizo muchas bromas sobre el tamaño de su cabeza afirmando que a menudo los sombrereros le habían dicho que la suya era una cabeza del condado de Aberdeen: «... puede estar usted seguro que no olvido de mencionar este hecho a mis votantes escoceses». Tenía una cabeza hermosa, aunque más bien estrecha, pero después de todo la circunferencia tampoco era muy grande (1909, pp. 249-250).

Para que no se piense que sólo son inofensivas reflexiones de un excéntrico demente de la época victoriana, diré que sir Francis era considerado con toda seriedad como uno de los intelectos más importantes de su tiempo. Posteriormente, Lewis Terman, adalid de la teoría del carácter hereditario de la inteligencia e introductor de los tests de CI en los Estados Unidos, calculó el CI de Galton en 200, mientras que a Darwin sólo le asignó un CI de 135 y a Copérnico uno que oscilaba entre los 100 y los 110 (sobre este ridículo incidente en la historia de las mediciones de la capacidad intelectual, véase *infra*, pp. 191-195). Después de haber leído *Hereditary Genius*, Darwin, que abordaba con grandes sospechas los argumentos en favor del carácter hereditario de la inteligencia, escribió lo siguiente: «En cierto sentido, usted ha transformado a un oponente en un converso, porque siempre he sostenido que, salvo los tontos, los hombres no difieren mayormente en cuanto al intelecto, y sólo se distinguen por el grado de ahínco y constancia que ponen en su trabajo» (en Galton, 1909, p. 290). He aquí la respuesta de Galton: «La réplica que podría hacerse a su observación sobre la constancia en el trabajo es que el carácter, incluida la capacidad de trabajo, es tan heredable como cualquier otra facultad».

Entremés con moraleja: los números no garantizan la verdad

En 1906, un médico de Virginia, Robert Bennett Bean, publicó un extenso artículo técnico en el que comparaba los cerebros de un conjunto de norteamericanos negros y blancos. Con una especie de habilidad neurológica privilegiada, encontró diferencias significativas por todas partes —significativas en el sentido de que confirmaban con cifras contundentes sus prejuicios acerca de la inferioridad de los negros.

Bean estaba particularmente orgulloso de sus datos relativos al cuerpo calloso, una estructura interior del cerebro que contiene un conjunto de fibras a través de las cuales se conectan ambos hemisferios. Ateniéndose a un dogma fundamental de la craneometría, el de que las funciones mentales superiores se localizan en la parte anterior del cerebro y las capacidades sensoriomotrices hacia la parte de atrás, Bean concluyó que podía establecer una jerarquía entre las diferentes razas basándose en los tamaños relativos de las partes que forman el cuerpo calloso. Así pues, midió la longitud del genu, la parte anterior del cuerpo calloso, y la comparó con la longitud del esplenio, la parte posterior del mismo. Representó en un gráfico los datos relativos a las diferencias entre genu y esplenio (véase la figura 3.1) y obtuvo, para una muestra considerablemente amplia, unos resultados que mostraban la separación casi total entre los cerebros negros y los blancos. Estos últimos presentan un genu relativamente grande y, por tanto, una masa cerebral más importante en la sede de la inteligencia. ¡Tanto más notable, exclamaba Bean (1906, p. 390), por cuanto el genu contiene fibras vinculadas no sólo con la inteligencia, sino también con el sentido del olfato! Y añadía lo siguiente: Como sabemos, los negros tienen un sentido del olfato más fino que el de los blancos; por tanto, si no existiesen diferencias sustanciales de inteligencia entre las razas, cabría esperar que el genu de los negros fuera más grande. Sin embargo, su genu es más pequeño a pesar de su superioridad olfativa; por tanto, los negros deben de tener una inteligencia realmente muy pobre. Además, Bean no olvidó extraer las correspondientes conclusiones acerca de los sexos. En cada raza, las mujeres tienen un genu relativamente más pequeño que los hombres.

Después, Bean proseguía su análisis de las diferencias entre las partes frontal y parietal-occipital (lateral y posterior) del cerebro; y mostraba que en los blancos la parte frontal es relativamente más grande. En cuanto al tamaño relativo de las áreas frontales, proclamaba, los negros ocupan un puesto intermedio entre «el hombre [*sic*] y el orangután» (1906, p. 380).

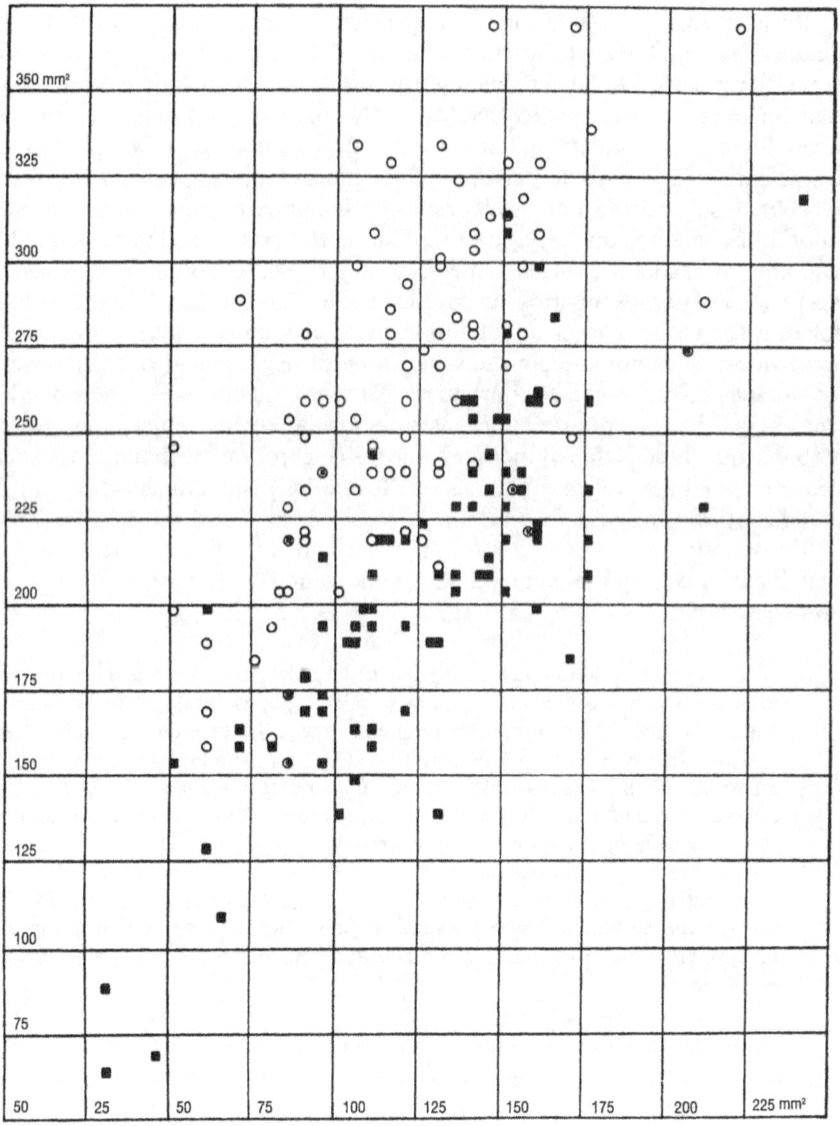

3.1. Representación de Bean del genu en el eje de las *y*, y del esplenio en el eje de las *x*. Como era de esperar, los círculos blancos corresponden a los cerebros blancos, y los cuadrados negros a los cerebros negros. El genu de los blancos parece ser más grande: por tanto, éstos tendrían un mayor desarrollo frontal y, supuestamente, una inteligencia más amplia.

En su extensa monografía llama la atención la ausencia de una medida muy común: Bean no dice nada acerca del tamaño del cerebro mismo, que constituye el criterio preferido de la craneometría clásica. En un apéndice exhumamos la razón de esa negligencia: los cerebros de los blancos y los negros no presentaban diferencias en cuanto al tamaño general. Bean contemporiza observando lo siguiente: «En el peso del cerebro inciden tantos factores que quizá no resulte beneficioso analizar aquí esta cuestión». Sin embargo, encuentra una escapatoria: los cerebros que estudió procedían de cuerpos no reclamados que habían sido entregados a escuelas de medicina; como bien se sabe, los negros sienten menos respeto por los muertos que los blancos; así, los cuerpos de blancos abandonados suelen pertenecer a individuos de las clases más bajas, prostitutas o pervertidos; en cambio, «como se sabe, entre los negros incluso las clases mejor situadas abandonan a sus muertos». Por tanto, incluso la ausencia de diferencias significativas podría indicar la superioridad de los blancos, porque «es probable que [dichos datos] indiquen que los cerebros de los individuos caucásicos de clase baja son más grandes que los de los negros de las clases mejor situadas» (1906, p. 409).

En un párrafo de síntesis, antes del poco feliz apéndice que acabamos de mencionar, Bean expone un prejuicio común como si se tratara de una conclusión científica:

> El negro es fundamentalmente afectuoso, enormemente emocional, por tanto, sensual y, cuando recibe estímulos suficientes, apasionado en sus respuestas. Ama la ostentación y su manera de hablar puede ser melodiosa; su capacidad y su gusto artístico están por desarrollar —los negros son buenos artesanos y habilidosos trabajadores manuales—, y su carácter presenta una tendencia a la inestabilidad ligada a una falta de dominio de sí mismo, sobre todo en lo vinculado con las relaciones sexuales; también carece de capacidad de orientación o de aptitud para reconocer la posición y la situación tanto de sí mismo como de su entorno, según puede observarse por el marcado engreimiento que suele atribuírsele. Este tipo de carácter era perfectamente previsible en el caso del negro, puesto que la parte posterior de su cerebro es grande, mientras que la porción anterior es pequeña.

Las opiniones de Bean no quedaron confinadas en las revistas técnicas. Publicó un par de artículos en revistas de difusión general (durante el año 1906), y atrajo suficiente atención como para que *American Medicine* le dedicara un editorial (abril de 1907; citado en Chase, 1977, p. 179). Según dicho editorial, Bean habría proporcionado la explicación «anatómica del fracaso total de las escuelas negras que imparten enseñanza de tipo superior, [dado que] el cerebro [del negro] es tan incapaz de comprenderla como lo sería un caballo que tratase de entender la regla de tres ... Los dirigentes de todos los partidos políticos reconocen ahora que la igualdad humana es un error ... Es posible corregir el error y eliminar una amenaza contra nuestra prosperidad: [la que supondría la existencia de] un amplio electorado carente de cerebro».

Pero Franklin P. Mall, mentor de Bean en la Universidad Johns Hopkins, abrigó ciertas sospechas: sus datos eran demasiado buenos. De modo que volvió a realizar el estudio de Bean, si bien con una importante diferencia de procedimiento: se aseguró de no saber qué cerebros pertenecían a individuos negros y qué otros a individuos blancos hasta *después* de haberlos medido (Mall, 1909). En una muestra de 106 cerebros, y utilizando el método de medida de Bean, no encontró diferencias entre blancos y negros en cuanto a los tamaños relativos del genu y del esplenio (figura 3.2). En esa muestra figuraban 18 cerebros de la muestra original de Bean, 10 de los cuales pertenecían a individuos blancos y 8 a individuos negros. En 7 casos de blancos, las medidas que Bean había atribuido al genu eran mayores que las registradas por Mall, mientras que en un solo caso de negro se observaba la misma discrepancia. En 7 de los 8 casos de negros, Bean había atribuido valores superiores a los esplenios.

En mi opinión, este pequeño episodio de fanatismo puede ilustrar, a modo de entremés, las tesis más importantes que defiendo en este capítulo y en el libro en general:

1. Los racistas y sexistas científicos suelen aplicar la etiqueta de inferioridad a un solo grupo socialmente relegado; sin embargo, la raza, el sexo y la clase suelen asociarse, y cada uno de ellos se comporta como sustituto de los otros. Aunque los diferentes estudios tengan alcances limitados, la filosofía general del determinismo biológico es siempre la misma: las jerarquías existentes entre los grupos más y menos favorecidos obedecerían a los dictados de la naturaleza; la estratificación social constituye un reflejo de la biología. Bean estudió las razas, pero hizo extensiva su conclusión más importante a las mujeres, y también invocó las diferencias de clase social para justificar la tesis de que la igualdad de los tamaños cerebrales de negros y blancos reflejaría realmente la inferioridad de los primeros.

2. Las conclusiones no se deducían de la copiosa documentación numérica, sino de los prejuicios anteriores a la investigación. Es prácticamente indudable que la afirmación de Bean acerca del engreimiento de los negros no constituye un resultado inductivo del estudio de los datos sobre las partes anterior y posterior del cerebro, sino sólo el reflejo de una creencia *a priori* que intentó presentar como una conclusión objetiva. En cuanto al alegato especial en el sentido de que la inferioridad de los negros podía deducirse de la igualdad de los tamaños cerebrales, resulta sencillamente ridículo cuando se lo formula fuera del marco de un consenso sobre la inferioridad de dicho grupo humano.

3. La autoridad de los números y los gráficos no aumenta con el grado de exactitud de la medición, el tamaño de la muestra o la complejidad de la elaboración de los datos. El defecto puede residir en el diseño experimental básico, y la reiterada repetición del mismo no entraña su rectificación. El compromiso previo en favor de una de las muchas conclusiones posibles suele garantizar la existencia de alguno de tales defectos graves de diseño.

4. La craneometría no fue sólo un juguete para académicos, ni un tema reservado para las revistas técnicas. Sus conclusiones inundaron la prensa de gran difusión. Una vez afianzadas, tendieron a adquirir vida propia, y fueron copiadas partiendo de fuentes cada vez más alejadas de la original, refractarias

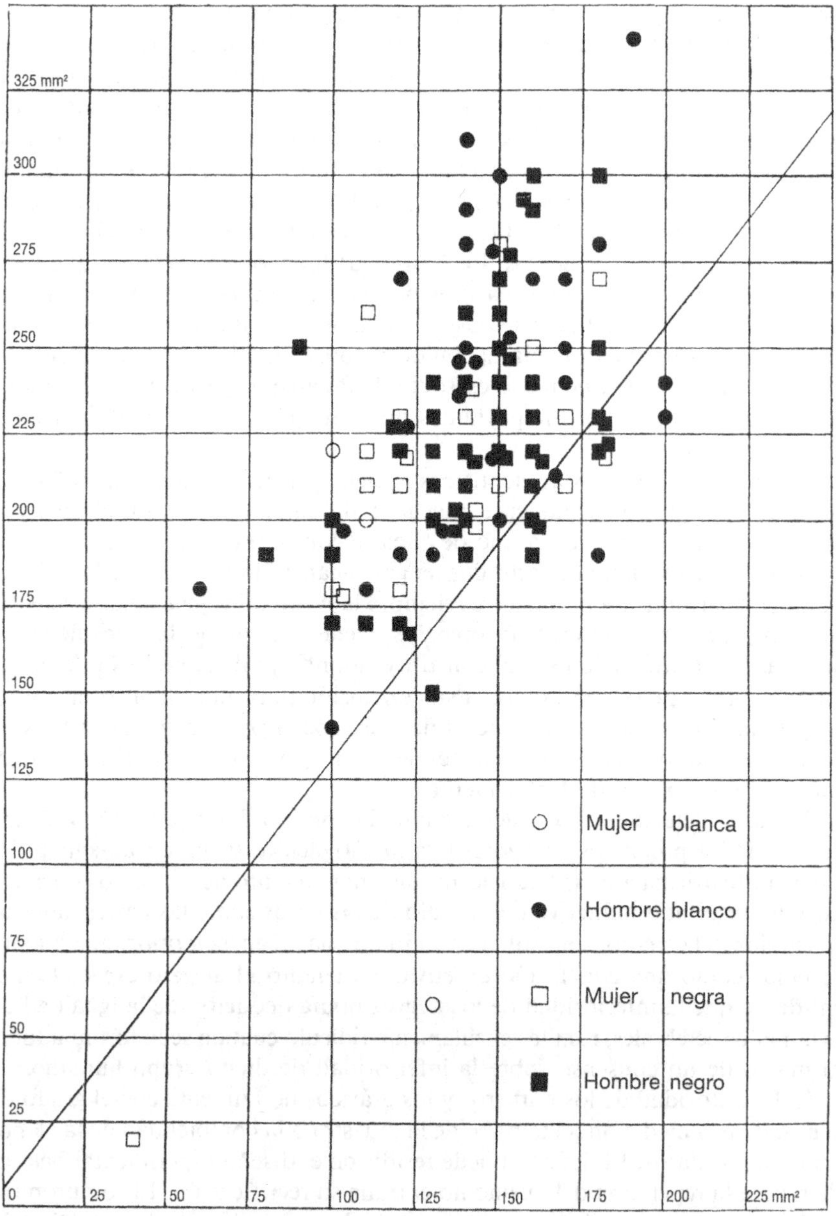

3.2. Representación de la relación genu/esplenio, según Mall. Mall midió los cerebros sin saber si procedían de sujetos blancos o negros. No encontró diferencia alguna entre las razas. La línea representa la separación introducida por Bean entre blancos y negros.

a cualquier tipo de refutación por el hecho de que nadie comprobaba la fragilidad de la documentación inicial. En este caso, Mall cortó el dogma cuando aún estaba en flor, si bien no antes de que una publicación importante recomendase despojar a los negros del derecho al voto debido a su estupidez innata.

También observo que existe una diferencia importante entre Bean y los grandes craneómetras europeos. El primero realizó un fraude deliberado o bien se engañó notablemente a sí mismo. Era un mal científico que seguía un diseño experimental absurdo. Los grandes craneómetras, en cambio, fueron científicos excelentes de acuerdo con los criterios de la época. A diferencia de los de Bean, sus datos numéricos fueron en general sólidos. Sus prejuicios desempeñaron un papel mucho más sutil en la prescripción de las interpretaciones y en la asignación de prioridades a la hora de recoger los datos numéricos. Aunque su obra fuese más refractaria a cualquier intento de desenmascaramiento, la invalidez de la misma se debe a idénticos motivos: en ella los prejuicios pasan por los datos para llegar, a través de un itinerario circular, a los prejuicios iniciales —un sistema imbatible que adquirió fuerza de autoridad debido a su aparente fundamentación en un conjunto de mediciones meticulosamente realizadas.

Aunque no en todos sus detalles, la historia de Bean ha sido contada en varias ocasiones (Myrdal, 1944; Haller, 1971; Chase, 1977). Sin embargo, fue una figura marginal que actuó en un escenario provinciano y temporalmente aislado. En cambio, no he encontrado ningún estudio moderno sobre el drama principal, o sea, sobre los datos recogidos por Paul Broca y su escuela.

Los maestros de la craneometría: Paul Broca y su escuela

El gran itinerario circular

En 1861 un violento debate ocupó varias reuniones de una joven sociedad que aún estaba sintiendo los dolores del nacimiento. Dos años antes, Paul Broca (1824-1880), profesor de cirugía clínica en la facultad de medicina, había fundado la Sociedad Antropológica de París. En una reunión celebrada en 1861, Louis Pierre Gratiolet leyó un trabajo que ponía en tela de juicio la creencia más preciosa de Broca: Gratiolet se atrevió a sostener que el tamaño del cerebro no guardaba relación alguna con el grado de inteligencia del mismo.

Broca se alzó en su propia defensa afirmando que, si la variación de tamaño no tuviese valor alguno, «el estudio de los cerebros de las diferentes razas humanas perdería la mayor parte de su interés y utilidad» (1861, p. 141). ¿Para qué los antropólogos habían dedicado tanto tiempo a la medición de los cráneos sino para poder deslindar los diferentes grupos humanos y estimar sus valores relativos?

> Entre las cuestiones hasta ahora debatidas en el seno de la Sociedad Antropológica, ninguna tiene tanto interés y tanta importancia como la que aborda-

> mos en este momento ... La gran importancia de la craneología ha causado una impresión tan fuerte en los antropólogos que muchos de nosotros hemos descuidado otros aspectos de nuestra ciencia para dedicarnos en forma casi exclusiva al estudio de los cráneos ... Esperábamos que esos datos nos proporcionaran alguna información pertinente para el establecimiento del valor intelectual de las diferentes razas humanas (1861, p. 139).

A continuación, Broca soltó sus datos y el pobre Gratiolet tuvo que batirse en retirada. Su última intervención en el debate debe incluirse entre los discursos más tendenciosos, e incluso más cargados de abyectas concesiones, jamás pronunciados por científico alguno. No abjuró de sus errores, sino que sostuvo que nadie había apreciado la sutileza de su posición. (Dicho sea de paso, Gratiolet era monárquico y no simpatizaba con la tesis igualitarista. Sencillamente, buscaba otro tipo de mediciones que permitiesen justificar la inferioridad de los negros y de las mujeres: por ejemplo, la fusión más precoz de las suturas del cráneo.)

He aquí la conclusión triunfal de Broca:

> En general, el cerebro es más grande en los adultos que en los ancianos, en los hombres que en las mujeres, en los hombres eminentes que en los de talento mediocre, en las razas superiores que en las razas inferiores (1861, p. 304) ... A igualdad de condiciones, existe una relación significativa entre el desarrollo de la inteligencia y el volumen del cerebro (p. 188).

Cinco años más tarde, en un artículo sobre antropología para una enciclopedia, Broca se expresó en términos más enérgicos:

> Un rostro prognato [proyectado hacia adelante], un color de piel más o menos negro, un cabello lanudo y una inferioridad intelectual y social, son rasgos que suelen ir asociados, mientras que una piel más o menos blanca, un cabello lacio y un rostro ortognato [recto], constituyen la dotación normal de los grupos más elevados en la escala humana (1866, p. 280) ... Ningún grupo de piel negra, cabello lanudo y rostro prognato ha sido nunca capaz de elevarse espontáneamente hasta el nivel de la civilización (pp. 295-296).

Son palabras duras, y el propio Broca lamentaba que la naturaleza hubiese dispuesto así las cosas (1866, p. 296). Pero ¿qué podía hacer él? Los hechos son los hechos. «No existe fe alguna, por respetable que sea, ni interés alguno, por legítimo que sea, que no deba adaptarse al progreso del conocimiento humano e inclinarse ante la verdad» (en Count, 1950, p. 72). Paul Topinard, principal discípulo, y sucesor, de Broca, adoptó la siguiente divisa (1882, p. 748): «J'ai horreur des systèmes et surtout des systèmes *a priori*» («Abomino de los sistemas, sobre todo de los sistemas *a priori*»).

Broca reservó los ataques más fuertes para los pocos científicos igualitaristas de su época, a quienes acusó de haber dejado que la esperanza ética o el sueño político enturbiaran su juicio y distorsionasen la verdad objetiva, quitando así validez a su alegato. «La intromisión de consideraciones políticas y sociales ha sido tan dañina para la antropología como la del factor religioso» (1855, en Count, 1950, p. 73). Por ejemplo, el gran anatomista alemán Friedrich Tiedemann había sostenido que la capacidad craneal de los negros era similar a la de los blancos. Broca atrapó a Tiedemann por el mismo tipo de error que yo descubriría en Morton (véase *supra*, pp. 70-87). Las medidas que este último registró mediante un método subjetivo e impreciso en el caso de los cráneos pertenecientes a negros fueron sistemáticamente inferiores a las que luego obtuvo mediante una técnica precisa. Tiedemann, por su parte, utilizando un método aún más impreciso, calculó un promedio negro superior en 45 cm^3 a la media registrada por otros científicos. Pero, en cambio, en el caso de los cráneos blancos sus mediciones no excedieron a las tomadas por sus colegas. (Pese a la fruición con que analizó las cifras de Tiedemann, Broca no parece haber verificado jamás las de Morton, si bien este último fue su héroe y su modelo. En cierta ocasión, publicó un artículo de un centenar de páginas donde analizaba minuciosamente las técnicas de Morton [Broca, 1873b].)

¿Por qué se equivocó Tiedemann? «Lamentablemente —escribe Broca (1873b, p. 12)—, procedió dominado por una idea preconcebida. Se había propuesto probar que la capacidad craneal es igual en todas las razas humanas.» Pero «para todas las ciencias de observación vale el axioma de que los hechos deben preceder a las teorías» (1868, p. 4). Broca creía —sinceramente, supongo— que, por su parte, sólo obedecía a los hechos, y que su éxito en la confirmación de las jerarquías admitidas se debía a la precisión de sus mediciones y al cuidado con que había adoptado unos procedimientos repetibles.

En realidad, es imposible leer sus obras sin sentir un enorme respeto por el cuidado con que procedió. Sus cifras me parecen fidedignas y dudo de que jamás las haya habido mejores. Broca realizó un estudio exhaustivo de todos los métodos utilizados hasta entonces para determinar la capacidad craneal, y decidió que los perdigones de plomo, tal como sostenía «le célèbre Morton» (1861, p. 183), permitían obtener los mejores resultados; pero dedicó varios meses a perfeccionar la técnica tomando en cuenta factores como la forma y la altura del cilindro donde se recogían los perdigones con que se había rellenado el cráneo, la velocidad de vertido de dichos perdigones en el cráneo, y la manera en que se sacudía y golpeaba a este último para compactar los perdigones y ver si ya estaba lleno o cabían más (Broca, 1873b). Así llegó a desarrollar un método objetivo para la medición de la capacidad craneal. Sin embargo, en la mayoría de sus investigaciones prefirió pesar directamente el cerebro después de haber realizado él mismo la autopsia.

Dediqué un mes a la lectura de las principales obras de Broca, prestando especial atención a sus procedimientos estadísticos. Así, comprobé que sus métodos se ajustaban a una fórmula bien definida. La distancia entre hechos y conclusiones se cubría por un camino que podría ser el habitual, salvo que recorriéndolo marcha atrás, empezando por las conclusiones; y en el caso de Broca, dichas conclusiones coincidían con las creencias compartidas por la mayoría de los individuos blancos de sexo masculino que triunfaron en su época: ellos, por gracia de la naturaleza, ocupaban el puesto más elevado, mientras que las mujeres, los negros y los pobres figuraban en posiciones inferiores. A diferencia de los datos de Morton, los suyos eran fidedignos, pero la recolección de los mismos se había realizado con un criterio selectivo, y luego habían sido objeto de una manipulación inconsciente, para que confirmasen unas conclusiones preconcebidas. Este procedimiento permitía dotar a dichas conclusiones no sólo de la sanción de la ciencia, sino también del prestigio de los números. Broca y su escuela no utilizaron los datos como documentos a los que hay que atenerse, sino como ilustración de unas conclusiones fijadas de antemano. Empezaron por dichas conclusiones, luego las compararon con sus datos para, finalmente, y por un camino circular, volver a esas mismas conclusiones. Su ejemplo justifica un examen más minucioso porque, a diferencia de Morton (quien manipuló los datos, si bien no de una manera deliberada), sus prejuicios se reflejaron a través de un procedimiento distinto y probablemente más común: hacer pasar por objetividad lo que es apología.

La selección de los caracteres

Cuando la «Venus hotentote»* murió en París, Georges Cuvier, el mayor científico y, como más tarde descubriría con gran placer Broca, el mayor cerebro de Francia, evocó a esa mujer africana tal como la había visto en vida.

> Tenía una manera de colocar los labios hacia adelante exactamente igual a la que hemos observado en el orangután. En sus movimientos había algo de abrupto y al mismo tiempo de fantástico, como en los del mono. Sus labios eran monstruosamente grandes [Cuvier parece haber olvidado que los de los monos son delgados y pequeños]. Sus orejas eran como las de muchos monos: pequeñas, con el trago débil y el borde externo casi obliterado atrás. Son características propias de los animales. Nunca he visto una cabeza humana más parecida a la de un mono que la de esta mujer (en Topinard, 1878, pp. 493-494).

Hay mil maneras diferentes de medir el cuerpo humano. Cualquier investigador convencido de antemano de la inferioridad de determinado grupo, puede seleccionar un pequeño conjunto de mediciones para ilustrar la mayor afinidad del mismo con los monos. (Por supuesto, este procedimiento también podría aplicarse en el caso de los individuos blancos de sexo masculino, si bien nadie lo ha intentado. Por ejemplo, los blancos tienen labios delgados, propiedad que comparten con los chimpancés, mientras que los de los negros son más gruesos y, por tanto, más «humanos».)

El prejuicio fundamental de Broca consiste en su creencia de que las razas humanas podían jerarquizarse dentro de una escala lineal de valor intelectual. Cuando enumera los objetivos de la etnología, menciona el de «determinar la

* El lector interesado en la historia de la «Venus hotentote» podrá consultar el ensayo correspondiente en *La sonrisa del flamenco*, del mismo autor (Crítica, Barcelona, 1995). (*N. del r.*)

posición relativa de las razas dentro de la escala humana» (en Topinard, 1878, p. 660). Nunca se le ocurrió que la variación humana podía ser ramificada y aleatoria, en vez de lineal y jerárquica. Y puesto que conocía el orden de antemano, la antropometría no fue para él un ejercicio numérico de empirismo elemental, sino una búsqueda de aquellas características capaces de ilustrar la jerarquía correcta.

Así, se puso a buscar las características «significativas», o sea, las que permitirían confirmar la existencia de la jerarquía admitida. Por ejemplo, en 1862 probó con la proporción entre el radio (el hueso inferior del brazo) y el húmero (el hueso superior de la pierna), arguyendo que una proporción más elevada correspondía al mayor tamaño del antebrazo: una característica propia de los monos. Todo empezó bien: en los negros la proporción era de 794, mientras que en los blancos sólo era de 739. Pero después surgieron dificultades. Un esqueleto esquimal presentó una proporción de 703, un aborigen australiano, 709, mientras que la Venus hotentote— según Cuvier, casi simiesca (su esqueleto se conservaba en París)— sólo presentó una proporción de 703. Broca tenía dos posibilidades. Podía reconocer que, de acuerdo con ese criterio, los blancos ocupaban una posición inferior a la de varios grupos de piel oscura, o bien abandonar dicho criterio. Como sabía (1862a, p. 10) que los hotentotes, los esquimales y los australianos ocupaban posiciones inferiores a la de la mayoría de los negros africanos, escogió la segunda alternativa: «Según esto, me parece difícil seguir afirmando que la elongación del antebrazo sea una característica que indique degradación o inferioridad, porque en este sentido los europeos ocupan una posición intermedia entre los negros, de una parte, y los hotentotes, los australianos y los esquimales, de la otra» (1862, p. 11).

Más tarde estuvo a punto de abandonar su criterio fundamental basado en el tamaño del cerebro, debido a que los individuos inferiores de piel amarilla presentaban puntuaciones altas:

> Una tabla en la que las diferentes razas estuvieran dispuestas de acuerdo con la magnitud de su capacidad craneal no representaría adecuadamente sus distintos grados de superioridad o inferioridad, porque el tamaño sólo es uno de los elementos del problema [de establecer un orden jerárquico entre las razas]. En una tabla de ese tipo, los esquimales, los lapones, los malayos, los tártaros y varios pueblos más del tipo mongólico, superarían a la mayoría de los pueblos civilizados de Europa. Por tanto, el cerebro de una raza muy inferior puede ser de gran tamaño (1873a, p. 38).

Sin embargo, Broca consideró que podía rescatar un aspecto muy valioso de sus datos brutos acerca del tamaño general del cerebro. Aunque esos datos no sirviesen para describir de forma adecuada los casos situados en la parte superior de la escala, porque algunos grupos inferiores presentaban cerebros de gran magnitud, sí permitían dar cuenta de los casos situados en el extremo inferior, porque los cerebros pequeños sólo se daban entre aquellos grupos dotados de un nivel de inteligencia bajo. Así, después del pasaje que acaba de citarse, escribe lo siguiente:

> Pero esto no invalida la correlación entre la pequeñez del cerebro y la inferioridad [mental]. La tabla muestra que los negros del África occidental tienen una capacidad craneal de aproximadamente 100 cm^3 más pequeña que la de las razas europeas. A esa cifra podemos añadir las [relativas a los] siguientes [grupos]: cafres, nubios, tasmanos, hotentotes y australianos. Estos ejemplos bastan para probar que, si bien el volumen del cerebro no desempeña un papel decisivo en la determinación de la capacidad intelectual de las diferentes razas, tampoco deja de tener una importancia considerable (1873a, p. 38).

Argumento irrebatible: rechazado en un extremo de la escala, cuando produce unas conclusiones desagradables; y confirmado en el otro extremo, basándose en ese mismo criterio. Broca no falsifica los datos numéricos: se limita a hacer una selección de los mismos, o a interpretarlos a su manera para que justifiquen las conclusiones deseadas.

Al seleccionar entre las diferentes medidas posibles, Broca no se dejó llevar pasivamente por el influjo de una idea preconcebida. Sostuvo que la selección entre los diferentes caracteres era un objetivo que debía alcanzarse mediante el uso de unos criterios explícitos. Topinard, su discípulo más importante, distinguía entre caracteres «empíricos», «que no parecen tener significado alguno», y «racionales», «vinculados con alguna opinión fisiológica» (1878, p. 221). ¿Cómo establecer, pues, cuáles son los caracteres «racionales»? He aquí la respuesta de Topinard: «Otros caracteres se consideran, con razón o sin ella, dominantes. Se observa una afinidad entre su manera de manifestarse entre los negros y la apariencia que adoptan en los monos, estableciendo así una transición entre estos últimos y los europeos» (1878, p. 221). En medio de su debate con Gratiolet, también Broca consideró esta cuestión, y llegó a idénticas conclusiones (1861, p. 176):

> Superamos fácilmente el problema escogiendo, para nuestra comparación de los cerebros, unas razas cuyas desigualdades intelectuales no dejan lugar a dudas. Así, la superioridad de los europeos respecto de los negros africanos, los indios americanos, los hotentotes, los australianos y los negros de Oceanía, es suficientemente cierta como para servir de punto de partida para la comparación de los cerebros.

La selección de los individuos destinados a ilustrar los diferentes grupos abunda en ejemplos particularmente vergonzosos. Hace treinta años, en la época de mi niñez, en el vestíbulo del Museo Americano de Historia Natural aún podía contemplarse una representación de las características de las razas humanas, dispuestas en un orden lineal que iba de los monos a los hombres blancos. Hasta la presente generación, las ilustraciones anatómicas corrientes presentaban un chimpancé, un negro y un blanco, parte por parte, en ese orden, aunque la variación existente en el interior de los grupos blancos y negros sea siempre lo suficientemente amplia como para producir un orden diferente cuando se escogen otros individuos: chimpancé, blanco, negro. Por ejemplo, en 1903 el anatomista norteamericano E. A. Spitzka publicó un extenso tratado sobre el tamaño y la forma del cerebro en «hombres eminentes», donde incluía una figura (véase la figura 3.3) con este comentario: «El salto que existe entre un Cuvier o un Tackeray y un zulú o un bosquimano no es mayor que el que existe entre estos últimos y el gorila o el orangután» (1903, p. 604). Pero también publicó una figura similar (véase la figura 3.4) donde ilustraba la variación de tamaño cerebral entre individuos eminentes del grupo blanco, sin que parezca haberse percatado nunca de que con ello había destruido su propio argumento. Como dijo acerca de esas figuras F. P. Mall (1909, p. 24), el hombre que puso en evidencia los errores de Bean: «Cuando se [las] compara, queda claro que el cerebro de Gambetta se parece más al del gorila que al de Gauss».

Cómo esquivar las anomalías

Puesto que Broca acumuló un conjunto tan heterogéneo y fiel de datos, era inevitable que obtuviese numerosas anomalías y aparentes excepciones a la generalización por la que se guiaba: la de que el tamaño del cerebro indica el grado de inteligencia, y que el cerebro de los individuos blancos de clase acomodada y sexo masculino es más grande que el de las mujeres, los pobres y los miembros de razas inferiores. La mejor manera de comprender los métodos de argumentación e inferencia que Broca utilizó consiste en examinar la forma en que dio cuenta de cada aparente excepción. Así se comprende también por qué los datos nunca podían destruir sus suposiciones.

El cerebro grande de los alemanes. En un último intento desesperado por salvar su posición, Gratiolet apeló al recurso extremo de afirmar que, en promedio, los cerebros alemanes eran 100 g más pesados que los franceses. ¡Qué mejor prueba de que el tamaño del cerebro no tenía nada que ver con la inteligencia! Broca respondió con tono desdeñoso: «Monsieur Gratiolet ha apelado casi a nuestros sentimientos patrióticos. Pero me resultará fácil mostrarle que puede atribuir algún valor al tamaño del cerebro sin dejar por ello de ser un buen francés» (1861, pp. 441-442).

A continuación, Broca procedió a abrirse camino sistemáticamente a través de los datos. Ante todo, la cifra de 100 g mencionada por Gratiolet provenía de unas afirmaciones infundadas que había enunciado el científico alemán E. Huschke. Una vez cotejados todos los datos reales que pudo obtener, Broca comprobó que la diferencia de tamaño entre los cerebros alemanes y franceses ya no era de 100 sino de 48 g. Luego aplicó una serie de correcciones concernientes a factores no intelectuales que inciden también en el tamaño del cerebro. Sostuvo, con bastante razón, que el tamaño del cerebro es mayor cuanto más grande es el tamaño del cuerpo, y menor cuanto mayor es la edad del individuo, así como cuando éste ha padecido períodos prolongados de mala salud (lo que explica por qué los cerebros de criminales ejecutados en prisión suelen ser más grandes que los de individuos honestos que mueren en los hospitales como consecuencia de enfermedades degenerativas). En la muestra de Broca,

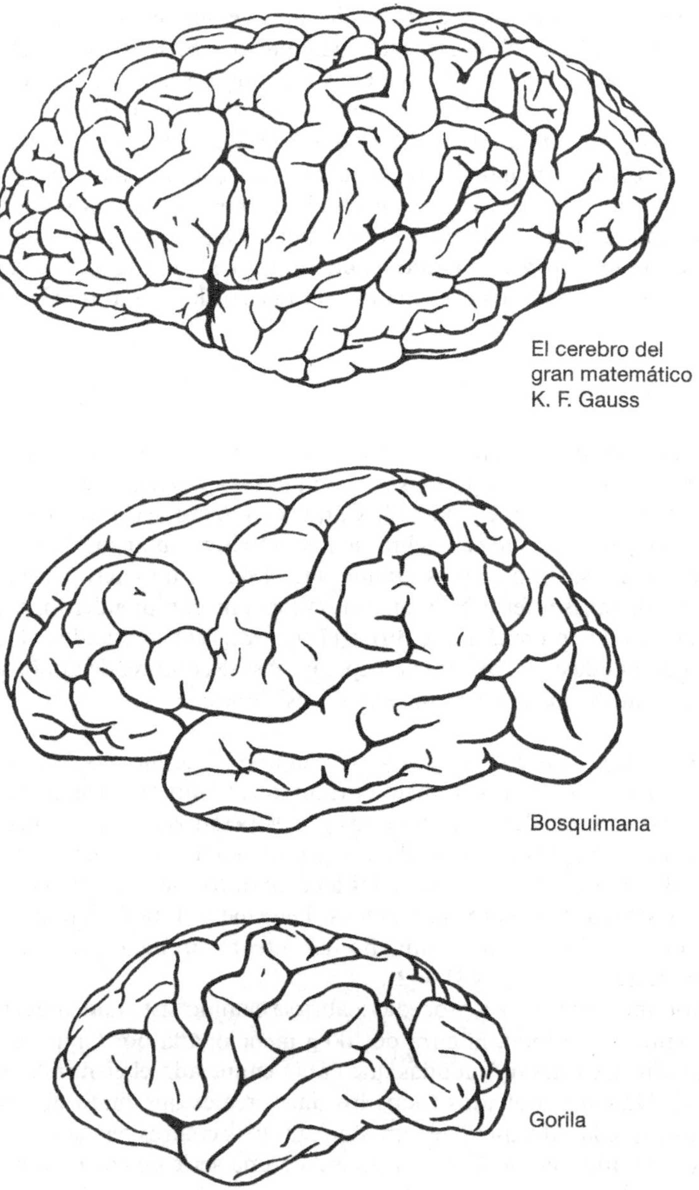

3.3. Cadena evolutiva de acuerdo con el tamaño del cerebro, según Spitzka.

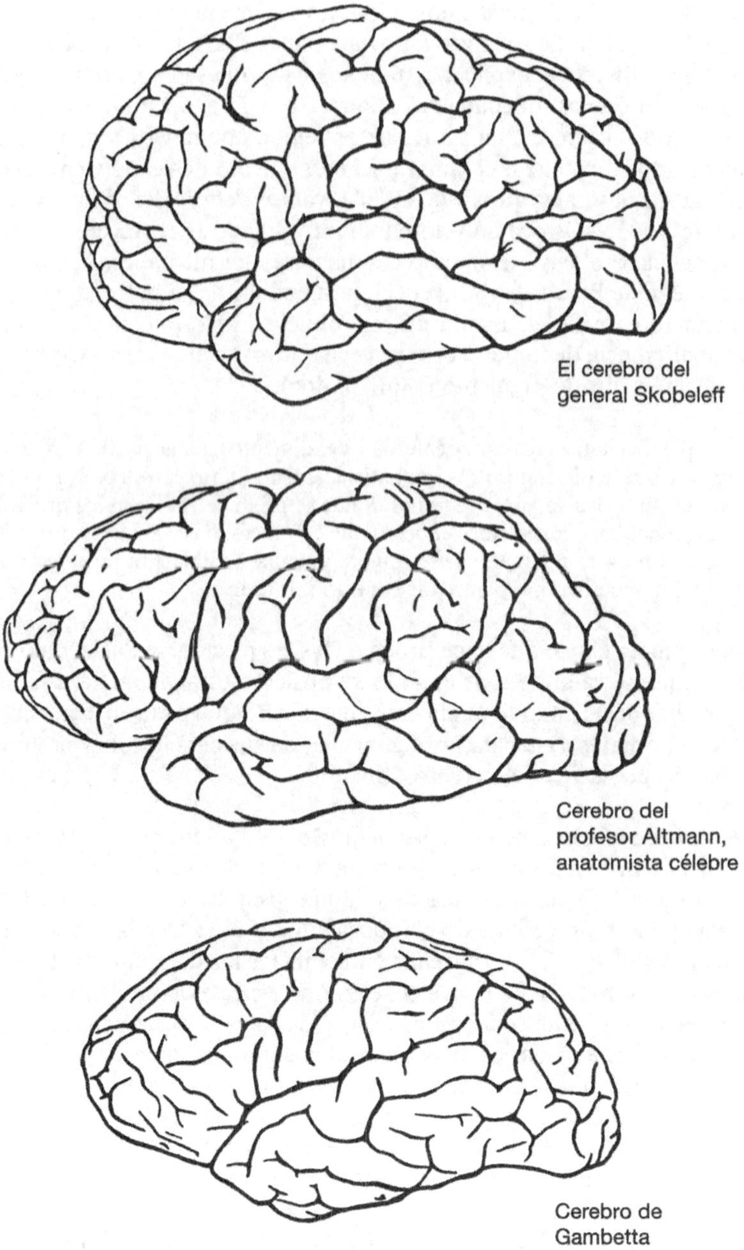

3.4. Representación de la variación del tamaño cerebral entre hombres blancos eminentes, según Spitzka.

la media de edad de los individuos franceses era de cincuenta y seis años y medio, mientras que la de los individuos alemanes era sólo de cincuenta y uno. Según él, esa diferencia explicaba 16 de los 48 g que separaban a un grupo de otro, distancia que así quedaba reducida a 32 g. Luego eliminó de la muestra alemana a todos los individuos que habían tenido una muerte violenta o habían sido ejecutados. Entonces, el tamaño cerebral medio de veinte alemanes muertos por causas naturales quedó en 1.320 g, ya *por debajo* del promedio francés, que era de 1.333. Y Broca aún no había introducido la corrección referente al tamaño del cuerpo, cuyo promedio era mayor en los alemanes. *Vive la France!*

Un colega de Broca, De Jouvencel, poniéndose de su parte, arguyó, contra el infortunado Gratiolet, que la mayor robustez de los alemanes explicaba la aparente diferencia de tamaño cerebral en su favor, y algo más. Acerca del promedio alemán dijo lo siguiente (1861, p. 466):

> [El alemán] ingiere una cantidad de alimentos sólidos y de bebidas mucho mayor que la que a nosotros nos satisface. Esto, junto con su consumo de cerveza, masivo incluso en las regiones donde se produce vino, explica que el alemán sea mucho más corpulento [*charnu*] que el francés: hasta el punto que la relación que existe entre el tamaño de su cerebro y su masa total, lejos de parecerme superior a la nuestra, me parece, al contrario, inferior.

No impugno el uso que hace Broca de las correcciones: sólo señalo la habilidad con que se valía de ellas cuando su posición estaba amenazada. Tendremos que recordarlo cuando analicemos el empeño que puso en evitarlas al descubrir que podían servir para impugnar una de sus conclusiones preferidas: la relativa a la pequeñez del cerebro femenino.

Hombres eminentes con cerebro pequeño. El anatomista norteamericano E. A. Spitzka instó a los hombres eminentes a que después de muertos donaran su cerebro a la ciencia. «La idea de una autopsia me resulta sin duda menos repugnante que el proceso de descomposición cadavérica en la tumba, tal como lo imagino» (1907, p. 235). Entre los craneometristas del siglo XIX, la disección de colegas muertos llegó a convertirse en una especie de industria casera. Los cerebros ejercían su habitual fascinación, y las listas se exhibían con gesto arrogante, no sin incurrir en las acostumbradas comparaciones de tinte ofensivo. (Los importantes antropólogos norteamericanos J. W. Powell y W. J. McGee hicieron una apuesta acerca de quién de ellos portaba el cerebro más grande. Como dijo Ko-Ko a Nanki-Poo* sobre los fuegos artificiales que se lanzarían después de su ejecución, «no los verás, pero igual estarán allí».)

De hecho, algunos hombres de genio salieron bien parados. Frente al promedio europeo situado entre los 1.300 y los 1.400 g, el gran Cuvier se destacó con sus prominentes 1.830 g. Cuvier encabezaba la clasificación hasta que, finalmente, Turguenev quebró la barrera de los 2.000 g en 1883. (Otros posibles

* Personajes de *El Mikado*, de Gilbert y Sullivan. (*N. del t.*)

habitantes de esa estratosfera, como Cromwell y Swift, permanecen en el limbo por falta de registros adecuados.)

El otro extremo era un poco más desconcertante y embarazoso. Walt Whitman logró escuchar el canto de América con sólo 1.282 g. El colmo del oprobio fue Franz Josef Gall, uno de los dos fundadores de la frenología— original «ciencia» consagrada a valorar las diferentes capacidades intelectuales basándose en el tamaño de las regiones cerebrales donde estarían localizadas—, cuyo cerebro pesó unos mezquinos 1.198 g. (Su colega J. K. Spurzheim obtuvo un resultado bastante respetable: 1.559 g.) Y, aunque Broca no llegó a saberlo, su propio cerebro sólo pesó 1.424 g: sin duda, un poco más que el promedio, pero nada para ir alardeando.* Anatole France extendió el arco de los autores famosos hasta algo más de los 1.000 g cuando, en 1924, se situó en el extremo opuesto a la famosa marca de Turguenev, con un registro de salida de sólo 1.017 g.

Los cerebros pequeños eran una molestia, pero Broca, impertérrito, se las arregló para justificarlos a todos. Los individuos que los habían ostentado, o bien habían muerto a edades muy avanzadas o bien habían sido de estatura muy pequeña y constitución delgada; o bien se trataba de cerebros dañados por efecto de la mala conservación. La reacción de Broca ante un estudio realizado por su colega alemán Rudolf Wagner fue típica. En 1855, este último había obtenido una presa valiosísima: el cerebro del gran matemático Karl Friedrich Gauss. El cerebro pesó 1.492 g, apenas por encima del promedio; en cambio, presentó una riqueza de circunvoluciones mayor que la de cualquier otro cerebro disecado hasta entonces (véase la figura 3.5). Estimulado por ese descubrimiento, Wagner se dedicó a pesar los cerebros de todos los profesores muertos —y dispuestos a dejarse disecar— de Gotinga; siempre con el propósito de representar la distribución del tamaño cerebral de los hombres eminentes. Hacia la época en que Broca luchaba con Gratiolet, 1861, Wagner ya disponía de cuatro nuevas mediciones. Ninguna de ellas entrañaba una amenaza para Cuvier, y dos eran sobremanera desconcertantes: los 1.368 g de Hermann, el profesor de filosofía, y los 1.226 g de Hausmann, el profesor de mineralogía. Broca corrigió la cifra relativa al cerebro de Hermann basándose en su edad, y le sumó 16 g, con lo que éste resultó un 1,19 por 100 superior al promedio: «no mucho para un profesor de lingüística —reconoció Broca—, pero ya es algo» (1861, p. 167). Ninguna corrección pudo elevar a Hausmann hasta el nivel de la gente normal, pero, considerando sus venerables setenta y siete años, Broca especuló que su cerebro podría haber sufrido un grado de degeneración senil más pronunciado que el habitual: «El grado de decadencia que la vejez puede suponer para el cerebro es muy variable, y no puede calcularse».

Pero Broca no se quedó tranquilo. Había logrado justificar aquellos datos numéricamente bajos, pero no había podido elevarlos hasta niveles superiores al común. De manera que, para conseguir una conclusión irrebatible, sugirió con un toque de ironía que los sujetos cuyo cerebro había medido Wagner después que el de Gauss, quizá no fueran tan eminentes:

* Véase *El cerebro de Broca*, de Carl Sagan (Crítica, Barcelona, 1994). (*N. del r.*)

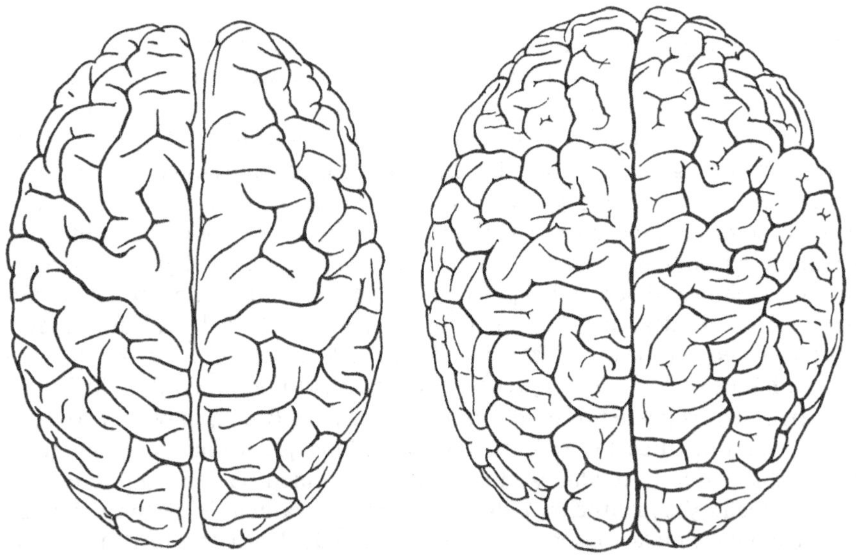

3.5. El cerebro del gran matemático K. F. Gauss *(derecha)* produjo cierta perplejidad, porque, con sólo 1.492 g, era apenas más grande que el promedio. Pero otros criterios acudieron en ayuda del craneometrista. Aquí, E. A. Spitzka demuestra que el cerebro de Gauss tiene muchas más circunvoluciones que el de un papúa *(izquierda)*.

> No es muy probable que en el lapso de cinco años hayan muerto 5 hombres geniales en la Universidad de Gotinga ... Las vestiduras profesorales no constituyen necesariamente un certificado de genialidad; incluso en Gotinga, deben de existir algunas cátedras ocupadas por hombres no muy notables (1861, pp. 165-166).

Llegado a ese punto, Broca desistió de la empresa: «El tema es delicado —escribió (1861, p. 169)— y no insistiré más en él».

Criminales con cerebro grande. El gran tamaño del cerebro de muchos criminales fue una fuente de preocupación permanente para los craneometristas y los especialistas en antropología criminal. Broca tendió a descalificar esas cifras afirmando que al morir de forma repentina, por ejecución, en esos individuos no se producía la disminución del tamaño cerebral observable en muchas personas honradas sometidas a prolongados períodos de enfermedad. Además, la muerte por ahorcamiento tendía a producir una congestión del cerebro que daba como resultado un incremento espurio de su peso.

El año de la muerte de Broca, T. Bischoff publicó su estudio sobre el cerebro de 119 asesinos, homicidas y ladrones. El promedio superaba en 11 g a la media para los hombres honrados y 14 de ellos llegaban a los 1.500 g, mientras que otros 5 superaban los 1.600 g. En cambio, sólo 3 hombres geniales podían jactarse de pesos superiores a los 1.600 g, mientras que los 1.809 del asesino

Le Pelley deben de haber hecho vacilar al espectro de Cuvier. El cerebro femenino más pesado que se conoce (1.565 g) perteneció a una mujer que había matado a su marido.

Paul Topinard, el sucesor de Broca, consideró con perplejidad esos datos y acabó estimando que el exceso de lo bueno puede resultar malo para ciertas personas. El nivel exigido por el crimen realmente inspirado puede ser tan alto como el que requiere el virtuosismo profesional: ¿quién decidirá entre Moriarty y Holmes? He aquí la conclusión de Topinard: «Parece estar probado que cierta proporción de criminales se ven impulsados a desviarse de las normas sociales vigentes debido a la exuberancia de su actividad cerebral y, por tanto, al hecho de que poseen un cerebro grande o pesado» (1888, p. 15).

Defectos en la pauta de aumento con el tiempo. Salvo su estudio sobre las diferencias entre los hombres y las mujeres, ninguna obra de Broca atrajo más respeto o interés que la supuesta demostración del crecimiento progresivo del tamaño del cerebro a medida que la civilización europea fue progresando desde la época medieval hasta la moderna (Broca, 1862b).

Este estudio merece un análisis pormenorizado puesto que probablemente constituye el mejor caso que, por mi parte, he llegado a encontrar de unas conclusiones determinadas sin más por las expectativas del investigador. Broca se consideraba liberal, en el sentido de que no condenaba a los grupos inferiores a permanecer indefinidamente en esa situación. El cerebro femenino había degenerado a través del tiempo debido a una utilización parcial del mismo impuesta a las mujeres por las estructuras sociales existentes; en diferentes condiciones sociales, ese cerebro podía volver a crecer. Las razas primitivas no habían tenido que enfrentarse con dificultades suficientemente estimulantes; en cambio, los cerebros europeos habían crecido de forma sostenida de acuerdo con la marcha de la civilización.

Broca obtuvo unas muestras de dimensiones considerables, procedentes de tres cementerios parisienses: uno del siglo XII, otro del siglo XVIII y otro del siglo XIX. Las respectivas capacidades craneales medias fueron de 1.426, 1.409 y 1.462 cm^3: cifras no precisamente adecuadas para justificar una conclusión firme en el sentido de la existencia de un crecimiento sostenido a través del tiempo. (No he podido encontrar los datos brutos de Broca para someterlos a una verificación estadística, pero con un 3,5 por 100 de diferencia media entre la muestra más pequeña y la más grande lo más probable es que no existan diferencias estadísticamente significativas entre esas tres muestras.)

Ahora bien, ¿cómo pudo llegar Broca a su esperanzada conclusión basándose en unos datos tan limitados, tomados de sólo tres sitios, y sin especificación de los márgenes de variación en cada época, como tampoco de alguna pauta clara de evolución a través del tiempo? El propio Broca reconoció que al principio se sintió desilusionado: había esperado que los datos relativos al siglo XVIII alcanzasen unos valores intermedios (1862b, p. 106). La clave —argumentó— debía residir en el tipo de clase social al que habían pertenecido los sujetos estudiados, porque al menos una parte del nivel social de los grupos que triunfan en determinada cultura se debe a la superioridad intelectual de sus miembros. La muestra del siglo XII procedía del cementerio de una iglesia: por tanto, sus integrantes deben de haber pertenecido a la nobleza. Los cráneos del siglo XVIII procedían de una fosa común. En cambio, la muestra del siglo XIX era mixta: noventa cráneos procedían de tumbas individuales —promedio de 1.484 cm^3— y treinta y cinco de una fosa común —promedio de 1.403 cm^3—. Broca sostuvo que si las diferencias de clase social no podían explicar la distancia existente entre los valores obtenidos y los esperados, entonces los datos resultaban ininteligibles. Para él, inteligible significaba que aumentaba de manera uniforme a medida que pasaba el tiempo; o sea, la proposición que dichos datos debían supuestamente probar, no la que debería basarse en esos resultados. Una vez más Broca se mueve en un círculo:

> Sin esta [diferencia de clase social], tendríamos que creer que la capacidad craneal de los parisienses realmente ha disminuido durante los siglos posteriores al duodécimo. Ahora bien, durante ese período ... el progreso intelectual y social ha sido considerable, y aunque todavía no estemos seguros de que el cerebro crezca como consecuencia del desarrollo de la civilización, es indudable que nadie estará dispuesto a pensar que la consecuencia de este último sea una disminución del tamaño del cerebro (1862b, p. 106).

Sin embargo, la división de la muestra del siglo XIX por clases sociales no sólo supuso una ayuda para Broca: también le aportó nuevas preocupaciones, porque ahora tenía dos muestras procedentes de fosas comunes, la primera de las cuales daba una capacidad craneal media de 1.409 cm^3 —siglo XVIII—, mientras que la otra daba un promedio de 1.403 cm^3 —siglo XIX—. Pero Broca no se dio por vencido: argumentó que la fosa común del siglo XVIII contenía esqueletos de individuos pertenecientes a una clase superior. En aquellas épocas prerrevolucionarias un hombre tenía que ser realmente rico o noble para descansar en un cementerio de iglesia. En el siglo XIX, los despojos de los pobres daban un promedio de 1.403; cien años antes, los despojos pertenecientes a individuos de buena raza habían dado un promedio aproximadamente similar.

Cada nueva solución suponía dificultades adicionales para Broca. Ahora que se había comprometido a realizar una división por clases sociales dentro de cada cementerio, tenía que reconocer que otros diecisiete cráneos procedentes de la tumba del depósito judicial del cementerio del siglo XIX daban un promedio más elevado que los cráneos de los sujetos de clase media y superior, enterrados en tumbas individuales: 1.517 cm^3 frente a 1.484 cm^3. ¿Cómo podía ser que los cerebros pertenecientes a cuerpos no reclamados, abandonados al Estado, superaran a los de sujetos que constituían la crema de la sociedad? Broca realizó una serie de inferencias a cual más precaria: los depósitos judiciales de cadáveres estaban situados en zonas ribereñas; probablemente, los cuerpos que a ellos llegaban pertenecían a personas ahogadas; muchos ahogados son suicidas; muchos suicidas son enajenados mentales; muchos enajenados mentales, como los criminales, tienen un cerebro que sorprende por su tamaño. Con un poco de imaginación nada puede ser verdaderamente anómalo.

Las partes anterior y posterior del cerebro

> Háblame del nuevo cirujano, el señor Lydgate. Me dicen que es joven y muy inteligente; sin duda, lo parece, con esa frente tan notable.
>
> George Eliot, *Middlemarch* (1872)

Aunque el tamaño global resultase útil y decisivo en términos generales, su medición estaba lejos de agotar el alcance de la craneometría. Desde la época del apogeo de la frenología, se había atribuido un valor específico a cada parte del cerebro: esto entrañaba un conjunto de criterios subsidiarios para la jerarquización de los grupos humanos. (Fue en ese terreno donde Broca, ya no como craneometrista sino como médico, realizó su descubrimiento más importante. En 1861 elaboró el concepto de localización cortical de las funciones, al descubrir que un paciente afásico tenía una lesión en la circunvolución frontal izquierda, ahora conocida como circunvolución de Broca.)

La mayoría de esos criterios subsidiarios puede reducirse a una sola fórmula: la parte anterior es mejor. Broca y sus colegas estaban convencidos de que las funciones mentales superiores tenían su localización en las regiones anteriores de la corteza, mientras que las áreas posteriores acaparaban las funciones, más vulgares pero sin embargo cruciales, del movimiento involuntario, la sensación y la emoción. Las personas superiores deberían de tener más materia en la parte anterior que en la posterior. Ya hemos visto que Bean compartía esa creencia cuando produjo sus datos espurios acerca de las partes anterior y posterior del cuerpo calloso en los cerebros de los blancos y los negros.

Broca utilizó a menudo la distinción entre dichas partes anterior y posterior del cerebro, sobre todo para zafarse de las situaciones incómodas en que lo ponían sus datos. Aceptaba la clasificación que Gratiolet había hecho de los grupos humanos distinguiendo entre «races frontales» (blancos, con mayor desarrollo de los lóbulos anterior y frontal), «races pariétales» (mongólicos, con lóbulos parietales o medios más prominentes) y «races occipitales» (negros, con mayor masa cerebral en la parte posterior). A menudo fustigó doblemente a los grupos inferiores, por tener cerebros más pequeños y por el mayor desarrollo posterior de los mismos: «Los negros, sobre todo los hotentotes, tienen un cerebro más simple que el nuestro, y la relativa pobreza de sus circunvoluciones puede observarse fundamentalmente en sus lóbulos frontales» (1873a, p. 32). Una prueba más directa podía encontrarse, según él, en el hecho de que los tahitianos deformaran artificialmente las áreas frontales de algunos niños para que las partes posteriores resultasen abultadas. Esos hombres llegaban a ser valientes guerreros, pero su estilo nunca podía compararse con los héroes de raza blanca: «La deformación frontal producía una ceguera pasional, una ferocidad instintiva y un coraje animal que en su conjunto estaría dispuesto a calificar de coraje occipital. No debemos confundirlo con el verdadero coraje, el coraje frontal, que podríamos llamar coraje caucásico» (1861, pp. 202-203).

Broca también alegó la existencia de diferencias cualitativas, y no sólo de tamaño, entre las regiones frontal y occipital del cerebro de las diferentes razas. En este caso, y no sólo para calmar a su adversario, aceptó el argumento favorito de Gratiolet en el sentido de que en las razas inferiores los huesos del cráneo suturan antes, con lo que el cerebro queda atrapado en una bóveda rígida que limita la eficacia de la enseñanza recibida posteriormente. En los blancos dicha sutura no sólo es más tardía, sino que se produce en un orden diferente (¿adivina el lector cuál?). En los negros y otros grupos inferiores las suturas frontales se efectúan antes que las posteriores; en los blancos sucede a la inversa. Los estudios modernos en gran escala sobre el proceso de la sutura craneal no revelan la existencia de diferencias de ritmo o de pauta de sutura entre las distintas razas (Todd y Lyon, 1924 y 1925).

Broca recurrió a ese argumento para salirse de una dificultad grave. Había descrito una muestra de cráneos procedentes de las poblaciones más primitivas de *Homo sapiens* (de tipo Cro-Magnon) y había comprobado que su capacidad craneal era superior a la de los franceses modernos. Sin embargo, por fortuna, sus cráneos suturaban antes por delante que por detrás, de modo que, después de todo, esos antepasados tenían que haber sido inferiores: «Son signos que denotan inferioridad. Los encontramos en todas aquellas razas cuya actividad cerebral se concentra en la vida material. Con el desarrollo de la vida intelectual, las suturas anteriores se vuelven más complicadas y más tardías» (1873a, p. 19).

El argumento basado en la distinción cerebro anterior-cerebro posterior,[1] tan flexible y de alcance tan amplio, fue una herramienta poderosa para otorgar un ropaje racional a los prejuicios cuando éstos se enfrentaban con hechos que parecían contradecirlos. Veamos los dos ejemplos siguientes.

El índice craneal. Aparte del tamaño mismo del cerebro, las medidas craneométricas más venerables, y más manipuladas, fueron, sin duda, la del ángulo facial (la proyección anterior del rostro y la mandíbula: cuanto menos pronunciado, mejor) y la del índice craneal. Este último nunca había servido demasiado, si bien era muy fácil de medir. Se obtenía calculando la proporción entre la anchura máxima y la longitud máxima del cráneo. Los cráneos relativamente alargados (proporción de 0,75 o menos) se llamaban dolicocéfalos; los relativamente cortos (por encima de 0,8), braquicéfalos. Anders Retzius, el científico sueco que popularizó el índice craneal, construyó una teoría de la civilización basada sobre el mismo. Estaba convencido de que en la Edad de Piedra los pueblos europeos habían sido braquicéfalos, y de que posteriormente esa población autóctona y más primitiva había sido desplazada por elementos de

1. Los argumentos de Broca acerca del valor relativo de las diferentes partes del cerebro no se limitaron a la distinción entre el cerebro anterior y posterior. Virtualmente, a cada diferencia medida entre las personas puede asignarse un valor basado en los prejuicios que se tenga acerca del valor relativo. En cierta ocasión, por ejemplo, Broca afirmó (1861, p. 187) que probablemente los nervios craneales de los negros eran más grandes que los de los blancos y que, por tanto, la porción no intelectual de su cerebro era más grande.

la Edad del Bronce más avanzados (dolicocéfalos indoeuropeos o arios). Algunas estirpes braquicéfalas autóctonas sobreviven entre ciertos pueblos atrasados como los vascos, los finlandeses y los lapones.

Broca refutó de forma categórica ese cuento popular descubriendo la existencia de cráneos dolicocéfalos tanto entre restos fósiles de la Edad de Piedra como en vestigios modernos de estirpes «primitivas». De hecho, Broca tenía buenas razones para desconfiar de los intentos realizados por científicos nórdicos y teutónicos para venerar la dolicocefalia considerándola signo de superioridad mental. La mayoría de los franceses, incluido el propio Broca (Manouvrier, 1899), eran braquicéfalos. En un pasaje que recuerda su descalificación de las tesis de Tiedemann en favor de la igualdad entre los cerebros negros y blancos, Broca caracterizó la doctrina de Retzius como una satisfacción de sus propios intereses egoístas que nada tenía que ver con la verdad empírica. ¿Se le habría ocurrido alguna vez que él mismo podía incurrir en el mismo tipo de falta?

> Desde que el señor Retzius realizó su estudio, los científicos han sostenido en general, sin una investigación adecuada [del tema], que la dolicocefalia es un signo de superioridad. Quizá lo sea; pero tampoco debemos olvidar que las características de la dolicocefalia y la braquicefalia se estudiaron primero en Suecia, luego en Inglaterra, Estados Unidos y Alemania, y que en todos esos países, sobre todo en Suecia, hay un claro predominio del tipo dolicocéfalo. Una tendencia natural en los hombres, incluso en aquellos que más libres se encuentran de prejuicios, los lleva a asociar una idea de superioridad con las características dominantes de su raza (1861, p. 513).

Como es obvio, Broca se negó a identificar la braquicefalia con la estupidez intrínseca. Sin embargo, el prestigio de la dolicocefalia era tan grande que Broca se sintió bastante molesto cuando descubrió cabezas alargadas en sujetos cuya inferioridad estaba fuera de duda: suficientemente incómodo como para inventar uno de sus más sorprendentes, e irrefutables, argumentos. El índice craneal había conducido a una dificultad imprevista: los negros africanos y los aborígenes de Australia no sólo eran dolicocéfalos, sino que también resultaron ser la gente con cabeza más alargada del mundo. Para colmo de la humillación, los cráneos fósiles de Cro-Magnon no sólo eran más grandes que los de los franceses modernos, sino que también eran más dolicocéfalos que ellos.

A la dolicocefalia, razonó Broca, podía llegarse por diferentes vías. La dolicocefalia que se interpretaba como signo del genio teutónico derivaba, sin duda, del alargamiento frontal. En cambio, la dolicocefalia existente en pueblos cuya inferioridad era bien conocida debía de haberse desarrollado a través de un alargamiento de la parte posterior: dolicocefalia occipital, según la terminología de Broca. Con un solo golpe, el craneometrista francés dio cuenta de la superioridad craneal y de la dolicocefalia de sus fósiles de Cro-Magnon: «Su capacidad craneal general resultó mayor que la nuestra debido a un desarrollo más pronunciado de la parte posterior del cráneo» (1873a, p. 41). En cuanto a los negros, su cráneo habría sufrido un alargamiento posterior y una disminución frontal, lo que explica que su cerebro sea más pequeño en general y exhiba una dolicocefalia (que no debe confundirse con la de estilo teutónico) mayor que la de cualquier otro grupo humano. En cuanto a la braquicefalia de los franceses, no se trata de una ausencia de alargamiento frontal (como afirmaban los partidarios de la supremacía teutónica), sino de un suplemento de anchura en un cerebro ya digno de admiración.

El argumento del foramen magnum. El foramen magnum es el agujero situado en la base de nuestro cráneo. Por él pasa la médula espinal y en el hueso situado alrededor del borde (cóndilo occipital) se articula la columna vertebral. En la embriología de todos los mamíferos, el foramen magnum se sitúa inicialmente debajo del cráneo y luego va desplazándose hasta situarse detrás del cráneo en el momento del nacimiento. En los seres humanos, el foramen magnum se desplaza muy poco y permanece debajo del cráneo incluso en el organismo adulto. El foramen magnum de los grandes simios adultos ocupa una posición intermedia, no tan adelante como en los seres humano, pero tampoco tan atrás como en otros mamíferos. La significación funcional de esas localizaciones es evidente. Un animal erecto como *Homo sapiens* debe tener el cráneo *en la cima* de la columna vertebral para poder mirar hacia adelante cuando está erguido; los cuadrúpedos articulan su columna vertebral *detrás* del cráneo y miran hacia adelante en su posición habitual.

Esas diferencias daban pie a una serie de comparaciones denigrantes. Los pueblos inferiores debían tener un foramen magnum situado más atrás, como se observa en los monos y en los mamíferos inferiores. En 1862 Broca terció en una disputa planteada acerca de esta cuestión. Algunos igualitaristas relativos, como James Cowles Pritchard, habían afirmado que en los blancos y en los negros el foramen magnum estaba situado por igual en el centro del cráneo. En cambio, racistas como J. Virey habían descubierto la existencia de una variación gradual: el foramen magnum estaría situado más adelante cuanto más elevado es el nivel de la raza en cuestión. Broca señaló que la tesis de ninguna de las partes coincidía mayormente con lo que mostraban los hechos. Con su característica objetividad, se propuso resolver esa enojosa, si bien secundaria, cuestión.

Broca reunió una muestra de sesenta cráneos de blancos y treinta y cinco cráneos de negros, y midió la longitud de los mismos, tanto por delante como por detrás del borde anterior del foramen magnum. Las dos razas presentaban idéntico volumen craneal por detrás —más exactamente, 100,385 mm en los blancos y 100,857 en los negros (adviértase la precisión de la medida: tomada con tres decimales). Pero los blancos tenían una longitud mucho menor por delante (90,736 contra 100,304 mm) y, por tanto, su foramen magnum estaba situado en una posición más avanzada (véase la tabla 3.1). He aquí la conclusión de Broca: «En los orangutanes, la proyección posterior [la parte del cráneo situada detrás del foramen magnum] es más corta. Por tanto, resulta innegable ... que la conformación del negro, en este aspecto como en muchos otros, tiende a acercarse a la del mono» (1862c, p. 16).

TABLA 3.1. Medidas de Broca acerca de la posición relativa del foramen magnum (en mm)

	Blancos	Negros	Diferencia a favor de los negros
Anterior	90,736	100,304	+9,568
Facial	12,385	27,676	+15,291
Craneal	78,351	72,628	−5,723
Posterior	100,385	100,857	+0,472

Pero entonces empezaron las preocupaciones de Broca. El argumento corriente acerca del foramen magnum sólo se refería a la posición relativa del mismo en el cráneo, no a la proyección del rostro delante del cráneo. Sin embargo, Broca había tomado en cuenta el rostro en su medida anterior. Ahora bien, como se sabe— escribió—, los rostros de los negros son más largos que los de los blancos. Esto de por sí ya es un signo de parentesco con el mono, pero no debe mezclárselo con la posición relativa del foramen magnum en el cráneo. Así, Broca procedió a descontar la influencia del rostro en sus medidas. Comprobó que, de hecho, los negros tenían rostros más largos: en la medida anterior de los blancos, los rostros sólo contribuían en 12,385 mm, mientras que en la de los negros esa contribución era de 27,676 mm (tabla 3.1). Restando la longitud del rostro, Broca obtuvo las siguientes cifras para el cráneo anterior: 78,351 mm en los blancos, 72,628 mm en los negros. Con otras palabras: tomando en cuenta sólo el cráneo, el foramen magnum de los negros estaba situado *mucho más adelante* (la proporción entre la parte frontal y la parte posterior, calculada sobre la base de los datos de Broca, es de 0,781 en los blancos y de 0,720 en los negros). De acuerdo con los criterios aceptados antes de realizar la investigación, los negros resultaban claramente superiores a los blancos. O así debía ser, a menos que dichos criterios sufriesen un cambio repentino, como el que no tardarían en sufrir.

El venerable argumento basado en la distinción entre las partes anterior y posterior del cerebro pareció acudir en ayuda de Broca y de las personas amenazadas a quienes él representaba. La posición más avanzada del foramen magnum en los negros no reflejaría después de todo su superioridad, sino sólo su menor capacidad cerebral anterior. Comparados con los blancos, los negros habrían perdido gran parte del cerebro frontal. Pero como tenían algo más de cerebro por detrás, la proporción anterior/posterior del foramen magnum se reduce, con lo que se obtiene una ventaja a su favor que es sólo aparente. Sin embargo, lo que tienen añadido a la parte posterior, vinculada con funciones inferiores, no llega a colmar lo que han perdido en la región frontal. Así, los negros tienen un cerebro más pequeño y de proporciones inferiores a las del cerebro de los blancos:

> La proyección craneal anterior de los blancos ... supera a la de los negros en un 4,9 por 100 ... Así, mientras que el foramen magnum de los negros está situado más atrás respecto de sus incisivos [que constituían el punto más avanzado en la medición anterior de Broca, referida también al rostro], ocupa, en cambio, una posición más avanzada respecto del borde anterior de su cerebro. Para convertir el cráneo de un blanco en el de un negro no sólo tendríamos que desplazar las mandíbulas hacia adelante, sino también reducir la frente del cráneo, es decir, obtener una atrofia del cerebro anterior y trasladar, a modo de compensación insuficiente, una parte de la materia extraída al cráneo posterior. Con otras palabras: en los negros, las regiones facial y occipital se encuentran desarrolladas en detrimento de la región frontal (1862c, p. 18).

Se trataba de un incidente menor en la carrera de Broca, pero no puedo imaginar mejor ilustración de su método: modificar los criterios para poder abrirse paso a través de un conjunto de datos correctos hasta alcanzar las conclusiones deseadas. Si sale cara soy superior; si sale cruz eres inferior.

Y los viejos argumentos parecen ser inmortales. Hacia el final de su carrera, Walter Freeman, decano de los lobotomistas norteamericanos (realizó o supervisó tres mil quinientas lesiones de porciones frontales del cerebro antes de retirarse en 1970) admitió:

> Lo que con más frecuencia echa de menos el investigador en los individuos intelectualmente mejor dotados es la habilidad de estos últimos para realizar introspecciones, para especular, para filosofar, sobre todo respecto de sí mismos ... En general, la psicocirugía reduce la creatividad, a veces hasta su liquidación (citado en Chorover, 1979).

Después, Freeman añadía que «las mujeres responden mejor que los hombres, y los negros mejor que los blancos». Con otras palabras: las personas que no tienen demasiado en la frente no salen tan mal paradas.

Cerebros femeninos

De todas las comparaciones entre grupos humanos que realizó Broca, la referida a las características cerebrales de mujeres y hombres fue la mejor documentada, probablemente por tratarse de un tipo más accesible de datos, y no porque sintiese alguna aversión especial hacia las mujeres. En la teoría general del determinismo biológico, los grupos «inferiores» son intercambiables. Permanentemente se los asocia, y cualquiera de ellos puede sustituir a los demás, porque la tesis general afirma que la sociedad está determinada por la naturaleza, y que la posición social es consecuencia del valor innato. Así, el antropólogo alemán E. Huschke escribió en 1854: «La médula espinal del cerebro de los negros es similar a la que observamos en los niños y las mujeres, y se aproxima, además, al tipo de cerebro que encontramos en los monos superiores» (en Mall, 1909, pp. 1-2). El famoso anatomista alemán Carl Vogt escribió en 1864:

> Por su cima redondeada y su lóbulo posterior menos desarrollado, el cerebro de los negros se parece al de nuestros niños, y por la protuberancia del lóbulo parietal, al de nuestras hembras ... En cuanto a sus facultades intelectuales, el negro adulto participa de la naturaleza del niño, de la hembra y del hombre blanco senil ... Algunas tribus han fundado estados provistos de un tipo característico de organización; pero en cuanto al resto podemos atrevernos a afirmar que el conjunto de esa raza nunca, ni en el pasado ni en el presente, ha hecho nada por el progreso de la humanidad, ni nada digno de ser conservado (1864, pp. 183-192).

En 1881, G. Hervé, colega de Broca, escribió: «Los hombres de las razas negras tienen un cerebro apenas más pesado que el de las mujeres blancas» (1881, p. 692). No me parece en absoluto retórica la afirmación de que la lucha de un grupo es la lucha de todos nosotros.

El argumento de Broca acerca de la condición biológica de las mujeres modernas se basaba en dos conjuntos de datos: los que probaban que en las sociedades modernas el cerebro de los hombres es más grande que el de las mujeres, y los que permitían suponer que la diferencia de tamaño entre el cerebro masculino y el femenino se había ido ampliando a través del tiempo. Su estudio más extenso sobre el tema estaba basado en una serie de autopsias que realizó en cuatro hospitales parisienses. Para 292 cerebros masculinos calculó un promedio de 1.325 g, y para 140 cerebros femeninos un promedio de 1.144 g, o sea una diferencia de 181 g o bien de un 14 por 100 del peso del cerebro masculino. Desde luego, Broca sabía que parte de esa diferencia debía atribuirse al mayor tamaño de los hombres. Ya había utilizado esa corrección para salvar a los franceses de la tesis de la superioridad alemana (véase *supra*, p. 105). En aquella ocasión demostró una notable sutileza para corregir las mediciones. En el caso que estamos considerando, en cambio, no intentó medir por separado el efecto del tamaño corporal, y de hecho afirmó que no era necesario hacerlo. Después de todo, el tamaño corporal no podía explicar toda la diferencia, porque nos consta que las mujeres son menos inteligentes que los hombres.

> Podríamos preguntarnos si la pequeñez del cerebro femenino no depende exclusivamente del menor tamaño de su cuerpo. Es la explicación propuesta por Tiedemann. Pero no debemos olvidar que, en promedio, las mujeres son un poco menos inteligentes que los hombres, diferencia que no debemos exagerar, pero que, sin embargo, es real. Por tanto, podemos suponer que la pequeñez relativa del cerebro femenino depende en parte de su inferioridad física y en parte de su inferioridad intelectual (1861, p. 153).

Para registrar el supuesto aumento de la diferencia a través del tiempo, Broca midió la capacidad de unos cráneos prehistóricos procedentes de la caverna de L'Homme Mort. El resultado obtenido fue una diferencia de sólo 99,5 cm^3 entre los cráneos masculinos y los femeninos; en cambio, en las poblaciones modernas esa diferencia oscilaba entre 129,5 y 220,7 cm^3. Topinard, el principal discípulo de Broca, explicaba esa diferencia creciente a través del tiempo por el distinto grado de presión evolutiva que se habría ejercido sobre el grupo dominante de los hombres y el grupo pasivo de las mujeres:

> El hombre, que lucha por dos o más [individuos] en la lucha por la existencia, que tiene toda la responsabilidad y las preocupaciones por el mañana, que nunca ceja en su combate con el entorno y los rivales de su misma especie, necesita más cerebro que la mujer, a quien debe proteger y alimentar, [ser] sedentario que carece de vocación interior, cuyo papel consiste en criar los hijos, amar y ser pasiva (1888, p. 22).

En 1879 Gustave Le Bon, principal misógino de la escuela de Broca, utilizó esos datos para publicar lo que habría de ser el más virulento ataque contra las mujeres de toda la literatura científica moderna (había que esforzarse bastante para superar a Aristóteles). Le Bon no era un propagandista más del odio racial. Fue uno de los fundadores de la psicología social y escribió un estudio sobre el comportamiento de las masas que aún se cita con respeto (*La psychologie des foules*, 1895). Sus escritos también ejercieron mucha influencia en Mussolini. He aquí la conclusión de Le Bon:

> En las razas más inteligentes, como sucede entre los parisienses, hay gran cantidad de mujeres cuyo cerebro presenta un tamaño más parecido al del gorila que al del hombre, [que está] más desarrollado. Esta inferioridad es tan obvia que nadie puede dudar ni un momento de ella; sólo tiene sentido discutir el grado de la misma. Todos los psicólogos que han estudiado la inteligencia de la mujer, así como los poetas y novelistas, reconocen hoy que [la mujer] representa la forma más baja de la evolución humana, y que está más cerca del niño y del salvaje que del hombre adulto y civilizado. Se destaca por su veleidad, inconstancia, carencia de ideas y de lógica, así como por su incapacidad para razonar. Sin duda, hay algunas mujeres destacadas, muy superiores al hombre medio, pero son tan excepcionales como la aparición de cualquier monstruosidad, como un gorila de dos cabezas, por ejemplo; por tanto, podemos dejarlas totalmente de lado (1879, pp. 60-61).

Le Bon tampoco se asustó de las consecuencias sociales que entrañaban sus ideas. Criticó horrorizado la propuesta de algunos reformadores norteamericanos en el sentido de proporcionar a las mujeres el mismo tipo de educación superior que recibían los hombres:

> El deseo de brindarles la misma educación y, por tanto, de proponerles las mismas metas, es una peligrosa quimera ... El día que las mujeres, olvidando las ocupaciones inferiores que les ha asignado la naturaleza, abandonen el hogar para participar en nuestras luchas, ese día comenzará una revolución social, y desaparecerá todo aquello que mantiene unidos los sagrados vínculos de la familia (1879, p. 62).

¿Suena familiar, verdad?[2]

He vuelto a examinar los datos de Broca, que constituyen la base de todas estas declaraciones posteriores, y aunque los números me parezcan correctos, la interpretación dada por Broca es a mi entender, en el mejor de los casos, ilícita. La afirmación de que la diferencia ha ido creciendo con el tiempo es fácil de desechar. Broca extrajo esa conclusión analizando sólo la muestra procedente de la caverna de L'Homme Mort, que consistía en siete cráneos masculinos y seis femeninos. ¡Nunca se había sacado tanto de tan poco!

En 1888 Topinard publicó datos más abundantes de Broca sobre los hospitales parisienses. Como este último registró la estatura y la edad junto con el tamaño del cerebro, podemos utilizar técnicas estadísticas modernas para cuestionar sus conclusiones. El peso del cerebro se reduce con la edad, y las mujeres de Broca eran, en promedio, notablemente más viejas que los hombres en el momento de su fallecimiento. El peso del cerebro aumenta con la estatura, y su hombre medio medía casi 15 cm más que su mujer media. He utilizado la regresión múltiple, técnica que permite valorar simultáneamente la influencia de la edad y la estatura sobre el tamaño del cerebro. Al analizar los datos relativos a las mujeres, comprobé que, con la estatura y la edad del hombre medio, el cerebro de una mujer pesaría 1.212 g.[3] La corrección basada en la estatura y la edad reduce la diferencia de 181 g en más de un tercio, llevándola a 113 g.

Resulta difícil valorar esta diferencia restante porque los datos de Broca no contienen información acerca de otros factores cuya gran influencia en el tamaño del cerebro es bien conocida. La causa de la muerte ha de tenerse en cuenta, porque las enfermedades degenerativas suelen provocar una importante disminución del tamaño cerebral. Eugene Schreider (1966), trabajando también con los datos de Broca, descubrió que los hombres muertos en accidentes tenían cerebros en promedio 60 g más pesados que los que fallecían por enfermedades infecciosas. Los mejores datos modernos que he podido encontrar (procedentes de hospitales norteamericanos) registran unos buenos 100 g de diferencia entre los cerebros de individuos muertos por enfermedades cardíacas degenerativas y los fallecidos por accidente o violencia. Como gran parte de los sujetos de Broca eran mujeres mayores, podemos suponer que en su caso las enfermedades degenerativas prolongadas eran más comunes que entre los hombres.

Aún más importante es el hecho de que los que en la actualidad estudian el tamaño del cerebro todavía no se han puesto de acuerdo acerca de una medi-

2. Diez años después, el importante biólogo evolucionista norteamericano E. D. Cope expresó sus temores para el caso de que «un espíritu de rebelión se generalizase entre las mujeres». «Si la nación sufriese un ataque de este tipo —escribió (1890, p. 2.071)—, comparable con una enfermedad, sus huellas perdurarían a lo largo de muchas generaciones.» Detectó los comienzos de semejante anarquía en las presiones ejercidas por las mujeres «para impedir que los hombres beban vino y para hacer que fumen tabaco con moderación», así como en la conducta de los hombres equivocados que apoyaban el sufragio femenino: «Algunos de esos hombres son afeminados y llevan el cabello largo».

3. He calculado que $y = 764{,}5 - 2{,}55x_1 + 3{,}47x_2$, donde y es el tamaño del cerebro en gramos, x_1 la edad en años, y x_2 la altura del cuerpo en cm.

da adecuada para eliminar la poderosa influencia del tamaño corporal (Jerison, 1973; Gould, 1975). La estatura no es suficiente, porque hombres y mujeres de la misma altura tienen complexiones diferentes. El peso es aún más insuficiente que la estatura, porque la mayoría de sus variaciones no se deben tanto al tamaño intrínseco como a la alimentación, de modo que la distinción entre gordura y flacura ejerce una influencia muy pequeña en el cerebro. Léonce Manouvrier abordó este tema en la década de 1880 y sostuvo que la fuerza y la musculatura podían proporcionar un criterio adecuado. Intentó medir de diferentes maneras esa escurridiza propiedad, y descubrió una diferencia notable a favor de los hombres, incluso cuando hombres y mujeres tenían la misma estatura. Una vez hecha la corrección basada en lo que él llamaba «masa sexual», las mujeres resultaron tener un cerebro un poco más grande que el de los hombres.

Así, la diferencia corregida de 113 g es con toda seguridad demasiado amplia; probablemente, la cifra correcta se aproxima a cero, y puede que favorezca tanto a las mujeres como a los hombres. Dicho sea de paso, 113 g es exactamente la diferencia media entre el 1,63 m y el 1,93 m que registran los datos de Broca para los individuos de sexo masculino,[4] y no estamos dispuestos a admitir que los hombres altos tengan una inteligencia superior. En resumen: los datos de Broca no autorizan a afirmar con fundamento que el cerebro de los hombres sea mayor que el de las mujeres.

María Montessori no se limitó a reformar el sistema educativo para los niños pequeños. Durante varios años enseñó antropología en la Universidad de Roma y escribió un libro de vasta repercusión titulado *Antropología pedagógica* (la versión inglesa es de 1913). Lo menos que puede decirse es que no era igualitarista. Apoyó casi todas las tesis de Broca, así como la teoría de la criminalidad innata propuesta por su compatriota Cesare Lombroso (véase el capítulo siguiente). Midió la circunferencia de la cabeza de los niños que concurrían a sus escuelas, e infirió que los que más prometían tenían cerebros más grandes. Pero no podía tolerar las conclusiones de Broca acerca de las mujeres. Analizó cuidadosamente la obra de Manouvrier y aprovechó la afirmación de este último en el sentido de que, una vez realizadas las correcciones pertinentes, el cerebro de las mujeres resultaba un poco mayor que el de los hombres. Las mujeres, concluyó Maria Montessori, eran intelectualmente superiores a los hombres, pero éstos habían prevalecido hasta entonces gracias a su fuerza física. Puesto que la tecnología había abolido la fuerza como instrumento de poder, la era de las mujeres no tardaría en llegar: «En esa época habrá seres humanos realmente superiores, hombres realmente fuertes desde el punto de vista moral y sentimental. Quizás así advenga el reinado de la mujer, durante el cual será descifrado el enigma de su superioridad antropológica. La mujer siempre ha sido la guardiana del sentimiento, la moralidad y el honor humanos» (1913, p. 259).

4. Para su muestra más grande de sujetos masculinos, y utilizando la función potencial preferida para el análisis bivariante de la alometría cerebral, he calculado que $y = 121{,}6x^{0{,}47}$, donde y es el peso del cerebro en gramos y x es la altura del cuerpo en cm.

El argumento de Montessori representa un antídoto posible contra las afirmaciones «científicas» sobre la inferioridad constitutiva de determinados grupos. Cabe sostener que existen distinciones biológicas, pero que los datos han sido mal interpretados por hombres cuyos prejuicios determinaron de entrada una visión parcial sobre el tema; de modo que, en realidad, los superiores son los grupos desfavorecidos. Es la estrategia adoptada en estos últimos años por Elaine Morgan, en su libro *Descent of Woman* (El origen de la mujer), reconstrucción especulativa de la prehistoria humana desde el punto de vista de la mujer... y que es tan absurda como los más famosos cuentos extravagantes inventados por y para los hombres.

Este libro está consagrado a exponer una posición diferente. Montessori y Morgan aplican el método de Broca para llegar a una conclusión más acorde con sus propios deseos. Por mi parte, en cambio, calificaría la empresa misma de asignar valores biológicos a los diferentes grupos humanos por lo que realmente es: irrelevante, intelectualmente errónea, y sumamente ofensiva.

Post scriptum

Los argumentos craneométricos perdieron gran parte de su prestigio cuando en nuestro siglo los deterministas les retiraron su lealtad para depositarla en las pruebas de inteligencia —vía más «directa» hacia la misma meta injustificada de ordenar jerárquicamente los grupos humanos de acuerdo con su capacidad mental—, y los científicos pusieron en evidencia el sinsentido basado en el prejuicio que tanto había incidido en la mayor parte de la literatura acerca de la forma y el tamaño de la cabeza. Por ejemplo, el antropólogo norteamericano Franz Boas acabó con el legendario índice craneal al demostrar que éste variaba muchísimo entre los sujetos adultos del mismo grupo, así como en el transcurso de la vida de un mismo individuo (Boas, 1899). Además, descubrió diferencias significativas entre el índice craneal de padres inmigrantes y el de sus hijos nacidos en Norteamérica. Así, la inmutable estupidez del braquicéfalo procedente del sur de Europa podía virar hacia la norma dolicocéfala nórdica en el transcurso de una sola generación nacida en un medio diferente (Boas, 1911).

En 1970 el antropólogo surafricano P. V. Tobias escribió un valiente artículo en el que denunciaba el mito según el cual las diferencias entre los grupos en lo tocante al tamaño del cerebro tendrían alguna relación con la inteligencia; de hecho, argumentaba, nunca se ha demostrado la existencia de tales diferencias independientemente del tamaño del cuerpo y de otros factores distorsionantes.

A los lectores les parecerá extraña esta conclusión, sobre todo porque procede de un famoso científico que conoce muy bien las montañas de datos publicados acerca del tamaño del cerebro. Después de todo, ¿puede haber algo más sencillo que pesar un cerebro? Lo sacamos del cráneo y lo ponemos en una balanza. No es cierto. Tobias enumera catorce factores distorsionantes que deben tomarse en cuenta. Una parte de los mismos se refiere a problemas relacionados con la medición misma: ¿en qué nivel se separa el cerebro de la médula espinal?; ¿deben separarse o no las meninges? (las meninges son las membranas que recubren el cerebro, y la duramadre o revestimiento externo grueso pesa entre 50 y 60 g); ¿cuánto tiempo después de la muerte del sujeto debe pesarse el cerebro?; ¿antes de pesarlo hay que conservarlo en algún líquido, y, en caso afirmativo, durante cuánto tiempo?; ¿a qué temperatura se conservó el cerebro después de la muerte del sujeto? La mayoría de la literatura sobre el tema no especifica adecuadamente estos factores, y por lo general es imposible comparar los estudios realizados por diferentes científicos. Incluso en los casos en que podemos estar seguros que el mismo objeto ha sido medido de la misma manera en las mismas condiciones, surge un segundo grupo de factores distorsionantes: influencias sobre el tamaño del cerebro que no tienen una vinculación directa con las propiedades que interesan (la inteligencia o la pertenencia a determinada raza: el sexo, el tamaño del cuerpo, la edad, la alimentación, factores ambientales no vinculados con la alimentación, la profesión, y la causa de la muerte. Así, a pesar de los miles de páginas publicadas, y de las decenas de miles de sujetos estudiados, Tobias llega a la conclusión de que no sabemos —suponiendo que el hecho fuese de algún interés— si el cerebro de los negros es en promedio más grande o más pequeño que el de los blancos. Sin embargo, hasta hace muy poco los científicos blancos consideraban que el tamaño mayor del cerebro de los blancos era un «hecho» que estaba fuera de toda duda.

Muchos investigadores han consagrado un esfuerzo extraordinario al estudio de las diferencias de tamaño cerebral entre los diferentes grupos humanos. Esos esfuerzos han sido infructuosos, no porque las respuestas no existan, sino porque dichas respuestas son muy difíciles de obtener y porque las convicciones *a priori* inciden de forma tan clara y distorsionan la investigación. En el calor del debate entre Broca y Gratiolet, uno de los defensores de Broca observó algo —por supuesto, con bastante mala intención— que resume admirablemente las motivaciones implícitas en toda la tradición craneométrica: «Desde hace tiempo he notado que, en general, los que niegan la importancia intelectual del volumen del cerebro tienen cabezas pequeñas» (de Jouvencel, 1861, p. 465). Desde el principio, los intereses particulares han sido, por una u otra razón, la fuente de las opiniones vertidas acerca de este sesudo tema.

4

La medición de los cuerpos

Dos estudios sobre el carácter simiesco de los indeseables

Durante el siglo XIX, el concepto de evolución transformó el pensamiento humano. Casi no hubo cuestión alguna dentro del ámbito de las ciencias de la vida que no recibiera una nueva formulación basada en dicho concepto. Hasta entonces, ninguna idea había sido objeto de un uso, o de un abuso, tan generalizado (por ejemplo, en el caso del «darwinismo social» o en la utilización de la teoría evolucionista para presentar la pobreza como algo inevitable). Tanto los creacionistas (Agassiz y Morton) como los evolucionistas (Broca y Galton) pudieron utilizar los datos acerca del tamaño del cerebro para establecer distinciones falsas y ofensivas entre los grupos humanos. Pero hubo otros argumentos cuantitativos ligados específicamente a la teoría evolucionista. En el presente capítulo analizo dos de dichas aplicaciones, que considero representativas de un tipo muy frecuente; si bien presentan un contraste muy marcado, no dejan de exhibir una similitud digna de interés. El primero es la justificación evolucionista más corriente del ordenamiento jerárquico de los grupos humanos: el argumento de la recapitulación, a menudo resumido mediante el engañoso trabalenguas «la ontogenia recapitula la filogenia». El segundo es una hipótesis evolucionista específica acerca del carácter biológico de la conducta criminal: la antropología criminal de Lombroso. Ambas teorías se apoyaban en el mismo método cuantitativo y supuestamente evolucionista, que consistía en buscar signos de morfología simiesca entre los miembros de los grupos considerados indeseables.

El mono en nosotros: la tesis de la recapitulación

Una vez demostrado el hecho de la evolución, los naturalistas del siglo XIX se dedicaron a investigar los senderos que había seguido dicha evolución. En otras palabras, trataron de reconstruir el árbol de la vida. Los fósiles deberían de haber proporcionado las pruebas pertinentes, porque sólo ellos podían indicar cuáles habían sido los antepasados de las formas modernas. Pero los vestigios fósiles son muy imperfectos, y todos los troncos y ramas importantes del árbol de la vida se desarrollaron antes de que aparecieran las partes duras de los organismos, y antes, por tanto, de que pudiese existir algún tipo de vestigio fósil. De modo que debía encontrarse un criterio indirecto. El gran zoólogo alemán Ernst Haeckel remozó una vieja teoría biológica creacionista y sugirió que el desarrollo embriológico de las formas superiores podía servir de guía para deducir directamente la evolución del árbol de la vida. Declaró que «la ontogenia era una recapitulación de la filogenia» o, para explicar este melifluo trabalenguas, que, a lo largo de su crecimiento, cada individuo atraviesa una serie de estadios que corresponden, en el orden correcto, a las diferentes formas *adultas* de sus antepasados; en pocas palabras: cada individuo escala su propio árbol genealógico.

La idea de la recapitulación figura entre los conceptos más influyentes que produjo la ciencia de finales del siglo XIX. Fue decisiva en diferentes campos científicos, como la embriología, la morfología comparada y la paleontología. En todas esas disciplinas la idea de reconstruir los linajes evolutivos llegó a ser una obsesión, y se consideró que el concepto de recapitulación era el instrumento idóneo para dicha tarea. Las hendiduras branquiales que se observan en el embrión humano al comienzo de su desarrollo, representaban el estadio adulto de un pez filogenéticamente previo; en un estadio posterior, la aparición de una cola revelaba la existencia de un antepasado reptil o mamífero.

Desde la biología, el concepto de recapitulación se expandió hacia varias otras disciplinas, donde ejerció una influencia decisiva. Tanto Sigmund Freud como C. G. Jung fueron firmes partidarios de la recapitulación, y la idea de Haeckel desempeñó un papel bastante grande en el desarrollo de la teoría psicoanalítica. (En *Tótem y tabú*, por ejemplo, Freud trata de reconstruir la historia humana partiendo de una clave fundamental, que sería el complejo de Edipo de los niños pequeños. Según Freud, ese impulso parricida debía corresponder a un episodio real protagonizado por unos antepasados adultos. Por tanto, alguna vez, los hijos de un clan ancestral debían de haber matado a su padre para tener acceso a las mujeres.) A finales del siglo XIX, muchos programas de enseñanza primaria fueron reestructurados partiendo de este concepto de recapitulación. Así, varias juntas de educación prescribieron el *Song of Hiawatha* para los primeros grados, porque, según sus miembros, como los niños pasaban por un estadio salvaje que correspondía al que habían atravesado sus antepasados, se identificarían fácilmente con el héroe indio de Longfellow.[1]

La recapitulación también proporcionó un criterio irresistible a todos aquellos científicos interesados en establecer diferencias jerárquicas entre los grupos humanos. Así, los *adultos* pertenecientes a grupos *inferiores* deben ser como los *niños* de los grupos *superiores*, porque el niño representa un antepasado primitivo adulto. Si los negros y las mujeres adultos son como los niños varones blancos, entonces vienen a ser los representantes vivos de un estadio primi-

1. Los lectores interesados en los argumentos aducidos por Haeckel y sus colegas para justificar la tesis de la recapitulación, y en las razones de la posterior ruina de esta última, pueden consultar mi tratado, tedioso pero muy detallado, *Ontogeny and Phylogeny*, Harvard University Press, 1977.

tivo de la evolución de los varones blancos. Esto supuso el descubrimiento de una nueva teoría anatómica —que tomaba en cuenta todo el cuerpo, y no sólo la cabeza— para la clasificación jerárquica de las razas.

La recapitulación se utilizó como teoría general del determinismo biológico. Todos los grupos —razas, sexos y clases— «inferiores» fueron comparados con los niños varones blancos. E. D. Cope, el famoso paleontólogo norteamericano que explicó el mecanismo de la recapitulación (véase Gould, 1977, pp. 85-91), identificó, basándose en ese criterio, cuatro grupos de formas humanas inferiores: las razas no blancas, la totalidad de las mujeres, los blancos del sur de Europa (frente a los del norte), y las clases inferiores dentro de las razas superiores (1887, pp. 291-293; Cope despreciaba particularmente a «las clases más bajas de irlandeses»). Este autor predicó la doctrina de la superioridad nórdica y abogó por la reducción de la inmigración de judíos y europeos del sur a Norteamérica. Para explicar la inferioridad de estos últimos desde el punto de vista de la recapitulación, adujo que los climas más cálidos favorecían una maduración más temprana. Puesto que la maduración entraña la detención y el fin del desarrollo corporal, los europeos del sur sólo alcanzarían un tipo más infantil, y, por tanto, más primitivo, de madurez. En cambio, los grupos más evolucionados del norte alcanzarían estadios superiores, porque una maduración más tardía les permitiría desarrollarse durante un período más prolongado:

> Puede afirmarse con seguridad que, dentro de la raza indoeuropea, la madurez es en algunos aspectos más precoz en las regiones tropicales que en las nórdicas; pese a las muchas excepciones, este [fenómeno] es lo bastante general como para considerarlo una regla. Por consiguiente, en dicha raza —al menos en las regiones más cálidas de Europa y América— se observa una mayor manifestación de ciertas cualidades que son más universales en las mujeres, como por ejemplo una mayor actividad de la naturaleza emocional en comparación con el juicio ... Es probable que [los individuos] del tipo más nórdico hayan superado todo eso en su juventud (1887, pp. 162-163).

La recapitulación proporcionó un punto básico de aplicación para los argumentos antropométricos —particularmente, craneométricos— destinados a justificar la clasificación jerárquica de las razas. También en este caso el cerebro desempeñó un papel dominante. Ya Louis Agassiz, dentro de un marco creacionista, había comparado el cerebro de los negros adultos con el de un feto blanco de siete meses de vida. Como hemos visto (p. 119), Vogt estableció una notable equivalencia entre el cerebro de los negros adultos y el de las mujeres blancas, y el cerebro de los niños varones blancos, explicando así la circunstancia de que los negros nunca hubieran construido civilización alguna digna de mención.

También Cope se concentró en el cráneo, en especial en «aquellos importantes elementos estéticos que son una nariz bien desarrollada y una barba abundante» (1887, pp. 288-290), pero no por ello dejó de burlarse de las poco musculosas pantorrillas de los negros:

> Dos de las características más destacadas del negro coinciden con las que se observan en los estadios inmaduros de los tipos característicos de la raza indoeuropea. El escaso desarrollo de las pantorrillas es una característica de las primeras etapas de la vida del niño; pero, lo que es más importante, en los indoeuropeos, el puente de la nariz achatado y los cartílagos nasales cortos representan signos universales de inmadurez ... En algunas razas —por ejemplo, la eslava— esa característica de subdesarrollo perdura más que en otras. Por su parte, la nariz griega, con su puente elevado, no sólo coincide con la belleza estética, sino también con una perfección del desarrollo.

En 1890 el antropólogo norteamericano D. C. Brinton resumió el argumento con un himno de alabanza a la medición:

> El adulto que conserva más rasgos fetales, infantiles o simiescos es sin lugar a dudas inferior al que ha seguido desarrollándose ... De acuerdo con esos criterios, la raza blanca o europea se sitúa a la cabeza de la lista, mientras que la negra o africana ocupa el puesto más bajo ... Todas las partes del cuerpo han sido minuciosamente examinadas, medidas y pesadas para poder constituir una ciencia de la anatomía comparada de las diferentes razas (1890, p. 48).

Si la anatomía elaboró el argumento fuerte de la recapitulación, el desarrollo psíquico, por su parte, aportó un rico campo para su corroboración. ¿Acaso no se sabe que los salvajes y las mujeres son similares emocionalmente a los niños? No era la primera vez que los grupos despreciados se comparaban con los niños, pero la teoría de la recapitulación revistió ese viejo cuento con el manto de respetabilidad social propio de la teoría científica. La frase «Son como niños» dejó de ser una simple metáfora de la intolerancia, para convertirse en una proposición teórica según la cual las personas inferiores habrían quedado literalmente empantanadas en una etapa primitiva del desarrollo, cuyo punto de llegada correspondería a los grupos superiores.

G. Stanley Hall, que fue el principal psicólogo norteamericano de su época, formuló en 1904 el argumento general: «En la mayoría de los aspectos, la mayoría de los salvajes son niños, o mejor dicho, dada su madurez sexual, adolescentes con tamaño de adultos» (1904, vol. 2, p. 649). A. F. Chamberlain, su discípulo más importante, optó por el tono paternalista: «Si no existiesen los pueblos primitivos, el mundo en general sería como es en pequeño cuando no cuenta con la bendición de los niños».

Los partidarios de la recapitulación aplicaron su argumento a una asombrosa variedad de capacidades humanas. Cope comparó el arte prehistórico con los dibujos de los niños y los «primitivos» vivos (1887, p. 153): «Nos parece que los esfuerzos de las razas primitivas de las que nos ha llegado algún testimonio son en todo similares a los que realiza la mano inexperta del niño cuando dibuja en su pizarra, o a los del salvaje cuando pinta en las paredes rocosas de los acantilados». James Sully, importante psicólogo inglés, comparó la sensibilidad estética de los niños y los salvajes, pero asignó un puesto superior a los niños (1895, p. 386):

Gran parte de las primeras manifestaciones rudimentarias del sentido estético del niño presenta puntos de contacto con las primeras modalidades que adoptó el gusto artístico en la raza [humana]. La predilección por las cosas brillantes, resplandecientes, por las cosas alegres, por los fuertes contrastes de color, así como por ciertos tipos de movimiento, como el de las plumas —que constituyen el adorno personal preferido—, constituye una característica bien conocida del salvaje, y, desde el punto de vista del hombre civilizado, confiere a su gusto un tono de infantilismo. Por otra parte, es dudoso que el salvaje alcance a tener la sensibilidad que demuestra el niño ante la belleza de las flores.

Herbert Spencer, el apóstol del darwinismo social, resumió muy bien esa idea (1895, pp. 89-90): «Los rasgos intelectuales del salvaje ... son rasgos que se observan regularmente en los niños de los pueblos civilizados».

Como la recapitulación se convirtió en una idea fundamental para la teoría general del determinismo biológico, muchos científicos varones aplicaron ese argumento a las mujeres. E. D. Cope sostuvo que las «características metafísicas» de las mujeres eran

... esencialmente muy similares a las que se observan en los hombres durante el estadio inicial de su desarrollo ... El bello sexo se caracteriza por una mayor impresionabilidad ... es más emotivo y se deja influir más por la emoción que por la lógica; es tímido y su acción sobre el mundo externo se caracteriza por la inconstancia. Por regla general, estas características se observan en el sexo masculino durante algún período de la vida, aunque no todos los individuos las superen en el mismo momento ... Es probable que la mayoría de los hombres recuerde algún período inicial de su vida en que predominaba la naturaleza emocional, una época en que la emoción ante el espectáculo del sufrimiento brotaba mucho más fácilmente que en los años más maduros ... Quizá todos los hombres puedan recordar un período juvenil en que adoraban algún héroe, en que sentían la necesidad de un brazo más fuerte, y les gustaba respetar al amigo poderoso, capaz de simpatizar con ellos y acudir en su ayuda. Esos son los rasgos del «estadio femenino» de la personalidad (1887, p. 159).

G. Stanley Hall —que, repito, no era ningún chiflado, sino el psicólogo más importante de Norteamérica— formuló la que debemos considerar la tesis más absurda de los anales del determinismo biológico cuando afirmó que la mayor frecuencia de suicidios entre las mujeres demostraba que estas últimas se situaban en un nivel evolutivo inferior al de los hombres (1904, vol. 2, p. 194):

Esto expresa la existencia de una profunda diferencia psíquica entre los sexos. El cuerpo y el alma de la mujer son filéticamente más antiguos y más primitivos; en cambio, el hombre es más moderno, más variable, y menos conservador. Las mujeres siempre tienden a conservar las viejas costumbres y los viejos modos de pensar. Las mujeres prefieren los métodos pasivos; [prefieren] entregarse al poder de las fuerzas elementales, como la gravedad, cuando se arrojan desde las alturas o ingieren un veneno, métodos de suicidio en los que superan al hombre. Havelock Ellis estima que en la actualidad el ahogamiento es cada vez más frecuente, y que ello indica por parte de las mujeres una mayor afirmación de su feminidad.

La tesis de la recapitulación permitía justificar demasiado bien el imperialismo como para quedar confinada a las formulaciones académicas. Ya he mencionado la pobre opinión que tenía Carl Vogt de los negros norteamericanos; ese juicio se basaba en la comparación del cerebro de estos últimos con el de los niños blancos. B. Kidd extendió el argumento para justificar la expansión colonial en África tropical (1898, p. 51). «Nos enfrentamos —escribió— con unos pueblos que representan en la historia del desarrollo de la raza el mismo estadio que el niño en la historia del desarrollo del individuo. Por tanto, los trópicos no se desarrollarán por obra de los propios indígenas.»

Durante el debate acerca de nuestro derecho a anexionarnos las Filipinas, el reverendo Josiah Strong, significado imperialista norteamericano, declaró devotamente que «nuestra política no debe estar determinada por la ambición nacional ni por consideraciones comerciales, sino por nuestro deber para con el mundo en general y los filipinos en particular» (1900, p. 287). Sus oponentes impugnaron la necesidad de que ejerciésemos una benevolente tutela, apoyándose en la afirmación de Henry Clay en el sentido de que el Señor no podía haber creado ningún pueblo incapaz de gobernarse a sí mismo. Pero Clay había formulado esta tesis en una época aciaga, antes de que surgiera la teoría evolucionista y la idea de la recapitulación:

> Cuando Clay forjó esa concepción ... la ciencia moderna aún no había mostrado que las razas se desarrollan a lo largo de los siglos como lo hacen los individuos a lo largo de los años, y que una raza no desarrollada, incapaz de gobernarse a sí misma, refleja tan poco la naturaleza del Todopoderoso como un niño no desarrollado, igualmente incapaz de gobernarse a sí mismo. No vale la pena discutir las opiniones de quienes en esta época ilustrada creen que los filipinos son capaces de gobernarse a sí mismos porque todo el mundo lo es.

Hasta Rudyard Kipling, poeta laureado del imperialismo, utilizó la tesis de la recapitulación en la primera estrofa de su más célebre apología de la superioridad blanca:

> Toma la pesada carga del hombre blanco:
> anda, envía lo mejor de tu prole
> impón a tus hijos el exilio
> para atender al menesteroso cautivo:
> para, en duro servicio, asistir
> a unos pueblos alborotados e incultos—
> indolentes razas que acabas de conquistar,
> mezcla de demonios y de niños.*

Theodore Roosevelt, cuyo juicio no siempre fue tan agudo, escribió a Henry Cabot Lodge que desde el punto de vista poético estos versos «eran muy po-

* [Take up the White Man's Burden / Send forth the best ye breed / Go, bind your sons to exile / to serve the captive's need: / To wait, in heavy harness, / On fluttered folk and wild— / Your new-caught sullen peoples, / Half devil and half child.]

bres aunque tuviesen un sentido clarísimo desde el punto de vista de la expansión [colonial]» (en Weston, 1972, p. 35).

La historia podría haber quedado así, como testimonio del prejuicio y la insensatez del siglo XIX, si en el nuestro no se le hubiese impreso un giro interesante. Hacia 1920 la teoría de la recapitulación había caído en descrédito (Gould, 1977, pp. 167-206). Poco más tarde, el anatomista holandés Louis Bolk propuso una teoría que afirmaba exactamente lo contrario. Según la idea de la recapitulación, los rasgos adultos de los antepasados debían desarrollarse más rápido en los descendientes, para convertirse en rasgos juveniles de estos últimos: así, los rasgos de los niños modernos corresponderían a los rasgos adultos de dichos antepasados. Pero, supongamos que sucede lo contrario, como es frecuente observar en los procesos evolutivos. Supongamos que los rasgos juveniles de los antepasados se desarrollan tan lentamente en sus descendientes que en ellos se transforman en rasgos adultos. Este fenómeno de retraso del desarrollo es común en la naturaleza: se denomina neotenia (literalmente, «perduración de la juventud»). Bolk sostuvo que los seres humanos eran esencialmente neoténicos. Enumeró una impresionante cantidad de rasgos que los adultos humanos compartían con los monos jóvenes o en estadio fetal, pero que estos últimos perdían al llegar al estadio adulto: el cráneo abovedado y el cerebro grande respecto del tamaño del cuerpo; el rostro pequeño; la concentración del pelo en la cabeza, las axilas y la región púbica; la imposibilidad de girar el dedo grande del pie. En otro capítulo (pp. 116-118) ya me he referido a uno de los más importantes signos de neotenia en el ser humano: el hecho de que el foramen magnum conserve su posición fetal, en la parte inferior del cráneo.

Veamos ahora las consecuencias de la neotenia en cuanto a la clasificación jerárquica de los grupos humanos. Desde el punto de vista de la recapitulación, los adultos de las razas inferiores son como los niños de las razas superiores. Pero la neotenia invierte el argumento. Desde su perspectiva, lo «bueno» —es decir, lo avanzado o superior— es conservar los rasgos de la niñez, desarrollarse más lentamente. Así, los grupos superiores conservan hasta la madurez sus características infantiles, mientras que los inferiores llegan a la fase superior de la niñez y luego degeneran en la dirección de los monos. Recordemos que los científicos blancos suelen suponer que los blancos son superiores y los negros inferiores. Entonces, mientras que desde el punto de vista de la recapitulación los negros adultos serían como los niños blancos, desde la perspectiva de la neotenia los blancos adultos serían como los niños negros.

Durante setenta años, influidos por la tesis de la recapitulación, los científicos habían recogido una impresionante cantidad de datos que proclamaban de forma unánime el mismo mensaje: los negros adultos, las mujeres y los blancos de las clases inferiores eran como los niños blancos varones de las clases superiores. Al imponerse la tesis de la neotenia, esa sólida base empírica sólo podía significar una cosa: que los varones adultos de clase alta eran inferiores porque perdían los rasgos superiores de la niñez, mientras que los otros grupos los conservaban. No había escapatoria posible de esta conclusión.

Al menos un científico, Havelock Ellis, aceptó esa consecuencia evidente, y reconoció la superioridad de las mujeres, aunque eludió el tema de la correlativa superioridad de los negros. Llegó a comparar a los hombres del campo con los de la ciudad, y descubrió que la anatomía de estos últimos tendía a parecerse a la de las mujeres; así, proclamó la superioridad de la vida urbana (1894, p. 519): «El hombre de cabeza grande, de rostro delicado y de huesos pequeños, que encontramos en la civilización urbana, se aproxima más que el salvaje a la mujer típica. No sólo por la cabeza grande, sino también por el mayor tamaño de la pelvis, el hombre moderno sigue el camino evolutivo recorrido inicialmente por la mujer». Pero Ellis era un iconoclasta y un polemista (escribió uno de los primeros estudios sistemáticos sobre la sexualidad), de modo que su aplicación de la neotenia al tema de las diferencias sexuales nunca tuvo mayores repercusiones. Entretanto, respecto de la cuestión de las diferencias raciales, los partidarios de la neotenia adoptaron una táctica distinta, más corriente: sencillamente dejaron a un lado los datos acumulados durante setenta años y buscaron otro tipo de información, que indicase lo contrario y permitiese confirmar la inferioridad de los negros.

Louis Bolk, principal partidario de la neotenia humana, declaró que las razas más neoténicas eran superiores. Al conservar más rasgos juveniles, estas últimas se habían mantenido más alejadas del «antepasado pitecoide del hombre» (1929, p. 26). «Desde este punto de vista, la división de la humanidad en razas superiores e inferiores está plenamente justificada» (1929, p. 26). «Es evidente que, sobre la base de mi teoría, no abrigo duda alguna acerca de la desigualdad de las razas» (1926, p. 38). Bolk hurgó en su caja de sorpresas anatómica y extrajo algunos rasgos que indicaban la existencia en los negros adultos de una significativa distancia respecto de las ventajosas proporciones observables en la niñez. Esos nuevos datos le permitieron llegar a una vieja y cómoda conclusión: «La raza blanca es la más avanzada, por ser la más retardada» (1929, p. 25). Bolk, que se consideraba «liberal», no quiso relegar a los negros a un estado de incapacidad permanente. Confiaba en que la evolución sería benevolente con ellos en el futuro:

> Todas las otras razas pueden llegar a alcanzar el cenit de desarrollo que ahora ocupa la raza blanca. Lo único que se necesita para ello es que siga actuando en esas razas el principio biológico de la antropogénesis [es decir, la neotenia]. En su desarrollo fetal, el negro pasa por un estadio que en el hombre blanco ya se ha convertido en su estadio final. Pues bien, si el retraso siguiese desarrollándose en el negro, dicho estadio de transición podría convertirse también en el estadio final de su raza (1926, pp. 473-474).

El argumento de Bolk rozaba la deshonestidad. Por dos razones. Primero, porque olvidó convenientemente todos aquellos rasgos que —como la nariz helénica y la barba tupida, admiradas por Cope— tanto habían destacado los partidarios de la recapitulación, pues indicaban la gran distancia existente entre los blancos adultos y los niños. Segundo, porque eludió una cuestión apremiante y embarazosa: la raza oriental, y no la blanca, es a todas luces la más neoténica de todas (Bolk enumeró los rasgos neoténicos de ambas razas siguiendo un criterio selectivo, y proclamó que las diferencias eran mínimas; para una estimación más adecuada, véase Ashley Montagu, 1962). Además, las mujeres son más neoténicas que los hombres. Confío en que no se me considerará un vulgar apologista de los blancos si me niego a insistir en la superioridad de las mujeres orientales y en cambio declaro que la empresa misma de clasificar jerárquicamente los grupos humanos basándose en sus diferentes grados de neotenia carece de toda justificación. Así como Anatole France y Walt Whitman pudieron escribir tan bien como Turguenev aunque sus cerebros pesasen poco más que la mitad que el de este último, me sorprendería no poco descubrir que las pequeñas diferencias de grado de neotenia entre las razas guardasen alguna relación con la habilidad mental o el valor moral de las mismas.

Sin embargo, los viejos argumentos nunca mueren. En 1971 el psicólogo y determinista genético británico H. J. Eysenck empleó un argumento neoténico sobre la inferioridad de los negros. Eysenck tomó tres hechos y se valió de la tesis de la neotenia para construir con ellos el siguiente cuento: 1) en los bebés y los niños pequeños de raza negra se observa un desarrollo sensoriomotor más veloz que en los de raza blanca; o sea, que son menos neoténicos porque superan antes el estado fetal; 2) hacia los tres años de edad, el CI medio de los blancos supera el CI medio de los negros; 3) existe una ligera correlación negativa entre el desarrollo sensoriomotor durante el primer año de vida y el CI posterior; o sea, que los niños que se desarrollan más rápidamente tienden a tener más tarde un CI inferior. He aquí la conclusión de Eysenck (1971, p. 79): «Estos hechos son importantes porque, según una concepción biológica muy general [la teoría de la neotenia], cuanto más prolongada es la infancia, mayores son en general las habilidades cognitivas o intelectuales de la especie. Esta ley parece verificarse incluso dentro del ámbito de una misma especie».

Eysenck no comprende que su argumento se basa en una correlación probablemente no causal. (Las correlaciones no causales son la ruina de la inferencia estadística: véase *infra*, capítulo 6. Son perfectamente «verdaderas» en un sentido matemático, pero no demuestran la existencia de ninguna relación causal. Por ejemplo, podemos calcular una correlación espectacular —muy cercana al valor máximo de 1,0— entre el incremento de la población mundial durante los últimos cinco años y el aumento de la separación entre Europa y Norteamérica por efecto de la deriva continental.) Supongamos que el CI negro más bajo sólo se deba a un ambiente por lo general más pobre. El rápido desarrollo sensoriomotor es una de las maneras de identificar a una persona negra, aunque no tan precisa como el color de la piel. La correlación entre la pobreza del ambiente y el CI inferior puede ser causal, pero la correlación entre el rápido desarrollo sensoriomotor y dicho CI inferior es probablemente no causal porque, desde este punto de vista, el rápido desarrollo sensoriomotor es sólo una manera de identificar a las personas negras. El argumento de Eysenck pasa por alto el hecho de que, en una sociedad racista, los niños negros suelen vivir en ambientes más pobres, que pueden determinar su CI inferior. Sin embargo, Eysenck invocó la neotenia para conferir un significado teórico, y con ello un carácter causal, a una correlación no causal que correspondía a su prejuicio hereditarista.

El mono en algunos de nosotros: la antropología criminal

Atavismo y criminalidad

En *Resurrección*, la última gran novela de Tolstoi (1899), el asistente del fiscal, despiadado modernista, se considera autorizado a condenar a una prostituta falsamente acusada de asesinato:

> El ayudante del fiscal habló largamente ... En el discurso no faltó ninguna de las frases que por entonces sonaban en su círculo, todo lo que entonces se consideraba, y sigue considerándose, como la última palabra en materia de sapiencia científica: el carácter hereditario y congénito de la criminalidad, Lombroso y Tarde, la evolución y la lucha por la vida ... «Se está entusiasmando, ¿verdad?», observó el presidente inclinándose hacia el austero miembro del tribunal. «¡Vaya zopenco!», dijo el austero miembro.

En *Drácula* de Bram Stoker (1897), el profesor Van Helsing insta a Mina Harker a que describa al malvado conde: «Decidnos a nosotros, ... impasibles hombres de ciencia, qué ven vuestros sagaces ojos». Mina responde: «El conde es un criminal y su tipo es el del criminal. Así lo clasificarían Nordau y Lombroso, y como criminal tiene una mente deforme».[2]

Maria Montessori expresó un optimismo combativo cuando, en 1913, escribió lo siguiente (p. 8): «El fenómeno de la criminalidad se difunde sin encontrar obstáculo ni auxilio, y hasta ayer sólo despertaba en nosotros repulsión y asco. Pero ahora que la ciencia ha puesto su dedo en la llaga moral, requiere la cooperación de toda la humanidad para luchar contra él».

El tema común de estas diferentes afirmaciones es la teoría de Lombroso sobre *l'uomo delinquente* —el hombre criminal—, quizá la doctrina más influyente que jamás produjo la tradición antropométrica. Lombroso, un médico italiano, describió la intuición que lo condujo a la teoría de la criminalidad innata y a la creación de la disciplina por él fundada: la antropología criminal. En 1870 se encontraba investigando —«sin mayor éxito»— las diferencias anatómicas que podrían distinguir a los criminales de los locos cuando, «la mañana de un nublado día de diciembre», examinó el cráneo del famoso bandolero

2. En su *Annotated Dracula*, Leonard Wolf (1975, p. 300) señala que la descripción inicial que Jonathan Harker hace del conde Drácula se basa directamente en el retrato del criminal nato trazado por Cesare Lombroso. Wolf confronta los siguientes pasajes:

Harker escribe: «Su rostro [el del conde] era ... aquilino, con la nariz afilada y de puente elevado, y los típicos orificios en forma de arco...».
Lombroso: «En cambio, [la nariz] del criminal ... suele ser aguileña como el pico de un ave rapaz».
Harker: «Sus cejas eran abultadas, y casi se tocaban por encima de la nariz...».
Lombroso: «Sus cejas son hirsutas y tienden a tocarse por encima de la nariz».
Harker: «... sus orejas eran pálidas y muy puntiagudas en la parte superior...».
Lombroso: «con una protuberancia en la parte superior del borde trasero ... vestigio de la oreja puntiaguda...».

Vihella y tuvo aquel destello de jubilosa intuición que acompaña tanto los brillantes descubrimientos como las invenciones más descabelladas. Porque lo que vio en aquel cráneo fue una serie de rasgos atávicos que evocaban más el pasado simiesco que el presente humano:

> No era una mera idea, sino un destello de inspiración. Al contemplar aquel cráneo, me pareció que, de golpe, iluminado como una vasta llanura bajo un cielo resplandeciente, podía ver todo el problema de la naturaleza del criminal: un ser atávico cuya persona reproduce los instintos feroces de la humanidad primitiva y de los animales inferiores. Así se explicaban anatómicamente las enormes mandíbulas, los pómulos pronunciados, los arcos superciliares prominentes, las líneas de las manos separadas, el gran tamaño de las órbitas y las orejas en forma de asa que se observan en los criminales, los salvajes y los monos, la insensibilidad ante el dolor, la extrema agudeza de la vista, la debilidad por los tatuajes, la excesiva ociosidad, el gusto por las orgías y el ansia irresponsable de la maldad por sí misma, el deseo no sólo de extinguir la vida de la víctima, sino también de mutilar el cadáver, desgarrar su carne y beber su sangre (en Taylor *et al.*, 1973, p. 41).

La teoría de Lombroso no fue sólo una vaga afirmación del carácter hereditario del crimen —tesis bastante común en su época—, sino una teoría *evolucionista* específica, basada en datos antropométricos. Los criminales son tipos atávicos desde el punto de vista de la evolución, que perduran entre nosotros. En nuestra herencia yacen aletargados gérmenes procedentes de un pasado ancestral. En algunos individuos desafortunados, aquel pasado vuelve a la vida. Esas personas se ven impulsadas por su constitución innata a comportarse como lo harían un mono o un salvaje normales, pero en nuestra sociedad civilizada su conducta se considera criminal. Afortunadamente, podemos identificar a los criminales natos porque su carácter simiesco se traduce en determinados signos anatómicos. Su atavismo es tanto físico como mental, pero los signos físicos, o estigmas, como los llamaba Lombroso, son decisivos. La *conducta* criminal también puede aparecer en hombres normales, pero reconocemos al «criminal nato» por su anatomía. De hecho, la anatomía se identifica con el destino, y los criminales natos no pueden quitarse esa mancha hereditaria: «Nos gobiernan unas leyes silenciosas que nunca dejan de actuar, y que rigen la sociedad con más autoridad que las leyes inscritas en nuestros códigos. El crimen ... se presenta como un fenómeno natural» (Lombroso, 1887, p. 667).

Los animales y los salvajes: criminales natos

Para que el argumento de Lombroso estuviese completo no bastaba con reconocer la presencia de rasgos atávicos simiescos en los criminales, porque esas características físicas simiescas sólo podían explicar el comportamiento bárbaro de un hombre si los salvajes y los animales inferiores tenían una inclinación natural hacia la criminalidad. Si algunos hombres parecen monos, pero resulta que los monos son buenos, entonces el argumento no funciona. Así pues, Lombroso dedicó la primera parte de su obra más importante (*El hombre criminal*, publicada en 1876) a lo que hemos de considerar como la más ridícula muestra de antropomorfismo de que se tenga noticia: un análisis de la conducta criminal de los animales. Cita, por ejemplo, el caso de una hormiga cuya furia asesina la impulsa a matar y despedazar un pulgón; el de una cigüeña que, junto con su amante, asesina a su marido; el de unos castores que se asocian para asesinar a un congénere solitario; el de una hormiga macho que no tiene acceso a las hembras reproductoras y viola a una obrera, cuyos órganos sexuales están atrofiados, provocándole la muerte en medio de atroces dolores; llega incluso a decir que cuando el insecto come determinadas plantas, su conducta «equivale a un crimen» (Lombroso, 1887, pp. 1-18).

A continuación, Lombroso da el siguiente paso lógico: compara los criminales con los grupos «inferiores». «Yo compararía —escribió uno de sus seguidores franceses— al criminal con un salvaje que, por atavismo, apareciese en la sociedad moderna; podemos considerar que nació criminal porque nació salvaje» (Bordier, 1879, p. 284). Para identificar la criminalidad como conducta normal en los pueblos inferiores, Lombroso se aventuró en el terreno de la etnología. Escribió un pequeño tratado (Lombroso, 1896) sobre los dinka del Alto Nilo. En él se refirió a los profundos tatuajes que éstos practicaban en su cuerpo, así como al elevado umbral de dolor que les permitía soportar pruebas como la rotura de los incisivos en la pubertad, realizada a golpe de martillo. Su anatomía normal exhibía una serie de estigmas simiescos: «su nariz ... no sólo es achatada, sino también trilobulada como la de los monos». Su colega G. Tarde afirmó que algunos criminales «hubiesen sido la aristocracia moral y el orgullo de una tribu de pieles rojas» (en Ellis, 1910, p. 254). Havelock Ellis destacó el hecho de que a menudo los criminales y los individuos pertenecientes a grupos inferiores no saben lo que es sonrojarse. «La imposibilidad de sonrojarse siempre se ha considerado como un rasgo concomitante del crimen y la desvergüenza. Los idiotas y los salvajes raramente se sonrojan. Los españoles solían decir lo siguiente acerca de los indios suramericanos: "¿Cómo confiar en unos hombres que no saben sonrojarse?"» (1910, p. 138). ¿Y qué sacaron los incas con fiarse de Pizarro?

Prácticamente todos los argumentos de Lombroso estaban construidos de forma que nunca pudiesen fracasar; por tanto, eran vacuos desde el punto de vista científico. Aunque mencionase abundantes datos numéricos para otorgar un aire de objetividad a su obra, ésta siguió siendo tan vulnerable que incluso la mayoría de los miembros de la escuela de Broca se opusieron a su teoría del atavismo. Cada vez que Lombroso se topaba con un hecho que no cuadraba con dicha teoría, recurría a algún tipo de acrobacia mental que le permitiera incorporarlo a su sistema. Esta actitud es muy evidente en el caso de sus tesis acerca de la depravación de los pueblos inferiores, porque una y otra vez se encontró con relatos que hablaban del valor y la capacidad de aquellos a quienes quería denigrar. Sin embargo, deformó todos esos relatos para que cupiesen en su sistema. Si, por ejemplo, debía aceptar un rasgo favorable, lo asociaba con otros que pudiese despreciar. Citando la autoridad un tanto añeja de Tácito, concluyó lo siguiente: «Aunque el honor, la castidad y la piedad puedan existir entre los salvajes, la impulsividad y la indolencia son rasgos que nunca faltan. Los salvajes tienen horror al trabajo continuo, de modo que sólo la selección o la esclavitud pueden inducirlos al trabajo metódico y activo» (1911, p. 367). Si no, veamos el elogio que de mala gana hizo de la raza, inferior y criminal, de los gitanos:

> Son vanidosos, como todos los delincuentes, pero no tienen miedo ni vergüenza. Todo lo que ganan se lo gastan en bebidas y adornos. Pueden ir descalzos, pero sus ropas siempre son de colores vivos o están adornadas con vistosos encajes; no llevarán calcetines, pero sí zapatos amarillos. Son tan poco previsores como el salvaje y el criminal ... Devoran carroña casi podrida. Se entregan a orgías, les encanta meter bulla, y gritan mucho en las subastas de los mercados. Matan a sangre fría para robar, y en tiempos se creyó que practicaban el canibalismo ... Hay que señalar que esta raza, moralmente tan baja y tan incapaz de todo desarrollo cultural e intelectual, una raza que nunca puede dedicarse de forma continuada a industria alguna, y cuya poesía nunca ha superado la lírica más elemental, ha creado en Hungría un arte musical maravilloso: una prueba más de que, en el criminal, puede encontrarse la genialidad mezclada con el atavismo (1911, p. 40).

Cuando no disponía de rasgos condenables para mezclarlos con el elogio, se limitaba a indicar que los «primitivos» no podían tener razones justificadas para comportarse positivamente. Mientras que un santo blanco que enfrenta con valor la tortura y la muerte es un héroe entre los héroes, un «salvaje» que expira con igual dignidad es alguien que sencillamente no siente dolor:

> Su insensibilidad física [de los criminales] recuerda mucho la de los salvajes, que pueden soportar, en los ritos de pubertad, unas torturas que el hombre blanco nunca sería capaz de resistir. Todos los viajeros conocen la indiferencia de los negros y los salvajes americanos ante el dolor: los primeros se cortan las manos riendo para no tener que trabajar; los segundos cantan con júbilo las alabanzas de su tribu mientras se queman a fuego lento amarrados al poste de torturas (1887, p. 319).

Como puede advertirse, esta comparación de los criminales atávicos con los animales, los salvajes y las personas de razas inferiores reproduce el argumento básico de la recapitulación, que hemos analizado en la sección anterior. Para completar la cadena, Lombroso sólo tenía que declarar que el niño era esencialmente criminal: porque el niño es como un antepasado adulto, un primitivo viviente. El médico italiano no retrocedió ante esta consecuencia inevitable de su teoría, y marcó con el estigma de la criminalidad a aquel que la tradición siempre había presentado como inocente: «Uno de los descubrimientos más importantes de mi escuela es el de que en el niño, hasta cierta edad, se manifiestan las más sádicas tendencias del criminal. En los primeros períodos de la vida humana se observan normalmente los gérmenes de la delincuencia y la criminalidad» (1895, p. 53). Nuestra impresión de que el niño es inocente responde a un prejuicio de clase; dada la buena posición social que ocupamos, tendemos a ocultar las inclinaciones naturales de nuestros niños: «Quienes viven entre las clases superiores nada saben de la pasión que sienten los niños por las bebidas alcohólicas, pero en las clases bajas lo más corriente es ver cómo hasta los niños de pecho beben con notable placer vino y todo tipo de licores» (1895, p. 56).[3]

Los estigmas: anatómicos, fisiológicos y sociales

La mayoría de los estigmas anatómicos señalados por Lombroso (figura 4.1) no eran patologías ni variaciones discontinuas, sino valores extremos dentro de una curva normal, que se aproximaban a las medidas medias que el rasgo en cuestión presenta en los simios superiores. (Desde una perspectiva moderna, esta es una razón fundamental del error en que incurrió Lombroso. La longitud del brazo no es igual en todos los hombres, y algunos han de tener brazos más largos que los otros. El chimpancé medio tiene el brazo más largo que el hombre medio, pero esto no significa que un hombre dotado de un brazo relativamente largo se parezca genéticamente a los monos. La variación normal *dentro* de una población es un fenómeno biológico distinto de las diferencias que existen *entre* los valores medios de diversas poblaciones. Es un error que se repite con frecuencia. Del mismo deriva la falacia en que incurre Arthur Jensen cuando sostiene que las diferencias medias que se observan en el CI de los norteamericanos blancos y negros son en gran parte heredadas: véase *infra*, pp. 164-166. Un verdadero atavismo es un rasgo ancestral, discontinuo y debido a causas genéticas: por ejemplo, cuando nace un caballo dotado de dedos laterales funcionales.) Entre sus estigmas simiescos, Lombroso incluyó los siguientes (1887, pp. 660-661): mayor espesor del cráneo, simplicidad de las suturas craneales, mandíbulas grandes, arrugas precoces, frente baja y estrecha, orejas grandes, ausencia de calvicie, piel más oscura, mayor agudeza visual, menor sensibilidad ante el dolor, y ausencia de reacción vascular (incapacidad de sonrojarse). En el Congreso Internacional de Antropología Criminal celebrado

3. En *Drácula*, el profesor Van Helsing, en su inimitable inglés chapurreado, ensalzaba el argumento extraído de la tesis de la recapitulación imponiendo al conde la marca del infantilismo (atribuyéndole, por tanto, un carácter primitivo y criminal):

> ¡Ah! en eso espero que nuestros cerebros de hombre que durante tanto tiempo han sido de hombre y no han perdido la gracia de Dios, llegarán más lejos que su cerebro de niño que yace desde hace siglos en la tumba, que no crece hasta nuestra estatura, y que sólo trabaja de forma egoísta y por tanto [es] pequeño ... Es sagaz, astuto e ingenioso; pero no ser de estatura de hombre en cuanto al cerebro. Él ser de cerebro de niño en gran parte. Pues bien, este criminal nuestro está predestinado al crimen también; también tiene cerebro de niño, y con el niño es que vérnolas tenemos. El pajarillo, el pececillo, el animal pequeño no aprende por principio sino empíricamente; y cuando aprende a hacer, de esa base parte para hacer más.

4.1. Panoplia de rostros criminales, frontispicio del atlas incluido en *El hombre criminal* de Lombroso. El grupo E está integrado por asesinos alemanes; el grupo I, por ladrones nocturnos (Lombroso nos dice que el hombre sin nariz logró escapar durante años de la justicia valiéndose de la falsa nariz que puede apreciarse en el retrato de al lado, donde lleva sombrero hongo); los del grupo H son ladrones de bolsos por el procedimiento del tirón; los del grupo A son rateros de tiendas; los de los grupos B, C, D y F son timadores; en cuanto a los distinguidos caballeros alineados en la parte inferior, se trata de individuos que declararon quiebras fraudulentas.

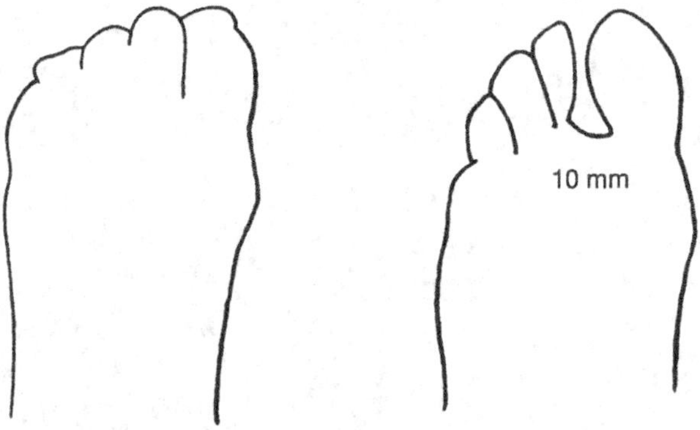

4.2. Los pies de las prostitutas. Esta figura fue presentada por L. Jullien en el Cuarto Congreso Internacional de Antropología Criminal (1896). He aquí el comentario de Lombroso: «Estas observaciones muestran admirablemente que la morfología de la prostituta es aún más anormal que la del criminal, sobre todo por las anomalías atávicas, puesto que el pie prensil constituye un atavismo».

en 1896 llegó a sostener que los pies de las prostitutas (véase la figura 4.2) suelen ser prensiles como en los simios (el dedo gordo muy separado del resto).

En el caso de otros estigmas, Lombroso se remontó más allá de los simios, para buscar semejanzas con animales más alejados y aún más «primitivos»: comparó los dientes caninos prominentes y el paladar achatado con la anatomía de los lemures y roedores; el cóndilo occipital (área de articulación entre el cráneo y la columna vertebral) de forma poco común, con el cóndilo normal de cerdos y vacunos (1896, p. 188); un corazón anormal, con el que se observa en los sirenios (grupo de raros mamíferos marinos). ¡Llegó incluso a postular la existencia de una semejanza significativa entre la asimetría facial de algunos criminales y la localización de los ojos sobre la superficie del cuerpo en el rodaballo, el lenguado y peces similares! (1911, p. 373).

Lombroso reforzó su estudio de los defectos específicos del criminal con un estudio antropométrico general de la cabeza y el cuerpo del mismo. Su muestra constaba de 383 cráneos de criminales muertos y de las medidas generales tomadas sobre 3.839 criminales vivos. Como ejemplo del estilo de Lombroso, veamos las bases numéricas en que se apoyaba su tesis más importante: la de que, en general, el cerebro de los criminales es más pequeño que el de las personas normales, aunque unos pocos criminales puedan tener cerebros muy grandes (véase *supra*, p. 110).[4] Una tesis que tanto él (1911, p. 365) como sus discí-

4. La antropología criminal recurrió a menudo a otros argumentos craneométricos corrientes. Por ejemplo, ya en 1843 Voisin invocó la clásica distinción entre las partes anterior y posterior del cerebro (véase *supra*, pp. 113-118) para situar a los criminales entre los animales. Después de estudiar un conjunto de quinientos jóvenes delincuentes dijo haber detectado deficiencias en las partes frontal y superior del cerebro, supuesta sede de la moralidad y la racionalidad. Escribió lo siguiente (1843, pp. 100-101):

> Su cerebro está muy poco desarrollado en las partes anterior y superior, las dos partes en que reside nuestra peculiaridad, nuestra superioridad sobre los animales y nuestro carácter propiamente humano. Por su naturaleza, [los cerebros criminales] ... están situados totalmente fuera de la especie humana.

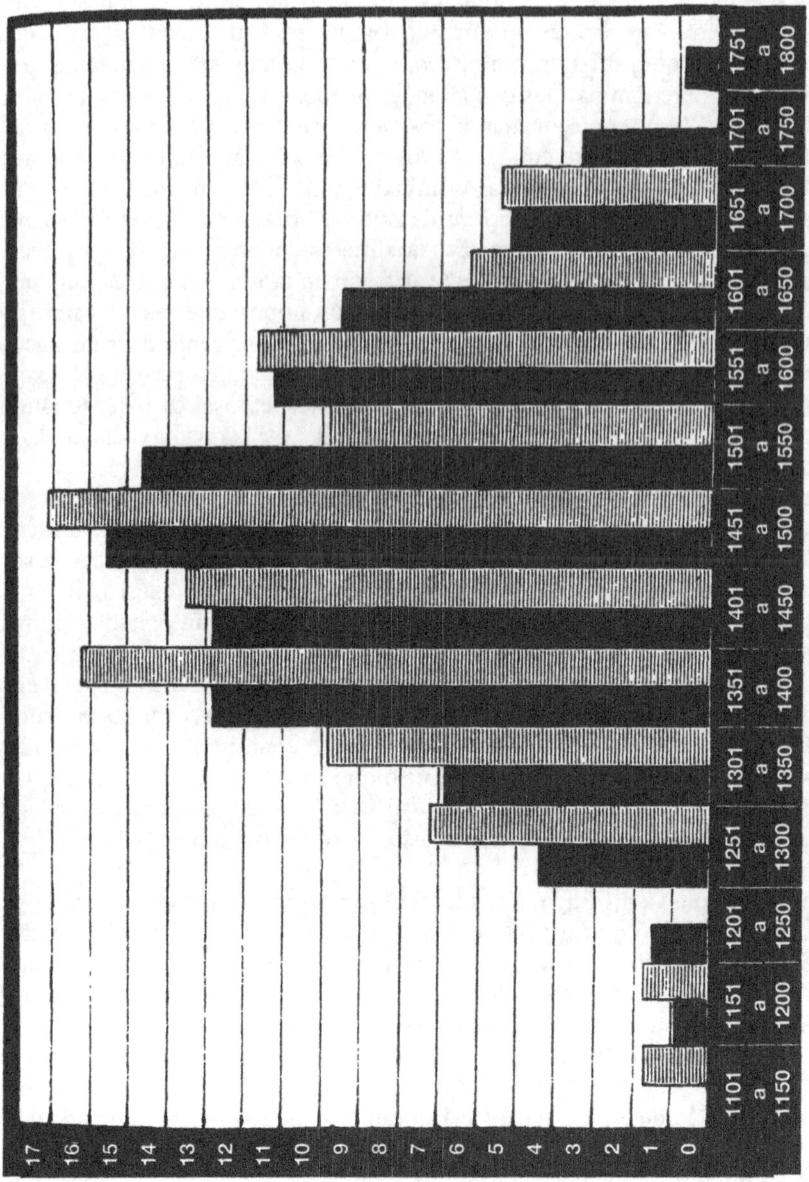

4.3. Las capacidades craneales de los hombres normales (en negro) comparadas con las de los criminales (rayadas). El eje *y* no registra cifras reales sino porcentajes.

pulos (por ejemplo, Ferri, 1897, p. 8) reiteraron con frecuencia. Sin embargo, los datos de Lombroso no muestran que sea así. En la figura 4.3 aparecen representadas las distribuciones de frecuencias correspondientes a la capacidad craneal medida por él en 121 criminales varones y 328 personas honestas del mismo sexo. No es preciso ser un aficionado a la estadística para advertir que las dos distribuciones difieren muy poco, aunque Lombroso concluya que en los criminales «predominan las capacidades pequeñas, y las muy grandes son raras» (1887, p. 144). He reconstruido los datos originales partiendo de las tablas de porcentajes que presenta Lombroso, y he calculado unos valores medios de 1.450 cm^3 para las cabezas criminales y de 1.484 cm^3 para las respetuosas de la ley. Las desviaciones típicas de ambas distribuciones (medida general de la dispersión alrededor del promedio) no difieren de forma significativa. Esto quiere decir que la mayor amplitud de variación en la muestra correspondiente a las personas respetuosas de la ley —cuestión importante para Lombroso porque le permitía extender la capacidad máxima de la gente decente hasta 100 cm^3 por encima del máximo entre los criminales— puede ser sólo el resultado del mayor tamaño de la muestra de personas respetuosas de la ley (cuanto mayor es la muestra, más probabilidades existen de que la misma incluya valores extremos).

Entre los estigmas de Lombroso también había un conjunto de rasgos sociales. Destacó en especial los siguientes: 1) La jerga de los criminales, un lenguaje propio que contiene un elevado número de voces onomatopéyicas, a semejanza del habla de los niños y los salvajes: «Entre sus causas, la más importante es el atavismo. Hablan distinto porque sienten distinto; hablan como salvajes porque son auténticos salvajes que viven en medio de nuestra espléndida civilización europea» (1887, p. 476); 2) El tatuaje, que refleja tanto la insensibilidad de los criminales ante el dolor como su atávico gusto por los adornos (véase la figura 4.4). Lombroso realizó un estudio cuantitativo del contenido de los tatuajes de los criminales y encontró que en general contenían ataques a la ley («venganza») o intentaban una justificación («nací con mala estrella», «no tengo suerte»), aunque en cierta ocasión se topó con uno que decía: «Viva Francia y las patatas fritas».

Lombroso nunca atribuyó todos los actos criminales a personas con estigmas atávicos. Estimó que alrededor de un 40 por 100 de los criminales obedecían a una compulsión hereditaria, mientras que otros actuaban movidos por la pasión, la furia o la desesperación. A primera vista, esta distinción entre criminales ocasionales y criminales natos parece una solución de compromiso o una marcha atrás; sin embargo, la intención de Lombroso al establecerla no fue ésa sino, por el contrario, la de poner su sistema a salvo de cualquier tipo de refutación. Desde esa perspectiva, los hombres ya no podían caracterizarse sobre la base de sus actos. El asesinato podía ser la obra del más bajo de los simios disimulado en un cuerpo humano, o bien la de un cornudo decente dominado por la más justa de las iras. Esto abarca todos los actos criminales: un hombre dotado de estigmas los comete movido por su naturaleza innata; uno sin estigmas, por la fuerza de las circunstancias. Al clasificar las excepcio-

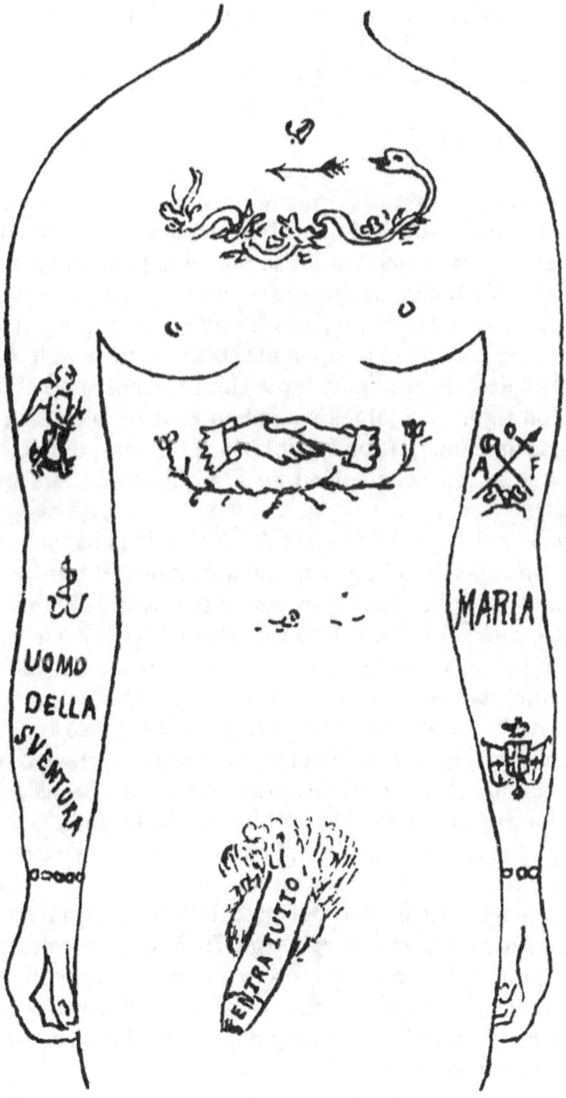

4.4. Para Lombroso, el tatuaje era un signo de criminalidad innata. En un brazo de este malhechor, cuyo retrato se incluye en *El hombre criminal* de Lombroso, puede leerse: «Un hombre desventurado». Su pene lleva la inscripción *entra tutto*, entra todo. En el epígrafe correspondiente, Lombroso nos dice que el tatuaje de las manos estrechadas era muy común en los pederastas.

nes dentro de su sistema, Lombroso excluyó cualquier posible refutación del mismo.

La retirada de Lombroso

La teoría de Lombroso causó gran agitación y suscitó uno de los más acalorados debates científicos del siglo XIX. Pese a haber sazonado su obra con gran cantidad de datos numéricos, Lombroso no había rendido los debidos honores a la fría objetividad. Hasta «aprioristas» tan notorios como los discípulos de Paul Broca le reprocharon el carácter más abogadil que científico de su enfoque. Paul Topinard dijo de él lo siguiente (1887, p. 676): «No dice: he aquí un hecho que me sugiere determinada inducción; veamos si no estoy equivocado; procedamos con rigor; recojamos y añadamos otros hechos ... La conclusión está formada de antemano; [Lombroso] busca pruebas, defiende su tesis como un abogado que acaba persuadiéndose a sí mismo ... está demasiado convencido».

Poco a poco Lombroso tuvo que retirarse ante la andanada de críticas. Pero lo hizo como un experto militar. En ningún momento transigió ni abandonó su idea básica de que el crimen tenía raíces biológicas. Se limitó a ampliar la extensión de las causas innatas. Su teoría original tenía la virtud de la sencillez y sorprendía por su originalidad: los criminales son simios que viven entre nosotros, individuos marcados por los estigmas anatómicos del atavismo. Las versiones posteriores restaron precisión, pero también abarcaron más fenómenos. Aunque el atavismo siguió siendo para él una causa biológica fundamental de la conducta criminal, Lombroso introdujo varias categorías de enfermedades y degeneraciones congénitas: «Desde nuestra perspectiva —escribió en 1887 (p. 651)—, el criminal es un salvaje y al mismo tiempo un enfermo». Posteriormente, insistió en la importancia de la epilepsia para el reconocimiento de la criminalidad, y acabó afirmando que casi todos los «criminales natos» padecían en mayor o menor grado de epilepsia. Es imposible calcular la carga adicional que la teoría de Lombroso supuso para miles de epilépticos: éstos se convirtieron en uno de los principales blancos de los programas eugenésicos, y ello, entre otras cosas, porque Lombroso había interpretado su enfermedad como un signo de degeneración moral.

Señalemos un detalle curioso, que la mayoría de la gente ignora actualmente: del supuesto vínculo entre la degeneración y el ordenamiento jerárquico de las razas nos quedó al menos una herencia: la denominación de «idiocia mongólica» o, la más insulsa, «mongolismo», para referirse al desorden cromosómico denominado generalmente «síndrome de Down». El doctor John Langdon Haydon Down, patricio inglés, identificó dicho síndrome en un artículo titulado: «Observations on an ethnic classification of idiots» (Down, 1866).

Según Down, muchos «idiotas» (término que en su época no era un mero epíteto, sino casi una palabra técnica) congénitos presentaban rasgos anatómicos que, pese a no observarse en sus padres, coincidían con ciertos rasgos típicos de las razas inferiores. Así, distinguió entre idiotas de la «variedad etíope» —«negros blancos, aunque fuesen de ascendencia europea» (1866, p. 260)— y otros de tipo malayo, así como otros «semejantes a los primitivos habitantes del continente americano: de frente estrecha, pómulos salientes, ojos hundidos y nariz ligeramente simiesca» (p. 260). Otros, en cambio, se parecían a los miembros de «la gran familia mongólica». «Una cantidad muy grande de idiotas congénitos son típicos mongoles» (p. 260). A continuación, describía en detalle los rasgos del síndrome de Down tales como se presentaban en un muchacho que tenía a su cargo: unas pocas semejanzas accidentales con los orientales (ojos «oblicuos» y piel un poco amarillenta) y una cantidad mucho más grande de rasgos diferentes (cabello castaño y escaso, labios gruesos, frente arrugada, etc.). Sin embargo, su conclusión era la siguiente (1866, p. 261): «Por su aspecto, el muchacho no parece hijo de europeos, pero dada la frecuencia con que dichos rasgos se presentan, es indudable que esas características étnicas son producto de una degeneración». Down llegó a aplicar su perspicacia en materia de detalles étnicos para explicar la conducta de los niños que padecían dicho síndrome: «son excelentes imitadores», rasgo típicamente mongólico, según las clasificaciones racistas vigentes en su época.

Down se consideraba liberal en cuanto a las cuestiones raciales. ¿Acaso no había probado la unidad de la especie humana al mostrar que los rasgos de las razas inferiores podían aparecer en individuos degenerados pertenecientes a las razas superiores? (1866, p. 262). De hecho, se limitó a hacer en el terreno de la patología lo que Lombroso no tardaría en hacer en el de la criminalidad: confirmar las jerarquías racistas tradicionales clasificando a los blancos indeseables como representantes biológicos de los grupos inferiores. Según Lombroso, los atavismos «equiparan al criminal europeo con el tipo australiano y mongólico» (1887, p. 254). Pero la denominación acuñada por Down ha perdurado hasta nuestros días y sólo ahora empieza a caer en desuso. Sir Peter Medawar me dijo que, a finales de los setenta, junto con algunos colegas orientales, acababa de convencer al *Times* de Londres de que reemplazara la denominación «mongolismo» por «síndrome de Down». Con lo que el buen doctor seguirá recibiendo los honores.

La influencia de la antropología criminal

En 1896 Dallemagne, destacado adversario francés de Lombroso, rindió homenaje a la influencia ejercida por este último:

> Sus ideas revolucionaron nuestras opiniones, tuvieron un efecto saludable en todas partes y fomentaron una sana emulación entre los investigadores de los más variados fenómenos. Durante 20 años sus ideas alimentaron los debates; en todas las discusiones, el maestro italiano estaba al orden del día; sus ideas tenían el carácter de acontecimientos. La animación era extraordinaria en todas partes.

No se trataba de declaraciones diplomáticas, porque realmente así había sucedido. La antropología criminal fue mucho más que un agitado debate académico. Fue durante años *el* tema de discusión en los círculos legales y penales. Inspiró numerosas «reformas» y hasta la primera guerra mundial fue *el* tema de una conferencia internacional que cada cuatro años congregaba a jueces, juristas, funcionarios gubernamentales, y científicos.

Más allá de su repercusión específica, la antropología criminal de Lombroso vino sobre todo a reforzar el argumento del determinismo biológico acerca de los papeles desempeñados por los actores y su ambiente: los actores obedecen a su naturaleza innata. Para comprender el crimen hay que estudiar al criminal, no la forma en que éste ha sido criado, su educación o la situación que pudo haberlo incitado a robar o pillar. «La antropología criminal estudia al delincuente en su lugar natural, es decir, en el terreno de la biología y la patología» (como afirma Sergi, discípulo de Lombroso citado por Zimmern, 1898, p. 744). Se trata de un argumento político conservador de eficacia insuperable: los malvados, los estúpidos, los pobres, los excluidos o los degenerados lo son porque han nacido así. Las instituciones sociales son un reflejo de la naturaleza. Hay que culpar (y estudiar) a la víctima, no a su ambiente.

Por ejemplo, en el ejército italiano habían aparecido varios casos de *misdeísmo*. Un soldado de apellido Misdea (véase la figura 4.5), del que derivó el nombre italiano de este fenómeno, había asesinado al oficial a cuyas órdenes se encontraba. Lombroso lo examinó y declaró que se trataba de «un epiléptico nervioso ... muy afectado por una herencia viciosa» (en Ferri, 1911). Lombroso recomendó eliminar del ejército a los epilépticos, y con ello, según Ferri, se acabó el *misdeísmo*. (Me pregunto si durante la segunda guerra mundial el ejército italiano no conoció ningún incidente de «misdeísmo» provocado por individuos que no padeciesen de epilepsia.) En todo caso, nadie pareció dispuesto a considerar los derechos y condiciones de los reclutas.

La más dudosa consecuencia posible de la teoría de Lombroso nunca se tradujo en una ley ni fue propuesta por los partidarios de este último: la selección previa y el aislamiento de los individuos portadores de estigmas, *antes* de que hubieran cometido delito alguno (si bien Ferri— 1897, p. 251— consideró «sustancialmente justa» la defensa que Platón había hecho de la idea de desterrar a aquellas familias cuyos miembros hubiesen cometido delitos criminales durante tres generaciones sucesivas). Sin embargo, Lombroso era partidario de hacer una selección previa entre los niños para que los maestros pudieran estar preparados y supieran a qué atenerse con los alumnos portadores de estigmas.

> El examen antropológico, que señala el tipo criminal, el desarrollo precoz del cuerpo, la falta de simetría, la pequeñez de la cabeza y tamaño exagerado del rostro, explica los fallos escolares y disciplinarios de los niños que presentan dichos rasgos, y permite separarlos a tiempo de sus compañeros mejor dotados, y orientarlos hacia carreras más adecuadas a su temperamento (1911, pp. 438-439).

1. P. C., bergante de la Basilicata, detenido en Pesaro

2. Ladrón piamontés

3. Incendiario y cinedo de Pesaro, apodado *La mujer*

4. Misdea

4.5. Cuatro «criminales natos», entre los que figura el infame Misdea, que asesinó al oficial bajo cuyas órdenes se encontraba.

Sabemos que los estigmas de Lombroso llegaron a ser importantes criterios de juicio en muchos procesos criminales; pero tampoco en este caso podemos saber cuántos hombres sufrieron condenas injustas por el hecho de llevar grandes tatuajes, no sonrojarse o tener mandíbulas y brazos más desarrollados que lo habitual. E. Ferri, principal lugarteniente de Lombroso, escribió lo siguiente (1897, pp. 166-167):

> El estudio de los factores antropológicos proporciona a los guardianes y administradores de la ley nuevos y más seguros métodos para la detección del culpable. Los tatuajes, la antropometría, la fisonomía, las condiciones físicas y mentales, los registros de la sensibilidad, los reflejos, las reacciones vasomotoras, el alcance de la visión, los datos de la estadística criminal ... bastarán a menudo para brindar a los agentes de policía y los jueces instructores una guía científica con que orientar sus pesquisas, basadas hasta ahora exclusivamente en su agudeza personal y en su propia sagacidad. Cuando pensamos en la enorme cantidad de crímenes y delitos que no son castigados, por falta o insuficiencia de pruebas, y en la frecuencia de los procesos basados sólo en indicios circunstanciales, no es difícil advertir la utilidad práctica que supondría establecer una relación prioritaria entre la sociología criminal y los procedimientos penales.

Lombroso, que intervino en juicios como perito, describió con detalle algunas de esas experiencias. En cierta ocasión se solicitó su ayuda para decidir cuál de los dos hijastros había matado a una mujer; Lombroso declaró (1911, p. 436) que uno de ellos «era, de hecho, el tipo exacto del criminal nato: mandíbulas enormes, frente abultada, arco cigomático, labio superior fino, incisivos enormes, cabeza más grande que lo habitual (1.620 cm^3) [rasgo que en otros contextos es signo de genialidad], torpeza táctil junto con sensorial. Estaba condenado».

En otro proceso, basado en una prueba cuyo carácter notoriamente impreciso y circunstancial hasta él tuvo que reconocer, Lombroso recomendó condenar a un tal Fazio, acusado de robo y asesinato de un rico granjero. Una muchacha declaró que había visto a Fazio durmiendo cerca de la víctima, y que, a la mañana siguiente, cuando llegaron los gendarmes, éste se había escondido. En esa única prueba se basaba la acusación.

> Al examinarlo comprobé que el hombre tenía orejas grandes, maxilares y pómulos muy desarrollados, apéndice lemurino, hueso frontal dividido, arrugas prematuras, mirada siniestra, nariz torcida hacia la derecha: en pocas palabras, una fisonomía que se aproximaba al tipo criminal; las pupilas eran muy poco móviles ... en el pecho un gran tatuaje que representaba una mujer, y las palabras «Recuerdo de Celina Laura» (su esposa); en un brazo, la imagen de una muchacha. Tenía una tía epiléptica y un primo loco; además, la investigación probó que era jugador y no trabajaba. Así pues, la biología proporcionaba una serie de indicaciones que, sumadas a la otra prueba, en cualquier país menos tierno que éste con los criminales hubiesen bastado para condenarlo. Sin embargo, fue absuelto (1911, p. 437).

Unas veces se gana, otras se pierde. (Lo irónico es que la influencia de Lombroso no se vio limitada por el carácter liberal de la jurisprudencia, sino por el espíritu conservador de la misma. La mayoría de los jueces y abogados sencillamente no podían soportar la idea de que la ciencia cuantitativa se inmiscuyese en un dominio que de antiguo les pertenecía. No rechazaban la antropología criminal de Lombroso porque supiesen que era una pseudociencia, sino porque la consideraban una transgresión injustificada en una materia que *de pleno derecho* les incumbía sólo a ellos. Los críticos franceses de Lombroso, que insistieron en las causas sociales del crimen, también contribuyeron a frenar la marea lombrosiana, porque, sobre todo Manouvrier y Topinard, podían oponerle sus propios datos numéricos.)

Al referirse a la pena capital, Lombroso y sus discípulos se declaraban firmemente convencidos de que los criminales natos delinquen por naturaleza. «El atavismo nos demuestra la ineficacia del castigo en el caso de los criminales natos, y por qué éstos reinciden inevitablemente en el crimen» (Lombroso, 1911, p. 369). «La ética teórica se desliza sobre esos cerebros enfermos como el aceite sobre el mármol, sin impregnarlo» (Lombroso, 1895, p. 58).

En 1897 Ferri afirmó que, a diferencia de muchas otras escuelas de pensamiento, los antropólogos criminalistas seguidores de Lombroso consideraban unánimemente que la pena de muerte era legítima (1897, pp. 238-240). Lombroso escribió lo siguiente (1911, p. 447): «Sin duda, existe un grupo de criminales, nacidos para el mal, contra quienes todas las curas sociales fracasan como si chocasen contra una roca, hecho este que nos obliga a eliminarlos totalmente, incluso matándolos». Su amigo el filósofo Hippolyte Taine se expresó en forma aún más dramática:

> Nos ha mostrado usted unos orangutanes crueles y lúbricos, con rostro de hombre. Es evidente que no pueden comportarse de otra manera. Si violan, roban y matan, lo hacen en virtud de su propia naturaleza y su pasado, pero su destrucción se justifica aún más ahora que se ha demostrado que nunca dejarán de ser orangutanes (citado con aprobación en Lombroso, 1911, p. 428).

El mismo Ferri invocaba la teoría darwiniana a modo de justificación cósmica de la pena capital (1897, pp. 239-240):

> Considero que la pena de muerte está prescrita por la naturaleza, y se aplica continuamente en la vida del universo. La ley universal de la evolución nos muestra también que todo progreso vital es el producto de una selección permanente, por la muerte del que menos se adapta a la lucha por la vida. Ahora bien, en la humanidad, como en los animales inferiores, esa selección puede ser natural o artificial. Por tanto, la sociedad humana actúa de acuerdo con las leyes naturales cuando realiza una selección artificial que elimina a los individuos antisociales y monstruosos.

Sin embargo, Lombroso y sus colegas consideraron que existían medios más idóneos que la muerte para que la sociedad pudiera desembarazarse de sus criminales natos. Un aislamiento temprano en parajes bucólicos podría mitigar esa tendencia innata, y asegurar una vida útil, con la debida supervisión, continua y estrecha. En otros casos de criminalidad incorregible, el confinamiento en colonias penitenciarias representaría una solución más humana que la pena capital, siempre y cuando el destierro fuese permanente e irrevocable. Teniendo en cuenta la pequeñez del imperio colonial italiano, Ferri defendió la idea de la «deportación interna», quizás en comarcas no cultivadas por ser zonas de paludismo endémico: «Si la eliminación de dicho paludismo requiere una hecatombe humana, lo mejor, evidentemente, sería sacrificar criminales en vez de honestos labradores» (1897, p. 249). En última instancia recomendaba la deportación a la colonia africana de Eritrea.

Los antropólogos criminalistas lombrosianos no eran abyectos sádicos, ni protofascistas, y ni siquiera simpatizaban con ideologías políticas conservadoras. Eran más bien partidarios de una política liberal e incluso socialista, y se consideraban personas modernas, ilustradas por la ciencia. La ciencia moderna era para ellos una suerte de escoba con la que esperaban barrer de la jurisprudencia el anticuado bagaje filosófico del libre albedrío y la responsabilidad moral ilimitada. Llamaban «positiva» a su escuela de criminología, no porque estuviesen muy seguros (aunque es verdad que lo estaban), sino por referencia al significado filosófico del término, que afirmaba el valor de la experiencia y la objetividad frente a la mera especulación.

La escuela «clásica», principal adversaria de Lombroso, había atacado la arbitrariedad de la práctica penal existente sosteniendo que la pena debía ajustarse estrictamente a la naturaleza del crimen, y que todos los individuos debían ser plenamente responsables de sus actos (exclusión de las circunstancias atenuantes). Lombroso se apoyó en la biología para sostener que las penas debían adaptarse al criminal, y no, como habría hecho el Mikado de Gilbert, al crimen. Un hombre normal podía cometer un asesinato movido por un ataque repentino de celos. ¿Qué sentido podía tener ejecutarlo o condenarlo a cadena perpetua? Ese individuo no necesitaba ser reformado, porque su naturaleza era buena; la sociedad no necesitaba protegerse de él, porque no volvería a delinquir. Un criminal nato podía ir a parar al banquillo del acusado por algún crimen sin importancia. ¿De qué serviría imponerle una pena breve, si no podía ser rehabilitado? Una pena breve sólo reduciría el plazo para la realización del próximo delito, quizá más grave.

La escuela positiva propició con gran energía, y bastante éxito, un conjunto de reformas que hasta hace poco se consideraron ilustradas o «liberales», basadas en el principio de la indeterminación de la sentencia. La mayor parte de esas reformas se impusieron, y pocas personas son conscientes de que el sistema moderno de la libertad bajo palabra, reducción de la pena e indeterminación de la sentencia deriva en parte de la campaña de Lombroso en favor del tratamiento diferencial de los criminales natos y los ocasionales. La meta principal de la antropología criminal, escribió Ferri en 1911, consiste en «reemplazar la gravedad objetiva del crimen por la personalidad del criminal, como objeto básico y principio fundador de las reglas de la justicia penal» (p. 52).

> Las sanciones penales deben adaptarse ... a la personalidad del criminal ... La consecuencia lógica de esta conclusión es la indeterminación de la sentencia, que ha sido, y sigue siendo, combatida por los criminólogos clásicos y metafísicos por considerarla una herejía jurídica ... Las penas previamente estipuladas son absurdas desde el punto de vista de la defensa de la sociedad. Es como si en un hospital algún médico quisiera fijar para cada enfermedad un lapso de permanencia en el establecimiento (Ferri, 1911, p. 251).

Los primeros lombrosianos eran partidarios de un tratamiento severo para los «criminales natos». Esta aplicación incorrecta de la antropometría y la teoría evolucionista es aún más trágica porque el modelo biológico de Lombroso adolecía de graves defectos, y porque desvió drásticamente la atención hacia las supuestas tendencias innatas de los criminales apartándola del estudio de las bases sociales de la criminalidad. Pero los positivistas, que invocaron el modelo ampliado de Lombroso y llegaron a extender la génesis del crimen para incluir no sólo los factores biológicos sino también los educativos, tuvieron un éxito inmenso en su campaña en favor de la indeterminación de la sentencia y la atención a las circunstancias atenuantes. Puesto que sus convicciones pasaron, en gran parte, a nuestra práctica, hemos tendido a considerarlas humanitarias y progresistas. La hija de Lombroso, que siguió desarrollando la buena obra de su padre, hizo el elogio de los Estados Unidos. Los norteamericanos nos habíamos liberado de la hegemonía de la criminología clásica, y habíamos dado pruebas de gran receptividad en materia de innovaciones. Muchos estados norteamericanos habían adoptado el programa positivista creando grandes reformatorios, estableciendo sistemas de libertad condicional e introduciendo la indeterminación de la sentencia y unas leyes de indulto muy liberales (Lombroso-Ferrero, 1911).

Sin embargo, aunque los positivistas cantasen loas a Norteamérica y a sí mismos, su obra contenía también los gérmenes de duda que llevarían a muchos reformadores modernos a cuestionar el carácter humanitario del concepto lombrosiano de indeterminación de la sentencia, y a propiciar un retorno a las penas previamente estipuladas, tal como había sostenido la criminología clásica. Maurice Parmelee, el más importante positivista norteamericano, criticó por exceso de severidad una ley que el estado de Nueva York sancionó en 1915, en la que se establecía una pena indeterminada de hasta tres años por infracciones como conducta desordenada, desórdenes domésticos, alcoholismo y vagancia (Parmelee, 1918). La hija de Lombroso alabó el historial exhaustivo de los actos y estados de ánimo de los delincuentes juveniles, elaborado por las voluntarias que velaban por la suerte de estos últimos en diferentes estados de la Unión. «Si el muchacho cometiese algún delito», dichos datos «permitirían a los jueces distinguir entre el criminal nato y el habitual. Sin embargo, el muchacho debe ignorar la existencia de ese historial, para poder desarrollarse con toda libertad» (Lombroso-Ferrero, 1911, p. 124). También reconoció el gravoso componente de vejamen y humillación que entrañaban varios sistemas de libertad condicional, sobre todo en Massachusetts, donde dicho régimen podía aplicarse hasta el final de la vida: «En la Oficina Central de Vigilancia, de Boston, he leído muchas cartas de personas protegidas que pedían regresar a la cárcel con tal de no seguir soportando la humillación de tener siempre el protector encima suyo» (o, como escribió literalmente en francés, «pisándole los talones»; Lombroso-Ferrero, 1911, p. 135).

Según los lombrosianos, el concepto de indeterminación de la sentencia reflejaba la realidad biológica, al tiempo que aseguraba un máximo de protección para el Estado: «La pena no debería ser un castigo retributivo del crimen, sino una defensa de la sociedad, ajustada al peligro que representa el criminal» (Ferri, 1897, p. 208). Los individuos peligrosos reciben condenas más largas, y su vida posterior está sometida a una vigilancia más estricta. Así, el sistema de la sentencia indeterminada, que Lombroso nos legara, entraña un control general y muy estricto sobre todos los aspectos de la vida del preso: su historial crece hasta determinar su destino; en la cárcel se lo observa y se juzgan todos sus actos, siempre mostrándole la zanahoria de la reducción de la condena. Ese sistema también sirve, como quería Lombroso, para segregar al individuo peligroso. Según él, este último era el criminal nato, portador de estigmas simiescos. En la actualidad, es el provocador, el pobre y el negro. George Jackson, autor de *Soledad Brother*, murió víctima de la herencia lombrosiana, al intentar huir después de once años (ocho y medio de los cuales los pasó solo en una celda) de una condena indeterminada entre un mínimo de un año y un máximo de cadena perpetua, que había recibido por robar setenta dólares en una gasolinera.

Coda

Lo que Tolstoi les reprochaba a los lombrosianos era que invocaran la ciencia para eludir la cuestión básica, una de cuyas posibles soluciones era la transformación de la sociedad. Se daba cuenta de que a menudo la ciencia actuaba como un firme aliado de las instituciones existentes. El príncipe Nejliudov, protagonista de su novela, intenta profundizar en un sistema que condenaba sin razón a una mujer que en cierta ocasión él había agraviado, y estudia infructuosamente los eruditos tratados de antropología criminal:

> Se topó también con un vagabundo y con una mujer, deficientes mentales cuya insensibilidad y aparente crueldad le inspiraron repugnancia, pero tampoco en ellos logró percibir el tipo criminal descrito por la escuela italiana de criminología: sólo le parecieron individuos que él personalmente encontraba repugnantes, como otros que había visto fuera de los muros de la prisión, vestidos con frac, ornados de charreteras o cubiertos de encajes...
>
> Al principio pensó que hallaría la respuesta en los libros, y compró todo lo que pudo encontrar sobre el tema. Compró las obras de Lombroso y Garofalo [barón italiano, discípulo de Lombroso], las de Ferri, Liszt, Maudsley y Tarde, y las leyó cuidadosamente. Pero a medida que leía aumentaba su insatisfacción ... La ciencia tenía respuesta para miles de preguntas muy sutiles e ingeniosas vinculadas con la ley criminal, pero sin duda no para la que él intentaba resolver.

Su pregunta era muy sencilla: ¿Por qué y con qué derecho una clase de personas encerraba, torturaba, desterraba, azotaba y mataba a otras personas, si por su parte no eran mejores que aquellos a quienes torturaban, azotaban y mataban? Y las respuestas que encontró eran argumentaciones acerca de si los seres humanos poseían o no libre albedrío. ¿Podían detectarse las inclinaciones criminales midiendo el cráneo, etc.? ¿Qué papel desempeña la herencia en la criminalidad? ¿Existe la depravación congénita? (*Resurrección*, 1899).

Epílogo

Vivimos en un siglo más sutil; pero no parece que los argumentos básicos cambien jamás. La torpeza del índice craneal fue reemplazada por la complejidad de los tests de inteligencia. Los signos de criminalidad innata ya no se buscan en notorios estigmas anatómicos, sino en criterios propios del siglo xx: en los genes y en delicadas estructuras cerebrales.

A mediados de la década de 1960 empezaron a publicarse artículos donde se establecía una relación entre una anomalía cromosómica de los varones denominada XYY y la conducta violenta y criminal. (Los varones normales reciben un solo cromosoma X de su madre y un cromosoma Y de su padre; las hembras normales reciben un solo cromosoma X de cada uno de sus padres. Puede suceder que un niño reciba dos cromosomas Y de su padre. Los varones XYY se parecen a los varones normales, pero su altura suele ser un poco superior a la media, su piel presenta ciertos defectos y, en promedio —aunque sobre esto no existe consenso—, tienden a obtener resultados algo inferiores en los tests de inteligencia.) Sobre la base de un reducido número de observaciones y relatos anecdóticos acerca de unos pocos individuos XYY, y de la elevada presencia de dicha clase de individuos en instituciones mentales concebidas para la reclusión de delincuentes con deficiencias mentales, se urdió una historia acerca de unos cromosomas que determinarían la conducta criminal. La historia saltó al dominio público cuando los abogados defensores de Richard Speck, asesino de ocho estudiantes de enfermería de Chicago, intentaron atenuar su condena afirmando que se trataba de un XYY. (En realidad, es un varón XY normal.) La revista *Newsweek* publicó un artículo titulado «Congenital criminals», y la prensa difundió innumerables notas acerca de la última reencarnación de Lombroso y sus estigmas. Entretanto, la investigación académica recogió el tema, y hasta el momento se han escrito cientos de artículos sobre las consecuencias conductuales de ser un XYY. Un grupo bienintencionado, pero, en mi opinión, ingenuo, de médicos bostonianos empezaron a desarrollar un vasto programa de selección entre niños recién nacidos. Esperaban poder probar la existencia, o inexistencia, de una vinculación entre el hecho de ser un XYY y el de comportarse de forma agresiva, basándose en una vigilancia del desarrollo de una amplia muestra de niños dotados de dicha constitución cromosómica. Pero ¿la predicción misma no asegura su propio cumplimiento? Porque los padres estaban al corriente, y las precauciones experimentales más extremas son incapaces de hacer frente a los informes de la prensa y a las inferencias que los padres preocupados extraen del comportamiento agresivo que de vez en cuando todo niño manifiesta. Y qué decir de la angustia de los padres, sobre todo si la correlación entre ambos fenómenos resulta falsa, como todo parece indicar.

En teoría, la única base para suponer la existencia de una vinculación entre el hecho de ser XYY y tender a la agresividad criminal ha sido la idea notablemente simplista de que, como los varones son más agresivos que las hembras y poseen un cromosoma Y que las hembras no tienen, dicho cromosoma Y ha de ser la sede de la agresividad, y una dosis doble entraña una duplicación de esta última. En 1973 un grupo de investigadores (Jarvik *et al.*, pp. 679-680) declaró lo siguiente: «El cromosoma Y es el que determina la masculinidad; por tanto, no debe sorprender que la presencia de un cromosoma Y adicional pueda producir un individuo dotado de un alto grado de masculinidad, que se revela en características como la altura inusual, la mayor fertilidad ... y unas poderosas tendencias agresivas».

En la actualidad, ha quedado en evidencia el carácter mítico de la historia de la constitución cromosómica XYY como estigma de criminalidad (Borgaonkar y Shah, 1974; Pyeritz *et al.*, 1977). Estos dos estudios revelan los defectos metodológicos elementales de que adolecen la mayoría de los trabajos que afirman la existencia de una vinculación entre la constitución cromosómica XYY y la criminalidad. El número de varones XYY internados en instituciones mentales para delincuentes parece ser mayor que el normal, pero no hay pruebas seguras acerca de una eventual presencia elevada de los mismos en las cárceles comunes. Un máximo del 1 por 100 de los varones XYY norteamericanos pueden pasar parte de su vida en este tipo de instituciones mentales (Pyeritz *et al.*, 1977, p. 92). Sumándole la cantidad de dichos individuos que pueden ser internados en cárceles comunes con la misma frecuencia que los varones XY normales, Chorover (1979) calcula que un 96 por 100 de los varones XYY llevan una vida ordinaria y nunca atraen la atención de las autoridades penales. ¡Vaya cromosoma criminal! Además, no tenemos pruebas de que la proporción relativamente elevada de individuos XYY en instituciones mentales para delincuentes guarde relación alguna con la existencia de niveles elevados de agresividad innata.

Otros científicos han atribuido la conducta criminal al mal funcionamiento de áreas específicas del cerebro. Después de los grandes disturbios ocurridos en los guetos negros durante el verano de 1967, tres médicos escribieron una carta al prestigioso *Journal of the American Medical Association*, en la que decían lo siguiente (citado en Chorover, 1979):

> Es importante advertir que sólo un pequeño número de entre los millones de habitantes de los barrios bajos participaron en los disturbios, y que sólo una fracción de los mismos cometieron actos incendiarios, lanzaron disparos y perpetraron asaltos. Ahora bien, si la única causa y factor desencadenante de los disturbios fuesen las condiciones de vida en esos barrios, ¿cómo la amplia mayoría de sus habitantes podría resistir entonces la tentación de la violencia desenfrenada? ¿Acaso hay algo en el violento que lo distingue de sus vecinos pacíficos?

Todos tendemos a generalizar partiendo de nuestras respectivas áreas de especialización. Los médicos que escribieron esa carta son psicocirujanos. Sin embargo, ¿por qué la conducta violenta de algunas personas desesperadas y desalentadas tendría que indicar la existencia de algún desorden específico en su cerebro, si en el caso de la corrupción y la violencia de ciertos miembros del Congreso y ciertos presidentes no se elabora una teoría similar? Las poblaciones humanas presentan una gran variabilidad en todos los aspectos del comportamiento; el mero hecho de que unos hagan algo y otros no, no constituye prueba alguna de que el cerebro de los primeros padezca de alguna patología específica. ¿Hemos de concentrarnos en el desarrollo de una hipótesis carente de toda base, acerca de la violencia de unos pocos —hipótesis acorde con la filosofía determinista que consiste en culpar a la víctima—, o, al contrario, hemos de tratar de empezar por eliminar la opresión que construye guetos y mina la moral de sus pobladores en paro?

5

La teoría hereditarista del CI

Un invento norteamericano

Alfred Binet y los objetivos originales de la escala de Binet

Los coqueteos de Binet con la craneometría

Cuando Alfred Binet (1857-1911), director del laboratorio de psicología de la Sorbona, decidió abordar el estudio de la medición de la inteligencia, recurrió, como era de esperar, al método predilecto del siglo que tocaba a su fin, y a la obra de su gran compatriota Paul Broca. En pocas palabras, se dedicó a medir cráneos, sin poner jamás en tela de juicio la conclusión básica de la escuela de Broca:

> La relación entre la inteligencia de los sujetos y el volumen de su cabeza ... es muy real y ha sido confirmada por todos los investigadores metódicos, sin excepción ... Puesto que esas obras contienen observaciones sobre varios centenares de sujetos, concluimos que la proposición anterior [acerca de la correlación existente entre el tamaño de la cabeza y la inteligencia] debe considerarse innegable (Binet, 1898, pp. 294-295).

Durante los tres años siguientes Binet publicó nueve artículos sobre craneometría en *L'Année psychologique*, la revista que había fundado en 1895. Al cabo de esos esfuerzos, ya no estaba tan seguro. Cinco estudios sobre las cabezas de escolares habían destruido la fe que tenía al principio.

Binet acudió a varias escuelas y realizó las mediciones indicadas por Broca en las cabezas de aquellos niños que, según los maestros, eran los alumnos más inteligentes o más estúpidos. Su muestra inicial de 62 sujetos llegó a incluir 230. «Empecé pensando —escribió—, inducido por los estudios de muchos otros científicos, que la superioridad intelectual estaba ligada a la superioridad del volumen cerebral» (1900, p. 427).

Binet encontró diferencias, pero eran demasiado pequeñas para resultar significativas, y podían corresponder sólo a la mayor altura media de los alumnos más inteligentes (1,401 frente a 1,378 m). La mayoría de las mediciones eran favorables a esa clase de alumnos, pero la diferencia media entre los buenos y los malos resultaba milimétrica, «extrêmement petite», como escribió Binet.

Tampoco observó grandes diferencias en la parte anterior del cráneo, supuesta sede de la inteligencia superior, y donde Broca siempre había comprobado una notable disparidad entre los individuos destacados y los menos favorecidos. Y aún peor, algunas mediciones que solían considerarse cruciales para la estimación del valor intelectual, resultaron favorables a los alumnos más torpes: en el diámetro anteroposterior del cráneo, estos últimos superaban en 3 mm a sus compañeros más inteligentes. Aunque la mayoría de los resultados tendieran a confirmar la hipótesis «correcta», era evidente que el método no servía para obtener estimaciones individuales. Las diferencias eran demasiado pequeñas, y Binet también descubrió que los malos alumnos presentaban una mayor variación que los buenos. Así, aunque el valor más bajo solía corresponder a un mal alumno, también el más elevado pertenecía por lo común a un miembro de ese grupo.

Binet también atizó sus propias sospechas con un extraordinario estudio sobre su propia capacidad de sugestionarse, un experimento sobre el tema básico del presente libro: la tenacidad de los prejuicios inconscientes y la sorprendente maleabilidad de los datos cuantitativos «objetivos» para ajustarse a una idea preconcebida. «Temía —escribió (1900, p. 323)— que al realizar la medición de las cabezas con el propósito de encontrar una diferencia de volumen entre una cabeza inteligente y otra menos inteligente, hubiese tendido, de forma inconsciente y de buena fe, a aumentar el volumen cefálico de las cabezas inteligentes y a reducir el de las cabezas no inteligentes.» Reconoció el gran peligro que suponen los prejuicios subyacentes y la creencia del científico en su propia objetividad (1900, p. 324): «La posibilidad de sugestionarse ... no depende tanto de un acto del que seamos plenamente conscientes como de un acto semiconsciente, y justo allí radica su peligro».

Cuánto mejor estaríamos si todos los científicos se hubiesen sometido a un examen tan franco de conciencia: «Deseo formular en forma muy explícita —escribió Binet (1900, p. 324)— lo que he observado en mi propio caso. Este tipo de detalles no suelen publicarse; la mayoría de los autores no desean que se conozcan». Tanto él como su discípulo Simon habían medido las mismas cabezas de individuos «idiotas e imbéciles» en el hospital donde este último era médico interno. Binet observó que en una medición crucial los valores establecidos por Simon eran claramente inferiores a los suyos. La primera vez, reconoce Binet, «realicé mis mediciones de forma mecánica, sin pensar en otra cosa que en ser fiel a mis métodos». Pero luego «actué movido por una idea previa ... me preocupaba la diferencia» entre los valores de Simon y los míos. «Quería reducirla a los valores verdaderos ... En esto consiste la autosugestión. El hecho fundamental es que las medidas tomadas en el segundo experimento, cuando esperaba obtener una reducción, resultaron efectivamente menores que las que había tomado en el primer experimento [con las mismas cabezas].» De hecho, salvo una, todas las cabezas habían «encogido» de un experimento a otro, y la disminución media era de 3 mm: bastante más que la diferencia media entre los cráneos de los alumnos brillantes y los de los malos alumnos, que había medido en sus estudios precedentes.

Binet describe gráficamente su desaliento:

> Estaba persuadido de que había abordado un problema imposible de solucionar. Las mediciones habían requerido desplazamientos, y todo tipo de procedimientos fatigosos; y todo ello para llegar a la desalentadora conclusión de que a menudo no existía ni un milímetro de diferencia entre las medidas cefálicas de los alumnos inteligentes y las de los menos inteligentes. La idea de medir la inteligencia midiendo las cabezas pareció ridícula ... Estaba a punto de abandonar la investigación, y no quería publicar ni una sola línea acerca de ella (1900, p. 403).

Al final, Binet logró arrancar una magra y dudosa victoria de las garras de la derrota. Volvió a examinar su muestra, extrajo los cinco mejores y los cinco peores alumnos de cada grupo, y eliminó los del medio. Las diferencias entre los extremos fueron mayores y más consistentes: una diferencia media de entre 3 y 4 mm. Pero incluso esa diferencia no superaba la distorsión potencial media imputable a la sugestión. Así la craneometría, esa joya de la objetividad decimonónica, sólo había tenido una gloria pasajera.

La escala de Binet y el nacimiento del CI

Cuando, en 1904, Binet volvió a abordar el problema de la medición de la inteligencia, tuvo presente aquella frustración y optó por otras técnicas. Abandonó lo que denominaba enfoques «médicos» de la craneometría, así como la búsqueda lombrosiana de estigmas anatómicos, y decidió utilizar métodos «psicológicos». En aquella época la literatura sobre los tests de inteligencia era relativamente pequeña y en modo alguno convincente. Galton había experimentado, sin mayor éxito, una serie de mediciones que correspondían sobre todo a registros fisiológicos y tiempos de reacción, que no eran verdaderas medidas de la inteligencia. Binet decidió inventar una serie de tareas que permitirían valorar de modo más directo los diferentes aspectos de esta última capacidad.

En 1904 el ministro de educación le encargó un estudio que apuntaba a una finalidad específica y práctica: desarrollar unas técnicas que permitiesen identificar a los niños cuyo fracaso en las escuelas normales sugiriera la necesidad de proporcionarles algún tipo de educación especial. Binet decidió seguir un procedimiento puramente pragmático. Seleccionó una amplia serie de tareas breves, relacionadas con problemas de la vida cotidiana (contar monedas o determinar qué cara es «más bonita», por ejemplo), pero que supuestamente entrañaban ciertos procedimientos racionales básicos, como «la dirección (ordenamiento), la comprensión, la invención y la crítica (corrección)» (Binet, 1909). En cambio, las habilidades aprendidas, como la lectura, no tendrían un tratamiento explícito. Unos examinadores previamente adiestrados aplicaron los tests de forma individual, indicando a los sujetos la realización de una serie de tareas, ordenadas por grado de dificultad. A diferencia de los tests precedentes, destinados a medir «facultades» mentales específicas e independientes, la escala de Binet era una mezcolanza de diferentes actividades; consideró que la mezcla de varios tests relativos a diferentes habilidades le permitiría extraer un valor numérico capaz de expresar la potencialidad global de cada niño. Binet subrayó el carácter empírico de su investigación con su famoso aforismo: «Casi podríamos decir que "Poco importa lo que sean los tests, con tal de que sean numerosos"» (1911, p. 329).

Antes de su muerte (1911), Binet publicó tres versiones de la escala. La edición original de 1905 ordenaba simplemente las tareas según un criterio de dificultad creciente. La versión de 1908 introdujo el criterio que desde entonces se ha utilizado para la medición del llamado CI. Binet decidió atribuir a cada tarea un nivel de edad, definido como aquel en que un niño de inteligencia normal era capaz de realizar por primera vez con éxito la tarea en cuestión. El niño empezaba a realizar las tareas que correspondían al primer nivel de edad y luego iba realizando las tareas sucesivas previstas en el test, hasta que se encontraba con unas que no podía realizar. Su «edad mental» venía dada por la edad correspondiente a las últimas tareas que había podido realizar, y su nivel intelectual general se calculaba restando esa edad mental de su edad cronológica real. Así, los niños cuyas edades mentales resultasen lo bastante inferiores a sus respectivas edades cronológicas podían seleccionarse para los programas de educación especial, con lo que quedaba satisfecho el encargo que Binet había recibido del ministerio. En 1912 el psicólogo alemán W. Stern sostuvo que la edad mental debía dividirse por la edad cronológica, en vez de restarse de ella,[1] y así nació el *cociente* de inteligencia o CI.

El uso de tests para determinar el CI ha tenido consecuencias muy graves en nuestro siglo. Tomando en cuenta esta circunstancia convendría investigar los motivos de Binet, aunque no fuese más que para apreciar hasta qué punto podrían haberse evitado las tragedias derivadas de su mala utilización si el fundador no hubiera muerto y se hubieran tomado en cuenta sus preocupaciones.

Lo que más llama la atención en la escala de Binet, frente al carácter intelectual de su enfoque de conjunto, es la orientación empírica y práctica de la misma. Muchos científicos trabajan de esta manera porque están profundamente convencidos de su conveniencia, o porque sienten una inclinación definida en ese sentido. Consideran que la especulación teórica es cosa vana y que la verdadera ciencia progresa por inducción basada en experimentos simples cuyo objetivo consiste en obtener datos básicos, y no en poner a prueba teorías complejas. Binet, en cambio, era básicamente un teórico. Planteó grandes interrogantes y participó con entusiasmo en los mayores debates filosóficos de su especialidad. Manifestó un interés permanente por las teorías de la inteligencia. En 1886 publicó su primer libro sobre la «psicología del razonamien-

1. La división es más adecuada, pues lo que importa es la magnitud relativa, y no la absoluta, de la disparidad entre la edad mental y la edad cronológica. Una disparidad de dos años entre una edad mental de dos años y una edad cronológica de cuatro expresa probablemente una deficiencia mucho más grave que una disparidad de dos años entre una edad mental de catorce años y una edad cronológica de dieciséis. El método de sustracción de Binet produciría el mismo resultado en ambos casos, mientras que las medidas de CI de Stern darían 50 en el primer caso y 88 en el segundo. (Stern multiplicaba el cociente obtenido por 100 para eliminar los decimales.)

to», al que siguió en 1903 su famoso «Estudio experimental de la inteligencia», donde se retractó de sus tesis anteriores y elaboró un nuevo sistema para el análisis del pensamiento humano. Sin embargo, no quiso asignar interpretación teórica alguna a su escala de inteligencia, pese a tratarse de su mayor y más importante contribución al estudio de su tema favorito. ¿Cómo se explica que un gran teórico haya procedido de forma tan extraña y al parecer tan contradictoria?

En su escala, Binet intentó «separar la inteligencia natural de la educación» (1905, p. 42): «Sólo tratamos de medir la inteligencia, prescindiendo lo más posible del grado de educación que el niño posee ... No le pedimos que lea ni que escriba nada, y tampoco lo sometemos a ningún test que pueda resolver basándose en un aprendizaje memorístico». «Un rasgo especialmente interesante de estos tests consiste en que, cuando es necesario, nos permiten liberar de las trabas escolares a una bella inteligencia innata» (1908, p. 259).

Sin embargo, salvo este explícito deseo de eliminar los efectos superficiales del conocimiento obviamente adquirido, Binet se negó a definir la significación del resultado obtenido por cada niño, y a especular sobre la misma. Según él, la inteligencia era demasiado compleja para poder captarla en un solo dato numérico. Dicho dato, más tarde llamado CI, no es más que una guía aproximada y empírica, elaborada con una finalidad práctica, limitada:

> En rigor, la escala no permite medir la inteligencia, porque las cualidades intelectuales no pueden superponerse y, por tanto, es imposible medirlas como se miden las superficies lineales (1905, p. 40).

Además, el número en cuestión sólo es un promedio de muchos resultados, y no una entidad independiente. Binet nos recuerda que la inteligencia no es una simple magnitud escalonada como la altura. «Nos parece necesario insistir en esto —previene en 1911—, porque más adelante, por razones de simplicidad, hablaremos de niños de 8 años dotados de una inteligencia de otros de 7 o de 9 años; tomadas arbitrariamente, estas expresiones pueden resultar engañosas.» Binet era demasiado buen teórico como para incurrir en el error lógico ya definido por John Stuart Mill: el de «creer que todo lo que tiene un nombre es una entidad o un ser, dotado de existencia propia».

La reticencia de Binet también obedecía a un motivo social. Tenía mucho miedo de que, una vez cosificado en forma de entidad, su artificio práctico sufriese alguna manipulación y fuera utilizado como un rótulo indeleble, en vez de constituir una guía para detectar aquellos niños que necesitaban ayuda. Le preocupaba la posibilidad de que algunos maestros «demasiado celosos» utilizasen el CI como una excusa cómoda: «Su razonamiento parece ser el siguiente: ''He aquí una excelente ocasión para deshacernos de todos los niños que nos causan problemas'', y sin auténtico sentido crítico engloban a todos los que son rebeldes o no demuestran interés por la escuela» (1905, p. 169). Pero aún más temores le inspiraba lo que luego se llamaría «la profecía de la realización de los propios deseos». Un rótulo rígido puede condicionar la actitud del maestro y, a la larga, desviar el comportamiento del niño hacia el sendero predicho:

> Realmente, es facilísimo descubrir signos de atraso en un individuo cuando ha habido una advertencia previa. No de otro modo procedieron los grafólogos que, cuando se creía en la culpabilidad de Dreyfus, descubrieron en su escritura signos de que se trataba de un espía o un traidor (1905, p. 170).

Binet no sólo se negó a calificar de inteligencia innata al CI: tampoco lo consideró un recurso general para clasificar jerárquicamente a los alumnos de acuerdo con sus valores intelectuales. Elaboró su escala sólo para atender a un propósito limitado: el encargo, que le había hecho el Ministerio de Educación, de idear una guía práctica para detectar a aquellos niños cuyos pobres resultados escolares indicaban su necesidad de recibir una educación especial; en la actualidad, hablaríamos de niños con dificultades para el aprendizaje, o ligeramente atrasados. En 1908 escribió lo siguiente (p. 263): «Consideramos que el mejor uso de nuestra escala no sería su aplicación a los alumnos normales, sino a los que tienen un menor grado de inteligencia». También se negó a especular acerca de las causas de esos pobres resultados escolares. En todo caso, sus tests no podían determinarlas (1905, p. 37):

> Nuestro propósito consiste en poder medir la capacidad intelectual del niño que nos traen para averiguar si es normal o atrasado. Por tanto, lo que deberíamos estudiar es su estado actual, y sólo eso. No nos interesa su historia pasada, ni su futuro; así pues, dejamos de lado su etiología, y no intentamos establecer distinción alguna entre la idiocia adquirida y la idiocia congénita ... En cuanto a su futuro, practicamos la misma abstención; no tratamos de establecer, o preparar, pronóstico alguno, y dejamos en suspenso la cuestión de si su atraso es o no incurable, o susceptible de mejora. Nos limitamos a indagar la verdad respecto del estado mental que presenta en la actualidad.

Pero de algo sí estaba seguro: cualquiera que fuese la causa de sus pobres resultados escolares, al niño se le aplicaba la escala para poder identificarlo y luego ayudarlo a mejorar: nunca para pegarle un rótulo limitativo. Aunque algunos niños tuviesen una incapacidad innata para obtener resultados normales, todos podían mejorar si recibían la asistencia adecuada.

A diferencia de lo que sugieren ciertas versiones caricaturescas, lo que divide a los hereditaristas estrictos y a sus oponentes no es la creencia de los primeros en el carácter innato de todas las conductas del niño, y el convencimiento de los segundos de que todas dependen del ambiente y el aprendizaje. Dudo de que los peores adversarios del hereditarismo hayan negado alguna vez la existencia de variaciones innatas en los niños. Las diferencias se refieren más bien a cuestiones vinculadas con los planes de política social y la práctica educativa. Para los hereditaristas, sus mediciones de la inteligencia son indicadores de ciertas limitaciones permanentes, innatas. Los niños así calificados deberían ser objeto de una selección para recibir un tipo de instrucción acorde con su herencia, y una formación profesional adecuada a sus posibilidades biológicas. La aplicación de tests mentales se convierte así en una teoría de las limitaciones. En cambio, los adversarios del hereditarismo, como Binet, aplican los tests con fines de identificación y asistencia. Sin negar el hecho evidente de que no todos los niños, cualquiera que sea el tipo de instrucción que se les imparta, pueden ser émulos de Newton o de Einstein, estos autores destacan el poder de la educación creativa para mejorar los resultados obtenidos por cualquier niño, a menudo de manera notable e imprevista. La aplicación de tests mentales se convierte entonces en una teoría del incremento de las potencialidades a través de una educación adecuada.

Binet tuvo palabras muy claras para referirse a los maestros bienintencionados que eran víctimas del pesimismo injustificado que entrañaban unos supuestos hereditaristas desprovistos de todo fundamento (1909, pp. 16-17):

> Según mi experiencia ... parecen suponer implícitamente que en una clase donde encontramos un alumno que es el mejor, también debemos encontrar otro que es el peor, y que se trata de un fenómeno natural e inevitable, cuya existencia no debe preocupar al maestro, un fenómeno similar a la existencia de ricos y pobres en una sociedad. ¡Qué error tan grave!

¿Cómo podemos ayudar a un niño si le colgamos un rótulo de incapacidad biológicamente determinada?

> Mientras no hagamos algo, mientras no intervengamos de forma activa y eficaz, seguirá perdiendo tiempo ... y acabará desalentándose. Es una situación muy grave para él, y como no constituye un caso excepcional (porque los niños con dificultades de comprensión son muchísimos) podemos decir que se trata de un asunto muy grave para todos nosotros y para la sociedad toda. El niño que pierde el gusto por el trabajo en la escuela corre gran peligro de no poder adquirirlo cuando deje la escuela (1909, p. 100).

Binet criticó la frase según la cual «la estupidez dura mucho tiempo» («quand on est bête, c'est pour longtemps»), y se quejó de los maestros que «no se interesan por los alumnos menos inteligentes. No les tienen simpatía ni respeto, y su lenguaje inclemente los impulsa a pronunciar en su presencia frases del tipo "Este niño nunca llegará a nada ... no tiene condiciones ... carece de toda inteligencia". ¡Cuántas veces he escuchado estas frases imprudentes!» (1909, p. 100). A continuación menciona algo que le sucedió durante el bachillerato, cuando un examinador le dijo que nunca tendría «verdadero» espíritu filosófico: «¡Nunca! ¡Qué palabra tan grave! Algunos pensadores recientes parecen haber respaldado moralmente estos veredictos lamentables al sostener que la inteligencia de un individuo constituye una cantidad fija, que no puede aumentar. Debemos protestar y oponernos a este pesimismo brutal; debemos empeñarnos en demostrar que carece de todo fundamento» (1909, p. 101).

A los niños detectados mediante el test de Binet no había que colgarles un rótulo indeleble, sino brindarles ayuda. Binet elaboró una serie de sugerencias pedagógicas, muchas de las cuales fueron aplicadas. Ante todo, estaba convencido de que la educación especial debía ajustarse a las necesidades individuales de cada niño: debía basarse en «su carácter y sus aptitudes, y en la exigencia de adaptarnos por nuestra parte a sus necesidades y capacidades» (1909, p. 15). Recomendó que las clases no tuviesen más de quince a veinte alumnos, frente a los sesenta a ochenta que por entonces tenían en las escuelas públicas para niños pobres. En particular, abogó por la implantación de métodos educativos especiales, entre los cuales figuraba un programa que denominó «ortopedia mental»:

> Lo primero que han de aprender no son los temas que normalmente se enseñan, por importantes que éstos puedan ser; deben recibir clases de voluntad, de atención y de disciplina; antes que ejercicios de gramática, necesitan ejercicios de ortopedia mental; en pocas palabras, tienen que aprender a aprender (1908, p. 257).

El interesante programa de ortopedia mental propuesto por Binet incluía un conjunto de ejercicios físicos destinados a mejorar —al extenderse al funcionamiento mental— la voluntad, la atención y la disciplina, condiciones básicas, según él, para el estudio de los temas escolares. En uno de esos ejercicios, llamado «l'exercise des statues», y destinado a desarrollar la atención, los niños se movían de aquí para allá hasta el momento en que debían detenerse e inmovilizarse en determinada postura. (En mi niñez, también yo jugaba a ese juego en las calles de Nueva York; también lo llamábamos «estatuas».) Cada día el período de inmovilidad debía ser más largo. En otro juego, destinado a mejorar la velocidad, los niños debían llenar una hoja de papel con la mayor cantidad de puntos que pudieran marcar durante un tiempo dado.

Binet se mostró satisfecho del éxito logrado en sus clases especiales (1909, p. 104), y sostuvo que los alumnos a quienes se les impartían no sólo mejoraban sus conocimientos, sino también su inteligencia. La inteligencia, en cualquier acepción significativa del término, puede desarrollarse por medio de una educación adecuada; no es una cantidad fija y heredada:

> En este sentido práctico, el único de que disponemos, afirmamos que la inteligencia de esos niños se desarrolló. Logramos desarrollar aquello que constituye la inteligencia de un alumno: la capacidad de aprender y asimilar la enseñanza.

El desmantelamiento de las intenciones de Binet en Norteamérica

En resumen, Binet insistió en tres principios cardinales para la utilización de sus tests. Todas sus advertencias fueron desoídas, y sus intenciones trastocadas, por los hereditaristas norteamericanos que luego transformaron su escala en un formulario aplicado de forma rutinaria a todos los niños.

1. Las puntuaciones constituyen un recurso práctico; no apuntalan ninguna teoría del intelecto. No definen nada innato o permanente. No podemos decir que midan la «inteligencia» ni ninguna otra entidad cosificada.

2. La escala es una guía aproximada y empírica para la identificación de niños ligeramente retrasados y con problemas de aprendizaje, que necesitan una asistencia especial. No es un recurso para el establecimiento de jerarquía alguna entre los niños normales.

3. Cualquiera que sea la causa de las dificultades que padecen los niños, el énfasis debe recaer en la posibilidad de lograr mejorar sus resultados a través de una educación especial. Los bajos resultados no deben usarse para colgarles el rótulo de la incapacidad innata.

Si se hubiesen respetado los principios de Binet, y la utilización de sus tests hubiera respondido a sus intenciones, no habríamos tenido que asistir a una de las mayores muestras de uso incorrecto de la ciencia que nuestro siglo ha conocido. La ironía es que en Norteamérica muchas juntas escolares han regresado al punto de partida, y ahora utilizan los tests de CI sólo con la finalidad para la que los creó Binet: para calificar a los niños que presentan problemas de aprendizaje específicos. Personalmente, puedo decir que este tipo de tests resultó útil para establecer un diagnóstico adecuado de los problemas de aprendizaje que tenía mi hijo. El resultado medio, o sea el CI, no significaba nada, porque sólo era una amalgama de algunos resultados muy elevados y otros muy bajos; pero la pauta de estos últimos valores indicaba dónde residían sus deficiencias.

El uso incorrecto de los tests de inteligencia no es inherente a la idea misma de su aplicación. Surge básicamente de dos falacias, fervientemente aceptadas (al parecer) por quienes desean valerse de los mismos para mantener las distinciones y jerarquías sociales: la cosificación y el hereditarismo. El próximo capítulo tratará de la cosificación, o sea, la suposición de que los resultados obtenidos en los tests corresponden a algo independiente, una magnitud escalonada que reside en la cabeza y se denomina inteligencia general.

La falacia hereditarista no consiste en la mera afirmación de que el CI es en alguna medida «heredable». Por mi parte, no dudo de que lo sea, si bien los hereditaristas más vehementes han exagerado sin duda la estimación de esa medida. Es difícil encontrar algún aspecto general del comportamiento o de la anatomía humanos que carezca de todo componente hereditario. La falacia hereditarista consiste en dos falsas conclusiones extraídas de este hecho básico:

1. La identificación de «heredable» con «inevitable». Para el biólogo, el carácter hereditario se refiere a la comunicación de rasgos o tendencias a través de los vínculos familiares por efecto de la transmisión genética. Dicho carácter no determina demasiado el alcance de la modificación ambiental que dichos rasgos pueden experimentar. En el lenguaje vulgar, «heredado» suele significar lo mismo que «inevitable». Pero para el biólogo no es así. Los genes no fabrican las partes y componentes específicos del cuerpo: codifican unas formas que pueden variar según la disposición de las condiciones ambientales. Además, una vez construido y ajustado, la intervención del ambiente puede modificar los defectos heredados que presenta determinado rasgo. Millones de ciudadanos de este país leen normalmente con gafas que corrigen sus defectos visuales innatos. La tesis del carácter en parte «hereditario» del CI no es incompatible con la idea de que una educación más rica puede desarrollar lo que, también en el len-

guaje vulgar, llamamos «inteligencia». Un CI bajo, de origen parcialmente hereditario, puede mejorarse de forma notable mediante una educación adecuada. O no. El mero hecho de que sea hereditario no permite extraer conclusión alguna.

2. La confusión entre la herencia en el interior del mismo grupo y la herencia entre grupos diferentes. La repercusión política más importante de las teorías hereditaristas no deriva del carácter hereditario revelado por los tests, sino de una extrapolación incorrecta desde el punto de vista lógico. Todos los estudios sobre el carácter hereditario del CI, realizados con métodos tradicionales como la comparación de los resultados obtenidos por sujetos emparentados, o la confrontación de los resultados obtenidos por niños adoptados con los obtenidos por sus padres biológicos, de una parte, y sus padres legales, de la otra, son estudios de tipo «intragrupal», o sea, que permiten calcular el grado de «heredabilidad» *dentro* de una misma población homogénea (por ejemplo, la de los norteamericanos blancos). La falacia habitual consiste en suponer que, si la herencia explica determinado porcentaje de variación entre los individuos pertenecientes a un mismo grupo, también debe explicar un porcentaje similar de la diferencia del CI medio apreciable entre grupos distintos (por ejemplo, entre los blancos y los negros). Sin embargo, la variación entre individuos pertenecientes al mismo grupo y las diferencias de los valores medios que se aprecian entre grupos distintos, son fenómenos totalmente desvinculados entre sí. De ninguno de ellos pueden extraerse conclusiones acerca del otro.

Baste un ejemplo, hipotético e indiscutible. La importancia del factor hereditario en la altura es mucho mayor que cualquiera que se le haya atribuido en el caso del CI. Tomemos dos grupos distintos de individuos de sexo masculino. El primero, cuya altura media es de 1,78 m, reside en una próspera ciudad norteamericana. El segundo, cuya altura media es de 1,68 m, padece hambre en una aldea del Tercer Mundo. En los dos sitios, la heredabilidad es de alrededor del 95 por 100, y por ella sólo se entiende que los padres relativamente altos tienden a tener hijos altos, mientras que los relativamente bajos tienden a tenerlos bajos. Esta elevada heredabilidad dentro de cada grupo no anuncia ni excluye la posibilidad de que en la próxima generación una mejor alimentación eleve la altura media de los aldeanos del Tercer Mundo por encima de la de los prósperos norteamericanos. Análogamente, el CI podría ser muy heredable en el interior de cada grupo, y sin embargo la diferencia entre el promedio de los blancos y el de los negros podría reflejar sólo las desventajas ambientales que afectan a estos últimos en los Estados Unidos.

A menudo me ha desalentado escuchar la siguiente réplica a la advertencia que acabo de formular: «¡Oh, sí! Comprendo lo que quiere usted decir, y en teoría tiene razón. Pero, aunque no exista ninguna vinculación lógica necesaria, ¿no es más probable, de todos modos, que las diferencias entre los promedios de los distintos grupos obedezcan a las mismas causas que la variación dentro de cada grupo?». La respuesta sigue siendo negativa. Entre la herencia intragrupal y la intergrupal no existen vínculos de probabilidad creciente, por cuanto la heredabilidad aumenta dentro de cada grupo al tiempo que la brecha entre los distintos grupos tiende a ensancharse. Sencillamente, se trata de dos fenómenos separados. Pocos argumentos son más peligrosos que aquellos que «parecen» correctos pero no pueden justificarse.

Alfred Binet evitó estas falacias y se atuvo fielmente a sus tres principios. Los psicólogos norteamericanos falsearon la intención de Binet e inventaron la teoría hereditarista del CI. Cosificaron los resultados de Binet considerando que medían una entidad llamada inteligencia. Supusieron que la inteligencia era en gran parte heredada, y elaboraron una serie de argumentos engañosos donde confundían las diferencias culturales con las propiedades innatas. Estaban persuadidos de que el resultado obtenido en los tests de CI señalaba el puesto inevitable que cada persona y cada grupo debía ocupar en la vida. También supusieron que las diferencias entre los promedios de los distintos grupos eran en gran parte un producto de la herencia, pese a la evidente y profunda variación en la calidad de la vida.

En el presente capítulo se analizan las principales obras de tres precursores del hereditarismo en Norteamérica: H. H. Goddard, que introdujo en Norteamérica la escala de Binet, y cosificó los resultados que ésta permite obtener asignándoles el valor de una inteligencia innata; L. M. Terman, que elaboró la escala de Stanford-Binet, y soñó con una sociedad racional donde la profesión de cada persona se decidiera sobre la base de su CI; y R. M. Yerkes, que convenció al ejército para que sometiera a 1.750.000 hombres a un test de inteligencia en la primera guerra mundial, justificando así la supuesta objetividad de unos datos que confirmaban las tesis hereditaristas, base de la *Immigration Restriction Act* promulgada en 1924, por la que se restringía el acceso de aquellas personas procedentes de regiones genéticamente desfavorecidas.

La teoría hereditarista del CI es un producto puramente norteamericano. Si esto parece paradójico tratándose de un país de tradiciones igualitaristas, recordemos también el nacionalismo jingoísta de la primera guerra mundial, el miedo de los norteamericanos afincados desde hacía mucho tiempo frente a la marea de mano de obra barata (y a veces políticamente radicalizada) que inmigraba de la Europa del sur y del este, y, sobre todo, nuestro persistente, y autóctono, racismo.

H. H. Goddard y la amenaza de los débiles mentales

La inteligencia como gen mendeliano

> Ahora falta que alguien determine la naturaleza de la debilidad mental y complete la teoría del cociente de inteligencia.
>
> H. H. GODDARD, 1917, en una reseña de Terman, 1916

Goddard identifica al deficiente mental. La taxonomía siempre es una materia controvertida, porque el mundo nunca se nos presenta repartido en lindos paquetitos. A comienzos de nuestro siglo, la clasificación de la deficiencia mental suscitó un saludable debate. De un conjunto de tres categorías, dos obtuvieron una aceptación general: los idiotas eran incapaces de alcanzar un dominio pleno de la palabra, y tenían edades mentales inferiores a los tres años; los imbéciles no podían alcanzar un dominio pleno de la escritura, y sus edades mentales variaban entre los tres y los siete años. (Actualmente ambos términos están tan arraigados en el lenguaje injurioso que pocas personas reconocen el sentido técnico que les asignaba la vieja psicología.) Tanto los idiotas como los imbéciles podían clasificarse y separarse de acuerdo con las exigencias de la mayoría de los profesionales, porque su enfermedad era lo bastante grave como para asegurar un diagnóstico de verdadera patología. No son personas iguales a nosotros.

Pero consideremos el ámbito más nebuloso y amenazador de los «anormales profundos», o sea, de las personas que podían aprender a desempeñar funciones en la sociedad, que constituían un puente entre la patología y la normalidad, y cuya existencia representaba una amenaza para el edificio taxonómico. Para referirse a estas personas, cuyas edades mentales variaban entre los ocho y los doce años, los franceses utilizaban el término *débile* (débil). Los norteamericanos y los ingleses solían hablar de *feeble-minded* (débiles mentales), término tachado de incurable ambigüedad dado que otros psicólogos lo utilizaban como nombre genérico para referirse a todos los que sufrían de alguna deficiencia mental, y no sólo a aquellos que presentaban una anormalidad profunda.

Los taxonomistas suelen confundir la invención de un nombre con la solución de un problema. H. H. Goddard, el vigoroso y justiciero director de investigaciones de la Escuela Práctica de Vineland (Nueva Jersey) para Muchachas y Muchachos Débiles Mentales, cometió ese error fundamental. Acuñó un nombre para designar a los anormales «profundos», una palabra que arraigaría en nuestro lenguaje a través de una serie de chistes que rivalizaron con los chistes toc-toc o chistes de elefantes de otras generaciones. Las metafóricas patillas de esas bromas son ya tan largas que la mayoría de las personas tendería probablemente a atribuir un linaje muy antiguo al término en cuestión. Sin embargo, Goddard lo inventó en nuestro siglo. Bautizó a aquellos individuos con el nombre de *morons*, morones, (idiotas) inspirándose en una palabra griega que significa «tonto».

Goddard fue el primer divulgador de la escala de Binet en Norteamérica. Tradujo al inglés los artículos de Binet, aplicó sus tests y fue un decidido partidario de la utilización general de los mismos. Estaba de acuerdo con Binet en que donde mejor funcionaban los tests era en la detección de aquellos individuos situados justo por debajo del nivel normal, los que él acababa de bautizar con el nombre de deficientes mentales. Pero aquí acaba la semejanza entre Binet y Goddard. El primero se negó a hablar de «inteligencia» para referirse a lo que indicaban sus tests, y la finalidad de sus estudios era la de detectar a aquellos individuos que necesitaban ayuda. El segundo estaba persuadido de que dichos tests proporcionaban la medida de una entidad independiente e innata. Se proponía detectar a esos individuos para reconocer sus limitaciones, segregarlos y reducir las posibilidades de reproducción, evitando así el ulterior deterioro de una estirpe norteamericana amenazada por la inmigración de fuera y por la prolífica reproducción de los débiles mentales de dentro.

Una escala unilineal de inteligencia. El intento de establecer una clasificación unilineal de los deficientes mentales, una escala que abarque desde los idiotas a los débiles mentales pasando por los imbéciles, entraña dos falacias corrientes, cuya presencia constatamos en la mayoría de las teorías de determinismo biológico que se analizan en este libro: la cosificación de la inteligencia, por la que esta última se convierte en una entidad independiente y medible; y el supuesto —ya presente en las mediciones craneales de Morton (véase *supra*, pp. 70-87) y conservado hasta la graduación universal de Jensen para la inteligencia general (véase *infra*, pp. 311-315)— de que la evolución consiste en un progreso unilineal, y de que una única escala ascendente, tendida entre las formas más elementales y las más ricas, constituye la mejor representación posible de dichas variaciones ordenadas. El concepto de progreso es un prejuicio muy arraigado, de antigua estirpe (Bury, 1920), y su influencia es tan poderosa como sutil, dado que se ejerce incluso sobre quienes estarían dispuestos a negarlo de forma explícita (Nisbet, 1980).

¿Esa plétora de causas y fenómenos englobados en el rótulo de deficiencia mental puede acaso ordenarse adecuadamente en una escala única, que entraña asignar a cada persona un puesto fijo al que corresponde determinada cantidad de una misma sustancia, según lo cual los deficientes mentales serían aquellos que tendrían menor cantidad de dicha sustancia? Veamos algunos de los fenómenos que se confundían en el valor numérico atribuido en el pasado a los deficientes profundos: cierto grado de atraso mental general, dificultades de aprendizaje específicas derivadas de lesiones neurológicas locales, desventajas ambientales, diferencias culturales y hostilidad a las personas encargadas de aplicar los tests. Veamos ahora algunas de las causas posibles: pautas funcionales heredadas, patologías genéticas accidentales (independientes de la herencia), lesiones cerebrales congénitas causadas por enfermedad de la madre durante el embarazo, traumas de nacimiento, alimentación deficiente del feto y el bebé, una serie de desventajas ambientales sufridas tanto al comienzo como durante el desarrollo de la vida. Sin embargo, para Goddard, todas las personas cuya edad mental variaba entre los ocho y los doce años eran deficientes mentales, y todas debían recibir más o menos el mismo trato: confinamiento en una institución o vigilancia rigurosa, cebarlos para tenerlos contentos, y, sobre todo, evitar su reproducción.

Es probable que Goddard haya sido el hereditarista más burdo de todos. Utilizó su escala unilineal de la deficiencia mental para medir la inteligencia como si se tratase de una entidad independiente, y supuso que todos los aspectos importantes de esta última eran de origen innato y pasaban por herencia de padres a hijos. En 1920 escribió lo siguiente (citado en Tuddenham, 1962, p. 491):

> Formulada en términos crudos, nuestra tesis consiste en afirmar que el principal factor determinante de la conducta humana es un proceso mental unitario que llamamos inteligencia; que ese proceso está condicionado por un mecanismo nervioso innato; que el grado de eficacia de dicho mecanismo nervioso y el consiguiente grado intelectual o mental que alcanza cada individuo dependen del tipo de cromosomas que aportan las células germinales; que, salvo los accidentes graves que pueden destruir parte de dicho mecanismo, las influencias posteriores inciden en muy pequeña medida sobre la inteligencia.

Goddard extendió la esfera de los efectos sociales imputables a las diferencias de inteligencia innata, hasta incluir prácticamente todos los aspectos interesantes del comportamiento humano. Partiendo de los deficientes mentales, y desplazándose en la escala, llegó a atribuir la mayor parte del comportamiento delictivo de los criminales a una deficiencia mental hereditaria. Aunque la estupidez de por sí no bastase para explicar esa conducta, la combinación de la deficiencia mental con la inmoralidad sí proporcionaba una explicación satisfactoria.[2] La inteligencia superior no sólo nos permite sumar, sino también desarrollar el buen juicio que subyace en toda conducta moral.

> La inteligencia controla las emociones y las emociones están controladas según el grado de inteligencia que se tenga ... Por tanto, cuando la inteligencia es pequeña, las emociones no están controladas, y, ya sean fuertes o débiles, se traducirán en actos desordenados, descontrolados y, como prueba la experiencia, generalmente delictivos. De modo que, cuando medimos la inteligencia de un individuo y comprobamos que la misma se sitúa lo bastante por debajo de la norma como para incluirlo en el grupo de los que llamamos débiles mentales, conocemos el dato fundamental acerca de dicha persona (1919, p. 272).

Muchos criminales, la mayoría de los alcohólicos y prostitutas, e incluso los holgazanes, que simplemente no «encajan», son deficientes mentales: «Sabemos en qué consiste la debilidad mental, y hemos llegado a sospechar que todas aquellas personas que son incapaces de adaptarse a su ambiente y de ajustarse a las normas sociales o de comportarse con sensatez, padecen de debilidad mental» (1914, p. 571).

En el nivel siguiente, el de los que sólo son torpes, encontramos a las masas trabajadoras, que van haciendo lo que se les presenta. «Quienes realizan labores monótonas —escribe Goddard (1919, p. 246)— ocupan, por lo general, el puesto que les corresponde.»

> También debemos aprender que hay grandes grupos de hombres, trabajadores, cuyo nivel es apenas superior al del niño, y es preciso decirles qué tienen que hacer y mostrarles cómo tienen que hacerlo; [personas] a quienes, si queremos

2. La relación entre la moralidad y la inteligencia era uno de los temas preferidos de los eugenistas. ¡Para refutar la impresión generalizada de que todos los monarcas son seres depravados, Thorndike (1940, pp. 264-265) mencionó un coeficiente de correlación de 0,56 entre la inteligencia estimada y la moralidad estimada de 269 miembros masculinos de familias reales europeas!

> evitar desastres, no debemos confiarles puestos que requieran actuar según la propia iniciativa o el propio juicio ... Sólo hay unos pocos líderes; la mayoría han de ser seguidores (1919, pp. 243-244).

En el extremo superior, los hombres inteligentes ejercen el mando cómoda y justificadamente. En un discurso que dirigió a un grupo de estudiantes de la Universidad de Princeton, Goddard dijo lo siguiente (1919):

> Ahora bien, el hecho es que los obreros tienen probablemente una inteligencia de 10 años mientras vosotros tenéis una de 20. Pedir para ellos un hogar como el que poseéis vosotros es tan absurdo como lo sería exigir una beca de posgrado para cada obrero. ¿Cómo pensar en la igualdad social si la capacidad mental presenta una variación tan amplia?

«La democracia —sostenía Goddard (1919, p. 237)— significa que el pueblo gobierna seleccionando a los más sabios, los más inteligentes y los más humanos, para que éstos les digan qué deben hacer para ser felices. La democracia es, pues, un método para llegar a una aristocracia realmente benévola.»

La división de la escala en compartimientos mendelianos. Ahora bien, si la inteligencia forma una escala única y continua, ¿cómo resolveremos los problemas sociales que nos asedian? Porque, en un nivel, el bajo grado de inteligencia produce individuos sociópatas, mientras que, en el nivel siguiente, la sociedad industrial necesita trabajadores dóciles y torpes que la hagan funcionar y acepten bajas retribuciones. ¿Cómo distinguir entre estas dos categorías situadas en el mismo tramo de la escala continua, sin renunciar a la idea de que la inteligencia es una entidad aparte, heredada? Ahora podemos entender por qué Goddard dedicó tanta atención a los deficientes mentales. Estos últimos amenazan la salud racial porque ocupan un puesto muy elevado dentro del grupo de los indeseables, y si no se los identifica, pueden prosperar y propagarse. Todos reconocemos al idiota y al imbécil, y sabemos lo que hay que hacer; la continuidad de la escala debe cortarse justo por encima del nivel de los deficientes mentales.

> El idiota no constituye nuestro problema más grande. Sin duda, es repugnante ... Con todo, vive su vida; está perdido. No engendra hijos como él, que comprometan el futuro de la raza ... Nuestro gran problema es el tipo deficiente mental (1912, pp. 101-102).

En la época en que trabajó Goddard todo el mundo estaba entusiasmado por el redescubrimiento de la obra de Mendel y la posibilidad de descifrar las bases de la herencia. Ahora sabemos que prácticamente todos los rasgos importantes de nuestro cuerpo son producto de la interacción de muchos genes entre sí y con el ambiente externo. Pero en aquellas épocas iniciales muchos biólogos pensaron ingenuamente que todos los rasgos humanos se comportarían como el color, el tamaño o la rugosidad de los guisantes de Mendel: en pocas palabras, creían que incluso las partes más complejas de un cuerpo eran producto de un único gen, y que las variaciones en la anatomía o el comportamiento corresponderían a las formas dominantes o recesivas que presentase dicho gen. Los eugenistas se apropiaron con avidez de esa idea disparatada, porque les permitía afirmar que todos los rasgos indeseables podían derivarse de genes específicos, y podían eliminarse imponiendo las adecuadas restricciones a la reproducción. Los primeros libros de eugenesia están plagados de especulaciones, y datos sobre linajes, laboriosamente compilados y amañados, sobre el gen del *Wanderlust* (afán de viajar), seguido a través de la ascendencia y descendencia de capitanes de barco, o el gen del temperamento, por el que algunos somos tranquilos y otros avasalladores. Aunque hoy esas ideas nos parezcan absurdas, no debemos olvidar que durante un corto período de tiempo representaron la genética ortodoxa, y tuvieron gran repercusión social en Norteamérica.

Goddard se unió a la causa, por un momento triunfante, formulando una hipótesis que, sin duda, representa el *non plus ultra* de la cosificación de la inteligencia. Intentó describir el linaje de los deficientes mentales internados en su escuela de Vineland, y llegó a la conclusión de que la «debilidad mental» estaba regida por las leyes mendelianas de la herencia. Por tanto, la deficiencia mental debía de ser algo delimitado, y dependiente de un gen que, sin duda, era recesivo en la inteligencia normal (1914, p. 539). «La inteligencia normal —concluía Goddard— parece ser un carácter dominante, que se transmite de un modo realmente mendeliano» (1919, p. IX).

Goddard sostuvo que había llegado a esa sorprendente conclusión impulsado por los hechos, y no por algún tipo de expectativa o idea preconcebida.

> Las teorías o hipótesis que se han presentado son sólo aquellas que los datos mismos nos han sugerido, y su elaboración responde a un esfuerzo por comprender lo que parece estar implícito en dichos datos. Algunas de las conclusiones son tan sorprendentes y tan difíciles de aceptar para el autor como es probable que hayan de serlo para los lectores (1914, p. VIII).

¿Acaso podemos pensar seriamente que Goddard se vio obligado a aceptar a regañadientes una hipótesis que se ajustaba a las mil maravillas a su esquema y que resolvía con tanta elegancia su problema más acuciante? Si existía un gen específico para la inteligencia normal, entonces desaparecería la eventual contradicción entre una escala unilineal que presentaba la inteligencia como una entidad aparte y medible, y el deseo de detectar y aislar una categoría especial integrada por los deficientes mentales. Goddard había partido su escala en dos secciones justo en el punto correcto: los deficientes mentales tenían una dosis doble de genes malos, recesivos; los obreros torpes tenían al menos un ejemplar del gen normal, y por eso se les podía poner delante de una máquina. Además, por fin podría eliminarse el flagelo de la debilidad mental planificando de forma muy sencilla la reproducción. Cuando se trata de un solo gen, es posible seguirle el rastro, localizarlo y eliminarlo de la especie. En cambio, si la inteligencia depende de un centenar de genes, el control eugenésico de la reproducción está condenado al fracaso o a la desesperanza.

Adecuada atención y alimentación (pero no reproducción) de los deficientes mentales. Si la deficiencia mental depende de un solo gen, entonces la vía para su eliminación final está al alcance de la mano: sólo se trata de impedir que esa clase de personas tengan hijos.

> Si ambos padres son débiles mentales, todos los hijos serán débiles mentales. Es evidente que habría que impedir este tipo de apareamientos. Está clarísimo que habría que impedir a toda persona débil mental contraer matrimonio o tener hijos. Sin duda, para que esta regla se cumpla, ha de ser impuesta por la parte inteligente de la sociedad (1914, p. 561).

Si los deficientes mentales pudiesen controlar sus impulsos sexuales y desistir de ese tipo de relaciones por el bien de la humanidad, podríamos permitirles que vivieran libremente entre nosotros. Pero son incapaces de hacerlo, porque la estupidez va unida necesariamente a la inmoralidad. El hombre sensato puede controlar su sexualidad de una manera racional: «Pensemos un momento en la emoción sexual: al parecer, el más incontrolable de los instintos humanos. Pues bien, es notorio que el hombre inteligente controla incluso esa emoción» (1919, p. 273). El deficiente mental, en cambio, no puede comportarse de una manera tan ejemplar y abstinente:

> No sólo son incapaces de controlarse, sino que a menudo también lo son de percibir las cualidades morales: para que no tengan hijos no basta con prohibirles que se casen. De modo que, si hemos de impedir que un débil mental tenga hijos, debemos hacer algo más que vedarles el matrimonio. Para lograr ese objetivo hay dos propuestas: una, la internación en colonias; otra, la esterilización (1914, p. 566).

Goddard no se oponía a la esterilización, pero le parecía impracticable porque las susceptibilidades tradicionales de una sociedad aún no del todo racional impedirían semejante mutilación en gran escala. La solución preferida debía ser la de internar a esos individuos en instituciones ejemplares como la suya de Vineland, Nueva Jersey. Sólo en ellas podría impedirse eficazmente la reproducción de los deficientes mentales. Si el público se negara a aceptar los grandes gastos que requería la construcción de tantos nuevos centros de confinamiento, sólo era preciso mostrarle que el coste se recuperaría fácilmente con el ahorro que ese régimen posibilitaba:

> Si esas colonias se habilitan en número suficiente como para cobijar a todos los casos claros de debilidad mental que existen en la comunidad, reemplazarían a gran parte de las casas de beneficencia y cárceles que hoy funcionan, y reducirían sensiblemente la población de nuestros manicomios. Dichas colonias permitirían ahorrar cada año todas las pérdidas en bienes y en vidas que provocan esos

individuos irresponsables, con lo que se compensaría casi todo, o todo, el gasto necesario para construir los nuevos edificios (1912, pp. 105-106).

En esas instituciones, los deficientes mentales podrían comportarse con arreglo a las posibilidades propias de su nivel biológico, salvo la consumación de la función biológica de la sexualidad. Al final de su libro sobre las causas de la deficiencia mental, Goddard insertó el siguiente ruego referido a la atención de los deficientes mentales internados en esas instituciones: «Tratadlos como niños, de acuerdo con sus edades mentales; alentadlos y elogiadlos siempre; nunca los desalentéis; no los riñáis jamás; y *tenedlos contentos*» (1919, p. 327).

Medidas para evitar la inmigración y propagación de los deficientes mentales

Una vez que Goddard hubo identificado la causa que provocaba la debilidad mental en un único gen, el remedio pareció bastante sencillo: prohibir la reproducción a los deficientes mentales de dentro, e impedir la entrada de los de fuera. Para contribuir a la segunda parte de esa terapéutica, Goddard y sus colaboradores visitaron en 1912 la isla de Ellis, «con el objeto de observar las condiciones [en que se realizaba el control de los inmigrantes] y ofrecer sugerencias para la mejor detección de los deficientes mentales» (Goddard, 1917, p. 253).

Según la descripción que hace Goddard, aquel día el puerto de Nueva York estaba sumido en la bruma, y ningún inmigrante podía desembarcar. Pero un centenar de ellos estaban a punto de salir del control cuando él intervino: «Escogimos un joven que nos pareció deficiente, y, con la ayuda del intérprete, lo sometimos al test. Obtuvo un resultado de 8 en la escala de Binet. El intérprete comentó: ''Yo no hubiese podido pasarlo cuando llegué a este país'', y al parecer pensó que el test era injusto. Le convencimos de que aquel muchacho era un deficiente mental» (Goddard, 1913, p. 105).

Alentado por esa experiencia —una de las primeras veces en que la escala de Binet se aplicaba en Norteamérica—, Goddard recogió algunos fondos para realizar un estudio más cuidadoso, y, en la primavera de 1913, envió dos mujeres a la isla de Ellis para trabajar dos meses y medio. Tenían instrucciones de escoger a los débiles mentales a simple vista, tarea que Goddard prefería encomendar a mujeres, a quienes atribuía una intuición innatamente superior:

> Cuando una persona ha tenido mucha experiencia en este trabajo, adquiere como una sensibilidad para la debilidad mental, que le permite reconocerla de lejos. Quienes mejor realizan este trabajo son las mujeres, y creo que a ellas debería ser encomendado. Las mujeres tienen al parecer una capacidad de observación más fina que la de los hombres. Para los demás resultaba del todo imposible comprender cómo esas dos jóvenes podían escoger al débil mental sin necesidad alguna de recurrir al test de Binet (1913, p. 106).

Las mujeres de Goddard sometieron al test a treinta y cinco judíos, veintidós húngaros, cincuenta italianos y cuarenta y cinco rusos. Esos grupos no constituían muestras aleatorias porque los funcionarios gubernamentales ya habían «excluido a los individuos que consideraron deficientes». Para compensar esa distorsión, Goddard y sus colaboradores «dejaron de lado a los sujetos cuya normalidad era evidente. Así, nos quedamos con la gran masa de ''inmigrantes medios''» (1917, p. 244). (No dejo de asombrarme por la formulación inconsciente de prejuicios que se deslizan en el curso de unas exposiciones supuestamente objetivas. En este caso se afirma que los inmigrantes medios están por debajo de la normalidad, o al menos no manifiestan una normalidad evidente: pero esta era la proposición que supuestamente Goddard estaba verificando, no afirmando *a priori*.)

La aplicación de los tests de Binet a esos cuatro grupos produjo resultados sorprendentes: un 83 por 100 de los judíos, un 80 por 100 de los húngaros, un 79 por 100 de los italianos y un 87 por 100 de los rusos eran débiles mentales, o sea, que tenían edades mentales inferiores a los doce años en la escala de Binet. El propio Goddard se quedó de piedra: ¿quién se creería que las cuatro quintas partes de alguna nación podían estar integradas por deficientes mentales? «Los resultados obtenidos por la precedente estimación de los datos son tan sorprendentes y difíciles de aceptar que por sí solos no pueden justificar su validez» (1917, p. 247). Quizá los intérpretes no habían explicado adecuadamente los tests. Sin embargo, el psicólogo que examinó a los judíos hablaba yiddish, y sus resultados no eran superiores a los del resto de los grupos. Al final, Goddard metió mano en los tests, excluyó varios, y los porcentajes se redujeron entre un 40 y un 50 por 100; pero aun así estaba desconcertado.

Los porcentajes de Goddard eran todavía más absurdos de lo que él imaginaba; por dos razones: una, obvia; la otra, no tanto. En cuanto a esta última, digamos que la escala de Binet, en la original traducción de Goddard, era muy severa con las personas que medía, y consideraba deficientes mentales a sujetos que comúnmente pasaban por normales. Cuando en 1916 Terman ideó la escala Stanford-Binet, descubrió que la versión de Goddard asignaba valores mucho más bajos que la suya. Terman señala (1916, p. 62) que de 104 adultos a quienes sus tests asignaban edades mentales que variaban entre los doce y los catorce años (una inteligencia baja, pero normal), el 50 por 100 eran deficientes mentales de acuerdo con la escala de Goddard.

En cuanto a la razón evidente, pensemos en un grupo de hombres y mujeres asustados, que no hablan inglés y que han tenido que soportar un viaje a través del océano en tercera clase. La mayoría son pobres y nunca han ido a la escuela; muchos de ellos nunca han tenido un lápiz o una pluma en su mano. Salen del barco; poco después una de las intuitivas mujeres de Goddard los aparta del grupo, los sienta, les alcanza un lápiz y les pide que reproduzcan en el papel una figura que acaba de mostrarles, pero que ya ha quitado de su vista. ¿Su fracaso no se explica más por las condiciones en que han pasado los tests, por su estado de debilidad, su miedo o su confusión, que por una estupidez innata? Goddard consideró esta posibilidad, pero la rechazó:

> La pregunta siguiente es «dibujar algo de memoria», que sólo un 50 por 100 aprobó. El no iniciado pensará que esto no tiene nada de sorprendente, porque parece difícil; e incluso quienes saben que los niños normales de 10 años la aprueban sin dificultades pueden aducir que para personas que nunca habían cogido una pluma o un lápiz, como era el caso de muchos de los inmigrantes, podía resultar imposible trazar el dibujo (1917, p. 250).

Aunque se admita una consideración benevolente de ese fracaso, ¿cómo explicar, en cambio, sino por la estupidez de los sujetos, su incapacidad para formular más de sesenta palabras, o sea algunas palabras, de su propia lengua en tres minutos?

> ¿Qué diremos del hecho de que sólo un 45 por 100 sea capaz de emitir 60 palabras en tres minutos, cuando los niños normales de 11 años a veces emiten 200 palabras en ese tiempo? Es difícil encontrar otra explicación que no sea la falta de inteligencia o la falta de vocabulario, y en un adulto esa falta de vocabulario significa probablemente una falta de inteligencia. ¿Cómo puede una persona vivir aunque sólo sea 15 años en un ambiente dado sin aprender cientos de nombres, de los que sin duda podrá recordar 60 en tres minutos? (1917, p. 251).

¿Cómo, sino por estupidez, puede alguien ignorar qué día es, o incluso el mes o el año en que está?

> ¿Debemos concluir también que el campesino europeo del tipo que emigra a Norteamérica no presta atención al paso del tiempo? ¿Debemos concluir que la monotonía de su vida es tan profunda que no le importa que sea junio o julio, el año 1912 o el 1916? ¿Es posible que, pese a tratarse de una persona muy inteligente, la peculiaridad de su ambiente le haya impedido adquirir una información tan común, aunque el uso del calendario no esté muy difundido en Europa continental, o éste sea un poco complicado, como en Rusia? En tal caso, ¡cómo debe de haber sido ese ambiente! (1917, p. 250).

Puesto que el ambiente, tanto el europeo como el inmediato, no podía explicar un fracaso tan lamentable, Goddard afirmó lo siguiente: «Debemos concluir necesariamente que esos inmigrantes tenían una inteligencia de un nivel bajísimo» (1917, p. 251). La elevada proporción de deficientes mentales todavía le preocupaba, pero acabó atribuyéndola al carácter cambiante de la inmigración: «Cabe señalar que la inmigración de los últimos años es muy distinta de la inmigración inicial ... Ahora nos llega lo peor de cada raza» (1917, p. 266). «La inteligencia del inmigrante medio de "tercera clase" es baja, quizá del nivel del deficiente mental» (1917, p. 243). Quizás —así lo esperaba explícitamente Goddard— las cosas fuesen mejores en las cubiertas de arriba; sin embargo, a esos clientes más ricos no les pasó los tests.

¿Qué debía hacerse, entonces, con todos aquellos deficientes mentales? ¿Enviarlos de nuevo a sus lugares de origen? ¿Impedirles que se embarcaran hacia Norteamérica? Anticipando las restricciones que la ley impondría una década después, Goddard sostuvo que sus conclusiones «proporcionaban importantes consideraciones con vistas a decisiones futuras, tanto científicas como sociales y legislativas» (1917, p. 261). Pero para entonces Goddard ya había moderado su primitiva posición acerca del internamiento de los deficientes mentales. Quizá no había suficientes obreros torpes para desempeñar la gran cantidad de tareas francamente no apetecibles que ofrecía la sociedad. Para ellas podían reclutarse los deficientes mentales: «Realizan muchos trabajos que los demás no están dispuestos a hacer ... Hay muchísimas tareas monótonas que realizar, muchísimos trabajos por los que no estamos dispuestos a pagar las retribuciones que perciben los obreros más inteligentes ... Quizás el deficiente tenga una función que desempeñar» (1917, p. 269).

Sin embargo, Goddard veía con buenos ojos la limitación general de los criterios de admisión. Señala que las deportaciones por deficiencia mental aumentaron un 350 por 100 en 1913 y un 570 por 100 en 1914, respecto del promedio de los cinco años precedentes:

> Eso se debió a los incansables esfuerzos de los médicos que creían que los tests mentales podían utilizarse para detectar la debilidad mental de los extranjeros ... Si el público norteamericano desea que los extranjeros débiles mentales sean excluidos, debe pedir que el Congreso proporcione los medios necesarios en los puertos de entrada (1917, p. 271).

Entretanto, los débiles mentales nativos deben ser detectados y su reproducción debe impedirse. En una serie de estudios, Goddard expuso el peligro de la deficiencia mental dando publicidad al linaje de centenares de almas inútiles, que eran una carga para el Estado y la comunidad, y no habrían nacido si sus antepasados débiles mentales hubiesen tenido vedada la reproducción. En una zona improductiva de pinares situada en Nueva Jersey, descubrió una estirpe de indigentes y holgazanes, cuyo origen, según él, se remontaba a la unión ilícita de un hombre decente con una criada de taberna supuestamente débil mental. El mismo individuo se había casado más tarde con una respetable cuáquera, y había fundado una estirpe cuyos miembros fueron todos ciudadanos honestos. Puesto que el progenitor había engendrado una estirpe buena y otra mala, Goddard combinó las palabras griegas que significaban bello (*kallos*) y malo (*kakos*) y le adjudicó el pseudónimo Martin Kallikak. Durante varias décadas, la familia Kallikak de Goddard desempeñó la función de mito fundamental para el movimiento eugenésico.

El estudio de Goddard tiene un carácter apenas conjetural y se apoya en unas conclusiones determinadas de antemano. Como de costumbre, su método se basaba en el adiestramiento de mujeres intuitivas para que pudieran reconocer los débiles mentales a simple vista. En las cabañas de aquel páramo de Nueva Jersey, no aplicó los tests de Binet, porque su confianza en el reconocimiento visual era prácticamente ilimitada. En 1919 analizó un poema de Edwin Markham titulado «El hombre de la azada»:

Encorvado bajo el peso de los siglos se inclina
sobre la azada y contempla la tierra,
en su rostro el vacío de los tiempos
y en su espalda la carga del mundo...*

El poema de Markham estaba inspirado en el famoso cuadro de Millet del mismo título. Goddard se quejó (1919, p. 239) de que el poema entrañase, al parecer, «que el hombre pintado por Millet se encontraba en esa condición como resultado de unas condiciones sociales que lo tenían sojuzgado y lo convertían en un terrón como los que removía [con su azada]». ¡Absurdo!, exclamó Goddard: la mayoría de los campesinos pobres sólo eran víctimas de su propia debilidad mental, como lo probaba el cuadro de Millet. ¿Cómo Markham no había visto que aquel campesino era un deficiente mental? «El hombre de la azada», de Millet, es un hombre cuyo desarrollo mental se encuentra detenido: el cuadro es un retrato perfecto de un imbécil» (1919, pp. 239-240). A la pregunta candente de Markham: «¿De quién fue el soplido que extinguió la luz de este cerebro?», Goddard replicó que aquel fuego mental nunca se había encendido.

Puesto que era capaz de determinar el grado de deficiencia mental basándose en el examen de un cuadro, Goddard no debía de prever dificultad alguna en el caso de sujetos de carne y hueso. Envió a la temible miss Kite —que pronto se encargaría de otras misiones en la isla de Ellis— a los mencionados pinares, y no tardó en establecer el triste linaje de los *kakos*. Goddard describe así una de las detecciones realizadas por miss Kite (1912, pp. 77-78):

> Pese a estar muy habituada al espectáculo de la miseria y la degradación, no podía esperarse lo que vio allí. El padre, un hombre fuerte, saludable, ancho de espaldas, estaba sentado en un rincón como un desvalido ... Tres niños, apenas vestidos y con unos zapatos que no parecían del mismo par, remoloneaban con la boca abierta y la mirada inconfundible del débil mental ... Toda la familia era una prueba viviente de lo inútil que es intentar convertir en ciudadanos honestos a miembros de estirpes deficientes mediante la elaboración e implantación de leyes de educación obligatoria ... El propio padre, pese a ser fuerte y vigoroso, mostraba por su cara que sólo tenía la mentalidad de un niño. La madre, mugrienta y cubierta de harapos, era también una niña. En aquella casa sumida en tan abyecta pobreza sólo algo era absolutamente previsible: que de ella saldrían más niños débiles mentales, y que éstos serían otras tantas trabas en las ruedas del progreso humano.

Si estas detecciones inmediatas pareciesen un poco apresuradas o dudosas, véase el método empleado por Goddard para deducir el estado mental de las personas difuntas o por alguna otra razón inasequibles (1912, p. 15):

* [Bowed by the weight of centuries he leans / Upon his hoe and gazes at the ground / The emptiness of ages in his face / And on his back the burden of the world...]

> Al cabo de cierta experiencia, el que trabaja en el terreno puede inferir sin dificultad la condición de aquellas personas que no son visibles, basándose en la semejanza entre el lenguaje usado para describirlas y el empleado para describir a las personas que sí ha podido ver.

Quizá no importe demasiado en medio de tanto disparate, pero he de mencionar un detalle que descubrí, porque allí la trampa ya es más deliberada. Mi colega Steven Selden y yo estábamos examinando su ejemplar del libro de Goddard sobre la familia Kallikak. En el frontispicio puede verse la imagen de un miembro de la estirpe de los *kakos*, salvado de la depravación mediante el confinamiento en la institución de Goddard en Vineland. Deborah, como la llama este último, es una bella mujer (véase la figura 5.1). Está sentada en calma; viste de blanco, y lee un libro con un gato cómodamente instalado en su regazo. En otras tres láminas aparecen diferentes miembros de la estirpe de los *kakos*, tal como vivían en la pobreza de sus rústicas cabañas. Todos presentan un aspecto depravado (véase la figura 5.2). Las bocas tienen un aire siniestro; los ojos son como hendiduras sombrías. Pero sucede que los libros de Goddard datan de hace casi setenta años y la tinta se ha decolorado. Ahora puede verse bien que todas las fotografías de *kakos* no internados en la institución fueron alteradas mediante el añadido de trazos muy oscuros que conferían a ojos y bocas aquella apariencia siniestra. Las tres láminas de Deborah, en cambio, no están retocadas.

Selden llevó su ejemplar al Servicio Fotográfico de la Institución Smithsoniana, cuyo director, míster James H. Wallace, Jr., emitió el siguiente informe (carta a Selden, 17 de marzo de 1980):

> Es indudable que las fotografías de los miembros de la familia Kallikak han sido retocadas. Además, se ve que dicho retoque se limitó a los rasgos faciales de los individuos fotografiados, concretamente los ojos, las cejas, la boca, la nariz y el cabello.
>
> Según las normas actuales, se trata de un retoque muy burdo y evidente. Sin embargo, hay que recordar que en la época de la primera publicación del libro, nuestra sociedad era muchísimo menos refinada en materia de medios visuales. El uso de las fotografías estaba poco difundido, y quienes eventualmente las miraban no tenían ni siquiera el grado de habilidad que hoy los niños alcanzan antes de la adolescencia...
>
> La dureza [de los trazos] confiere, sin duda, un aspecto sombrío y chocante a las fisonomías, algo que unas veces da la impresión de ser maldad, y otras atraso mental. Resulta difícil explicar la presencia de estos retoques como no sea por un deseo de provocar en quienes contemplasen las fotografías una falsa impresión sobre las características de las personas que en ellas aparecen. En este sentido, creo que el hecho de que sólo esas partes de las fotografías, o de los individuos, hayan sido retocadas, también es significativo...
>
> Estimo que estas fotografías constituyen un tipo muy interesante de falsificación fotográfica.

5.1. Fotografía no retocada de Deborah, descendiente de la estirpe Kallikak, que residía en la institución de Goddard.

5.2. Fotografías retocadas de miembros de la familia Kallikak que vivían pobremente en una zona improductiva de pinares situada en Nueva Jersey. Adviértase cómo las bocas y las cejas aparecen retocadas para dar una impresión de maldad o estupidez. El efecto es aún más evidente en las fotografías originales publicadas en el libro de Goddard.

La retractación de Goddard

Hacia 1928 Goddard había revisado sus opiniones, y llegó a convertirse en un defensor del hombre cuya obra había empezado tergiversando: Alfred Binet. Ante todo, reconoció que había situado demasiado alto el límite superior de la deficiencia mental:

> Durante cierto tiempo se supuso con bastante ligereza que todas aquellas personas cuya edad mental era, según los tests, de 12 o menos años, padecían de debilidad mental ... Ahora sabemos, sin duda, que sólo un pequeño porcentaje de esas personas son realmente débiles mentales, es decir, incapaces de manejar sus asuntos con la prudencia normal o de competir en la lucha por la vida (1928, p. 220).

Pero, aun después de esa corrección de nivel, sigue habiendo muchos deficientes auténticos. ¿Qué hacer con ellos? Goddard no abandonó su creencia en el origen hereditario de esa enfermedad mental, pero sostuvo, de acuerdo con las ideas de Binet, que la mayoría, cuando no todos, podían ser educados para desempeñar una vida útil en la sociedad:

> El problema del deficiente mental es un problema de educación y adiestramiento ... Esto puede sorprender, pero, sinceramente, cuando veo lo que se ha logrado con un sistema educativo que por regla general sólo tiene un 50 por 100 de educación, me resulta fácil concluir que, cuando contemos con un sistema totalmente adecuado, todo deficiente podrá hacerse cargo de sí mismo y de sus asuntos, y competir en la lucha por la vida. Si a esto pudiésemos añadir la existencia de un sistema social capaz de dar realmente a cada hombre una oportunidad, ya no abrigaría duda alguna acerca del resultado (1928, pp. 223-224).

Pero, si permitimos que los deficientes mentales vivan en la sociedad, ¿no se casarán y tendrán hijos? ¿No es ese acaso el mayor peligro, la fuente de las apasionadas advertencias que Goddard había lanzado anteriormente?

> Algunos objetarán que este plan descuida el aspecto eugenésico del problema. Cuando los deficientes mentales vivan en la comunidad, se casarán y tendrán hijos. Pero ¿por qué no? ... Se objetará todavía que lo más probable es que los padres deficientes tengan hijos imbéciles o idiotas. No hay indicios suficientes de que esto suceda. Es probable que se trate de un peligro despreciable. En todo caso, todo parece indicar que el riesgo de que eso ocurra no es mayor en los deficientes que en la población general.[3] Supongo que, para la mayoría de vosotros, como para mí mismo, no será difícil reconocer que el enfoque correcto es el que he expuesto más arriba. Durante demasiado tiempo hemos trabajado basándonos en el concepto tradicional (1928, pp. 223-224).

3. No hay que ver en estas palabras más de lo que Goddard quiso decir. No había abandonado su creencia en la heredabilidad de la debilidad mental. Los padres deficientes mentales tendrán hijos deficientes mentales, pero la educación permitirá que lleguen a ser útiles para la sociedad. Sin embargo, los padres deficientes no engendrarán necesariamente más deficientes de grado *inferior* —idiotas e imbéciles— que los otros padres.

En la conclusión, Goddard destruye los dos baluartes de su antiguo sistema:

> 1. La debilidad mental (el deficiente mental) *no es incurable* [la cursiva es de Goddard].
> 2. En general, los débiles mentales no necesitan ser segregados en instituciones (1928, p. 225).

«Por mi parte —confiesa (p. 224)—, creo que he vencido al enemigo.»

Lewis M. Terman y la comercialización en gran escala del CI innato

> Declaran —sin suministrar dato alguno sobre lo que sucede en el momento de la concepción y en la etapa del jardín de infancia, y basándose en los resultados extraídos de unos pocos miles de cuestionarios— que pueden medir el bagaje mental hereditario de los seres humanos. Es evidente que no se trata de una conclusión basada en un trabajo de investigación. Es una conclusión que introducen porque quieren creerla. Es una conclusión introducida, a mi entender, de forma casi siempre inconsciente ... Si llegara a creerse que esos tests realmente miden la inteligencia, que constituyen una especie de juicio final sobre la capacidad del niño, que revelan «científicamente» su talento predestinado, entonces sería mil veces mejor coger a todos los que aplican esos tests de inteligencia y hundirlos sin previo aviso, junto con todos sus cuestionarios, en el mar de los Sargazos.
>
> WALTER LIPPMANN, en el curso de un debate con Lewis Terman

La aplicación generalizada de los tests y la escala de Stanford-Binet

Para Lewis M. Terman, duodécimo de los catorce hijos de una familia de granjeros de Indiana, su interés por el estudio de la inteligencia databa de la visita a su casa de un vendedor de libros ambulante que además cultivaba la frenología, y que, cuando Terman tenía nueve o diez años, le había pronosticado grandes éxitos después de palpar ciertas protuberancias de su cráneo. Terman desarrolló aquel temprano interés sin dudar en ningún momento de que el valor intelectual de las personas era una entidad medible, situada en la cabeza. En su tesis doctoral de 1906, examinó siete muchachos «brillantes» y otros siete «estúpidos», y sostuvo que sus tests permitían medir la inteligencia aduciendo todos los estereotipos raciales y nacionales que solían invocarse. Sobre los tests para medir la inventiva, escribió lo siguiente: «Basta comparar al negro con el esquimal o con el indio, y al australiano con el anglosajón, para descubrir la sorprendente relación que existe entre la capacidad intelectual general y la capacidad de invención» (1906, p. 14). Sobre la capacidad matemática, declaró esto otro (1906, p. 29): «La etnología muestra que el progreso racial ha ido estrechamente acompañado por un desarrollo de la capacidad para manejar los conceptos y relaciones matemáticas».

Al concluir su estudio, Terman incurre en las dos falacias que, como hemos visto en la página 164, constituyen los pilares sobre los que se asienta la concepción hereditarista. Cosifica los resultados medios de los tests atribuyendo el carácter de «cosa» a la inteligencia general, al adoptar la primera de las siguientes dos posibilidades (1906, p. 9): «¿La capacidad intelectual es una cuenta bancaria de la que podemos extraer lo que necesitamos para todos los fines deseados, o bien un paquete de cheques distintos, cada uno extendido para atender un fin específico e inconvertible?». Y, aunque admita su incapacidad para suministrar alguna prueba real de la misma, defiende la concepción innatista (1906, p. 68): «Aunque aporte pocos datos positivos sobre el tema, este estudio ha reforzado mi impresión acerca de la mayor importancia de la herencia comparada con la educación, como factor determinante del rango intelectual que cada individuo posee respecto de sus congéneres».

Goddard introdujo la escala de Binet en Norteamérica, pero el principal arquitecto de su popularidad fue Terman. La última versión de Binet abarcaba cuarenta y cuatro tareas, que iban desde el estadio previo al del jardín de infancia hasta mediados de la adolescencia. En 1916 Terman hizo una primera revisión de la escala como consecuencia de la cual ésta se extendió hasta los «adultos superiores» y llegó a abarcar un total de noventa tareas. Como por entonces era profesor en la Universidad de Stanford, dio a su revisión un nombre que ya forma parte del vocabulario de nuestro siglo: la escala Stanford-Binet, patrón de casi todos los tests de «CI» que se idearon desde entonces.[4]

No propongo un análisis detallado de su contenido (véanse Block y Dworkin, 1976, o Chase, 1977), sino que presento dos ejemplos que muestran cómo los tests de Terman acentuaban la adecuación de los resultados a las expectativas, al tiempo que desvalorizaban las respuestas originales. Si esas expectativas corresponden a normas sociales, entonces no podemos saber si los tests miden una prioridad abstracta de razonamiento, o la familiaridad con el comportamiento habitual. Terman añadió la siguiente prueba a la lista de Binet:

> Un indio llega por primera vez en su vida a una ciudad y ve pasar a un hombre blanco por la calle. Cuando éste pasa a su lado, el indio dice: «El hombre blanco es perezoso; camina sentado». ¿En qué medio de transporte iba el hombre blanco para que el indio pudiese decir: «Camina sentado»?

4. Terman (1919) proporcionó una extensa lista de los atributos de la inteligencia general que permitían detectar los tests Stanford-Binet: memoria, comprensión del lenguaje, amplitud de vocabulario, orientación en el espacio y en el tiempo, coordinación entre el ojo y la mano, conocimiento de los objetos familiares, juicio, semejanzas y diferencias, razonamiento aritmético, habilidad e ingenio para resolver dificultades de orden práctico, capacidad para detectar sinsentidos, rapidez y riqueza de asociación de ideas, habilidad para reconstruir un conjunto de formas divididas o agrupar un conjunto de ideas en un todo unitario, capacidad para generalizar a partir de datos particulares, y habilidad para deducir una norma partiendo de una serie de hechos relacionados entre sí.

Para Terman, la única respuesta correcta era «bicicleta»: no podía tratarse de un coche o vehículo similar porque en ellos las piernas no suben y bajan; tampoco de un caballo (la respuesta «incorrecta» más común), porque cualquier indio que se respete hubiese reconocido lo que estaba viendo. (Por mi parte, contesté «caballo» porque pensé que el indio era un fino irónico que estaba criticando los hábitos decadentes de su pariente ciudadano.) Las respuestas originales del tipo «un mutilado en una silla de ruedas» o «alguien montado sobre los hombros de otro», también se consideraban incorrectas.

Terman también incluyó la siguiente prueba tomada del original de Binet: «Mi vecino ha recibido visitas extrañas. Primero llegó un médico a su casa; después, un abogado, luego, un sacerdote. ¿Qué cree usted que sucedió allí?». Terman se mostró remiso a aceptar otras respuestas que «una defunción», aunque admitió «un casamiento», dada por un muchacho de quien dijo que era «un joven eugenista muy culto», según el cual el médico había ido a ver si los contrayentes estaban sanos, el abogado a establecer el contrato matrimonial, y el sacerdote a celebrar la unión. En cambio, rechazó la combinación «divorcio y nuevo casamiento», aunque consignó que un colega de Reno, Nevada, había comprobado que esa respuesta era «muy, pero muy corriente». Tampoco aceptó otras respuestas válidas pero no complicadas (una cena o un espectáculo), o respuestas originales del tipo: «un moribundo se casa y hace el testamento antes de morir».

Pero la influencia más importante de Terman no reside en el rigor que introdujo en la escala de Binet, ni en la ampliación de la misma. Las tareas de Binet debían ser propuestas por una persona adiestrada para pasar los tests, y a un solo niño en cada caso. No podían utilizarse como instrumentos para establecer una clasificación general. Pero Terman quería que todos pasaran los tests, porque esperaba poder establecer una gradación de las capacidades innatas que permitiese dividir a los niños según las diferentes condiciones que les correspondían en la vida:

> ¿Qué alumnos deben pasar los tests? La respuesta es «todos». Si se hiciera una selección, quedarían excluidos muchos de los casos que necesitan ser corregidos. La finalidad de los tests consiste en averiguar lo que aún no sabemos, y sería un error pasárselos sólo a aquellos alumnos cuya superioridad o inferioridad respecto de la media ya conocemos. Algunas de las mayores sorpresas se producen cuando los tests son aplicados a aquellos cuya capacidad se consideraba muy próxima a la media. La aplicación universal de los tests está plenamente justificada (1923, p. 22).

Al igual que su precursor el test Stanford-Binet estaba dirigido al examen de individuos, pero se convirtió en el paradigma de la práctica totalidad de los tests escritos ideados posteriormente. Mediante una cuidadosa manipulación y eliminación,[5] Terman uniformó la escala para que el resultado del niño «me-

5. Esto no constituye de por sí una falsificación, pues se trata de un procedimiento estadístico legítimo que permite uniformizar la puntuación media y la variancia media entre los diferentes niveles de edad.

dio» fuese de 100 en cada edad (la edad mental era entonces igual a la edad cronológica). Terman niveló también la variación entre los niños introduciendo una desviación normal de 15 o 16 puntos en cada edad cronológica. Con su media de 100 y su desviación normal de 15, el test Stanford-Binet llegó a ser (y en muchos aspectos aún sigue siendo) el criterio fundamental para juzgar la plétora de tests escritos comercializados en gran escala a partir de entonces. La argumentación falaz es la siguiente: sabemos que el test Stanford-Binet mide la inteligencia; por tanto, todo test escrito que presenta una correlación estrecha con el Stanford-Binet también mide la inteligencia. Gran parte de los estudios estadísticos realizados sobre la base de tests durante los últimos cincuenta años no suministran pruebas independientes de la proposición según la cual los tests miden la inteligencia: sólo establecen una correlación con un patrón previo de medida, que jamás se cuestiona.

La aplicación de tests no tardó en convertirse en una industria millonaria; las compañías de estudios de mercado no se atrevían a ensayar tests que no estuviesen respaldados por su correlación con la norma de Terman. El primer test aplicado en gran escala fue el test Alfa del ejército (véase *infra*, pp. 200-226), pero al finalizar la guerra y en pocos años un verdadero diluvio de tests rivales cayó sobre los directores de escuela. Los anuncios insertados al final del último libro de Terman (1923) revelan— como puede apreciarse en una rápida ojeada— de forma tan espectacular como involuntaria hasta qué punto todas las advertencias de este último sobre la necesidad de proceder a una evaluación larga y cuidadosa (véase, por ejemplo, 1919, p. 299) se evaporaron frente a las limitaciones de coste y de tiempo cuando su deseo de que todos los niños pasaran los tests se convirtió en realidad (véase la figura 5.3). Treinta minutos y cinco tests podían marcar a un niño para toda la vida, si las escuelas adoptaban el siguiente tipo de examen, cuyo anuncio se publicó en el libro de Terman de 1923, y cuyo comité de elaboración estaba integrado, entre otros, por Thorndike, Yerkes y el propio Terman.

Tests Nacionales de Inteligencia para los grados 3.º a 8.º

> [Estos tests son] el resultado directo de la aplicación de los métodos de examen del ejército a las necesidades escolares ... Han sido seleccionados partiendo de un vasto grupo de tests, y después de una serie de ensayos y análisis minuciosos realizados por expertos en estadística. Las dos escalas elaboradas constan de cinco tests cada una (con ejercicios prácticos) y ambas pueden pasarse en treinta minutos. Son fáciles de aplicar, seguras y de inmediata utilidad para la clasificación de los niños de 3.º a 8.º grado de acuerdo con su capacidad intelectual. El método de calificación es extraordinariamente sencillo.

Si Binet hubiese estado vivo, probablemente una evaluación tan superficial lo habría afligido bastante, pero mucho más fuerte habría sido su reacción ante el designio de Terman. Este último estaba de acuerdo con él en que donde mejor funcionaban los tests era en la detección de los «deficientes profundos», pero sus razones para pensar así contrastaban pasmosamente con la intención

Prepared under the auspices of the National Research Council

NATIONAL INTELLIGENCE TESTS

By M. E. HAGGERTY, L. M. TERMAN, E. L. THORNDIKE
G. M. WHIPPLE, and R. M. YERKES

THESE tests are the direct result of the application of the army testing methods to school needs. They were devised in order to supply group tests for the examination of school children that would embody the greater benefits derived from the Binet and similar tests.

The effectiveness of the army intelligence tests in problems of classification and diagnosis is a measure of the success that may be expected to attend the use of the National Intelligence Tests, which have been greatly improved in the light of army experiences.

The tests have been selected from a large group of tests after a try-out and a careful analysis by a statistical staff. The two scales prepared consist of five tests each (with practice exercises), and either may be administered in thirty minutes. They are simple in application, reliable, and immediately useful for classifying children in Grades 3 to 8 with respect to intellectual ability. Scoring is unusually simple.

Either scale may be used separately to advantage. The reliability of results is increased, however, by reexamination with the other scale after an interval of at least a day.

Scale A consists of an arithmetical reasoning, a sentence completion, a logical selection, a synonym-antonym, and a symbol-digit test. Scale B includes a completion, an information, a vocabulary, an analogies, and a comparison test.

Scale A: *Form* 1. 12 pages. Price per package of 25 Examination Booklets, 2 Scoring Keys, and 1 Class Record $1.45 net.
Scale A: *Form* 2. Same description. Same price.
Scale B: *Form* 1. 12 pages. Price per package of 25 Examination Booklets, Scoring Key, and Class Record $1.45 net.
Scale B: *Form* 2. Same description. Same price.
Manual of Directions. Paper. 32 pages. Price 25 cents net.
Specimen Set. One copy of each Scale and Scoring Keys and Manual of Directions. Price 50 cents postpaid.

Experimental work financed by the General Education Board by appropriation of $25,000

WORLD BOOK COMPANY

YONKERS-ON-HUDSON, NEW YORK
2126 PRAIRIE AVENUE, CHICAGO

5.3. Anuncio de los tests mentales de aplicación masiva, redactados, entre otros, por Terman y Yerkes.

de Binet, a quien le interesaba detectar a esas personas para poder ayudarlas (1916, pp. 6-7):

> Puede predecirse con seguridad que en el futuro próximo los tests de inteligencia pondrán a decenas de miles de esos deficientes profundos bajo la vigilancia y la protección de la sociedad. Esto acabará impidiendo que la debilidad mental se reproduzca, y eliminando un enorme cúmulo de crímenes, de mendicidad y de ineficacia industrial. No es necesario insistir en que los casos profundos, del tipo que con tanta frecuencia se pasa actualmente por alto, son justo aquellos cuya custodia es más importante que asuma el Estado.

Terman insistió implacablemente en la existencia de limitaciones, y en el carácter inevitable de las mismas. En menos de una hora podía derrumbar las esperanzas y desvalorizar los esfuerzos de unos padres «cultivados» que luchaban contra la desgracia que suponía para ellos el que su hijo tuviese un CI de 75.

> Es asombroso que la madre se sienta animada y esperanzada al vez que su hijo está aprendiendo a leer. No parece darse cuenta de que a esa edad deberían faltarle sólo tres años para entrar en el instituto. En sólo cuarenta minutos, el test ha dicho más sobre la capacidad mental de este muchacho, que todo lo que su culta madre había podido aprender durante once años de observación día tras día y hora tras hora. X es débil mental: nunca acabará la escuela primaria y nunca será un obrero eficiente o un ciudadano responsable (1916).

Walter Lippmann, que por entonces era un joven periodista, vio el designio preconcebido que se ocultaba tras los datos numéricos de Terman, y con indignación contenida escribió lo siguiente:

> El peligro de los tests de inteligencia reside en que, en un sistema educativo aplicado en gran escala, los [maestros] menos sutiles o los que tengan más prejuicios se limitarán a clasificar, olvidando que su deber es educar. Clasificarán al niño atrasado en vez de luchar contra las causas de su atraso. Porque la tendencia general de la propaganda basada en la aplicación de tests de inteligencia consiste en tratar a las personas con bajos cocientes de inteligencia como si éstas fuesen congénita e irremediablemente inferiores.

Terman y la tecnocracia del innatismo

> Si fuese cierto, las satisfacciones afectivas y terrenales reservadas al especialista en los tests de inteligencia serían muy grandes. Si realmente estuviese midiendo la inteligencia, y si la inteligencia fuera una cantidad fija hereditaria, a él le correspondería decir no sólo qué puesto hay que asignar a cada niño en la escuela, sino también qué niños debieran ir al instituto, qué otros a la universidad, cuáles debieran desempeñar profesiones, y cuáles, otros oficios manuales y tareas no cualificadas. Si el especialista en tests hiciese va-

> ler plenamente sus derechos, no tardaría en ocupar un puesto de poder que intelectual alguno ha ostentado desde la caída de la teocracia. El panorama es fascinador, y basta incluso una visión parcial del mismo para embriagarse. Con que sólo pudiera probarse, o al menos creerse, que la inteligencia está determinada por la herencia, y que el especialista en tests pueda medirla, ¡qué futuro más prometedor! La tentación inconsciente es demasiado fuerte para las defensas críticas que normalmente poseen los métodos científicos. Con ayuda de una ilusión estadística sutil, unas falacias lógicas intrincadas y algunos *obiter dicta* introducidos de contrabando, resulta casi automático caer en la propia trampa, para luego entrampar a la sociedad.
>
> WALTER LIPPMANN, en un debate con Terman

Platón había soñado con un mundo racional gobernado por reyes filósofos. Terman revivió esa peligrosa visión, pero incitó a su grupo de especialistas en tests mentales a cometer un acto de usurpación. Si pudieran pasarse los tests a todas las personas, y luego asignarles los papeles adecuados a sus diferentes grados de inteligencia, entonces podría construirse por vez primera en la historia una sociedad justa y, sobre todo, eficiente.

Empezando por abajo, Terman sostuvo que lo primero que debemos hacer es recluir o eliminar a aquellos cuya inteligencia es demasiado baja para que puedan desempeñar una vida eficaz o moral. La causa fundamental de la patología social es la debilidad mental innata. Criticó (1916, p. 7) a Lombroso por su tesis de que el comportamiento criminal podía manifestarse en las características externas de la anatomía. Sin duda, la fuente de dicho comportamiento es innata, pero su signo directo es el CI bajo, no los brazos largos o la mandíbula saliente:

> Las teorías de Lombroso han sido totalmente desacreditadas por los resultados de los tests de inteligencia. Dichos tests han demostrado, excluyendo toda posibilidad de duda, que el rasgo más importante de al menos un 25 por 100 de nuestros criminales es la debilidad mental. Las anomalías físicas observadas tan a menudo en los presos no son los estigmas de la criminalidad, sino el acompañamiento físico de la deficiencia mental. No son significativas para el diagnóstico, salvo en la medida en que indican la existencia de la debilidad mental (1916, p. 7).

Esa malhadada herencia entraña una doble carga para las personas que padecen de debilidad mental porque la falta de inteligencia, ya bastante perjudicial de por sí, conduce a la inmoralidad. Si hemos de eliminar la patología social, debemos localizar su causa en la constitución biológica de los propios sociópatas, y luego eliminar a estos últimos mediante su reclusión en instituciones, y, sobre todo, prohibiendo que se casen y tengan descendencia.

No todos los criminales son débiles mentales, pero todas las personas que padecen de debilidad mental son al menos criminales en potencia. Parece indiscutible que toda mujer que sufre de debilidad mental es una prostituta en potencia. El juicio moral, como el juicio comercial, el juicio social o cualquier otro proceso mental superior, es una función de la inteligencia. La moralidad no puede florecer ni fructificar si la inteligencia sigue siendo infantil (1916, p. 11).

Los débiles mentales, o sea las personas socialmente incompetentes, son por definición más una carga que un beneficio, y no sólo desde el punto de vista económico, sino sobre todo porque dichos individuos tienden a convertirse en delincuentes o criminales ... La única forma eficaz de tratar al débil mental incurable consiste en tenerlo permanentemente vigilado. Las obligaciones de la escuela pública estriban más bien en la educación del grupo más amplio, y más prometedor, de los niños que sólo presentan una inferioridad relativa (1919, pp. 132-133).

En un alegato en favor de la aplicación universal de los tests, Terman afirmó lo siguiente (1916, p. 12): «Si se toma en cuenta el coste tremendo del vicio y el crimen, que con toda probabilidad asciende a no menos de 500 millones de dólares por año sólo en los Estados Unidos, es evidente que esta constituye una de las más productivas aplicaciones de los tests psicológicos».

Después de haber marcado a los sociópatas para que sean apartados de la sociedad, los tests de inteligencia debían encauzar a las personas biológicamente aptas hacia las profesiones adecuadas a sus diferentes niveles mentales. Terman confiaba en que sus especialistas en tests podrían «determinar el ''cociente de inteligencia'' mínimo requerido para tener éxito en cada una de las principales profesiones» (1916, p. 17). Todo profesor concienzudo trata de colocar a sus discípulos, pero pocos tienen la audacia de presentarlos como apóstoles de un nuevo orden social:

Sin duda, las empresas industriales sufren pérdidas enormes por emplear a personas cuya capacidad mental no se corresponde con las tareas que deben realizar ... Toda empresa que emplee no menos de 500 o 1.000 obreros, como por ejemplo unos grandes almacenes, podría ahorrar de esta manera el sueldo de un psicólogo experimentado.

Terman vedó prácticamente el desempeño de profesiones prestigiosas o bien remuneradas a las personas que tenían un CI inferior a 100 (1919, p. 282), y sostuvo que para alcanzar «éxitos positivos» era preciso tener probablemente un CI superior a 115 o 120. Pero le interesaba más establecer distinciones en el extremo inferior de la escala, entre aquellos que había calificado de «meramente inferiores». La moderna sociedad industrial necesita su equivalente tecnológico de la metáfora bíblica, acorde con épocas más bucólicas: los desbastadores de madera y extractores de agua. Y no son pocos:

La evolución de la moderna organización industrial junto con la mecanización de los procesos a través de la maquinaria posibilita la utilización cada vez más amplia de personas mentalmente inferiores. Un solo hombre capaz de pensar y planear dirige el trabajo de diez o veinte obreros, que hacen lo que se les indica, y necesitan disponer de muy poco ingenio o capacidad de iniciativa (1919, p. 276).

Las personas con un CI de 75 o inferior deberían desempeñar tareas no cualificadas; las que tienen un CI que varía entre 75 y 85 deberían alinearse «sobre todo entre quienes desempeñan tareas semicualificadas». También pueden formularse juicios más específicos: «En el caso de un barbero, cualquier resultado por encima de 85 representa un despilfarro de capacidad» (1919, p. 288); «en el caso de un conductor de tranvía, un CI de 75 constituye un riesgo peligroso, y produce descontento» (Terman, 1919). Las personas del «grupo que oscila entre los 70 y los 85» necesitan un entrenamiento profesional especial y una colocación adecuada: si no, tienden a abandonar la escuela «y pasan fácilmente a las filas de los asociales, o se unen al ejército de los descontentos bolcheviques» (1919, p. 285).

Terman investigó el CI de diferentes grupos profesionales y comprobó con satisfacción que espontáneamente ya se había producido una distribución imperfecta basada en criterios de inteligencia. En cuanto a las excepciones embarazosas, se ingenió para justificarlas. Por ejemplo, examinó a 47 empleados de una compañía de transporte rápido, cuyo trabajo era mecánico, repetitivo, «y ofrecía poquísimas oportunidades para ejercer el ingenio o incluso el juicio personal» (1919, p. 275). Sin embargo, su CI medio era de 95, y un buen 25 por 100 superaba los 104, con lo que se situaba en las filas de los inteligentes. Estos resultados lo desconcertaron, si bien explicó el hecho de que no hubieran logrado una colocación mejor aduciendo su carencia de «ciertas cualidades emocionales, morales u otros requisitos deseables» sin descartar, no obstante, la posibilidad de que los «apremios económicos» hubieran obligado a algunos de ellos a «dejar la escuela antes de estar capacitados para optar a trabajos más adecuados» (1919, p. 275). En otro estudio, Terman reunió una muestra de 256 «vagabundos y parados», en su mayor parte procedentes de un «albergue para vagabundos» de Palo Alto. Sus expectativas apuntaban a un CI medio situado en el extremo inferior de la escala. Sin embargo, aunque la media de 89 que correspondió a los vagabundos no indicó la existencia de dotes intelectuales demasiado notables, fue suficiente para que se situaran por encima de los conductores de tranvía, las dependientas de tienda, los bomberos y los agentes de policía. Terman suprimió la dificultad introduciendo un orden bastante curioso en su tabla. La media de los vagabundos era inquietantemente elevada, pero éstos también presentaban una variación mucho mayor que cualquier otro grupo, e incluían una importante cantidad de resultados más bien bajos. Por tanto, Terman compuso su lista tomando los resultados del 25 por 100 inferior de cada grupo, con lo que los vagabundos fueron a parar al sótano.

Si Terman se hubiese limitado a propiciar una meritocracia basada en el éxito profesional, podríamos censurar su elitismo, pero aplaudir sin embargo un tipo de organización que brindaba oportunidades a quienes estuvieran dispuestos a trabajar duro y poner todo su entusiasmo. Pero Terman creía que las fronteras de clase estaban fijadas por la inteligencia innata. Su clasificación correlativa de las profesiones, el grado de prestigio y el nivel de los sueldos reflejaban el valor biológico de las clases sociales existentes. Si bien los barberos dejarían de ser italianos, en cambio seguirían procediendo de la clase pobre, y encontrando su sitio adecuado en ella:

> La opinión corriente de que el niño que procede de un hogar culto tiene más éxito en los tests debido a las ventajas que ello entrañaría, constituye una suposición completamente gratuita. La casi totalidad de las investigaciones realizadas acerca de la influencia de la naturaleza y la nutrición sobre el rendimiento intelectual coinciden en atribuir muchísimo más a las dotes innatas que al ambiente. La observación corriente bastaría para indicar que la clase social a que pertenece la familia depende menos de las oportunidades que de las cualidades intelectuales y de carácter heredadas de los padres ... Los hijos de padres cultos y prósperos obtienen mejores resultados en los tests que los que proceden de hogares degradados e ignorantes por la sencilla razón de que su herencia es mejor (1916, p. 115).

CI fósiles de genios del pasado

Terman consideraba que, si bien la gran masa de individuos «meramente inferiores» era necesaria para mover la maquinaria de la sociedad, el bienestar de esta última dependía en definitiva del liderazgo ejercido por unos pocos genios cuyo CI era particularmente elevado. Junto con sus colaboradores, publicó una serie de cinco volúmenes titulada *Genetic Studies of Genius*, donde se propuso definir a las personas situadas en el extremo superior de la escala Stanford-Binet, y de describir su trayectoria vital.

Uno de dichos volúmenes estaba dedicado a medir, retrospectivamente, el CI de los estadistas, militares e intelectuales que constituyeron el motor fundamental de la historia. Si se comprobaba que estaban situados en la cima de la escala, ello confirmaría que el CI representaba la medida independiente de la capacidad mental básica de cada persona. Pero ¿cómo rescatar un CI fósil, salvo invocando por arte de magia la presencia del joven Copérnico y preguntándole en qué iba montado el hombre blanco? Sin arredrarse, Terman y sus colaboradores trataron de reconstruir el CI de los individuos notables del pasado, y publicaron un grueso volumen (Cox, 1926) que ocupa un lugar de privilegio dentro de una literatura ya bastante disparatada de por sí (sin embargo, Jensen —1979, pp. 113 y 355— y otros autores siguen tomándolo en serio).[6]

Ya en 1917 Terman había publicado un estudio preliminar sobre Francis Galton, a quien otorgó un sorprendente CI de 200. Después de haber obtenido tan buen resultado con aquel precursor de los tests de inteligencia, alentó a sus colaboradores para que emprendieran una investigación más amplia. J. M. Cat-

6. Escribe Jensen: «El CI medio estimado de trescientos personajes históricos ... sobre cuya infancia se dispone de suficientes datos como para realizar una estimación segura, era de 155 ... Así, la mayoría de esos hombres eminentes habrían sido considerados con toda probabilidad intelectualmente dotados si en la infancia se los hubiese sometido a los tests de CI» (Jensen, 1979, p. 113).

tell había publicado una clasificación de los 1.000 individuos que constituyeron el motor fundamental de la historia, basándose en la extensión de los respectivos artículos dedicados a ellos en los diccionarios biográficos. Catherine M. Cox, colaboradora de Terman, redujo esa lista a 282, reunió información biográfica detallada sobre sus primeros años de vida, y luego calculó para cada uno dos CI diferentes: el primero, denominado CI A1, para el período que iba del nacimiento hasta los diecisiete años; y el segundo, denominado CI A2, para el período que iba desde los diecisiete a los veintiséis años.

Cox se metió en dificultades ya desde el comienzo. Pidió a cinco personas —entre las que se contaba Terman— que leyeran los legajos que había elaborado, y calcularan los dos CI para cada uno de esos individuos. Tres de dichas personas coincidieron básicamente en los valores medios calculados: CI A1 oscilaba alrededor de los 135, y CI A2 rondaba los 145. En cambio, los otros dos evaluadores calcularon valores muy divergentes: en un caso, muy superiores y, en el otro, muy inferiores a las medias estimadas por aquellos tres. Lo que hizo Cox fue eliminar sencillamente sus cálculos, con lo que descartó el 40 por 100 de los datos. Sostuvo que, de todas maneras, esas estimaciones habrían quedado equilibradas en la media (1926, p. 72). Sin embargo, si cinco personas pertenecientes al mismo grupo de trabajo no podían ponerse de acuerdo, ¿qué perspectiva de uniformidad o consistencia —para no hablar de objetividad— podía ofrecerse?

Aparte de estas dificultades prácticas que reducían la fuerza de la argumentación, la lógica básica del estudio estaba viciada sin remedio desde el principio. Las diferencias de CI que Cox registraba en los sujetos no medían el mérito variable de sus obras, para no hablar de su inteligencia innata: sólo se trataba de un artificio metodológico para expresar las diferencias en la calidad de la información que Cox había podido reunir acerca de la niñez y los primeros años de juventud de dichos sujetos. Empezó asignando a cada uno de ellos un CI básico de 100 al que, luego, los evaluadores añadirían (o, en muy pocos casos, quitarían) puntos basándose en los datos suministrados.

Los legajos de Cox son caprichosas listas de logros conseguidos durante la niñez y la juventud, entre los que se subrayan los ejemplos de precocidad. Puesto que su método consistía en ir sumando puntos a la cifra básica de 100, según los resultados notables que fueran apareciendo en cada legajo, los CI calculados al final apenas expresan otra cosa que el volumen de la información disponible. Por lo general, los CI bajos reflejan una falta de información, y los elevados la existencia de una lista copiosa. (Cox llega a admitir que lo que mide no es el verdadero CI, sino sólo lo que puede deducirse sobre la base de unos datos limitados; sin embargo, este desmentido nunca figuró en los informes destinados a divulgar los resultados de su investigación.) Para creer, aunque no sea más que por un momento, que semejante procedimiento puede servir para establecer cuál era la jerarquía existente entre los respectivos CI de aquellos «hombres geniales», debería suponerse que la niñez de todos los sujetos había sido observada y registrada con una atención más o menos pareja. Hay que afirmar (así lo hace Cox) que la inexistencia de documentación acerca de una infancia eventualmente precoz indica que estamos ante una vida vulgar, sobre la que no vale la pena escribir, ante un talento tan poco extraordinario que nadie se tomó el trabajo de dejar constancia de sus realizaciones.

Dos resultados básicos del estudio de Cox suscitan inmediatamente serias sospechas de que sus estimaciones acerca de los CI no reflejan tanto el mérito de las realizaciones efectivas de aquellos genios, como los accidentes históricos sufridos por los registros que han quedado de las mismas. Primero: se supone que el CI no se modifica en un sentido definido durante la vida de la persona. Sin embargo, en su estudio, el valor medio del CI A1 es de 135, mientras que el del CI A2 es de 145, lo que entraña una elevación considerable. Basta revisar sus legajos (reproducidos íntegramente en Cox, 1926) para descubrir la causa y comprobar que ésta radica sin duda alguna en el método utilizado. La información que posee sobre la niñez de sus sujetos es más copiosa que la relativa a la primera etapa de la edad adulta (recordemos que el CI A2 corresponde a las realizaciones alcanzadas entre los diecisiete y los veintiséis años, mientras que el CI A1 refleja las de sus primeros años). Segundo: algunos de los CI A1 que calculó Cox para ciertos personajes colosales —entre los que se cuentan Cervantes y Copérnico, ambos a 105— resultan inquietamente bajos. La explicación surge de sus legajos: poco o nada se sabe de la infancia de estos últimos, por lo que no existen datos que permitan añadir puntos a la cifra básica de 100. Cox estableció siete niveles de fiabilidad para sus estimaciones. El séptimo, créase o no, es «la conjetura, no basada en dato alguno».

Otra manera evidente de poner a prueba esta metodología consiste en considerar el caso de los genios nacidos en ambientes humildes, donde no abundaban los preceptores y cronistas capaces de alentarlos y dejar constancia escrita de sus audaces muestras de precocidad. John Stuart Mill puede haber aprendido griego en su cuna, pero ¿acaso Faraday o Bunyan tuvieron alguna vez esa oportunidad? Los niños pobres tienen una doble desventaja: no sólo nadie se molesta en dejar constancia de lo que hacen en sus primeros años de vida, sino que también el hecho mismo de su pobreza entraña una degradación. Así, Cox deduce, utilizando la táctica favorita de los eugenistas, la inteligencia innata de los padres ¡sobre la base de la profesión y el rango social de estos últimos! Esta autora clasifica a los padres en una escala profesional que va de 1 a 5, y otorga a sus hijos un CI de 100 cuando los padres tienen un rango profesional de 3, y una prima (o una deducción) de 10 puntos en el CI por cada peldaño hacia arriba o hacia abajo. Un muchacho que durante los primeros diecisiete años de su vida no ha hecho nada digno de mención puede tener, sin embargo, un CI de 120 debido a la prosperidad o al nivel profesional de su padre.

Consideremos el caso del pobre Massena, el gran general de Napoleón, que quedó situado en el puesto más bajo —CI A1 = 100— y de cuya niñez nada sabemos salvo que trabajó de grumete en dos largas travesías a bordo del barco de un tío suyo. Cox escribe lo siguiente (p. 88):

> Es probable que los sobrinos de los capitanes de buques de guerra tengan un CI un poco superior a 100; pero los grumetes que siguen siendo grumetes duran-

te dos largas travesías, y cuyo servicio como grumete es lo único que cabe consignar hasta la edad de 11 años, pueden tener un CI medio inferior incluso a 100.

Otros individuos admirables con padres pobres y escasas informaciones sobre su infancia estaban también expuestos a la ignominia de unos valores inferiores a 100. Sin embargo, Cox se las arregló para falsificar y acomodar los datos con el fin de poder situarlos a todos por encima de la línea divisoria de las tres cifras, aunque no fuese más que por una ligera diferencia. Veamos el caso del infortunado Saint-Cyr, que sólo se salvó por un parentesco lejano, y que obtuvo un CI A1 de 105: «El padre fue carnicero y luego curtidor, con lo que el hijo debería haber recibido un CI profesional situado entre los 90 y los 100 puntos; sin embargo, dos parientes lejanos alcanzaron importantes honores militares, lo que prueba la existencia de una casta superior en la familia» (pp. 90-91). John Bunyan se topó con obstáculos más habituales que su famoso peregrino;* sin embargo, Cox se las arregla para atribuirle una puntuación de 105:

> El padre de Bunyan fue un calderero u hojalatero, pero un hojalatero muy respetado en la aldea; en cuanto a la madre, no pertenecía al grupo de los miserables, sino al de la gente «de costumbres honestas y respetables». Eso hubiera bastado para situarlo entre los 90 y los 100 puntos. Pero la crónica añade que, a pesar de su «mezquindad e insignificancia», los padres de Bunyan lo enviaron a la escuela para que aprendiese «tanto a leer como a escribir», lo que indica probablemente que éste prometía ser algo más que un hojalatero (p. 90).

Michael Faraday logró alcanzar los 105 puntos, porque las noticias fragmentarias acerca de su buen desempeño como recadero y su carácter inquisitivo le permitieron compensar las desventajas derivadas del bajo nivel social de sus padres. Su elevado CI A2 de 150 sólo es el reflejo de la abundante información disponible acerca de las realizaciones que jalonaron los primeros años de su vida de adulto. Sin embargo, en un caso Cox no pudo admitir el molesto resultado que produjo la aplicación de su método. Shakespeare, cuyos orígenes fueron humildes y de cuya niñez nada se sabe, hubiese obtenido una puntuación inferior a 100. De modo que Cox sencillamente lo eliminó, aunque no hizo lo mismo con varios otros de cuya infancia tampoco se tienen noticias suficientes.

Entre otras curiosidades de los cálculos, que reflejan los prejuicios sociales de Cox y de Terman, podemos mencionar los casos de varios jovencitos precoces (Clive, Liebig y Swift, en particular), cuyo nivel fue rebajado debido al comportamiento rebelde que tuvieron en la escuela, sobre todo por negarse a estudiar los clásicos. La animosidad contra las artes interpretativas es patente en el caso de la evaluación de los compositores, cuyo grupo se sitúa justo por encima del de los militares, en el extremo inferior de la lista final. Considérese la siguiente observación sobre Mozart, que lo subestima (p. 129): «Un niño que a los 3 años aprende a tocar el piano, que a esa edad recibe y aprovecha una

* Bunyan es el autor de *The Pilgrim's Progress*. (*N. del r.*)

enseñanza musical, y que a los 14 años estudia y ejecuta los más arduos contrapuntos, se sitúa probablemente por encima del nivel medio de su grupo social».

Sospecho que al final Cox reconoció que su estudio se apoyaba en unas bases tambaleantes; sin embargo, no se amilanó. Lo menos que puede decirse de las correlaciones entre el grado de eminencia (la longitud de los artículos sobre Cattell) y el CI atribuido a los diferentes personajes es que resultaron decepcionantes: sólo un 0,25 para la correlación entre el grado de eminencia y el CI A2, y ningún valor para la correlación entre el grado de eminencia y el CI A1 (según mis cálculos, dicho valor sería aún más bajo, de 0,20). En cambio, Cox atribuye gran importancia a que los diez individuos más eminentes de su lista tienen una media de 4 —sí, sólo 4— puntos más de CI A1 que los diez menos eminentes.

Según Cox, la correlación más alta (0,77) que obtuvo, entre el CI A2 y el «índice de fiabilidad», era una medida de la información disponible acerca de los sujetos de su estudio. Por mi parte, no puedo imaginar mejor demostración de que sus CI están en función de la mayor o menor abundancia de datos, y de que no constituyen medida alguna de la capacidad innata ni, incluso, para el caso, del mero talento de los sujetos. Cox se dio cuenta de ello y, en un esfuerzo final, trató de «corregir» sus cálculos basados en la falta de datos ascendiendo a los sujetos sobre los que no existía información suficiente para que se aproximaran a los valores medios de 135 para el CI A1 y de 145 para el CI A2. Esos ajustes elevaron considerablemente el CI medio, pero introdujeron otras complicaciones. Antes de dichas correcciones, los cincuenta sujetos más eminentes tenían un promedio de 142 para el CI A1, mientras que los cincuenta menos eminentes se situaban en una tranquilizadora media de 133. Una vez hechas las correcciones, los primeros cincuenta alcanzaron una puntuación media de 160, mientras que los últimos cincuenta obtuvieron una media de 165. Al final, sólo Goethe y Voltaire se situaron cerca de la cima tanto por el CI como por el grado de eminencia. Parafraseando la famosa agudeza de Voltaire sobre Dios, podríamos concluir diciendo que, aunque no existiesen datos adecuados sobre el CI de los personajes eminentes de la historia, probablemente era inevitable que los hereditaristas norteamericanos trataran de inventarlos.

Las diferencias entre grupos distintos, según Terman

Los estudios empíricos de Terman midieron lo que los estadísticos llaman «variancia intragrupal» del CI, o sea, las diferencias en los resultados que se observan dentro de cada población (por ejemplo, entre todos los niños de determinada escuela). En el mejor de los casos, esos estudios mostraban que los niños cuyos resultados en los tests eran buenos o malos en los primeros años de la infancia, tendían a conservar su posición relativa respecto de los demás niños cuando los miembros de dicha población se iban haciendo mayores. Terman atribuyó gran parte de esas diferencias a la variación del talento heredado, sin más base que la afirmación de que todas las personas sensatas reconocían la superioridad de la naturaleza sobre la educación. Aunque esta faceta estigmatizadora del hereditarismo pueda ofender nuestra sensibilidad por su elitismo y la consiguiente recomendación de poner a los menos dotados bajo tutela institucional y vedarles la reproducción, no entraña aún, de por sí, la tesis más discutible de que existirían diferencias innatas entre grupos distintos.

Terman hizo esa extrapolación ilícita, que prácticamente todos los hereditaristas han hecho y siguen haciendo. Luego, para enmendar su error, confundió la génesis de las verdaderas patologías con las causas que gobiernan la variación en el comportamiento normal. Sabemos, por ejemplo, que el origen del atraso mental asociado con el síndrome de Down radica en una deficiencia genética específica (la presencia de un cromosoma adicional). Sin embargo, no podemos basarnos en ese hecho para explicar el bajo CI de muchos niños aparentemente normales aduciendo la existencia de una anomalía biológica innata. Si no, también podríamos afirmar que la obesidad es inevitable porque en algunos casos la gordura excesiva se explica por la existencia de un desequilibrio hormonal. Aunque Terman intentara reducir todas las marcas a una curva normal (1916, pp. 65-67), para significar que todas las variaciones podían derivarse de una sola causa —a saber, la posesión en mayor o menor medida de una única sustancia—, sus datos sobre la conservación del orden del CI intragrupal según los sujetos iban creciendo se basaban fundamentalmente en la persistencia de bajos CI en aquellos sujetos que padecían deficiencias biológicas. En pocas palabras, es ilícito tomar la variancia intragrupal y basarse en ella para afirmar algo sobre las diferencias entre distintos grupos. Es doblemente ilícito basarse en la constitución biológica innata de los individuos patológicos para atribuir la variación normal dentro de un grupo a unas causas congénitas.

Al menos los partidarios de la teoría hereditarista del CI no suscribieron los duros juicios que sus antecesores craneológicos habían emitido sobre las mujeres. En los tests de inteligencia, las muchachas no alcanzaron resultados inferiores a los de los muchachos, y Terman declaró que su acceso limitado a las profesiones era una injusticia y además entrañaba un desperdicio de talento intelectual (1916, p. 72; 1919, p. 288). Señaló —siempre con la idea de que el CI debía tener una recompensa económica— que, en general, las mujeres cuyo CI oscilaba entre 100 y 120 ganaban, trabajando de maestras o de «mecanógrafas muy cualificadas», lo mismo que los hombres cuyo CI era de 85 y trabajaban de conductores de tranvía, de bomberos o de agentes de policía (1919, p. 278).

Sin embargo, aplicó la tesis hereditarista a las diferencias raciales y de clase, y declaró que la justificación de dicha tesis constituía el objetivo fundamental de sus investigaciones. Al final del capítulo sobre las aplicaciones del CI (1916, pp. 19-20), formuló estas tres preguntas:

> ¿La posición que las llamadas clases bajas ocupan en la escala social e industrial es consecuencia de la inferioridad de sus dotes innatas, o su aparente inferioridad sólo se debe a la inferioridad de los hogares de donde proceden y de la instrucción escolar que reciben? ¿La genialidad es más común en los niños de las clases cultas que en los niños de las clases pobres e ignorantes? ¿Las clases inferiores son realmente inferiores, o sólo tienen la desgracia de no contar con suficientes oportunidades para aprender?

Pese a haber hallado una correlación de sólo 0,4 entre la posición social y el CI, Terman (1917) enunció cinco razones principales para afirmar que «el ambiente importa mucho menos que la herencia biológica para determinar la naturaleza de los rasgos que estamos considerando» (p. 91). Las tres primeras, basadas en otras correlaciones, no añaden pruebas sobre la existencia de causas innatas. Terman calculó: 1) una correlación de 0,55 entre la posición social y las estimaciones de la inteligencia realizadas por los maestros; 2) otra de 0,47 entre dicha posición social y el rendimiento en el trabajo escolar; y 3) otra inferior —si bien no consignada—[7] entre el «progreso por categoría de edad» y la posición social. Puesto que las cinco propiedades —el CI, la posición social, la valoración del maestro, el trabajo escolar y el progreso por categoría de edad— pueden ser medidas redundantes de las mismas causas complejas y desconocidas, la correlación entre cualquier otro par de propiedades no añade mucho al resultado básico de 0,4 para el par CI-posición social. Si esa correlación de 0,4 no prueba la existencia de causas innatas, tampoco pueden hacerlo las correlaciones adicionales.

El cuarto argumento, cuya debilidad reconoce el propio Terman (1916, p. 98), confunde probablemente la patología con la variación normal, y, por tanto, no es pertinente, como ya hemos visto: puede darse el caso de que unos padres ricos o intelectualmente brillantes tengan hijos que padezcan de debilidad mental.

El quinto argumento revela la fuerza de las convicciones hereditaristas de Terman y su notable incapacidad para reconocer la influencia del ambiente. Midió el CI de veinte niños internados en un orfanato de California. De todos ellos, sólo tres eran «completamente normales», mientras que los diecisiete restantes tenían cocientes de inteligencia que oscilaban entre 75 y 95. Esos bajos resultados, no podían atribuirse al hecho de que no vivieran con sus padres porque, según Terman (p. 99):

> Ese orfanato es bastante bueno y brinda unas condiciones ambientales tan estimulantes para el desarrollo mental normal como las que proporcionaría la vida en un hogar de clase media. Los niños residen en el orfanato y concurren a una excelente escuela pública de un pueblo de California.

Los bajos resultados deben de ser el reflejo de la constitución biológica de los niños que se encuentran bajo la tutela de ese tipo de instituciones:

> Algunos de los tests realizados en esas instituciones indican que la subnormalidad mental tanto profunda como moderada es extremadamente frecuente en los niños alojados en ellas. La mayoría de dichos niños, aunque, por supuesto, no todos, proceden de clases sociales inferiores (p. 99).

7. Lo que resulta molesto en el trabajo de Terman es el hecho de que menciona las correlaciones elevadas que confirman su tesis, pero, en cambio, no da las cifras concretas cuando son bajas, pese a seguir confirmando dicha tesis. Esa maniobra es muy común en el estudio de Cox sobre los genios del pasado y en el análisis de Terman sobre el CI de las diferentes profesiones, a los que ya nos hemos referido.

Terman no presenta pruebas directas sobre el tipo de vida que llevan esos veinte niños, salvo la circunstancia de que se encuentran alojados en un orfanato. Ni siquiera es seguro que todos ellos procedan de «clases sociales inferiores». Sin duda, la hipótesis más prudente que puede formularse al respecto es la de que sus bajos cocientes de inteligencia guardan alguna relación con el único hecho indudable, y común a todos ellos, a saber, que viven en el orfanato.

Terman pasaba fácilmente de los individuos a las clases sociales y a las razas. Afligido por la frecuencia de los valores situados entre 70 y 80, se lamentaba (1916, pp. 91-92):

> Entre los trabajadores y las criadas hay miles como ellos ... Los tests han mostrado la verdad. Estos niños sólo pueden asimilar una educación elemental. Ningún esfuerzo educativo permitirá que lleguen a ser votantes inteligentes o ciudadanos capaces ... Representan un nivel de inteligencia que es más que frecuente entre las familias hispanoindias y mexicanas del Suroeste, y también entre los negros. Su estupidez parece ser de origen racial, o al menos propia de los linajes familiares de que proceden. El hecho de que encontremos ese tipo con una frecuencia tan extraordinaria entre los indios, los mexicanos y los negros sugiere la conclusión casi forzosa de que el problema global de las diferencias raciales con respecto a la inteligencia deberá abordarse desde una nueva perspectiva y a través de métodos experimentales. El autor de este trabajo puede predecir que cuando eso se haga aparecerán diferencias raciales enormemente significativas en el terreno de la inteligencia general, diferencias que ningún programa de desarrollo mental será capaz de borrar. Los niños que pertenecen a este grupo deberían ser segregados en aulas especiales y recibir un tipo de instrucción que fuese práctica y concreta. Aunque no sean capaces de manejar conceptos abstractos, pueden llegar a ser, en muchos casos, obreros eficientes, capaces de hacerse cargo de sí mismos. En la actualidad, es imposible convencer a la gente de que debería impedírseles la reproducción, pero desde un punto de vista eugenésico representan un problema grave debido a su extraordinaria fecundidad.

Terman percibió la debilidad de sus argumentos a favor del innatismo. Pero ¿qué importaba? ¿Acaso necesitamos demostrar algo que el sentido común proclama con tanta claridad?

> Después de todo, ¿acaso la observación corriente no nos enseña que, en general, no son las oportunidades, sino las cualidades del intelecto y del carácter, las que determinan la pertenencia de una familia a cierta clase social? ¿Acaso lo que ya se conoce de la herencia no nos autoriza a pensar que los hijos de padres prósperos, cultos y con buenas perspectivas tienen un bagaje hereditario superior al de los que se han criado en los barrios pobres? Casi todas las pruebas científicas disponibles sugieren una respuesta afirmativa a la pregunta que acabamos de formular (1917, p. 99).

¿Quién tiene sentido común?

La retractación de Terman

Cuando en 1937 Terman publicó su revisión de la escala Stanford-Binet, las diferencias respecto de la versión original de 1916 eran tan notables que a primera vista no parecían obra de la misma persona. Pero los tiempos habían cambiado y la moda intelectual del jingoísmo y la eugenesia había desaparecido en el marasmo de la Gran Depresión. En 1916 Terman había fijado la edad mental adulta en los 16 años porque no había podido obtener una muestra aleatoria de escolares de más edad a quienes aplicar sus tests. En 1937 pudo extender su escala hasta los dieciocho años, porque «la tarea se vio facilitada por la situación extremadamente desfavorable que atravesaba el empleo en la época en que se aplicaron los tests, como consecuencia de lo cual se redujo de forma considerable el abandono de las aulas, que normalmente se producía a partir de los catorce años» (1937, p. 30).

Terman no abjuró de forma explícita de sus conclusiones anteriores, pero dejó caer un velo de silencio sobre ellas. Ni una palabra sobre la herencia, salvo alguna indicación acerca de lo delicado del tema. Todas las razones que podrían justificar las diferencias entre los grupos se formulan ahora desde el punto de vista de los factores ambientales. Terman presenta de nuevo sus curvas de diferencias medias de CI entre las clases sociales, pero nos advierte de que las diferencias medias son demasiado pequeñas para suministrar algún tipo de información que permita predecir algo sobre los individuos. Tampoco sabemos cómo separar las influencias genéticas y ambientales que determinan esos promedios:

> Resulta innecesario destacar el hecho de que estas cifras sólo se refieren a valores medios, y de que, dada la variabilidad del CI dentro de cada grupo, las respectivas distribuciones se superponen considerablemente. Tampoco habría que insistir en el hecho de que, por sí solos, este tipo de datos no suministran pruebas concluyentes que permitan deslindar la contribución relativa de los factores genéticos y ambientales para el establecimiento de las diferencias medias observadas.

Unas páginas más adelante Terman analiza las diferencias entre los niños del campo y los de la ciudad, y señala que entre los primeros los resultados son inferiores, con el detalle curioso de que su CI desciende en función del tiempo que llevan asistiendo a la escuela, mientras que el de los hijos de obreros semicualificados y no cualificados tiende a elevarse. Terman no expresa ninguna opinión firme al respecto, pero señala que ahora sólo le interesa verificar hipótesis basadas en factores ambientales:

> Se necesitaría emprender una amplia investigación, cuidadosamente planeada a tal efecto, para poder determinar si ese descenso del CI de los niños del campo puede atribuirse al hecho de que en las comunidades rurales los servicios educativos son relativamente más inadecuados, y si el incremento del CI de los niños procedentes de los estratos económicos más bajos puede atribuirse al supuesto enriquecimiento del ambiente intelectual que la asistencia a la escuela traería consigo.

Autres temps, autres moeurs.

R. M. Yerkes y los Tests Mentales del Ejército: la mayoría de edad del CI

El gran salto hacia adelante de la psicología

En 1915, a punto de cumplir cuarenta años, Robert M. Yerkes era un hombre frustrado. Desde 1902 era profesor en la Universidad de Harvard. Tenía excelentes dotes de organizador y sabía exponer con elocuencia los méritos de su profesión. Sin embargo, la psicología aún estaba abrumada por su reputación de ciencia «blanda», cuando no de pseudociencia. Algunos colegas no reconocían su existencia; otros la clasificaban entre las humanidades, y consideraban que el sitio adecuado para los psicólogos estaba en las secciones de filosofía. Lo que más le interesaba a Yerkes era consolidar la posición de su disciplina probando que podía ser una ciencia tan rigurosa como la física. Para él, como para la mayoría de sus contemporáneos, ciencia y rigor se identificaban con cuantificación y números. Yerkes pensó que la fuente más prometedora de datos numéricos abundantes y objetivos se encontraba en el terreno apenas explorado de los tests mentales. Si la psicología lograba introducir la cuestión de la potencialidad humana dentro del ámbito de la ciencia, alcanzaría la mayoría de edad, y sería considerada una verdadera ciencia, digna de recibir apoyo financiero e institucional:

> La mayoría de nosotros estamos plenamente convencidos de que el futuro de la humanidad depende en no poca medida del desarrollo de las diferentes ciencias biológicas y sociales ... Debemos ... luchar cada vez más por el mejoramiento de nuestros métodos de medición mental, porque ya no quedan razones para dudar de la importancia tanto práctica como teórica de los estudios acerca del comportamiento humano. Debemos aprender a medir con habilidad todas aquellas formas y aspectos del comportamiento que son importantes desde el punto de vista psicológico y sociológico (Yerkes, 1917a, p. 111).

Pero dos circunstancias impedían el desarrollo adecuado de la técnica de los tests mentales: la falta de apoyo y sus propias contradicciones internas. Ante todo, quienes los aplicaban en gran escala eran sólo unos aficionados cuya formación dejaba mucho que desear, y los resultados obtenidos eran tan visiblemente absurdos que la empresa en sí estaba adquiriendo una mala reputación. En 1915, en el congreso anual de la Asociación Psicológica Norteamericana celebrado en Chicago, un crítico denunció que el propio alcalde de esa ciudad había sido clasificado dentro del grupo de los deficientes mentales de acuerdo con una versión de las escalas de Binet. Yerkes coincidió con los críticos en los debates desarrollados dentro del marco de aquel congreso, y declaró: «Estamos construyendo una ciencia, pero aún no hemos inventado un mecanismo capaz de ser utilizado por cualquiera» (citado en Chase, 1977, p. 242).

En segundo lugar, las escalas entonces disponibles daban resultados notablemente distintos incluso cuando se las aplicaba correctamente. Como ya hemos visto (p. 146), la mitad de los individuos cuyos resultados según la escala

Stanford-Binet eran bajos pero normales, figuraban entre los deficientes mentales cuando se les aplicaba la versión de Goddard de la escala de Binet. Por último, no había existido un apoyo suficiente ni una coordinación lo bastante amplia, como para poder constituir un cuerpo de datos capaces, por su abundancia y uniformidad, de imponer su aceptación (Yerkes, 1917b).

En toda guerra siempre hay personas no combatientes que acompañan a los ejércitos por diferentes motivos. Muchos son sólo pícaros y acaparadores, pero unos pocos acuden movidos por ideales superiores. Cuando estaba a punto de producirse la movilización para la primera guerra mundial, Yerkes tuvo una de aquellas «grandes ideas» que impulsan la historia de la ciencia: ¿no podrían acaso los psicólogos convencer al ejército de que todos los reclutas pasaran unos tests? Así podría construirse la piedra filosofal de la psicología, a saber, el cuerpo abundante, útil y uniforme de datos numéricos, capaces de impulsar la transición desde el estadio de arte discutido al de ciencia respetada. Yerkes supo ganar prosélitos tanto entre sus colegas como en los círculos gubernamentales, y se salió con la suya. Fue nombrado coronel y como tal dirigió la aplicación de tests mentales a 1.750.000 reclutas durante la primera guerra mundial. Más tarde afirmaría que la aplicación de tests mentales «había ayudado a ganar la guerra». «Al mismo tiempo —añadió— [dicha disciplina] logró ocupar un puesto entre las demás ciencias y demostró la importancia que podía tener para la ingeniería humana» (citado en Kevles, 1968, p. 581).

Yerkes reunió a todos los grandes representantes del hereditarismo en la psicometría norteamericana con el propósito de elaborar los tests mentales del ejército. Entre mayo y julio de 1917 trabajó con Terman, Goddard y otros colegas en la Escuela Práctica de Vineland, Nueva Jersey, cuyo departamento de investigaciones dirigía este último.

El programa que elaboraron incluía tres tipos de tests. Los reclutas que sabían leer y escribir deberían pasar una prueba escrita llamada Test Alfa del Ejército. Los analfabetos y los que hubiesen fracasado en el test alfa deberían pasar una prueba con figuras llamada Beta. Los que fracasasen en el test beta deberían pasar una prueba individual que normalmente consistiría en alguna versión de las escalas de Binet. Después, los psicólogos del ejército clasificarían a cada recluta de acuerdo con una escala que iba de A a E (con modificaciones en más o en menos), y sugerirían cuáles podrían ser las funciones que estuviese en condiciones de desempeñar. Yerkes indicó que a los reclutas del grupo C— debía atribuírseles «una inteligencia media baja, [y sus funciones debían ser las del] soldado raso». Los del grupo D «raramente están en condiciones de desempeñar tareas que requieren una habilidad especial, capacidad de previsión, ingenio o atención sostenida». No cabe esperar que los reclutas de los grupos D y E sean capaces de «leer y entender órdenes escritas».

Por mi parte, no creo que el ejército haya hecho mucho uso de los tests. Es fácil imaginar la actitud de los oficiales profesionales ante unos jóvenes psicólogos sabelotodo que se presentaban sin invitación, para asumir muchas veces un rango de oficial sin haber recibido entrenamiento previo, apropiarse de un edificio donde pasar los tests (si podían), examinar durante una hora un gran grupo de reclutas, y luego proceder a usurpar la función tradicional del oficial, a saber, la valoración de la aptitud de cada uno de ellos para las diversas tareas militares. En algunos campamentos los hombres de Yerkes fueron acogidos con hostilidad; en otros tuvieron que soportar un castigo en muchos aspectos más penoso: recibieron un trato cortés, sus requerimientos fueron debidamente atendidos, y luego nadie hizo caso de ellos.[8] Algunos oficiales del ejército abrigaron sospechas sobre el propósito de Yerkes y emprendieron tres investigaciones distintas acerca de su programa. Uno de ellos llegó a la conclusión de que había que controlarlo para que «ningún teórico pueda ... emplearlo como mero pretexto para la obtención de datos con vistas a su trabajo de investigación y el provecho futuro de la raza humana» (citado en Kevles, 1968, p. 577).

Sin embargo, en algunos sectores los tests tuvieron una repercusión importante, sobre todo en la selección de los hombres que habrían de recibir un entrenamiento para convertirse en oficiales. Al comienzo de la guerra, el ejército y la guardia nacional contaban con nueve mil oficiales. Hacia el final de la misma, había doscientos mil oficiales con mando, dos tercios de los cuales habían iniciado su carrera en campos de entrenamiento donde se aplicaban los tests. En algunos de esos campos, nadie que hubiese obtenido un resultado inferior a C podía ser seleccionado para recibir entrenamiento para convertirse en oficial.

Pero no fue en el ejército donde los tests de Yerkes tuvieron su mayor repercusión. Puede que la victoria del ejército no fuera obra suya, pero lo que sí es seguro es que Yerkes ganó su propia batalla. Por fin disponía de datos copiosos y uniformes (procedentes de 1.750.000 hombres), y las pruebas alfa y beta eran los primeros tests de inteligencia escritos producidos en serie. Las escuelas y las empresas se interesaron muchísimo en ellas. Una digresión insertada en la página 96 de *Psychological Examining in the United States Army* (la voluminosa monografía que Yerkes publicó en 1921) contiene una referencia de gran significación social. En ella Yerkes menciona «la continua corriente de pedidos procedentes de empresas comerciales, instituciones educativas y de particulares, para la utilización de los métodos de examen psicológico empleados en el ejército, o para la adaptación de dichos métodos a necesidades específicas». Ahora que se había inventado una técnica para la aplicación de los tests a todos los alumnos, podía soslayarse el obstáculo que hasta entonces había representado la intención original de Binet. Los tests podían jerarquizar y clasificar a todo el mundo; la era de los tests en masa había empezado.

8. Durante toda su carrera Yerkes se quejó de que la psicología militar no había recibido la consideración merecida, pese a los servicios prestados en la primera guerra mundial. Durante la segunda guerra mundial Yerkes, ya en la vejez, siguió quejándose y argumentó que los nazis estaban superando a los norteamericanos en la utilización adecuada e intensiva de los tests mentales para la selección del personal militar. «Alemania ha tomado la delantera en el desarrollo de la psicología militar ... Los nazis han conseguido algo sin parangón en toda la historia militar ... Lo que ha sucedido en Alemania es la continuación lógica de los servicios psicológicos y de personal desarrollados en nuestro ejército durante los años 1917 y 1918» (Yerkes, 1941, p. 209).

Los resultados de los tests del ejército

La principal repercusión de los tests no provino de la poco entusiástica utilización que hizo el ejército de los resultados obtenidos por los individuos, sino de la propaganda general que rodeó al informe de Yerkes sobre los datos estadísticos finales (Yerkes, 1921, pp. 553-875). E. G. Boring, que más tarde sería un psicólogo famoso pero que por entonces era el lugarteniente de Yerkes (y capitán del ejército), seleccionó 160.000 casos dentro del ejército, y obtuvo unos datos cuya intensa aureola hereditarista se mantuvo durante toda la década de 1920. Era una empresa colosal. La muestra, recogida por el propio Boring y un único ayudante, era muy amplia; además, los tres tipos de tests (alfa, beta e individual) debían refundirse en una norma común para poder extraer promedios raciales y nacionales a partir de muestras integradas por hombres que no habían pasado dichos tests en proporciones iguales (por ejemplo, pocos negros habían pasado el test alfa).

Del océano de números que presentó Boring emergieron tres «hechos» que siguieron influyendo en la política social norteamericana mucho después de que su origen en los tests hubo caído en el olvido.

1. La edad mental media de los blancos adultos norteamericanos se situó justo por encima del límite de la deficiencia mental con un escandaloso y magro resultado de 13. Anteriormente, Terman había fijado el valor normal en 16. El nuevo resultado se convirtió en el centro de atención de todos los eugenistas, quienes profetizaron la ruina y lamentaron el hecho de nuestra decadencia intelectual, consecuencia de la reproducción incontrolada de los pobres y los débiles mentales, la difusión de la sangre negra a través del mestizaje, y el enturbiamiento de la estirpe nativa inteligente por la escoria que inmigraba desde el sur y el este de Europa. Yerkes[9] escribió lo siguiente:

> Suele afirmarse que la edad mental del adulto medio gira en torno a los 16 años. Sin embargo, esa cifra se basa en el examen de sólo 62 personas, de las cuales 32 eran alumnos de instituto cuyas edades iban de los 16 a los 20 años, y 30 eran «hombres de negocios no excesivamente prósperos y de un nivel de educación muy limitado». El grupo es demasiado pequeño para proporcionar resultados fidedignos, y, además, es probable que no sea típico ... Todo parece indicar que, cuando los resultados de las pruebas alfa y beta se trasladan a la escala de edad mental, la inteligencia de la muestra principal de reclutas blancos corresponde aproximadamente a los 13 años (13,08) (1921, p. 785).

Sin embargo, incluso en el momento de formularla, Yerkes se dio cuenta de que había algo absurdo en esa afirmación. Un promedio es lo que es: no puede ser inferior en tres años a lo que debiera ser. De modo que Yerkes reflexionó y luego añadió lo siguiente:

9. No creo que Yerkes haya escrito la totalidad de la voluminosa monografía de 1921. Sin embargo, como es el único autor que se menciona, seguiré atribuyéndole las afirmaciones contenidas en ese informe oficial, tanto por razones de brevedad como por carecer de más datos al respecto.

> Sin embargo, no podríamos decir con seguridad que la edad mental de esos reclutas es inferior en tres años al promedio. En realidad, hay razones extrínsecas para pensar que la quinta es más representativa de la inteligencia media del país que un grupo de alumnos de instituto y hombres de negocios (1921, p. 785).

Si la media de los blancos es de 13,08, y todas aquellas personas cuya edad mental varía entre 8 y 12 años son deficientes mentales, entonces somos una nación de casi deficientes mentales. He aquí la conclusión de Yerkes: «Sería totalmente imposible excluir a todos los deficientes, de acuerdo con la actual definición del término, porque el 37 por 100 de los blancos y el 89 por 100 de los negros están por debajo de los 13 años» (1921, p. 791).

2. Los inmigrantes europeos pueden clasificarse según los países de origen. En muchas nacionalidades, el hombre medio es deficiente. Las personas de tez más oscura, procedentes del sur de Europa, y los eslavos, de la Europa oriental, son menos inteligentes que las de tez blanca, del oeste y el norte de Europa. La supremacía nórdica no es un prejuicio jingoísta. El ruso medio tiene una edad mental de 11,34; el italiano, de 11,01; el polaco, de 10,74. El chiste del polaco llegó a ser tan válido como el del deficiente mental, y, de hecho, describían al mismo animal.

3. El negro, cuya edad mental es de 10,41, se sitúa en el extremo inferior de la escala. En algunos campamentos se intentó llevar el análisis un poco más allá, con criterios evidentemente racistas. En el Campamento Lee, los negros eran divididos en tres grupos, según la intensidad de su color: los grupos más claros obtuvieron resultados más altos (p. 531). Yerkes indica que la opinión de los oficiales coincidía con sus cifras (p. 742):

> Todos los oficiales sin excepción coinciden en que el negro carece de capacidad de iniciativa, sus dotes de mando son pocas o nulas y no puede aceptar responsabilidades. Algunos señalan que esos defectos son más pronunciados en el negro del sur. Además, todos los oficiales parecen coincidir en que el negro es un soldado entusiasta y voluntarioso, que se somete al superior. Estas cualidades aseguran la obediencia inmediata, pero no necesariamente la buena disciplina, porque los pequeños robos y las enfermedades venéreas son más comunes [entre ellos] que entre la tropa blanca.

De paso, Yerkes y su gente intentaron verificar otros prejuicios sociales. Algunos, con bastante poca suerte, sobre todo la difundida creencia eugenésica de que la mayoría de los delincuentes eran débiles mentales. El 59 por 100 de los objetores de conciencia por razones políticas pertenecían al grupo A. Hasta los traidores declarados obtuvieron resultados superiores a la media (p. 803). Sin embargo, otros resultados confirmaron sus prejuicios. Así, los agentes de Yerkes decidieron pasar sus tests a otras personas que, como ellos, aunque desde más antiguo, merodeaban por los campamentos militares: las prostitutas, y comprobaron que el 53 por 100 (el 44 por 100 de las blancas y el 68 por 100 de las negras) tenían de 10 años para abajo de edad mental según la versión de Goddard de las escalas de Binet. (Los mismos reconocían que dichas escalas clasificaban a las personas a niveles mucho más bajos que otras versiones de los tests de Binet.) He aquí la conclusión de Yerkes (p. 808):

> Los resultados del examen de las prostitutas en el ejército corroboran la conclusión, obtenida por estudios similares realizados entre civiles en diferentes partes del país, de que de un 30 a un 60 por 100 de las prostitutas son débiles mentales, y la mayoría de ellas deficientes profundas; y de que entre un 15 y un 25 por 100 del total tienen una inteligencia tan baja que lo más sensato sería recluirlas a perpetuidad (hasta donde lo permitan las leyes vigentes en la mayoría de los estados) en instituciones para débiles mentales.

Ya se agradecen las pequeñas notas de humor que aligeran la lectura de esta monografía estadística de ochocientas páginas. Por mi parte, me hizo muchísima gracia la idea de aquellos funcionarios del ejército dedicados a reunir a las prostitutas del campamento para pasarles los tests de Binet, y supongo que las damas deben de haberse divertido más aún.

Esos datos numéricos no entrañaban de por sí significación social alguna. Una posible utilidad de los mismos podría haber sido la promoción de la igualdad de oportunidades, y la demostración de que un porcentaje tan elevado de norteamericanos se encontraban en inferioridad de condiciones. Yerkes podría haber sostenido que la edad mental media de 13 se explicaba por el hecho de que un número relativamente pequeño de reclutas habían tenido la posibilidad de concluir los estudios secundarios, cuando no la de iniciarlos. Podría haber atribuido el bajo promedio de algunos grupos nacionales al hecho de que la mayoría de los reclutas pertenecientes a los mismos eran inmigrantes recientes que no hablaban inglés y no estaban familiarizados con la cultura norteamericana. Podría haber reconocido la relación existente entre los bajos resultados de los negros y la historia de esclavitud y racismo que pesaba sobre ellos.

Sin embargo, en esas ochocientas páginas no encontramos ni una sola referencia a las condiciones ambientales. El comité que redactó los tests estaba integrado por todos los grandes hereditaristas norteamericanos, cuyas teorías se estudian en este capítulo. Fueron elaborados con el propósito de medir la inteligencia innata, y eso fue lo que hicieron por definición. La argumentación era de una circularidad inquebrantable. Todos los resultados importantes se interpretaron desde la perspectiva hereditarista, muchas veces haciendo milagros para obviar el hecho evidente de la influencia ambiental. Una comunicación cursada por la Escuela de Psicología Militar del Campamento Greenleaf proclamaba lo siguiente (se ruega perdonar su dudosa gramática): «Estos tests no miden la aptitud profesional ni la habilidad educativa: miden la capacidad intelectual. Se ha demostrado que esta última es importante para calcular el valor militar» (p. 424). Y el propio jefe sostenía lo siguiente (Yerkes, citado en Chase, 1977, p. 249):

> Las pruebas alfa y beta se han elaborado y se aplican pensando en minimizar las desventajas de los reclutas que por haber nacido en el extranjero o por carecer de educación son poco hábiles en el uso del inglés. El propósito original, ahora

> definitivamente verificado, de esas pruebas grupales consiste en medir la capacidad intelectual innata. Pese a la relativa influencia de las habilidades adquiridas a través de la educación, el nivel o clase intelectual que el soldado tiene en el ejército no depende en general de los accidentes del ambiente sino de su inteligencia innata.

Crítica de los Tests Mentales del Ejército

El contenido de los tests. El test alfa tenía ocho partes; el beta, siete; ambos podían aplicarse en menos de una hora, y a grupos numerosos. La mayoría de las partes del test alfa contenían tareas específicas que se convertirían más tarde en moneda corriente para generaciones de personas sometidas a tests: descubrir analogías, determinar cuál es el siguiente elemento de una serie numérica, descifrar oraciones, etc. No se trata de una semejanza accidental: el test alfa es el abuelo, tanto en el sentido propio como en el figurado, de todos los tests escritos de inteligencia ideados posteriormente. Un discípulo de Yerkes, C. C. Brigham, fue más tarde secretario de la Junta de Inspección del Ingreso en las Universidades, y, basándose en los modelos del ejército, inventó el Test de Aptitud Escolar. Si alguien experimenta una sensación de *déjà-vu* al revisar la monografía de Yerkes, le aconsejo evocar la época de su ingreso en la universidad, y la angustia que entonces sufrió.

Esos elementos conocidos no están sujetos de por sí a la influencia de los prejuicios culturales, al menos no más que sus modernos descendientes. Por supuesto, desde un punto de vista general, los tests miden el grado de cultura, y éste no depende tanto de la inteligencia heredada como de la educación. Además, aunque un maestro de escuela pueda afirmar que mide la supuesta constitución biológica de sus alumnos porque todos ellos tienen la misma edad y la misma experiencia escolar cuando pasan los tests, no puede sostenerse otro tanto en el caso de los reclutas, porque las posibilidades de acceso a la educación varían muchísimo entre estos últimos, y los resultados que obtienen reflejan sus distintos niveles de educación. Algunas de esas tareas específicas resultan divertidas cuando se piensa que, según Yerkes, los tests permitían «medir la capacidad intelectual innata». Por ejemplo, la siguiente analogía que propone el test alfa: «Washington es a Adams como lo primero a...».

Pero hay una parte de ambos tests que, cuando se piensa en la interpretación que Yerkes le daba, resulta sencillamente ridícula. ¿Cómo podían Yerkes y su gente atribuir a la estupidez innata los bajos resultados obtenidos por personas que habían inmigrado hacía poco, si sus tests de varias posibilidades sólo contenían preguntas del tipo:

> Crisco es: un medicamento específico, un desinfectante, un dentífrico, un producto alimenticio
>
> La cantidad de patas de un cafre es: 2, 4, 6, 8
>
> Christy Mathewson es un famoso: escritor, artista, jugador de béisbol, comediante

Por mi parte, acerté con la última, pero mi inteligente hermano, que, por mal que me sepa, creció en Nueva York sin prestar la menor atención a las hazañas de los tres grandes equipos de béisbol que había en la ciudad, no fue capaz de descubrir la respuesta correcta.

Yerkes podría haber aducido que los inmigrantes recientes no pasaban por lo general el test alfa, sino el beta. Pero este último no es más que una versión figurativa del mismo tema. Puede argüirse que en este test, donde se trata de completar una serie de figuras, las primeras son suficientemente universales: una cara sin boca o un conejo al que le falta una oreja. Sin embargo, las otras figuras son un cortaplumas con un remache de menos, una bombilla sin filamento, un gramófono sin bocina, una pista de tenis sin red y un jugador de bolos en cuya mano falta la bola (según Yerkes, dibujar la bola en la calle no sería correcto, porque la postura del jugador indica que aún no la ha lanzado). Franz Boas, uno de los primeros que criticaron estos tests, menciona el caso de un recluta siciliano que añadió una cruz en el techo de una casa sin chimenea, porque en su país todas las casas la tenían. La respuesta se consideró incorrecta.

La duración de las pruebas estaba estrictamente limitada, porque había otros cincuenta reclutas esperando en la puerta. No se esperaba que los sujetos completasen todas las partes; pero esto sólo se explicaba a los que pasaban el test alfa, no a los del test beta. Yerkes no comprendía por qué tantos reclutas obtenían un mero resultado de cero en tantas partes del test (la más fehaciente demostración de la invalidez del mismo: véase *infra*, pp. 219-222). ¿Cuántos de nosotros, nerviosos, incómodos y apiñados (e incluso sin esas desventajas), seríamos capaces de entender lo suficiente como para escribir siquiera algo durante los diez minutos asignados para completar las siguientes órdenes de la primera parte del test alfa, pronunciadas una única vez?

> ¡Atención! Mire el punto 4. Cuando yo diga «ya», dibuje una cifra 1 en el espacio que hay en el círculo pero no en el triángulo ni en el cuadrado, y dibuje también una cifra 2 en el espacio que hay en el triángulo y en el círculo pero no en el cuadrado. Ya.
>
> ¡Atención! Mire el punto 6. Cuando yo diga «ya», escriba en el segundo círculo la respuesta correcta a la pregunta: «¿Cuántos meses tiene un año?». En el tercer círculo no escriba nada, pero en el cuarto círculo escriba cualquier número que sea una respuesta incorrecta a la pregunta que acaba de contestar correctamente. Ya.

Condiciones inadecuadas. Las instrucciones de Yerkes eran estrictas y de difícil aplicación. Los encargados de pasar los tests debían proceder con rapidez y clasificar de inmediato las pruebas, para que quienes hubiesen fracasado pudieran ser sometidos a otro tipo de test. Como, además, en varios campamentos también debían enfrentarse con la hostilidad apenas velada de los oficiales, la gente de Yerkes casi siempre se veía forzada a realizar sólo una versión caricaturesca de la tarea que tenían encomendada. No les quedaba otra alternativa que transigir, dar marcha atrás e introducir modificaciones. Así, la manera de proceder variaba tanto de un campamento a otro que los resultados casi no podían ser cotejados ni comparados. Aunque Yerkes no hubiese cometido más errores que pretender demasiado y acometer una empresa impracticable, bastaría esto último para que la misma acabara en una confusión, si no en un desastre. Todos los detalles constan en la monografía, pero casi nadie la leyó. El resumen estadístico se convirtió en una poderosa arma social para los racistas y los eugenistas; sus raíces podridas podían descubrirse en el cuerpo de la monografía, pero ¿quién indaga por debajo de la superficie cuando ésta refleja una idea que coincide con las propias?

El ejército ordenó que se pusieran a disposición de Yerkes y su gente, o incluso se construyeran, los edificios necesarios para la realización de las pruebas, pero por lo general eso no se cumplió (1921, p. 61). Los técnicos tuvieron que conformarse con lo que podían conseguir: a menudo habitaciones situadas en barracones estrechos, desprovistas de muebles e inadecuadas tanto desde el punto de vista de la acústica como de la iluminación y la posibilidad de observar a los sujetos. El principal responsable de la aplicación de los tests en uno de los campamentos se quejaba así (p. 106): «Creo que la imprecisión se debe en parte al hecho de que la habitación donde se realizan las pruebas se encuentra abarrotada de reclutas. Por esa razón, los que están sentados al fondo no pueden oír bien y no alcanzan a comprender lo que se les indica».

Se producían tensiones entre la gente de Yerkes y los oficiales regulares. Así, el principal responsable del programa de tests en el campamento Custer se quejaba (p. 111): «La ignorancia del tema por parte del oficial medio sólo puede compararse con la indiferencia que siente por el mismo». Yerkes les instó a contenerse y a adoptar una actitud conciliadora (p. 155):

> El examinador debe esforzarse sobre todo por adoptar el punto de vista militar. Deben evitarse las referencias innecesarias a la precisión de los resultados. En general, se verá que es más convincente apelar al mero sentido común que las descripciones técnicas, los despliegues estadísticos o las argumentaciones teóricas.

Como los roces y las dudas fueron en aumento, el ministro de la Guerra decidió recabar la opinión de los jefes de los campamentos sobre los tests de Yerkes. Recibió un centenar de respuestas, casi todas negativas. Yerkes reconoció (p. 43) que, «salvo pocas excepciones, [las mismas] fueron contrarias a la labor de los psicólogos, y llevaron a la conclusión, por parte de varios oficiales del Estado Mayor, de que dicha labor es de escasa, o nula, utilidad para el ejército, y de que debiera interrumpirse». Yerkes se defendió de esos ataques y consiguió que se diera marcha atrás (aunque no obtuvo todas las facilidades, grados y pagas que le habían prometido); su programa siguió aplicándose en medio de una nube de sospechas.

Las pequeñas dificultades no detuvieron la realización del programa. En el campamento Jackson se agotaron los impresos y tuvo que recurrirse a hojas en blanco (p. 78). Sin embargo, una dificultad muy seria y persistente hostigó la ejecución de las tareas y finalmente, como demostraré, privó de todo significado al resumen estadístico. Cada recluta debía pasar el tipo de test que le correspondía. Los que no sabían inglés, ya fuese por no haber asistido a la escuela o por haber nacido en el extranjero, debían pasar el test beta, ya fuese de forma inmediata o bien después de haber fracasado en el test alfa. La gente de Yerkes intentó heroicamente cumplir con esas instrucciones. Por lo menos en tres campamentos colocaron fichas de identificación a los reclutas que habían fracasado, o incluso pintaron directamente letras en sus cuerpos, para poder reconocerlos con facilidad y someterlos a otro tipo de test (pp. 73 y 76): «Seis horas después del examen, el empleado de la oficina de reclutamiento recibía una lista de los reclutas clasificados en el grupo D. A medida que se iban presentando, el empleado les marcaba en el cuerpo una letra P» (para indicar que debían pasar un examen psiquiátrico).

Sin embargo, los criterios para distinguir entre los que debían pasar el test alfa y los que debían pasar el test beta diferían muchísimo entre un campamento y otro. Una inspección realizada en el conjunto de los campamentos permitió comprobar que el resultado mínimo que debía haberse obtenido en una primera versión del test alfa, para tener que someterse a otro tipo de test, variaba entre 20 y 100 (p. 476). Yerkes reconoció (p. 354) que:

> Sin duda, esta falta de uniformidad en el método de segregación es un hecho desafortunado. Sin embargo, dada la variación de los medios disponibles para realizar los exámenes, y la variable calidad de los grupos examinados, resultó totalmente imposible establecer un criterio uniforme para todos los campamentos.

C. C. Brigham, el más ferviente devoto de Yerkes, se quejó incluso de que:

> El método para seleccionar a aquellos reclutas que debían pasar el test beta variaba de un campamento a otro, y a veces de una semana a otra en el mismo campamento. No existía un criterio fijo para determinar si se conocía o no la lengua, como tampoco un método uniforme para seleccionar a los analfabetos (1921).

El problema era mucho más agudo que la mera falta de coherencia en la forma de proceder en los diferentes campamentos. Debido a las permanentes dificultades logísticas se produjo una distorsión sistemática cuyo efecto principal fue una reducción de los promedios atribuidos a los negros y los inmigrantes. Hubo dos razones fundamentales de que muchos individuos sólo pasaran el test alfa y obtuviesen resultados de 0 o poco más, cuando de hecho no sufrían de ninguna estupidez innata sino que eran analfabetos y, según las propias instrucciones de Yerkes, hubieran tenido que pasar el test beta. Primero, los reclutas y demás hombres movilizados habían asistido, por lo general, menos años a la escuela que los previstos por Yerkes. Eso hizo que las colas para pasar el test beta se fueran alargando hasta crear un embotellamiento que amenazó con paralizar toda la empresa. En muchos campamentos gran cantidad de analfabetos eran desviados hacia el test alfa mediante una reducción artificial de los criterios de selección. En un campamento se consideró que el haber asistido hasta el tercer grado bastaba para pasar dicho test; en otro, cualquiera que dijese que sabía leer, sin importar cuál era su nivel, pasaba aquel test. El principal responsable del programa en el campamento Dix declaró lo siguiente (p. 72): «Para evitar que los grupos beta fuesen excesivamente numerosos, se rebajaron los criterios de admisión para el test alfa».

Segundo, y más importante, muchas veces la falta de tiempo y la hostilidad de los oficiales regulares impidieron pasar el test beta a aquellos reclutas que por error habían sido sometidos al test alfa. Yerkes reconoció que: «Sin embargo, nunca se logró hacer[les] ver que las continuas llamadas [para que dichos reclutas pasaran el otro test] ... eran lo bastante importantes como para justificar la reiterada interferencia con las maniobras de la compañía» (p. 472). El problema se agravó a medida que el ritmo se fue volviendo más frenético. El principal responsable del programa en el campamento Dix se quejó de que: «En junio fue imposible conseguir que un millar de hombres apuntados para pasar exámenes individuales pudieran realizarlos. En julio los negros que habían fracasado en el test alfa no fueron llamados para pasar un nuevo test» (pp. 72-73). El programa establecido casi no llegó a aplicarse a los negros, quienes, como de costumbre, recibían por parte de todos un trato menos atento y más despectivo. Por ejemplo, los que fracasaban en el test beta debían ser sometidos a un examen individual, pero, aunque la mitad de los reclutas negros obtuvieron un resultado D en el test beta, sólo una quinta parte de ellos fueron llamados para pasar un nuevo examen, mientras que las cuatro quintas partes restantes no volvieron a ser examinados (p. 708). Sin embargo, sabemos que los resultados de los negros mejoraban considerablemente cuando se cumplía con lo estipulado. En un campamento (p. 736), sólo el 14,1 por 100 de los hombres que habían obtenido un resultado D en el test alfa no obtuvieron clasificaciones superiores al ser sometidos al test beta.

Las consecuencias de esta distorsión sistemática pueden apreciarse en una de las experiencias que realizó Boring con los datos estadísticos finales. Seleccionó 4.893 casos de hombres que habían pasado ambos tests, y, después de traducir sus resultados a la escala común, calculó una edad mental media de 10,775 para el test alfa, y de 12,158 para el test beta (p. 655). Sólo utilizó los resultados del test beta que figuraban en aquella síntesis estadística. Así pues, el método de Yerkes funcionaba. Pero ¿qué ocurría con la inmensa cantidad de hombres que hubiesen debido pasar el test beta, pero que sólo fueron sometidos al test alfa, obteniendo así unos resultados bajísimos —me refiero sobre todo a los negros con un nivel muy elemental de educación y a los inmigrantes cuyo dominio del inglés era imperfecto, o sea, a aquellos grupos que obtuvieron los resultados inferiores que, precisamente, luego darían pie a la agitación hereditarista?

Procedimientos dudosos y viciados: un testimonio personal. Los registros escritos constituyen la fuente básica de datos para el científico; sin embargo, éste suele olvidar que entre esos registros y una representación completa o detallada de la experiencia puede existir mucha distancia. Hay algunas cosas que es preciso ver, tocar o probar. En el caso que nos ocupa, ¿cuál podía ser la reacción del recluta extranjero o negro y analfabeto que, angustiado y confuso, se enfrentaba a la experiencia desconocida de tener que pasar un examen sobre cuyos motivos y consecuencias —la expulsión del ejército, quizás, o que le destinaran a la primera línea— nada le habían informado? En 1968 un responsable de la aplicación de los tests evocaba así su experiencia en el caso del test beta: «Resultaba conmovedor ver el esfuerzo ... que aquellos hombres, que muchas veces no sabían cómo coger el lápiz, tenían que hacer para responder las preguntas» (citado en Kevles). Hubo un detalle importante que Yerkes no tomó en cuenta, o que pasó deliberadamente por alto: aunque el test beta sólo contenía figuras, números y símbolos, requería el uso del lápiz y, en tres de sus siete partes, el conocimiento de los números y del modo de escribirlos.

La monografía de Yerkes es tan completa que permite reconstruir paso por paso el procedimiento seguido por los examinadores y asistentes en la aplicación de ambos tests; reproduce en tamaño natural tanto los impresos utilizados en los mismos como todo el material explicativo destinado a los examinadores; también incluye una descripción completa de las palabras y ademanes normalizados que debían emplear estos últimos. Como me interesaba averiguar con la mayor exactitud posible cuáles podían ser las reacciones de los examinadores y examinados, decidí pasar el test beta (destinado a los analfabetos) a un grupo de cincuenta y tres estudiantes que asistían al curso que dicté en la Universidad de Harvard sobre el uso de la biología como arma social. Traté de atenerme estrictamente a las instrucciones de Yerkes. Creo haber reconstruido con toda fidelidad la situación original, con una excepción importante: mis alumnos sabían lo que estaban haciendo, no tenían que consignar sus nombres en el impreso, y tampoco arriesgaban nada con el test. (Posteriormente un amigo me dijo que tendría que haberles pedido los nombres —y luego comunicarles los resultados—, para reproducir en alguna medida la angustia de la situación original.)

Antes de comenzar, ya sabía que las contradicciones internas y los prejuicios invalidaban por completo las conclusiones hereditaristas que Yerkes había extraído de los resultados. Hacia el final de su carrera, el propio Boring calificó esas conclusiones de «disparatadas» (en una entrevista realizada en 1962, citado en Kevles, 1968). Sin embargo, ignoraba hasta qué punto las condiciones draconianas en que se aplicaban los tests excluían toda posibilidad de tomar en serio la afirmación de que aquellos reclutas se encontraban en un estado de ánimo adecuado para que pudiesen manifestar su nivel innato de inteligencia. En pocas palabras, la mayoría debían de acabar totalmente confundidos, o muertos de miedo.

A los reclutas se les introducía en una habitación y se les sentaba frente a una tarima donde estaba la persona encargada de aplicar el test y otra que hacía las demostraciones, mientras los ayudantes circulaban entre los sujetos. Los examinadores tenían instrucciones de proceder «con cordialidad», porque, «a veces, los sujetos que pasan este examen se ponen de mal humor y no quieren trabajar» (p. 163). Nada se les decía a los reclutas acerca del test o de sus objetivos. El examinador se limitaba a anunciarles lo siguiente: «Aquí hay unos papeles. No deben abrirlos ni darles la vuelta hasta que se les ordene hacerlo». Luego, los sujetos anotaban sus nombres, edades y estudios cursados (con la debida ayuda en el caso de los analfabetos). Después de esos preliminares de rutina, el examinador arremetía:

> Atención. Miren a este hombre (señalando al que realizaba las demostraciones). Él (señalaba de nuevo a esa persona) va a hacer aquí (golpeaba la pizarra con el puntero) lo que ustedes (señalaba a diferentes miembros del grupo) deben hacer en sus papeles (el examinador señalaba varios papeles que había frente a los hombres que formaban el grupo; cogía uno, lo acercaba a la pizarra, lo volvía a dejar en su sitio, señalaba a la persona que realizaba las demostraciones y luego a la pizarra, y por último dirigía el puntero hacia los sujetos y sus papeles). No hagan preguntas. Esperen hasta que yo diga «¡Adelante!» (p. 163).

En comparación, los hombres que pasaban el test alfa recibían una verdadera montaña de informaciones (p. 157). He aquí lo que les decía el examinador:

> ¡Atención! El propósito de este examen es averiguar hasta dónde son capaces de recordar, pensar y realizar lo que se les ordena. No estamos tratando de averiguar si ustedes están locos. Queremos contribuir a determinar cuáles son las tareas más adecuadas para ustedes en el ejército. Los resultados que obtengan se consignarán en sus fichas de calificación, y se enviarán también al comandante de su compañía. Algunas de las cosas que han de hacer serán fáciles. Otras, quizá, les parecerán difíciles. No se espera que obtengan un resultado perfecto, pero sí que lo hagan lo mejor posible ... Escuchen con atención. No hagan preguntas.

Esta fuerte limitación del vocabulario permitido al encargado de aplicar el test beta no se explica sólo porque Yerkes considerase que, dada la estupidez de ese tipo de reclutas, era poco lo que podrían comprender. Muchos de ellos eran inmigrantes recientes que no hablaban inglés, de modo que las instrucciones debían impartírseles sobre todo mediante figuras y ademanes. En este sentido, Yerkes señaló lo siguiente (p. 163): «En un campamento se obtuvieron muy buenos resultados utilizando un escaparate para las demostraciones. También podría recurrirse a actores para el desempeño de esa función». Un dato particularmente importante no era comunicado a los sujetos: el relativo a la práctica imposibilidad de que en tres horas pudieran completar el test, de modo que no se esperaba que lo hiciesen.

Sobre la tarima la persona encargada de realizar las demostraciones estaba de pie frente a una pizarra enrollable cubierta por una cortina; a su lado, también de pie, el examinador. Antes de cada una de las siete pruebas, se levantaba la cortina para mostrar el modelo (los siete están reproducidos en la figura 5.4), y las dos personas mencionadas realizaban la pantomima necesaria para exponer la forma en que debía procederse. Luego el examinador daba la orden de empezar, y el otro bajaba la cortina y enrollaba la pizarra hasta el modelo si-

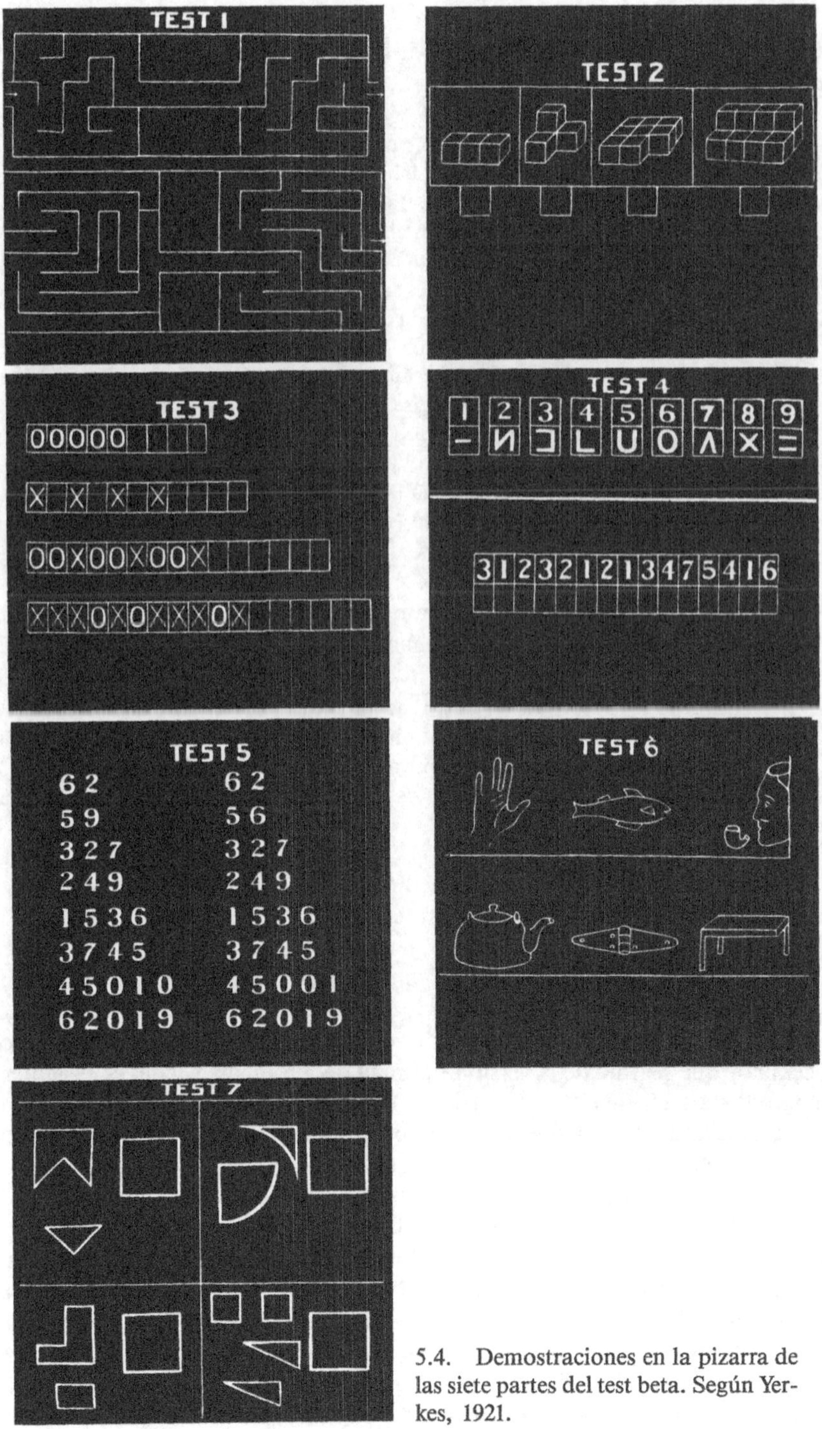

5.4. Demostraciones en la pizarra de las siete partes del test beta. Según Yerkes, 1921.

guiente. He aquí la demostración que se hacía para explicar la primera prueba (recorrer un laberinto):

> A lápiz, lentamente y con vacilaciones, el encargado de la demostración dibuja un camino a través del primer laberinto. Luego el examinador dibuja el segundo laberinto e indica al otro que trace el camino. Éste comete el error de dirigirse a la calle sin salida situada en el ángulo superior izquierdo del laberinto. El examinador no parece darse cuenta de lo que el otro está haciendo hasta que éste llega al final de la calle; entonces sacude vigorosamente la cabeza, dice «No, no», coge la mano del encargado de la demostración y la lleva hasta una posición anterior, desde donde puede reiniciar bien el recorrido. El encargado de la demostración recorre el resto del laberinto vacilando sólo en los puntos ambiguos y procediendo por lo demás con prisa, para indicar el tipo de comportamiento a seguir. El examinador dice «Bien». Luego coge uno de los impresos al tiempo que dice «Miren aquí», y traza una línea imaginaria que cruza la página de izquierda a derecha, atravesando cada laberinto que figura en la misma. Después dice «Muy bien. Adelante. Háganlo (señala a los reclutas y luego a las hojas). Dense prisa».

Este pasaje puede resultar ingenuamente divertido (algunos de mis alumnos lo tomaron así). Frente a él, la siguiente afirmación tiene algo de diabólico.

> Durante la prueba del laberinto, hay que inculcarles a los sujetos la idea de que deben trabajar de prisa. El examinador y los ayudantes recorren la habitación señalando a los sujetos que no trabajan, y diciendo «Háganlo, háganlo, de prisa, rápido». Al cabo de 2 minutos el examinador dice «¡Alto! Den vuelta a la página y miren la prueba 2».

El examinador hacía entonces la demostración de la prueba 2, que consistía en contar cubos, algunos de ellos representados en forma tridimensional (a mi hijo le quedaban algunos de cuando era bebé). Cabe indicar que los sujetos que no sabían escribir los números obtenían un resultado de cero, aunque fuesen capaces de contar correctamente todos los cubos. En cuanto a la prueba 3, que consistía en varias secuencias donde alternaban X y O, cualquiera reconocerá hoy que se trata de la versión figurada del problema «¿cuál es el siguiente número de la secuencia?». La prueba 4, dígitos y símbolos, requiere la traducción de nueve dígitos en sus correspondientes símbolos. Parece bastante fácil, pero la prueba constaba de noventa elementos y era imposible que alguien la completase en los dos minutos fijados para su realización. Además, el sujeto que no sabía escribir los números tenía la grave desventaja de encontrarse con dos conjuntos de símbolos desconocidos. La prueba 5 verificación de números, requería comparar secuencias numéricas, de hasta once cifras, dispuestas en dos columnas paralelas. Cuando los números, situados en la misma línea eran idénticos en ambas columnas, se indicaba (mediante ademanes) a los reclutas que trazaran una X junto a dichos elementos. Había tres minutos para revisar cincuenta secuencias, y pocos reclutas podían completar la prueba. También en este caso, quienes no sabían escribir o reconocer los números eran prácticamente incapaces de realizarla.

La prueba 6, completar figuras, es la versión en imágenes del problema de escoger la respuesta correcta —sobre productos comerciales, astros del cine o el deporte, o principales industrias de distintas ciudades y estados—, incluido en el test alfa como otra manera de determinar la inteligencia innata de los reclutas. Vale la pena citar las instrucciones para su aplicación:

> «Esta que hay aquí es la prueba 6. Miren. Un grupo de figuras.» Cuando todos han encontrado el sitio, «Ahora observen». El examinador señala la mano y dice al encargado de la demostración, «Complétela». Éste no hace nada, pero mira desconcertado. El examinador señala la figura de la mano, y luego el sitio donde falta un dedo, y vuelve a decir, «Complétela, complétela». Entonces el otro dibuja el dedo. El examinador dice, «Correcto». Después señala el pez y el sitio donde falta el ojo, y dice, «Complételo». Cuando el otro ha dibujado el ojo que falta, el examinador señala las cuatro figuras restantes y dice, «Complételas todas». El otro completa los modelos lentamente y dando muestras de esforzarse. Una vez completados los modelos, el examinador dice, «Muy bien. Adelante. ¡Deprisa!». Durante la realización de esta prueba, los ayudantes recorren la habitación y localizan a los sujetos que permanecen inactivos; señalan sus hojas y dicen, «Complételo, complételo»; tratan que todos se pongan a trabajar. Al cabo de 3 minutos, el examinador dice, «¡Alto! Pero no den vuelta a la hoja».

También vale la pena reproducir el impreso (véase la figura 5.5). ¡Buena suerte con la cola del cerdo, la pata del cangrejo, la bola del juego de bolos, la red de la pista de tenis y el rombo del naipe, para no mencionar la bocina del gramófono (auténtico atolladero para mis alumnos)! He aquí las instrucciones de Yerkes para calificar esta prueba:

Reglas para cada elemento

Elemento 4. — Cualquier tipo de cuchara, en cualquier ángulo, añadida a la mano derecha, vale. Una cuchara en la mano izquierda o separada, no vale.
Elemento 5. — La chimenea debe estar en el sitio correcto. Vale lo mismo con o sin humo.
Elemento 6. — Otra oreja situada del mismo lado que la primera, no vale.
Elemento 8. — Un mero cuadrado, cruz, etc., situado en el sitio del sello, vale.
Elemento 10. — Lo que falta es el remache. Puede omitirse la anilla.
Elemento 13. — Lo que falta es la pata.
Elemento 15. — La bola debe dibujarse en la mano del hombre. Si se la dibuja en la mano de la mujer, o en movimiento, no vale.
Elemento 16. — Una línea que represente la red, vale.
Elemento 18. — Todo dibujo que represente la bocina, cualquiera que sea su orientación, vale.
Elemento 19. — La mano y la borla deben dibujarse en el sitio correcto.
Elemento 20. — Lo que falta es el rombo. Es igual que se añada o no la empuñadura de la espada.

5.5. Parte seis del test beta para la inteligencia innata.

La séptima y última prueba, construcción geométrica, requería descomponer un cuadrado en diferentes piezas. Para completar las diez partes de esta prueba el sujeto disponía de dos minutos y medio.

Creo que tanto las condiciones en que se aplicaba el test como su propio carácter, impiden considerar con seriedad la afirmación de que era un instrumento adecuado para medir algún estado interno digno de ser llamado inteligencia. Pese a las instrucciones de proceder «con cordialidad», el test se aplicaba con una precipitación casi frenética. Aunque los reclutas no podían acabar a tiempo la mayoría de las partes, el examinador no hacía ninguna advertencia previa sobre esa cuestión. Mis alumnos elaboraron una tabla con las cifras relativas al grado de cumplimiento obtenido en cada prueba. En dos de ellas, dígitos y símbolos, y verificación de números (4 y 5), sólo unos pocos alumnos fueron capaces de escribir con la rapidez necesaria para completar los noventa y cincuenta elementos de que constaban, pese a que todos comprendieron las instrucciones. La excesiva dificultad de la tercera prueba, recuento de cubos —que la mayoría no pudo completar—, se debía tanto al número de elementos de que constaba como a la brevedad del plazo asignado para su realización.

Prueba	Completa	Incompleta
1	44	9
2	21	32
3	45	8
4	12	41
5	18	35
6	49	4
7	40	13

En suma, muchos reclutas no podían ver u oír al examinador; algunos no sabían lo que era pasar un test o, incluso, coger un lápiz. Muchos no comprendían las instrucciones y estaban totalmente perplejos. Los que las comprendían sólo alcanzaban a completar una parte muy pequeña de la mayoría de las pruebas en el plazo asignado. A todo esto, si la angustia y la confusión no llegaban ya a niveles suficientemente elevados como para invalidar el test, los ayudantes iban de aquí para allá, señalando a distintos reclutas y ordenándoles que se dieran prisa en voz lo bastante alta como para que, tal como se les había indicado, todo el mundo pudiese oírles. Añádase a esto el flagrante prejuicio cultural que condicionaba la prueba 6, así como los prejuicios más sutiles que entrañaban una desventaja para quienes no sabían escribir los números o sencillamente no dominaban la escritura. ¿A qué podía pues, conducir todo eso, sino a una total confusión?

El resumen estadístico permite comprobar la inadecuación del test, si bien Yerkes y Boring prefirieron interpretarlo de otra manera. La monografía presenta por separado las distribuciones de frecuencia de los resultados obtenidos en cada una de las partes. Como Yerkes creía que la inteligencia innata tenía una distribución normal (la pauta «estándar» con un valor más frecuente que correspondería a un resultado intermedio, y a partir del cual las frecuencias decrecerían gradualmente en ambas direcciones), esperaba que los resultados obtenidos en cada prueba también presentarían una distribución normal. Ahora bien, sólo dos de dichas pruebas —recorrer un laberinto y completar figuras (1 y 6), tuvieron una distribución cercana a la normal. (Se trata de las pruebas que también mis alumnos pudieron realizar con más facilidad, y en las que el tiempo asignado resultó menos escaso.) En todos los otros casos, la distribución fue bimodal: un pico situado en el valor intermedio y otro muy cerca del valor mínimo de cero (véase la figura 5.6).

Para el sentido común, esta bimodalidad indica que los reclutas reaccionaban de dos maneras diferentes ante las pruebas. Algunos comprendían qué era lo que debían hacer, y realizaban las tareas indicadas de forma más o menos satisfactoria. Otros, por una u otra razón, no lograban entender las instrucciones, y obtenían un resultado de cero. Dado el clima de angustia imperante, las dificultades para ver y oír, y la circunstancia de que para la mayoría de los reclutas aquella era la primera vez que pasaban un test, sería una tontería tomar esos resultados de cero como prueba de la estupidez innata de quienes no alcanzaban el nivel de inteligencia de los que obtenían algún punto, aunque fue así precisamente como Yerkes intentó salirse del problema (véase *infra*, pp. 219-222). (Mis alumnos comprobaron que las pruebas que menos habían podido acabar eran las mismas que en la muestra de Yerkes presentaban una segunda moda situada en el valor cero: las pruebas 4 y 5. La única excepción fue la prueba 3, completada por la mayoría de mis alumnos, pero que en la muestra del ejército había producido una moda muy importante situada en cero. Pero dicha prueba es el equivalente en imágenes del problema de determinar cuál es el siguiente número de una secuencia: una prueba que mis alumnos habían pasado en innumerables ocasiones.)

Los estadísticos aprenden a sospechar de las distribuciones que presentan varias modas. Por lo general, dichas distribuciones indican una falta de homogeneidad en el sistema, o, para decirlo de forma más sencilla, la existencia de varias causas que explican la aparición de las diferentes modas. En este tipo de casos valen todos los proverbios conocidos acerca de la inconveniencia de mezclar las manzanas con las peras. La presencia de varias modas debiera haber despertado en Yerkes la sospecha de que sus tests no medían una entidad independiente llamada inteligencia. En cambio, sus técnicos encontraron la forma de redistribuir los resultados de cero para obtener una confirmación de las hipótesis hereditaristas (véase la sección siguiente).

¡Ah! Se me olvidaba decir cómo les fue a mis alumnos. Por supuesto que bien. Lo sorprendente hubiese sido cualquier otro resultado, puesto que dichas pruebas no eran más que las antecesoras, mucho más sencillas, de las que ya habían pasado repetidas veces a lo largo de sus vidas. De los cincuenta y tres alumnos, treinta y uno obtuvieron la calificación A, y dieciséis la calificación B. Sin embargo, más del 10 por 100 (seis) obtuvieron la calificación C, correspondiente a una inteligencia limítrofe, de modo que, según los criterios utiliza-

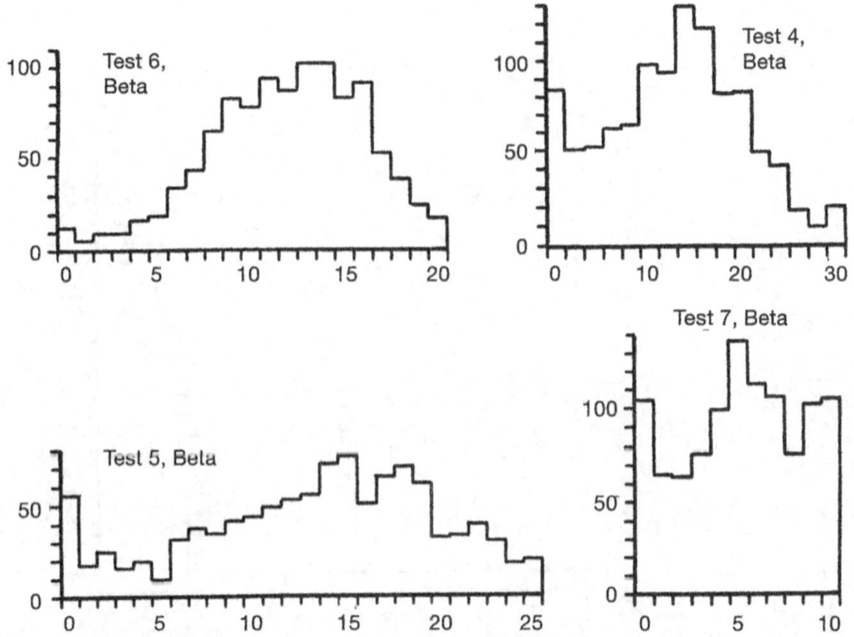

5.6. Distribución de las frecuencias de cuatro de las pruebas del test beta. Adviértase la elevada moda con valor cero en las pruebas 4, 5 y 7.

dos en algunos campamentos, sólo hubiesen podido cumplir con las obligaciones del soldado raso.

La falsificación del resumen estadístico: el problema de los valores cero. Si el test beta tropezó con el obstáculo de la moda secundaria situada en el valor cero, el test alfa, por su parte, resultó un desastre total por la misma razón, mucho más agravada. En el test beta, las modas situadas en el valor cero eran importantes, pero nunca alcanzaban la altura de la moda primaria situada en valores intermedios. En cambio, seis de las ocho pruebas alfa presentaron modas situadas en el valor cero más elevadas que la otra moda. (De las dos pruebas restantes, sólo una presentó una distribución normal —la moda situada en un valor intermedio—, mientras que la otra tuvo una moda secundaria situada en el valor cero, si bien menos elevada que la moda intermedia.) Lo más corriente era que la moda situada en el valor cero se elevase muy por encima de los demás valores. En una de las pruebas, casi el 40 por 100 de los resultados era de cero (véase la figura 5.7 a). En otra, el valor cero era el único común, y el resto de los resultados (alrededor de un quinto del nivel alcanzado por los del valor cero) presentaban una distribución plana que luego declinaba de forma similar al llegar a los resultados más altos (véase la figura 5.7 b).

También en este caso, para el sentido común, el marcado predominio de

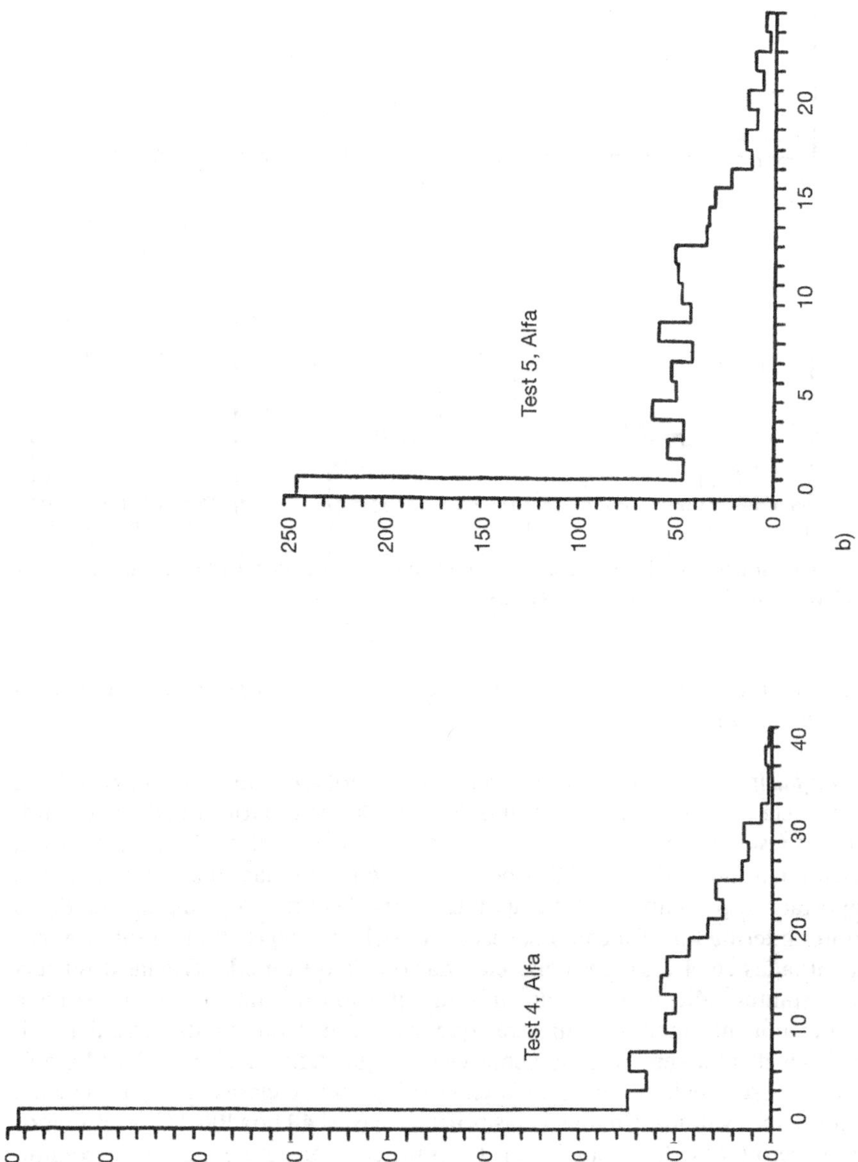

5.7. El cero era con mucho el valor más frecuente en varias de las pruebas del test alfa.

los ceros indica que muchos reclutas no debieron de comprender las instrucciones, con lo que dichas pruebas perdían toda validez. En la monografía de Yerkes no es difícil encontrar indicaciones que reflejan la perplejidad de los examinadores ante la elevada frecuencia de dichos ceros, que, en el momento de aplicar los tests, tendían a interpretar desde el punto de vista del sentido común. Eliminaron parte de las pruebas del test beta (p. 372), porque producían hasta un 30,7 por 100 de resultados cero (aunque continuaron aplicando ciertas pruebas del test alfa que producían un porcentaje aún mayor de ceros). Redujeron la dificultad de los elementos iniciales de varias pruebas «para reducir el número de resultados cero» (p. 341). Introdujeron entre los criterios, para incorporar una prueba al test beta, el de la «facilidad de demostración, que pudiera reconocerse por la existencia de un bajo porcentaje de resultados cero» (p. 373). Admitieron en varias ocasiones que la elevada frecuencia de ceros no indicaba que los reclutas fueran estúpidos, sino que la explicación había sido insuficiente: «La gran cantidad de resultados cero, incluso en el caso de oficiales, indica que las instrucciones fueron inadecuadas» (p. 340). «Los primeros informes insistían sobre todo en que lo más difícil era ''hacerles [a los reclutas] ver de qué se trataba''. La presencia de un elevado porcentaje de resultados cero se tomaba como una indicación de que en dicha prueba [el examinador] no había logrado ''hacer ver de qué se trataba''» (p. 379).

Después de todo esto, cabría haber esperado que Boring decidiese o bien excluir dichos ceros del resumen estadístico o bien corregirlos basándose en la hipótesis de que los reclutas habrían obtenido más puntos si hubieran comprendido qué debían hacer. Lo que decidió, en cambio, fue «corregir» los resultados cero en la dirección opuesta, rebajando de hecho una gran parte para incluirlos en una categoría negativa.

Boring partió del mismo supuesto hereditarista que invalidaba toda la empresa: el de que los tests medían, por definición, la inteligencia innata. Por tanto, la montaña de ceros se debía a todos aquellos reclutas cuya estupidez les había impedido realizar tarea alguna. ¿Era correcto darles a todos la calificación de cero? Al fin y al cabo, aunque algunos fuesen meramente estúpidos y, por tanto, les correspondiera dicho cero, a otros esa calificación mínima los había salvado de otra aún peor, porque, en caso de que la prueba hubiese contenido bastantes problemas fáciles como para poder introducir distinciones entre los resultados cero, su resolución habría sido más deficiente todavía. Así, Boring estableció una distinción entre un verdadero «cero matemático», valor mínimo intrínseco que, lógicamente, no podía admitir reducciones, y un «cero psicológico», punto de partida arbitrario definido por una prueba determinada. (Desde un punto de vista general, la distinción de Boring era pertinente; pero en el marco particular de los tests del ejército resultaba absurda):

> Por tanto, un resultado de cero no significa en modo alguno que el sujeto sea incapaz; no indica el punto de discontinuidad de la cosa medida, sino del instrumento de medida, o sea el test ... De hecho, el individuo que no logra obtener un resultado positivo y recibe una calificación de cero, obtiene una prima cuyo valor varía en relación directa con su grado de estupidez (p. 622).

Por consiguiente, Boring «corrigió» los resultados de cero calibrándolos con respecto a otras pruebas de la serie en las que el individuo en cuestión había obtenido algún punto. Si en otras pruebas había obtenido buenos resultados, los ceros no suponían una doble penalización; si, en cambio, esos resultados habían sido malos, entonces los ceros debían transformarse en puntos negativos.

Ese método añadía otro factor de distorsión que acentuaba un defecto grave del procedimiento básico de Yerkes. Los ceros sólo indicaban que, por una serie de razones ajenas a la inteligencia, muchos individuos no habían podido comprender qué era lo que debían hacer. Yerkes tendría que haberlo reconocido, porque sus propios informes probaban que, cuando el grado de confusión y acoso era menor, casi todos los sujetos que en el examen colectivo habían obtenido resultados de cero, conseguían algún punto si realizaban la misma prueba u otra similar en un examen individual. «En Greenleaf —escribe (p. 406)— se comprobó que la proporción de resultados de cero en la prueba del laberinto descendía del 28 por 100 en el test beta al 2 por 100 en la escala de desempeño, y que, análogamente, los resultados de cero en la prueba de dígitos y símbolos descendían del 49 al 6 por 100.»

Sin embargo, si bien los estadísticos de Yerkes tenían la posibilidad de corregir esa distorsión descartando o redistribuyendo adecuadamente los resultados de cero, hacían justo lo contrario. Imponían una doble penalización transformando la mayoría de los resultados de cero en puntos negativos.

La falsificación de las estadísticas finales: cómo se escamotearon las correlaciones evidentes con factores ambientales. La monografía de Yerkes es un tesoro de informaciones para quienes busquen correlatos ambientales de los resultados obtenidos en los «tests de inteligencia». Esta afirmación puede parecer paradójica si se piensa que Yerkes negó explícitamente cualquier determinación ambiental decisiva, y continuó insistiendo en que los tests medían la inteligencia innata. Cabe sospechar, incluso, que su ceguera le impidió leer correctamente sus propios datos. Sin embargo, de hecho la situación es aún más curiosa. Yerkes leyó cuidadosamente sus datos, se interrogó a propósito de cada una de sus correlaciones con factores ambientales y se las arregló para descartarlas mediante unos argumentos que en ocasiones rozan con lo ridículo.

En una página o dos se mencionan aquí y allá algunos datos de menor importancia. Para las cuatro categorías, Yerkes encontró correlaciones fuertes entre el resultado medio de los tests y la circunstancia de que los sujetos padecían de anquilostomiasis:

	Infectados	No infectados
Alfa blancos	94,38	118,50
Beta blancos	45,38	53,26
Alfa negros	34,86	40,82
Beta negros	22,14	26,09

Esto debía haberle inducido a reconocer que el estado de salud, en especial con respecto a las enfermedades vinculadas con la pobreza, tenía alguna influencia sobre los resultados obtenidos. Aunque Yerkes no descartó esa posibilidad, insistió en una explicación diferente (p. 811): «La capacidad innata inferior puede determinar unas condiciones de vida propicias para enfermarse de anquilostomiasis».

Al estudiar la distribución de los resultados por profesión, Yerkes, convencido de que la inteligencia siempre resulta recompensada, supuso que los resultados de los tests debían ser mejores cuanto mayor fuese la competencia profesional. Dividió cada oficio en aprendices, oficiales y maestros, y trató de encontrar una jerarquía entre los resultados obtenidos por los distintos grupos. Pero no pudo hallar regularidad alguna. En lugar de abandonar la hipótesis, consideró que debía haber algún fallo en su procedimiento para distribuir a los sujetos en esas tres categorías (pp. 831-832):

> Parece razonable suponer que en la industria funciona un mecanismo de selección por el que los mentalmente más hábiles ascienden del estadio de aprendices al de oficiales, así como de este último al de maestros. Los que son mentalmente inferiores permanecerían en los niveles de cualificación más bajos o quedarían eliminados de la profesión. Sobre esta hipótesis hay que empezar a cuestionar la validez del procedimiento seguido en las entrevistas personales.

Entre las regularidades más destacadas, Yerkes encontró continuamente relaciones entre la inteligencia y el grado de escolaridad. Calculó un coeficiente de correlación de 0,75 entre los resultados obtenidos en los tests y los años de instrucción. De 348 sujetos que habían obtenido resultados inferiores al promedio en el test alfa, sólo 1 había concurrido a la universidad (estudiante de odontología), 4 habían acabado los estudios secundarios y sólo 10 habían concurrido al instituto. Sin embargo, Yerkes no concluyó que el mayor grado de escolaridad bastaba para determinar la obtención de mejores resultados en los tests; sostuvo, en cambio, que los sujetos dotados de mayor inteligencia innata concurrían más años a la escuela. «Todos estos datos corroboran, sin duda, la teoría de que la inteligencia innata es uno de los factores condicionantes de más peso para la prolongación de la escolaridad» (p. 708).

Al considerar las diferencias entre los negros y los blancos, Yerkes destacó una correlación más marcada entre los resultados obtenidos en los tests y el grado de escolaridad. Se trataba de una observación social importante, pero la distorsionó desde su habitual perspectiva innatista (p. 760):

> Los reclutas blancos nacidos en el extranjero tienen un menor grado de escolarización; más de la mitad de ese grupo sólo han cursado hasta el quinto grado, y una octava parte, el 12 por 100, declaran no haber concurrido a la escuela. Una proporción sorprendentemente elevada de reclutas negros, pese a haber crecido en este país, donde se supone que la escuela primaria no sólo es gratuita sino también obligatoria, declaran no haber asistido a la escuela.

Según Yerkes, el hecho de que los negros no asistiesen a la escuela debía de corresponder a una falta de interés vinculada a su bajo nivel de inteligencia. En ningún momento menciona la discriminación (por entonces oficialmente aprobada, cuando no impuesta), las malas condiciones imperantes en las escuelas para negros, como tampoco el hecho de que debido a las necesidades económicas los sujetos pertenecientes a las clases pobres se veían obligados a trabajar. Yerkes reconoció que la calidad de las escuelas podía variar, pero desestimó la influencia de ese factor y citó, como prueba decisiva de la estupidez innata de los negros, los malos resultados que habían obtenido en los tests comparados con los logrados por sujetos blancos que habían concurrido los mismos años que ellos a la escuela (p. 773):

> Desde luego, el nivel de cada clase no es el mismo en todo el país, sobre todo entre las escuelas para niños blancos y las escuelas para niños negros, de modo que el significado de «escolaridad hasta el cuarto grado» es muy diferente en un grupo y en otro, pero, sin duda, esta variabilidad no explica las evidentes diferencias de inteligencia que existen entre los grupos.

En la monografía de Yerkes están registrados los datos que pudieran haberle inducido a cambiar de opinión (suponiendo que hubiese abordado su estudio con algún grado de flexibilidad), pero nunca los utilizó. Había observado que existían diferencias regionales en la educación de los negros. La mitad de los reclutas negros procedentes de los estados del Sur sólo habían asistido a la escuela hasta el tercer grado, mientras que la mitad de los del Norte habían llegado hasta el quinto grado (p. 760). En el Norte, el 25 por 100 habían acabado la escuela primaria; en el Sur, sólo el 7 por 100 lo habían hecho. Yerkes también señaló (p. 734) que «el porcentaje de alfas es mucho menor, y el de betas mucho mayor, en el grupo del Sur que en el del Norte». Muchos años después, Ashley Montagu (1945) estudió los cuadros por estado que había elaborado Yerkes. Montagu confirmó la regularidad observada por Yerkes: el resultado promedio del test alfa era de 21,31 para los negros de trece estados del Sur, y de 39,90 para los de nueve estados del Norte. Montagu observó también que los resultados medios de los negros en los cuatro estados del Norte con promedios más elevados (45,31) eran superiores al promedio *blanco* de nueve estados del Sur (43,94). Descubrió que lo mismo sucedía en el test beta, donde en seis estados del Norte el promedio obtenido por los negros era de 34,63, mientras que en catorce estados del Sur el promedio de los blancos era de 31,11. Como siempre, los hereditaristas tenían su respuesta preparada: sólo los mejores negros habían sido lo bastante listos como para desplazarse hacia el Norte. Las personas de buena voluntad y sentido común siempre parecen haber preferido una explicación basada en la calidad de la instrucción, sobre todo desde que Montagu también descubrió que existía una correlación muy elevada entre el presupuesto de educación de los estados y el resultado medio obtenido por los reclutas procedentes de cada uno de ellos.

Otra correlación persistente amenazó las convicciones hereditaristas de Yerkes, y el argumento al que recurrió para defenderlas se convirtió en una de las principales armas sociales de las campañas políticas realizadas posteriormente en favor de una restricción de la inmigración. Los resultados obtenidos en los tests habían sido recogidos en cuadros por países de origen, y Yerkes advirtió la existencia del tipo de regularidad cara a los partidarios de la supremacía nórdica. Dividió a los reclutas por países de origen: de una parte, ingleses, escandinavos y teutones, y de la otra latinos y eslavos; y afirmó (p. 699): «las diferencias son considerables (una variación máxima de casi dos años de edad mental)»... en favor de los nórdicos, por supuesto.

Pero Yerkes reconoció que podía existir un problema. La mayoría de los latinos y eslavos habían llegado poco tiempo atrás y hablaban mal el inglés, o no lo hablaban; la principal oleada de inmigración teutona se había producido hacía mucho tiempo. Según el procedimiento de Yerkes, ese hecho no debía tener ninguna consecuencia. Los individuos que no sabían hablar inglés se encontraban en pie de igualdad con los demás. Se les aplicaba el test beta, cuyas pruebas con imágenes medían supuestamente la capacidad innata, independientemente del grado de alfabetización y de conocimiento de la lengua. Sin embargo, los datos mostraron que la falta de familiaridad con el inglés entrañaba una evidente desventaja. De los reclutas blancos que obtuvieron un resultado E en el test alfa, y que por tanto pasaron también el test beta (pp. 382-383), los que hablaban inglés obtuvieron un promedio de 101,6 en este último test, mientras que los que no lo hablaban sólo obtuvieron un promedio de 77,8. En la escala individual de desempeño, que eliminaba la confusión y el acoso en la aplicación del test beta, los reclutas nativos y extranjeros no presentaban diferencias (p. 403). (Pero esos tests individuales sólo se aplicaron a un número muy reducido de sujetos, y no afectaron los promedios nacionales.) Yerkes tuvo que reconocer (p. 395): «Hay indicios de que los individuos que sufren de dificultades lingüísticas y de analfabetismo están penalizados en un grado apreciable en el test beta, si se los compara con quienes no tienen esa desventaja».

Otra correlación era aún más susceptible de plantear dificultades. Yerkes descubrió que existía una relación directa entre los resultados medios obtenidos en los tests por los reclutas de origen extranjero y sus años de residencia en los Estados Unidos.

Años de residencia	Edad mental media
0-5	11,29
6-10	11,70
11-15	12,53
16-20	13,50
20-	13,74

¿Estos datos no indicaban que las diferencias en los resultados obtenidos no dependían de la inteligencia innata, sino de la familiaridad con el modo de vida norteamericano? Yerkes admitió esa posibilidad, pero siguió confiando firmemente en una solución hereditarista (p. 704):

> Al parecer, pues, el grupo que reside desde hace más tiempo en el país obtiene resultados un poco mejores[10] en los tests de inteligencia. Es imposible determinar si la diferencia se debe al hecho de que el grupo más americanizado se adapta mejor a la situación de examen, o a la intervención de algún otro factor. Podría suceder, por ejemplo, que los inmigrantes más inteligentes fuesen los que hayan tenido éxito y, por tanto, hayan permanecido en el país; pero contra este argumento milita el hecho de que muchos inmigrantes que hayan tenido éxito regresan a Europa. Lo mejor que podemos hacer es dejar en suspenso la cuestión de saber si esas diferencias representan una verdadera diferencia de inteligencia o sólo derivan del método de examen.

Los partidarios de la supremacía teutónica no tardarían en zanjar la cuestión: la inmigración reciente estaba formada por las heces de Europa —latinos y eslavos de las clases inferiores—. Los inmigrantes afincados desde hacía más tiempo pertenecían en su mayor parte a estirpes nórdicas superiores. La correlación con la cantidad de años de residencia en los Estados Unidos venía determinada por la constitución genética.

Los tests mentales del ejército hubieran podido constituir un impulso para emprender una serie de reformas sociales, porque mostraban que las desventajas ligadas a factores ambientales impedían que millones de personas tuvieran la oportunidad de desarrollar sus aptitudes intelectuales. Los datos indicaban reiteradamente la presencia de correlaciones muy marcadas entre los resultados obtenidos en los tests y los factores ambientales. Sin embargo, una y otra vez, quienes formularon y aplicaron esos tests inventaron explicaciones tortuosas y arbitrarias para defender sus prejuicios hereditaristas.

¡Cuán fuertes deben de haber sido los prejuicios hereditaristas de Terman, Goddard y Yerkes para impedirles ver lo que tenían delante de sus narices! Terman afirmaba seriamente que los buenos orfanatos permitían descartar toda explicación del bajo CI de los niños allí alojados, sobre la base de la influencia de los factores ambientales. Goddard aplicó los tests a unos inmigrantes confundidos y aterrorizados que acababan de hacer un viaje agotador en la cubierta de los barcos, y consideró que estaba midiendo su inteligencia innata. Yerkes importunó a sus reclutas, obtuvo una masa de resultados nulos que probaban las condiciones de confusión y acoso a que los había sometido, y extrajo una serie de datos sobre las supuestas capacidades innatas de los grupos nacionales y raciales. Todas estas conclusiones no pueden atribuirse a un misterioso «genio de la época», porque hubo críticos contemporáneos que también percibieron el carácter absurdo de las mismas. Los hereditaristas norteamericanos eran dogmáticos incluso de acuerdo con los criterios de su propia época. Pero su dogma encontró corrientes favorables que le valieron la aprobación general, y tuvo consecuencias trágicas.

10. Adviértase hasta qué punto la elección de las palabras puede revelar la influencia de los prejuicios. Esta diferencia de casi dos años y medio de edad mental (13,74-11,29) sólo representa un resultado «un poco mejor». En cambio, de la diferencia, más pequeña (pero supuestamente hereditaria), de dos años entre los grupos nórdico-teutónico y latino-eslavo se había dicho que era «considerable».

La repercusión política de los datos del ejército

¿Puede sobrevivir la democracia con una edad mental media de trece años? Yerkes estaba perplejo por ese promedio de edad mental de 13,08 años que había descubierto en los reclutas blancos. Aunque ese dato armonizase con sus prejuicios y con los temores eugenésicos de los norteamericanos auténticos y prósperos, era demasiado bueno para ser cierto, o demasiado bajo para ser aceptable. Yerkes reconoció que los más inteligentes habían sido excluidos de la muestra: los oficiales alistados voluntariamente y «los especialistas en cuestiones técnicas y empresariales exentos del servicio militar porque eran imprescindibles para la buena marcha de las actividades industriales vinculadas con la guerra» (p. 785). Pero esas exclusiones quedaban compensadas por la eliminación previa de los sujetos cuyo retraso y debilidad mental era inmediatamente reconocible. El promedio de trece años podía ser un poco bajo, pero tampoco podía alejarse mucho de la realidad (p. 785).

Yerkes tenía dos posibilidades. Podía reconocer que la cifra era absurda y revisar sus métodos para tratar de detectar los defectos que pudiesen haber producido esa aberración. Si hubiera optado por esa actitud, no habría tenido que profundizar demasiado, porque había tres distorsiones importantes que se combinaban para reducir el promedio hasta un nivel tan difícil de aceptar. Primero, los tests no medían la inteligencia innata, sino el grado de instrucción y de familiaridad con la cultura norteamericana, y muchos reclutas, cualquiera que fuese el nivel de su inteligencia, padecían de una grave falta de instrucción o bien hacía demasiado poco que residían en los Estados Unidos o eran demasiado pobres como para tener alguna idea de las hazañas deportivas del as del béisbol Mathewson (entre las que se cuenta un promedio de carreras de 1,14 en 1909). Segundo, no se había aplicado el procedimiento indicado por el propio Yerkes. Alrededor de dos tercios de la muestra blanca pasó el test alfa, y la gran proporción de resultados de cero indicaba que muchos deberían de haber pasado el test beta. Pero el tiempo y la indiferencia del Estado Mayor se opusieron a ello, y muchos reclutas no pasaron ese segundo test. Por último, Boring interpretó los valores nulos penalizando doblemente unos resultados que ya eran (artificialmente) demasiado bajos.

La otra posibilidad que tenía Yerkes consistía en aceptar aquella cifra y quedarse un poco perplejo. Por supuesto, optó por esta segunda estrategia:

> La experiencia clínica nos ha permitido conocer aproximadamente cuál es la capacidad y la habilidad mental de un hombre de 13 años de edad mental. Hasta ahora nunca habíamos supuesto que la habilidad mental de ese hombre fuese el promedio del país, ni que distara tan poco del mismo. Por definición, quienes tienen una edad mental que oscila entre los 7 y los 12 años son deficientes mentales. Si hay que concluir, como se ha hecho recientemente, que esa definición se refiere a todos los que tienen edades mentales inferiores a los 13 años, entonces casi la mitad de los reclutas blancos (el 47,3 por 100) serían deficientes. Así, la debilidad mental, tal como se la define en la actualidad, parece ser muchísimo más frecuente de lo que se supuso en un principio.

Los colegas de Yerkes estaban igualmente perplejos. Goddard, el inventor del deficiente mental, empezó a dudar de su propia creación: «Parece que estamos atrapados entre la espada y la pared: o bien la mitad de la población es débil mental, o bien una mentalidad de 12 años no entra realmente dentro de los límites de la debilidad mental» (1919, p. 352). También él optó por la solución de Yerkes y lanzó un grito de alarma por la salvación de la democracia norteamericana:

> Si finalmente se llegase a descubrir que la inteligencia del hombre medio es de 13 años —y no de 16 años—, eso sólo confirmaría lo que algunos comienzan a sospechar: a saber, que el hombre medio sólo puede encargarse de sus asuntos con un grado moderado de prudencia, sólo puede ganar un salario muy modesto, y se encuentra muchísimo mejor cuando cumple órdenes que cuando trata de dirigir su propia vida. Con otras palabras, eso mostrará que la situación en que se encuentra la sociedad humana está justificada por una razón fundamental, y que, además, gran parte de los esfuerzos que realizamos para cambiar esa situación son vanos debido a que no hemos comprendido cuál es la naturaleza del hombre medio (1919, p. 236).

Esa aciaga cifra 13 se convirtió en una fórmula de encantamiento entre los que trataban de contener los movimientos en favor de una política de asistencia social. Después de todo, si el hombre medio es apenas mejor que un deficiente mental, entonces la pobreza tiene un origen fundamentalmente biológico, y ni la educación ni la mejora de las oportunidades de empleo pueden contribuir a mitigarla. En un célebre discurso titulado «¿Los Estados Unidos están a salvo de la democracia?», el director del departamento de psicología de Harvard afirmó (W. McDougall, citado en Chase, 1977, p. 226):

> Los resultados de los tests del ejército indican que alrededor del 75 por 100 de la población no posee suficiente capacidad innata para alcanzar un desarrollo intelectual que le permita acabar los estudios secundarios normales. La amplia encuesta sobre los escolares realizada por el profesor Terman y sus colegas conduce a unos resultados muy similares.

En un discurso inaugural, el presidente de la Colgate University, G. G. Cutten, declaró en 1922 (citado en Cravens, 1978, p. 224): «No podemos concebir peor forma de caos que una verdadera democracia en una población cuya inteligencia media apenas supera los 13 años».

Nuevamente, un «hecho» numérico, fácil de retener, había alcanzado el rango de un descubrimiento científico objetivo, mientras que los errores y falsificaciones que ocultaban la falta de validez del mismo quedaban sepultados en los detalles de una monografía de ochocientas páginas que los propagandistas jamás leyeron.

Los tests del ejército y la agitación en favor de las restricciones a la inmigración: la monografía de Brigham sobre la inteligencia norteamericana. La media global de trece años tuvo repercusiones políticas, pero su capacidad de provocar estragos sociales fue pequeña comparada con la de las cifras de Yerkes relativas a las diferencias raciales y nacionales; porque los hereditaristas ya podían proclamar que la existencia y la amplitud de las diferencias de inteligencia innata entre los grupos estaban definitivamente probadas. C. C. Brigham, discípulo de Yerkes que a la sazón desempeñaba el cargo de profesor auxiliar de psicología en la Universidad de Princeton, declaró (1923, p. xx):

> He aquí una investigación que es, sin duda, cien veces más fiable que todas las investigaciones anteriores, reunidas y puestas en correlación. Estos datos del ejército constituyen la primera contribución realmente importante al estudio de las diferencias raciales en materia de inteligencia. Nos proporcionan una base científica para nuestras conclusiones.

En 1923 Brigham publicó un libro bastante breve y esquemático (algunos dirían, claro) como para ser leído y utilizado por todos los propagandistas. *A Study of American Intelligence* (Brigham, 1923) se convirtió en el vehículo fundamental para traducir en acción social los resultados de los tests del ejército sobre las diferencias entre los grupos (véanse Kamin, 1974, y Chase, 1977). El propio Yerkes escribió el prólogo y alabó la objetividad de Brigham:

> El autor no presenta teorías ni opiniones, sino hechos. Nos incumbe a nosotros valorar su fiabilidad y su significación, porque, como ciudadanos, ninguno de nosotros puede permitirse el lujo de desconocer la amenaza de la degeneración de la raza ni las relaciones evidentes que existen entre la inmigración, el progreso y el bienestar de la nación (en Brigham, 1923, p. VII).

Puesto que todos los «hechos» expuestos por Brigham acerca de las diferencias entre los grupos derivaban de los resultados de los tests del ejército, lo primero que debía hacer era descartar la idea de que los tests de Yerkes pudieran medir otra cosa que no fuese la pura inteligencia innata. En el caso del test alfa reconoció la posibilidad de que mezclase los efectos de la educación con la capacidad innata, porque la realización de dicho test exigía que el sujeto supiese leer y escribir. En cambio, el test beta podía registrar la inteligencia innata incontaminada: «El examen beta no recurre en modo alguno al inglés y de ninguna manera puede considerarse que sus pruebas midan el nivel de educación» (p. 100). De todas maneras, añadía, para completar la cosa, importa poco que los tests también registren lo que Yerkes había llamado «la mejor adaptación del grupo más norteamericanizado a la situación de examen» (p. 93), porque (p. 96):

> Si los tests utilizados contuviesen un misterioso tipo de situación que fuese «típicamente norteamericana», sería una suerte para nosotros, porque estamos en Norteamérica, y el propósito de nuestra encuesta consiste en obtener una me-

dida de la calidad de nuestra inmigración.[11] Evidentemente, la incapacidad para responder positivamente a una situación «típicamente norteamericana» constituye una característica indeseable.

Después de haber probado que los tests medían la inteligencia innata, Brigham dedicó la mayor parte de su libro a disipar ciertas ideas corrientes que podían pesar contra esta hipótesis fundamental. Por ejemplo, los tests del ejército habían indicado que los judíos (en su mayoría inmigrados recientes) tenían una inteligencia bastante baja. ¿Ese descubrimiento no estaba en contradicción con las notables realizaciones de muchos eruditos, hombres de Estado y artistas judíos? Brigham supuso que los judíos podían ser más variables que otros grupos; un promedio bajo no excluía la presencia de algunos genios en el extremo superior de la escala. De todas maneras, añadía Brigham, es probable que concedamos demasiada importancia a la herencia judía de algunas personalidades notables porque nos asombramos de que exista: «El judío dotado no sólo es reconocido por todos debido a su capacidad, sino porque además es judío» (p. 190). «Así pues, nuestras cifras tienden más bien a desmentir la creencia general de que el judío posee una inteligencia superior» (p. 190).

Pero ¿y la diferencia entre los resultados obtenidos por los negros del Norte y los del Sur? Puesto que Yerkes también había mostrado que, en promedio, los negros del Norte concurrían más años a la escuela que los del Sur, no habría que concluir que esa diferencia corresponde más a los distintos niveles de educación que a una variación de la capacidad innata? Brigham admite que la educación puede tener alguna influencia pequeña (p. 191), pero expone dos razones para atribuir la superioridad de los resultados obtenidos por los negros del Norte a una ventaja en la constitución biológica: primero, «la mayor proporción de sangre blanca» entre los negros del Norte; segundo, «la influencia de factores económicos y sociales como los salarios más elevados, las mejores condiciones de vida, la igualdad de privilegios escolares y un ostracismo social menos acusado, que tienden a atraer a los negros más inteligentes hacia el Norte» (p. 192).

La cuestión de la inmigración era el mayor desafío con que Brigham debía enfrentarse a propósito de la tesis hereditarista. Hasta Yerkes había declarado su agnosticismo —única ocasión en que contempló la posibilidad de adoptar una hipótesis distinta de la innatista— a propósito de las causas de que los inmigrantes que llevaban mucho tiempo residiendo en los Estados Unidos obtuvieran resultados cada vez mejores (véase *supra*, p. 225). Sin duda, el fenómeno era apreciable y su regularidad llamaba la atención. Sin excepciones (véase el cuadro de la p. 225), cada período de cinco años de residencia se traducía en un incremento de los resultados obtenidos en los tests, y la diferencia total entre los recién llegados y los que residían desde hacía más tiempo alcanzaba los dos años y medio de edad mental.

11. En todo el libro afirma que su objetivo consiste en medir e interpretar las diferencias innatas de inteligencia.

Brigham recurrió a una argumentación circular para evitar la tremenda posibilidad de tener que aceptar una explicación basada en factores ambientales. Empezó por postular lo que se proponía demostrar. Rechazó *a priori* la posibilidad de una influencia de factores ambientales dando por demostrada la afirmación, por demás discutible, de que el test beta permitía medir la inteligencia innata en estado puro, independientemente de lo que pudiera suceder en el caso del test alfa, que exigía saber leer y escribir. Por consiguiente, el hecho de que los inmigrantes más recientes obtuviesen resultados inferiores se explicaría por razones biológicas puesto que la disminución en la escala combinada no dependería exclusivamente de las diferencias observadas en los resultados obtenidos en el test alfa:

> La hipótesis de un incremento de la inteligencia supuestamente ligado al mayor tiempo de residencia debe atribuirse a un posible error en el método de medición de la inteligencia, porque, como lo que estamos midiendo es la inteligencia natural o innata, todo incremento de los resultados obtenidos en nuestros tests, imputable a cualquier otro factor, sólo puede atribuirse a algún error ... Si todos los integrantes de nuestros grupos de cinco años de residencia hubiesen pasado, en proporciones iguales, los tests alfa y beta, así como los exámenes individuales, todos habrían recibido el mismo tratamiento y su relación habría quedado demostrada sin ninguna posibilidad de error (p. 100).

Según Brigham, si las diferencias entre los grupos de residencia no son innatas, entonces se explican por algún defecto técnico de la escala combinada, vinculado con el hecho de que las proporciones de exámenes alfa y exámenes beta no se ajustaron a una pauta constante. Esas diferencias no pueden explicarse por un defecto de los tests mismos y, por tanto, tampoco pueden, por definición, indicar la influencia de factores ambientales vinculados a un incremento de la familiaridad de los sujetos con las costumbres y la lengua de los Estados Unidos.

Después de haber estudiado los resultados obtenidos en los tests alfa y beta, y de haber comprobado que también en este último caso se mantenían las diferencias entre los grupos de residencia, Brigham formuló la hipótesis inverosímil de que los inmigrantes recientes eran cada vez menos inteligentes. «De hecho, comprobamos —afirmaba (p. 102)— que en los dos tipos de examen [alfa y beta] el incremento es aproximadamente el mismo. Esto indica, pues, que los grupos de cinco años de residencia tienen diferencias reales de inteligencia innata, y no se distinguen por el mayor o menor grado de desventajas vinculadas con factores lingüísticos o educativos.»

> En lugar de considerar que nuestra curva indica un crecimiento de la inteligencia en función del tiempo de residencia, debemos adoptar el punto de vista inverso y admitir la hipótesis de que dicha curva indica una degeneración gradual de los inmigrantes sometidos a los tests del ejército, considerados por períodos de cinco años a contar desde 1902 (pp. 110-111) ... La inteligencia media de las sucesivas oleadas inmigratorias ha ido descendiendo de forma progresiva (p. 155).

Pero ¿a qué podría deberse la mayor estupidez de los inmigrantes más recientes? Para resolver ese intríngulis, Brigham se apoyó en el principal teórico del racismo de su época, el norteamericano Madison Grant (autor de *The Passing of the Great Race*), y en el conde Georges Vacher de Lapouge, vetusta reliquia de la edad de oro de la craneometría francesa. Brigham sostuvo que los pueblos europeos son mezclas, en proporciones diferentes, de tres razas originales: 1) los nórdicos, «una raza de soldados, marinos, aventureros y exploradores, pero, sobre todo, jefes, organizadores y aristócratas ... el feudalismo, las distinciones de clase y el orgullo racial de los europeos proceden en su mayor parte del Norte». Son «dominadores, individualistas, seguros de sí mismos ... y, por consiguiente, suelen ser protestantes» (Grant, citado en Brigham, p. 182); 2) los alpinos, que son «sumisos a la autoridad tanto política como religiosa, y suelen pertenecer a la Iglesia católica» (Grant, en Brigham, p. 183); de ellos había dicho Vacher de Lapouge que eran «el esclavo perfecto, el siervo ideal, el súbdito modelo» (p. 183); 3) los mediterráneos, elogiados por Grant, dadas sus realizaciones en la Antigüedad griega y romana, pero despreciados por Brigham debido a que los resultados que obtenían en los tests eran incluso ligeramente inferiores a los de los alpinos.

A continuación, Brigham trató de calcular las proporciones de sangre nórdica, alpina y mediterránea que tenían los diferentes pueblos europeos, y examinó los resultados obtenidos en los tests del ejército desde esa perspectiva científica y racial, en lugar de hacerlo según el criterio político del país de origen. Así, calculó los siguientes promedios de inteligencia: nórdico, 12,28; alpino, 11,67; mediterráneo, 11,43.

Así se llegaba fácilmente a una explicación innatista de la progresiva reducción de la inteligencia de los grupos de residencia tomados por períodos de cinco años. En las dos décadas precedentes, el carácter de la inmigración había experimentado un cambio muy grande. Hasta entonces, los inmigrantes habían sido sobre todo nórdicos; luego el foco de la inmigración se había desplazado de Alemania, Escandinavia y las islas Británicas hacia la escoria del sur y el este de Europa —italianos, griegos, turcos, húngaros, polacos, rusos y otros eslavos (incluidos los judíos, «eslavos alpinos», según la definición racial de Brigham)—, con lo que el país se había ido inundando de alpinos y mediterráneos. La inferioridad de esos inmigrantes recientes era un hecho que no admitía discusión (p. 202):

> Ya puede el orador de un 4 de julio proferir desde lo alto de su estrado el nombre de Kosciusko para convencer a la gente de que en Polonia el nivel intelectual es elevado: lo que no puede hacer es modificar la distribución de la inteligencia en la inmigración polaca.

Pero Brigham comprendió que su tesis innatista chocaba aún con dos obstáculos. Había probado que los tests del ejército medían la inteligencia innata, pero abrigaba temores de que algunos adversarios ignorantes tratasen de atribuir los resultados elevados de los nórdicos al hecho de que en ese grupo eran muchos los hablantes nativos del inglés.

Por tanto, dividió el grupo nórdico en hablantes nativos procedentes del Canadá y las islas Británicas —cuyo resultado medio era del 13,84—, y «no anglófonos», procedentes sobre todo de Alemania, Holanda y Escandinavia —cuyo resultado medio era de 12,97. También en este caso, Brigham había prácticamente probado que los tests del ejército medían la familiaridad con la lengua y las costumbres del país, como sostenían los partidarios de una explicación basada en los factores ambientales; pero volvió a urdir una patraña innatista. La disparidad entre los nórdicos de habla inglesa y los que hablaban otras lenguas era la mitad de amplia que la que existía entre los nórdicos y los mediterráneos. Puesto que las diferencias entre los nórdicos sólo podían corresponder a la influencia de factores ambientales como la lengua y la cultura (Brigham lo reconocía), ¿por qué no atribuir la variación entre los europeos a la misma causa? Después de todo, los nórdicos que no eran de lengua inglesa estaban, en general, más familiarizados con las costumbres norteamericanas, y eso hubiese bastado para que obtuvieran resultados superiores a los obtenidos por los alpinos y los mediterráneos. Brigham los llamó «no ingleses» y se valió de ellos para poner a prueba su hipótesis sobre la influencia del lenguaje. Pero, de hecho, sólo sabía cuáles eran sus países de origen, y no cuál era su grado de familiaridad con el inglés. En general, los llamados nórdicos «no ingleses» residían en los Estados Unidos desde hacía mucho más tiempo que los alpinos o los mediterráneos. Muchos de ellos hablaban bien el inglés y habían pasado suficiente tiempo en los Estados Unidos como para dominar los secretos del juego de bolos y conocer los productos comerciales y las estrellas del cine. Si con ese mediano conocimiento de la cultura norteamericana habían obtenido unos resultados que les asignaban casi un año menos que la edad mental de los nórdicos «ingleses», ¿por qué no atribuir la desventaja mayor —de casi dos años— de los alpinos y mediterráneos a la mayor falta de familiaridad de estos últimos con las costumbres norteamericanas? Sin duda, es más económico utilizar la misma explicación cuando se trata de efectos similares. Pero Brigham aplicó un criterio distinto: reconoció la influencia de los factores ambientales para explicar la disparidad entre los nórdicos, y recurrió al innatismo para explicar los resultados inferiores obtenidos por los europeos del sur y del este, que tanto despreciaba (pp. 171-172):

> Desde luego, hay poderosas razones históricas y sociológicas que explican la inferioridad del grupo nórdico no anglófono. Por otra parte, si, contra lo que indican los hechos, alguien quisiera negar la superioridad de la raza nórdica aduciendo que el factor lingüístico favorece de alguna manera misteriosa a ese grupo en el momento de pasar los tests, podría excluir de la muestra nórdica a los nórdicos anglófonos, y, sin embargo, aún subsistiría la notable superioridad de los nórdicos no anglófonos sobre los grupos alpino y mediterráneo, signo evidente de que la causa profunda de las diferencias nativas que hemos comprobado no es la lengua sino la raza.

Una vez resuelta esa dificultad, Brigham se topó con otra que no pudo sortear totalmente. Había atribuido los resultados cada vez más bajos obtenidos por los sucesivos grupos de inmigrantes —considerados por períodos de cinco años— a la reducción del porcentaje de nórdicos entre sus integrantes. Pero tuvo que reconocer que ello entrañaba un inquietante anacronismo. La oleada inmigratoria nórdica había empezado a reducirse mucho antes, y la proporción de alpinos y mediterráneos había sido relativamente constante en los dos o tres grupos quinquenales más recientes. Pero los resultados habían seguido descendiendo pese a que la composición racial era constante. ¿Ese hecho no indicaba, al menos, la influencia de la lengua y la cultura? Después de todo, Brigham había dejado de lado la hipótesis biológica cuando se trataba de explicar las notables diferencias entre los grupos nórdicos: ¿por qué entonces no abordar de la misma manera las diferencias análogas que existían en los grupos alpino y mediterráneo? También en ese caso el prejuicio pudo más que el sentido común, y Brigham inventó una explicación inverosímil para la cual, según reconoció, no disponía de pruebas directas. Si los resultados obtenidos por los alpinos y los mediterráneos eran cada vez más bajos ello se debía a que, con el paso de los años, las naciones que albergaban esa canalla habían ido enviando contingentes de características biológicas cada vez peores (p. 178):

> El descenso de la inteligencia se debe a dos factores: el cambio de las razas inmigrantes, y el envío de representantes cada vez más inferiores de cada raza.

Brigham se quejaba de que las perspectivas para el futuro de los Estados Unidos fuesen lúgubres. Ya la amenaza europea era bastante grave, pero el país se enfrentaba con otro problema más serio y específico (p. XXI):

> Paralelamente a los desplazamientos de esos europeos se ha producido el acontecimiento más siniestro de la historia de este continente: la importación del negro.

Brigham concluía su opúsculo con un alegato en el que preconizaba el enfoque hereditarista de dos cuestiones políticas de candente actualidad: la restricción de la inmigración y el control eugenésico de la reproducción (pp. 209-210):

> La declinación de la inteligencia norteamericana será más veloz que la de la inteligencia de los grupos nacionales europeos debido a la presencia del negro en este país. Esta es la realidad desnuda, por desagradable que resulte, que presenta nuestro estudio. Sin embargo, la degeneración de la inteligencia norteamericana no es inevitable si se toman medidas oficiales para impedirla. Nada impide que se adopten disposiciones legales que aseguren una evolución continua y ascendente.
>
> Sin duda, ha de ser la ciencia, y no las consideraciones de carácter político, la que dicte las medidas que deban adoptarse para preservar o incrementar nuestra actual capacidad intelectual. La inmigración no sólo tiene que ser limitada sino también muy selectiva. Y la revisión de las leyes relativas a la inmigración y la naturalización sólo permitirá aliviar apenas las dificultades con que nos enfrentamos. Las medidas realmente importantes son las que apuntan a la prevención de la propagación de las estirpes deficientes en la población actual.

Ya lo decía Yerkes: «El autor [Brigham] no presenta teorías u opiniones, sino hechos».

El triunfo de las restricciones a la inmigración. Los tests del ejército tuvieron una serie de aplicaciones sociales. Su efecto más duradero se produjo, sin duda, en el mismo terreno de los tests mentales. Fueron los primeros tests de CI escritos que obtuvieron una aceptación general, y proporcionaron los elementos técnicos básicos para la puesta en práctica de la ideología hereditarista que, contra los deseos de Binet, propiciaba la aplicación de los tests a todos los niños con el objeto de clasificarlos.

Otros propagandistas utilizaron los resultados de los tests del ejército para justificar la segregación racial y la limitación del acceso de los negros a la enseñanza superior. En un artículo publicado en el *Atlantic Monthly* en 1922, Cornelia James Cannon señalaba que el 89 por 100 de los negros habían obtenido resultados que probaban su debilidad mental, y sostenía que (citado en Chase, 1977, p. 263):

> Es necesario hacer hincapié en el desarrollo de las escuelas primarias, en la capacitación para aquellas actividades, rutinas y profesiones que no requieran un nivel mental superior. Sobre todo en el Sur ... la educación de los niños blancos y los de color en escuelas separadas puede estar justificada por motivos distintos que los prejuicios raciales ... Un sistema de escuela pública que debe preparar para la vida a jóvenes pertenecientes a una raza, el 50 por 100 de cuyos miembros nunca alcanza una edad mental de 10 años, aún presenta numerosas imperfecciones.

Pero los datos obtenidos en el ejército tuvieron una repercusión más inmediata y más honda en el gran debate sobre la inmigración, asunto político de gran importancia. La cuestión de las restricciones estaba en el aire, y probablemente se introducirían sin el apoyo de la ciencia. (Basta con pensar en el amplio espectro abarcado por los partidarios de las limitaciones: desde los gremios tradicionales de artesanos, temerosos ante la llegada masiva de mano de obra barata, hasta los jingoístas y los norteamericanos de siempre, para quienes la mayoría de los inmigrantes eran anarquistas tirabombas, y cuya contribución fue decisiva para que Sacco y Vanzetti se convirtieran en mártires.) Pero la ocasión y sobre todo el carácter particular de la *Restriction Act* de 1924 revelan claramente la presión ejercida por los científicos y los eugenistas, y los datos obtenidos en el ejército fueron su arma más poderosa (véanse Chase, 1977; Kamin, 1974; Ludmerer, 1972).

Henry Fairfield Osborn, administrador de la Universidad de Columbia y presidente del Museo Americano de Historia Natural, escribió en 1923 el siguiente texto que no puedo leer sin sentir un escalofrío cuando pienso en las tremendas cifras de muertos de la primera guerra mundial:

> Creo que esos tests valían lo que ha costado la guerra, incluso en vidas humanas, si han servido para que nuestro pueblo comprenda bien, de una manera que

> nadie pueda atribuir a la influencia de los prejuicios, cuáles son las carencias intelectuales en este país, y los distintos grados de inteligencia de las diferentes razas que llegan a él. Hemos aprendido de una vez por todas que el negro no es como nosotros. En cuanto a las muchas razas y subrazas que existen en Europa, hemos aprendido que algunas de ellas, a las que atribuíamos un nivel de inteligencia quizá superior al nuestro [léase los judíos], son de hecho muy inferiores.

En el curso de los debates del Congreso que condujeron a la aprobación de la *Immigration Restriction Act* de 1924, se invocaron con frecuencia los datos obtenidos en el ejército. Los eugenistas ejercieron presiones no sólo para que se limitara la inmigración, sino también para que se modificara el carácter de la misma imponiendo cupos muy exiguos a aquellas naciones integradas por razas inferiores; este aspecto de la ley de 1924 nunca se habría aprobado, ni tan siquiera considerado, de no haber sido por los datos obtenidos en el ejército y por la propaganda eugenista. En síntesis, se trataba de impedir la entrada de los europeos del sur y del este, o sea, de las naciones alpinas y mediterráneas, cuyos integrantes habían obtenido los resultados más bajos en los tests del ejército. Los eugenistas libraron y ganaron una de las mayores batallas del racismo científico en toda la historia de los Estados Unidos. La primera *Restriction Act*, de 1921, había establecido cupos anuales del 3 por 100 para los inmigrantes pertenecientes a cualquiera de las naciones que ya residían en el país. La propaganda eugenista logró que la *Restriction Act* de 1924 rebajara los cupos al 2 por 100 para los inmigrantes pertenecientes a aquellas naciones registradas en el censo de 1890. Esas cifras de 1890 siguieron usándose hasta 1930. Pero ¿por qué basarse en el censo de 1890 y no en el de 1920, si la ley se aprobó en 1924? En 1890 se produjo un vuelco decisivo en la historia de la inmigración. Hasta esa fecha los inmigrantes del sur y del este de Europa eran relativamente pocos; pero a partir de entonces empezaron a predominar. O sea que, cínico pero eficaz. Como declaró Calvin Coolidge al firmar el proyecto de ley, «Norteamérica debe seguir siendo norteamericana».

Brigham se retracta públicamente. Seis años después de que sus datos contribuyeran de forma tan decisiva a la fijación de cupos por nacionalidad, Brigham cambió profundamente de actitud. Reconoció que el resultado de un test no podía cosificarse interpretándolo como una entidad localizada en la cabeza de una persona:

> La mayoría de los psicólogos que trabajan en el terreno de los tests mentales han incurrido en una falacia verbal en virtud de la cual pasan misteriosamente y sin dificultad del resultado obtenido en el test a la hipotética facultad sugerida por el nombre dado al test. Así, hablan de discriminación sensorial, de percepción, de memoria, de inteligencia, y de cosas similares, cuando de hecho sólo se están refiriendo a determinada situación objetiva, que corresponde al test (Brigham, 1930, p. 159).

Además, Brigham comprendió entonces que dos razones invalidaban el uso de los datos obtenidos en el ejército para medir la inteligencia innata. De ambos errores se arrepintió con una humillación pocas veces vista en la literatura científica. En primer lugar, reconoció que los tests alfa y beta no podían combinarse en una misma escala, como él y Yerkes habían hecho para extraer promedios correspondientes a las diferentes razas y naciones. Esos tests medían cosas diferentes, y además ninguno de los dos tenía coherencia interna. Cada nación estaba representada por una muestra de reclutas que habían pasado los tests alfa y beta en proporciones diferentes. Las naciones no admitían ningún tipo de comparación (Brigham, 1930, p. 164):

> Como este método, que consiste en amalgamar los alfas y los betas para obtener una escala combinada, fue utilizado por el autor en su anterior análisis de los tests del ejército aplicados a muestras de reclutas procedentes del extranjero, tanto este estudio como el conjunto de su andamiaje hipotético relativo a las diferencias raciales resultan insostenibles.

En segundo lugar, Brigham reconoció que los tests habían medido el grado de familiaridad con la lengua y la cultura norteamericanas, y no la inteligencia innata:

> Si se desea comparar los individuos o los grupos, es evidente que los tests en lengua vernácula sólo pueden utilizarse en el caso de los individuos que tienen igualdad de oportunidades para adquirir un conocimiento de la lengua vernácula en que está formulado el test. Esta exigencia excluye la utilización de tales tests para realizar estudios comparados de individuos criados en hogares donde no se emplea dicha lengua vernácula, o donde se emplean dos lenguas vernáculas diferentes. Esta última condición suele violarse en el caso de estudios sobre niños nacidos en el país, pero cuyos padres hablan una lengua distinta. Esto es importante porque no se conocen bien los efectos del bilingüismo ... Es probable que los tests de que disponemos no permitan realizar estudios comparados de los diferentes grupos nacionales y raciales ... Uno de los estudios raciales comparados más pretenciosos —el realizado por el autor— carecía de todo fundamento (Brigham, 1930, p. 165).

Brigham pagó su deuda personal, pero no podía deshacer lo que habían producido los tests. Los cupos siguieron en vigor, y la inmigración procedente del sur y el este de Europa se redujo a un mínimo. Durante toda la década de 1930, los refugiados judíos, previendo el holocausto, trataron de emigrar a los Estados Unidos, pero fueron rechazados. Los cupos establecidos, así como la persistente propaganda eugenista, les impidieron la entrada incluso en los años en que los cupos exagerados asignados a las naciones del oeste y el norte de Europa no llegaban a cubrirse. Chace (1977) ha calculado que esos cupos impidieron la entrada de 6.000.000 de europeos del sur, del centro y del este entre 1924 y el desencadenamiento de la segunda guerra mundial (suponiendo que la inmigración hubiese continuado con la tasa anterior a 1924). Sabemos lo que les sucedió a muchos de los que deseaban marcharse de su país pero no tenían adónde ir. Los caminos de la destrucción suelen ser indirectos, pero las ideas pueden resultar medios tan eficaces como los cañones y las bombas.

6

El verdadero error de Cyril Burt

El análisis factorial y la cosificación de la inteligencia

> El mérito insigne de la escuela inglesa de psicología, desde sir Francis Galton en adelante, consiste en haber utilizado el aparato del análisis matemático para transformar el test mental, hasta entonces desacreditada treta de charlatán, en un instrumento de precisión científica indiscutible.
>
> CYRIL BURT, 1921, p. 130

El caso de sir Cyril Burt

Si hubiese deseado una vida holgada y ociosa, nada mejor que haber sido gemelo univitelino y que me hubieran separado de mi hermano en el momento de nacer para criarme en una clase social diferente. Hubiéramos podido alquilar nuestros servicios a precio de oro a una multitud de científicos sociales. Porque seríamos rarísimos representantes del único experimento natural realmente apto para distinguir entre los efectos genéticos y los efectos vinculados con factores ambientales en el caso de los seres humanos: seríamos individuos genéticamente idénticos criados en ambientes distintos.

Por tanto, los estudios sobre gemelos univitelinos deberían ocupar un puesto de excepción en la literatura sobre la herencia del CI. Pero hay una dificultad: el gemelo univitelino es un animal rarísimo. Pocos investigadores habían logrado reunir más de veinte parejas de ese tipo. Sin embargo, en medio de esa penuria un estudio parecía destacarse: el de sir Cyril Burt (1883-1971). Sir Cyril, decano de los especialistas en tests mentales, había realizado dos carreras sucesivas que le permitieron destacarse tanto en la teoría como en la práctica dentro del campo de la psicología de la educación. Durante veinte años fue el psicólogo oficial del Consejo del Condado de Londres, responsable de la aplicación e interpretación de los tests mentales en las escuelas de Londres. Después sucedió a Charles Spearman al frente de la cátedra de psicología más prestigiosa de Gran Bretaña: la del Colegio Universitario de Londres (1932-1950). Durante los largos años de su jubilación, sir Cyril publicó varios artículos en los que apoyó la tesis hereditarista mencionando la existencia de una correlación muy elevada entre los CI de gemelos univitelinos criados en ambientes distintos. El estudio de Burt se destacó de los demás porque había conseguido reunir 53 parejas de gemelos de este tipo, o sea, más que el doble de lo logrado por cualquiera de sus predecesores. No hay que sorprenderse de que Arthur Jensen utilizara las citas de sir Cyril como base principal de su célebre artículo (1969) sobre el carácter supuestamente hereditario y definitivo de las diferencias de inteligencia entre los blancos y los negros de los Estados Unidos.

La historia de la ruina de Burt es bien conocida. Un psicólogo de Princeton, Leon Kamin, fue el primero en advertir que mientras la muestra de gemelos estudiada por Burt pasaba, en una serie de publicaciones, de menos de veinte a más de cincuenta, la correlación media entre las parejas con respecto al CI sólo variaba en el tercer decimal: circunstancia tan inverosímil en el terreno de la estadística que viene a coincidir con lo que solemos entender por «imposible». Posteriormente, en 1976, Oliver Gillie, corresponsal médico del *Sunday Times*, de Londres, acusó a Burt no ya de haber incurrido en una negligencia inexcusable, sino de haber realizado una falsificación deliberada. Entre muchas otras cosas, Gillie descubrió que las dos «colaboradoras» de Burt, una tal Margaret Howard y una tal J. Conway, las mujeres que supuestamente recogieron y elaboraron los datos de su estudio, no habían existido o en todo caso no podían haber estado en contacto con él cuando éste escribió los artículos que se publicaron con sus nombres. Esas acusaciones incitaron a reconsiderar las «pruebas» aducidas por Burt en favor de su rígida tesis hereditarista. De hecho, se descubrió que otros estudios fundamentales también eran fraudulentos, en particular sus correlaciones de CI entre parientes próximos (demasiado buenas para ser ciertas, y al parecer elaboradas a partir de distribuciones estadísticas ideales, en vez de basarse en mediciones reales; Dorfman, 1978) y sus datos sobre la declinación del nivel de inteligencia en Gran Bretaña.

En un primer momento, los partidarios de Burt tendieron a considerar que esas acusaciones eran el fruto de una conjura izquierdista apenas disimulada, cuyo objetivo consistía en valerse de la retórica para desacreditar la tesis hereditarista. H. J. Eysenck escribió a la hermana de Burt: «Pienso que todo el asunto no es más que la urdimbre de un grupo ultraizquierdista de partidarios de la importancia de los factores ambientales, decididos a valerse de los hechos científicos para hacer un juego político. Estoy absolutamente convencido de que el porvenir rehabilitará a sir Cyril en su honor y su integridad». Por su parte, Arthur Jensen, que había llamado «noble de nacimiento» a Burt, según él «uno de los más grandes psicólogos del mundo», tuvo que reconocer que los datos sobre los gemelos univitelinos no eran de fiar, aunque atribuyó su inexactitud sólo a la negligencia.

Creo que la magnífica biografía «oficial» de Burt que ha publicado L. S. Hearnshaw (1979) resuelve el problema hasta donde los datos disponibles lo permiten (la hermana de Burt le había encargado la redacción de esa obra antes de que surgiera cualquier acusación). Hearnshaw, inicialmente admirador incondicional de Burt, cuyas actitudes intelectuales tiende a compartir, acaba afirmando que todas las acusaciones son ciertas, y más aún. Hearnshaw me ha convencido, incluso, de que la enormidad y la extravagancia del fraude de Burt nos obligan a considerar dicho fraude no como el programa «racional» de un ser perverso que intenta salvar su dogma hereditarista cuando ya sabe que ha perdido la partida (confieso que eso fue lo que pensé en un primer momento), sino como la obra de un hombre enfermo y torturado. (Desde luego, esto no resuelve el problema más grave de saber por qué unos datos tan obviamente falsificados se aceptaron durante tanto tiempo, y qué conclusiones pueden extraerse de esa voluntad de aceptación con respecto a los fundamentos de nuestro hereditarismo.)

Hearnshaw piensa que Burt comenzó sus falsificaciones a principios de la década de 1940, y que su obra precedente era honesta, si bien estaba viciada por determinadas convicciones *a priori* muy rígidas, y a menudo adolecía de una falta de seriedad y una superficialidad inexcusables incluso según los criterios de su época. El mundo de Burt empezó a derrumbarse durante la guerra, sin duda en parte como consecuencia de sus propios actos. Los datos de sus investigaciones fueron destruidos en el bombardeo de Londres; su matrimonio fracasa; es excluido de su propio departamento cuando se niega a jubilarse voluntariamente a la edad reglamentaria e intenta conservar el poder; es destituido en el cargo de director de la revista por él fundada, también al negarse a ceder el poder en la fecha fijada por él mismo para retirarse; su dogma hereditarista ya no corresponde a la mentalidad de una época que acababa de asistir al holocausto. Además, Burt sufría al parecer de la enfermedad de Ménière, un trastorno de los órganos del equilibrio que suele entrañar consecuencias negativas sobre la personalidad.

Hearnshaw menciona cuatro casos de fraude en la última parte de la carrera de Burt. A tres de ellos ya me he referido (la invención de los datos sobre los gemelos univitelinos, las correlaciones del CI entre parientes próximos y la declinación del nivel de inteligencia en Gran Bretaña). El cuarto es, en muchos sentidos, el más extraño de todos, porque la tesis de Burt era tan absurda, y sus manipulaciones tan evidentes, que podían descubrirse con toda facilidad. No podía tratarse de un acto realizado por un hombre mentalmente sano. Burt trató de cometer un acto de parricidio intelectual declarando que él, y no su predecesor y mentor Charles Spearman, era el padre de la técnica denominada «análisis factorial» en psicología. El descubrimiento de Spearman estaba expuesto, en sus líneas fundamentales, en un famoso artículo de 1904. Mientras Spearman se mantuvo en la cátedra del Colegio Universitario que luego ocuparía Burt, éste nunca puso en duda esa prioridad: de hecho, la confirmó en reiteradas ocasiones, y en su célebre libro sobre el análisis factorial (1940) sostiene que «todos los analistas reconocen la preeminencia de Spearman» (1940, p. x).

El primer intento de Burt de escribir de nuevo la historia se produjo en vida de Spearman, y el hecho le valió una respuesta áspera del titular honorario de su cátedra. Burt se retractó de inmediato y envió a Spearman una carta que es un ejemplo insuperable de acatamiento y servilismo: «Sin duda la prioridad es suya ... Me he preguntado dónde me equivoqué. Lo más sencillo sería que numerase mis afirmaciones y que luego usted, como antaño mi maestro de escuela, trazara una cruz donde su alumno se ha equivocado y una marca donde se interpreta correctamente su pensamiento».

Pero una vez muerto Spearman, Burt desató una campaña que, durante el resto de su vida, «se fue volviendo cada vez más desenfrenada, obsesiva y extravagante» (Hearnshaw, 1979). Hearnshaw escribe (1979, pp. 286-287): «Los rumores contra Spearman, que a finales de la década de 1930 eran apenas audibles, se intensificaron hasta convertirse en una estridente campaña de denigración en cuya última etapa Burt llegó a arrogarse toda la fama de Spearman. Burt parece haber estado obsesionado por las cuestiones de prioridad, y haberse vuelto cada vez más susceptible y ególatra». La tergiversación de Burt era bastante elemental: Karl Pearson había inventado la técnica del análisis factorial (o una técnica muy parecida) en 1901, tres años antes de la fecha de publicación del artículo de Spearman. Pero Pearson no la había aplicado a los problemas psicológicos. Burt comprendió esas posibles aplicaciones e introdujo la técnica en los estudios sobre los tests mentales, añadiéndole de paso una serie de modificaciones y perfeccionamientos fundamentales. La filiación iría, pues, de Pearson a Burt. El artículo de Spearman de 1904 no sería más que una desviación.

Burt contó su historia una y otra vez. La contó incluso a través de uno de sus muchos pseudónimos en una carta que envió a su propia revista con la firma de un psicólogo francés desconocido llamado Jacques Lafitte. Salvo Voltaire y Binet, monsieur Lafitte sólo citaba fuentes inglesas, y declaraba: «Con toda seguridad, la primera formulación explícita y adecuada fue la demostración del método de los ejes principales expuesta por Karl Pearson en 1901». Sin embargo, bastaba una hora de investigación para mostrar que la historia de Burt era pura invención, porque en ninguna de sus obras anteriores a 1947 citaba el nombre de Pearson, y en todos sus estudios precedentes el análisis factorial se atribuía a Spearman, sin que quedara duda alguna del carácter derivado de sus propios métodos.

El análisis factorial tiene que haber sido algo muy importante para que Burt tratara de alcanzar la fama escribiendo de nuevo la historia para hacerse pasar por su inventor. Sin embargo, pese a la amplia difusión del tema del CI en la historia de los tests mentales, no se ha escrito prácticamente nada (fuera de los círculos profesionales) sobre el papel, la repercusión y la importancia del análisis factorial. Tengo la impresión de que ese desinterés se debe sobre todo al abstruso carácter matemático de dicha técnica. El CI, una escala lineal introducida inicialmente como medida aproximada y empírica, era fácil de comprender. El análisis factorial, derivado de una teoría estadística abstracta y basada en la búsqueda de la estructura «subyacente» en grandes matrices de datos, es, para decirlo sin ambages, una lata. Sin embargo, la consideración del análisis factorial es imprescindible para cualquiera que desee comprender la historia de los tests mentales en nuestro siglo y la justificación de su vigencia en la actualidad. Porque, como bien señaló Burt (1914, p. 36), la historia de los tests mentales presenta dos hilos fundamentales que se conectan entre sí: los métodos de escala de edad (los tests de CI ideados por Binet) y los métodos basados en las correlaciones (análisis factorial). Además, como Spearman destacó a lo largo de toda su carrera, la justificación teórica del uso de una escala unilineal de CI se basa en el propio análisis factorial. La campaña de Burt puede haber sido el resultado de una perversión, pero la táctica que adoptó era correcta: en el panteón de la psicología hay reservado un nicho de honor imperecedero para el hombre que desarrolló el análisis factorial.

Empecé mi carrera de biólogo utilizando el análisis factorial para estudiar la evolución de un grupo de reptiles fósiles. Me habían enseñado esa técnica como si se hubiese deducido de unos primeros principios aplicando la lógica pura. En realidad, casi todos los procedimientos que la integran se inventaron para justificar determinadas teorías de la inteligencia. Pese a tratarse de un instrumento matemático puramente deductivo, el análisis factorial se inventó en determinado contexto social y obedeciendo a unos motivos muy precisos. Y, aunque su base matemática sea inatacable, su constante utilización como instrumento para investigar la estructura física del intelecto ha estado hundida desde el comienzo en profundos errores conceptuales. De hecho, el error principal se vincula con uno de los temas más importantes del presente libro: la cosificación; en este caso, la idea de que un concepto tan impreciso y tan dependiente del contexto social como la inteligencia pueda identificarse como una «cosa» localizada en el cerebro y dotada de determinado grado de heredabilidad, y de que pueda medirse como un valor numérico específico permitiendo una clasificación unilineal de las personas en función de la cantidad que cada una posee del mismo. Al identificar un eje factorial matemático con el concepto de «inteligencia general», Spearman y Burt proporcionaron una justificación teórica de la escala unilineal que Binet había propuesto como simple guía empírica aproximada.

El intenso debate sobre la obra de Cyril Burt ha girado exclusivamente alrededor del fraude que urdió al final de su carrera. Este enfoque ha impedido apreciar la profunda influencia de sir Cyril Burt, el especialista de los tests mentales que más empeño puso en desarrollar un modelo de la inteligencia basado en el análisis factorial, desde cuya perspectiva ésta aparece como una «cosa» real y unitaria. La empresa de Burt se basaba en el error de la cosificación. El fraude que urdió al final fue la reacción tardía de un hombre derrotado; en cambio, el error «honesto» que cometió en su primera época tuvo repercusiones a lo largo de todo nuestro siglo y afectó a millones de vidas.

Correlación, causa y análisis factorial

Correlación y causa

El espíritu de Platón se resiste a morir. No hemos podido evadirnos de la tradición filosófica según la cual todo cuanto vemos y medimos en el mundo es sólo la representación imperfecta y superficial de una realidad subyacente. Gran parte de la fascinación de la estadística radica en nuestro sentimiento visceral —desconfiemos de los sentimientos viscerales— de que las medidas abstractas que resumen amplios cuadros de datos tienen que expresar algo más real y más fundamental que los datos mismos. (Una parte considerable de la formación profesional del estadístico consiste en realizar un esfuerzo deliberado para contrarrestar ese sentimiento visceral.) La técnica de la *correlación* se ha prestado particularmente a ese tipo de abuso porque parece proporcionar una vía para hacer inferencias sobre la causalidad (y a veces permite hacerlas, pero sólo a veces).

La correlación evalúa la tendencia de una medida a variar de acuerdo con otra. Por ejemplo: cuando un niño crece, tanto sus brazos como sus piernas se alargan; esa tendencia conjunta a cambiar en la misma dirección se denomina *correlación positiva*. No todas las partes del cuerpo exhiben tales correlaciones positivas en el curso del crecimiento. Por ejemplo, los dientes salen y luego ya no crecen. La relación entre la longitud del primer incisivo y la longitud de las piernas desde, digamos, los diez años hasta la edad adulta representa una *correlación nula*: las piernas se alargan mientras que los dientes no cambian en absoluto. Otras correlaciones pueden ser negativas: una medida se incrementa y la otra se reduce. Empezamos a perder neuronas a una edad desesperadamente precoz, y nunca son reemplazadas. Así, la relación entre la longitud de las piernas y el número de neuronas después de la segunda mitad de la infancia representa una *correlación negativa*: la longitud de las piernas aumenta mientras que el número de neuronas se reduce. Adviértase que no he hablado de causalidad. No sabemos por qué existen esas correlaciones, o por qué no existen: sólo sabemos que se dan, o no se dan.

La medida normal de la correlación se denomina coeficiente de correlación de Pearson (producto momento) o, más brevemente, coeficiente de correlación, y su símbolo es *r*. El coeficiente de correlación va de +1 para una correlación positiva perfecta, a 0 para una correlación nula, y −1 para una correlación negativa perfecta.[1]

De modo aproximado, podemos decir que *r* mide la forma de una elipse constituida por los puntos situados sobre un gráfico (véase la figura 6.1). Las elipses muy alargadas representan correlaciones muy altas: la más estrecha, la línea recta, corresponde a una *r* de 1,0. Las elipses redondeadas representan correlaciones más bajas, y la más redondeada, el círculo, corresponde a una correlación nula (el incremento de una medida no permite prever si la otra se incrementa, decrece o permanece estable).

Pese a ser fácil de calcular, el coeficiente de correlación ha sido objeto de

1. La *r* de Pearson no constituye una medida adecuada para toda clase de correlaciones porque sólo valora lo que los estadísticos denominan la intensidad de la relación lineal entre dos medidas: la tendencia de todos los puntos a situarse en una sola línea recta. Otras relaciones de dependencia estricta no conseguirán un valor de 1,0 para *r*. Por ejemplo, si cada incremento de 2 unidades en una variable correspondiese a un incremento de 2^2 unidades en la otra variable, *r* resultaría menor que 1,0 aunque ambas variables presentaran una «correlación» perfecta en el sentido vulgar del término. Su representación gráfica no sería una línea recta, sino una parábola. Así pues, la *r* de Pearson mide la intensidad de la relación lineal.

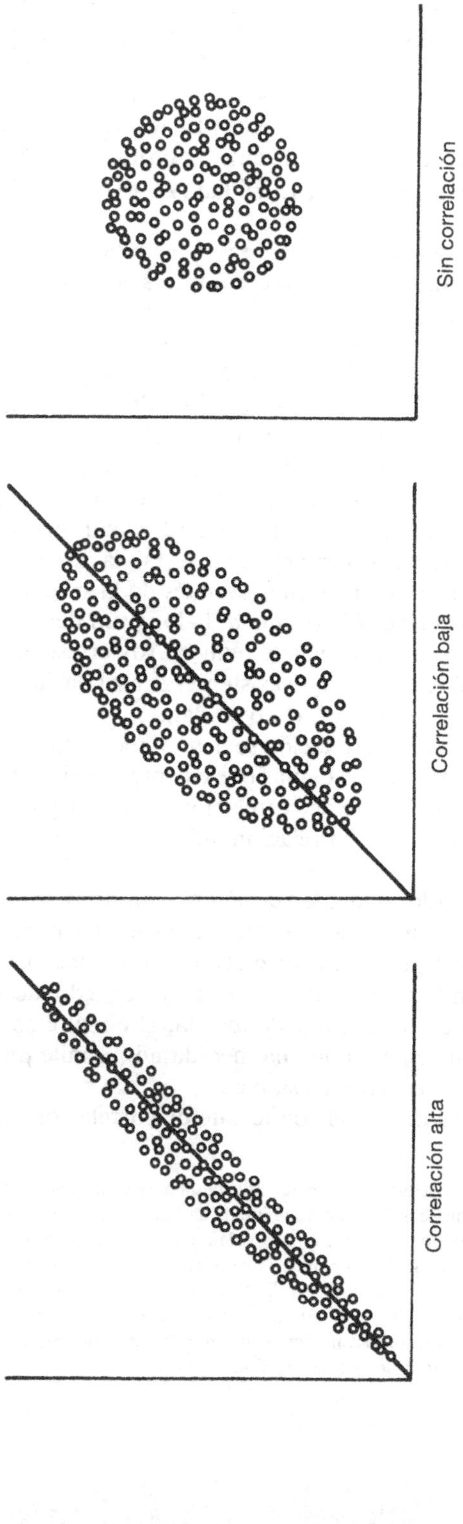

6.1. Importancia de la correlación en función de la configuración de una elipse de puntos. Cuanto más alargada es la elipse, más elevada es la correlación.

numerosos errores de interpretación. Podemos explicarlo mediante un ejemplo. Supongamos que represento en un gráfico las distintas longitudes de los brazos y las piernas durante el crecimiento de un niño. Obtendré una correlación elevada que resulta doblemente interesante. Primero, habré realizado una *simplificación*. En efecto, las dos dimensiones iniciales (longitud de las piernas y longitud de los brazos) se habrán reducido a una. Puesto que la correlación es tan marcada, podemos decir que la línea misma (una sola dimensión) representa prácticamente toda la información que antes aparecía en forma bidimensional. En segundo lugar, ahora puedo hacer una inferencia razonable sobre la *causa* de esa reducción a una única dimensión. La correlación entre las longitudes de los brazos y las piernas es muy intensa porque ambas son medidas parciales de un mismo fenómeno biológico subyacente, a saber: el crecimiento.

Sin embargo, para que nadie se imagine que la correlación representa un método mágico para detectar inequívocamente la causa, consideremos la relación entre mi edad y el precio de la gasolina en los últimos diez años. Se trata de una correlación casi perfecta, pero nadie pensará que existe una causa común. La existencia de la correlación no permite extraer conclusión alguna sobre la causa. Ni siquiera es cierto que las correlaciones intensas correspondan con más probabilidad a alguna causa que las menos marcadas, porque la correlación entre mi edad y el precio de la gasolina es casi de 1,0. En el caso de las longitudes de los brazos y las piernas he hablado de causa no porque su correlación fuese elevada, sino por lo que sé sobre la base biológica de esos fenómenos. La causa no puede inferirse de la mera existencia de la correlación, sino de algo distinto, si bien una correlación inesperada puede inducirnos a buscar causas cuando sabemos que lo más probable es que no existan. Sin duda, la inmensa mayoría de las correlaciones que se dan en este mundo no son causales. Todo aquello que durante los últimos años ha ido aumentando de forma regular presentará una correlación muy pronunciada con la distancia entre la Tierra y el cometa Halley (que también ha ido creciendo últimamente), pero ni siquiera el más aplicado de los astrólogos logrará descubrir un nexo causal en la mayoría de esas relaciones. La idea injustificada de que la correlación remite a una causa es, probablemente, uno de los dos o tres errores más graves y más frecuentes del razonamiento humano.

Pocas personas se dejarán engañar por una reducción al absurdo tan obvia como la correlación entre edad y gasolina. Pero consideremos un caso intermedio. Me presentan un cuadro de datos sobre las distancias que veinte niños pueden alcanzar arrojando una pelota de béisbol. Represento gráficamente esos datos y calculo una r que resulta ser elevada. Supongo que la mayoría de las personas compartirán mi intuición de que se trata de una correlación significativa; sin embargo, si carecemos de más información, la correlación por sí sola no nos dice nada sobre las causas subyacentes. Porque puedo proponer al menos tres interpretaciones causales distintas y plausibles para esa correlación (la interpretación verdadera es, probablemente, una combinación de las tres):

1. Se trata, simplemente, de niños de diferentes edades; los mayores arrojan más lejos la pelota.

2. Las diferencias corresponden a diferentes grados de práctica y entrenamiento. Algunos niños son estrellas de la Liga Infantil y pueden decir en qué año Roger Hornsby alcanzó una marca de 0,424 (1924... yo fui uno de esos muchachitos atrevidos); otros sólo conocen a Billy Martin porque aparece en unos anuncios de la cerveza Lite.

3. Las diferencias corresponden a unas disparidades de la capacidad innata que ni el entrenamiento más intenso consigue borrar. (La situación sería aún más compleja si la muestra incluyese niños y niñas educados según las pautas tradicionales. En ese caso, la correlación podría atribuirse sobre todo a una cuarta causa: las diferencias sexuales; y, además, tendríamos que preguntarnos por la causa de la diferencia sexual: instrucción, constitución innata, o una combinación entre lo innato y lo adquirido.)

En suma, la mayoría de las correlaciones no son causales, y cuando lo son, la existencia y la importancia de la correlación no suelen proporcionar indicación alguna sobre la naturaleza de la causa.

Correlación en más de dos dimensiones

Estos ejemplos bidimensionales son muy fáciles de comprender (por difícil que resulte su interpretación). Pero ¿qué sucede con las correlaciones entre más de dos medidas? Un cuerpo no sólo está compuesto de brazos y piernas; así, puede interesarnos averiguar cómo se relacionan varias medidas entre sí en el curso del crecimiento. Supongamos, por razones de simplicidad, que añadimos una sola medida, la longitud de la cabeza, para obtener un sistema de tres dimensiones. Podemos describir de dos maneras la estructura de correlación entre las tres medidas:

1. Podemos reunir todos los coeficientes de correlación entre pares de medidas en un único cuadro o *matriz* de coeficientes de correlación (véase la figura 6.2). La línea que va del vértice superior izquierdo al vértice inferior derecho indica la correlación necesariamente perfecta de cada variable consigo misma. Se denomina diagonal principal, y todas las correlaciones situadas en ella son de 1.0. La matriz es simétrica con respecto a la diagonal principal, porque la correlación entre la medida 1 y la medida 2 es la misma que la correlación entre 2 y 1. Así, los tres valores situados por encima o por debajo de la diagonal principal son las correlaciones que nos interesan: brazos y piernas, brazos y cabeza, piernas y cabeza.

2. Podemos trazar en un gráfico tridimensional los puntos correspondientes a todos los individuos (véase la figura 6.3). Puesto que todas las correlaciones son positivas, los puntos se disponen en forma de elipsoide (o pelota de rugby). (En dos dimensiones, forman una elipse.) Una línea que pasa por el eje principal de la pelota expresa las correlaciones positivas más elevadas entre todas las medidas.

Podemos comprender, tanto mental como visualmente, este caso tridimensional. Pero ¿y si se tratase de 20 o de 100 dimensiones? Si midiésemos 100

	Brazo	Pierna	Cabeza
Brazo	1,0	0,91	0,72
Pierna	0,91	1,0	0,63
Cabeza	0,72	0,63	1,0

6.2. Una matriz de correlación para tres medidas.

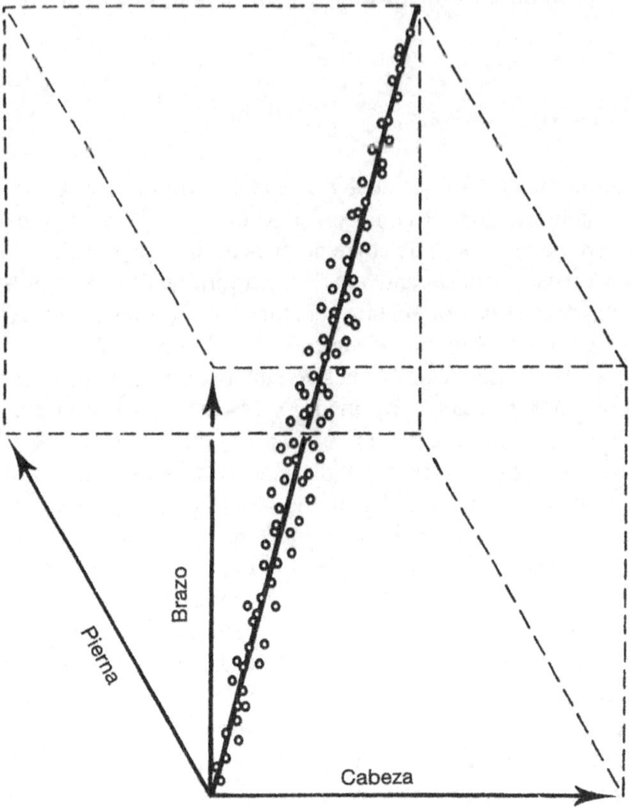

6.3. Una representación gráfica tridimensional que muestra las correlaciones entre tres medidas.

partes de un cuerpo en crecimiento, nuestra matriz de correlaciones contendría 10.000 números. Para representar gráficamente esa información tendríamos que utilizar un espacio de 100 dimensiones, dotado de 100 ejes perpendiculares entre sí, que representarían las medidas originales. Aunque esos 100 ejes no entrañan ningún problema desde el punto de vista matemático (en términos técnicos, constituyen un hiperespacio), no podemos representarlos gráficamente en nuestro mundo euclidiano tridimensional.

Esas 100 medidas de un cuerpo en crecimiento no corresponden probablemente a 100 fenómenos biológicos diferentes. Así como la mayoría de la información de nuestro ejemplo tridimensional podía reducirse a una única dimensión (el eje principal de la pelota de rugby), también nuestras 100 medidas podrían simplificarse reduciéndolas a una pequeña cantidad de dimensiones. Sin duda, una parte de la información se perdería —como cuando pasamos de la pelota de rugby estrecha y alargada, que seguía siendo una estructura tridimensional, a la única línea que representaba su eje principal. Pero estamos dispuestos a aceptar esa pérdida a cambio de una simplificación, y de la posibilidad de interpretar las dimensiones que queden desde un punto de vista biológico.

El análisis factorial y sus metas

Este ejemplo nos introduce de lleno en la cuestión de qué es lo que el análisis factorial intenta realizar. El análisis factorial es una técnica matemática para reducir un sistema complejo de correlaciones a un número más pequeño de dimensiones. Consiste, literalmente, en descomponer en factores una matriz, por lo general una matriz de coeficientes de correlación. (Quizás el lector recuerde el ejercicio algebraico de la escuela secundaria llamado «factorizar», que consistía en simplificar unas expresiones terriblemente complejas extrayendo los múltiplos comunes de cada componente.) Desde el punto de vista geométrico, el proceso de factorizar consiste en colocar ejes en una pelota de rugby formada por puntos. En el caso de las 100 dimensiones, es poco probable que logremos incluir suficiente información en una sola línea coincidente con el eje principal de la hiperpelota de rugby (esa línea se denomina *primer componente principal*). Necesitaremos otros ejes. Por convención, representamos la segunda dimensión mediante una línea *perpendicular* al primer componente principal. Ese segundo eje, o *segundo componente principal*, se define como la línea que expresa más variables restantes que cualquier otra posible línea perpendicular al primer componente principal. Si, por ejemplo, la hiperpelota de rugby fuese chata como un lenguado, el primer componente principal pasaría por el centro, en sentido longitudinal, y el segundo componente principal también pasaría por el centro, pero en sentido transversal. Las líneas siguientes tendrían que ser perpendiculares a todas las anteriores, y expresarían cantidades cada vez menores de variables restantes. Puede suceder que cinco componentes principales expresen casi la totalidad de las variantes de nuestra hiperpelota de rugby, o sea, que la hiperpelota de rugby dibujada en cinco dimensiones se parezca suficientemente al original para darnos por satisfechos, así como una pizza o un lenguado dibujado en dos dimensiones pueden expresar toda la información que necesitamos, pese a que en ambos casos los originales constan de tres dimensiones. Si decidimos detenernos en cinco dimensiones, podemos lograr una simplificación considerable a cambio de una pérdida de información. Podemos aprender conceptualmente las cinco dimensiones, e incluso podemos interpretarlas biológicamente.

Puesto que la descomposición en factores se realiza sobre una matriz de correlaciones, utilizaré una representación geométrica de los mismos coeficientes de correlación para poder explicar mejor cómo funciona la técnica. Las medidas originales pueden representarse como vectores de la longitud de una unidad,[2] que irradian a partir de un punto común. Si dos medidas presentan una correlación muy elevada, sus vectores están muy cerca uno de otro. El coseno

2. (Nota para los aficionados; quienes no lo sean pueden saltársela.) Técnicamente, el procedimiento que estoy analizando se denomina «análisis de componentes principales», que no coincide exactamente con el análisis factorial. En el análisis de componentes principales conservamos toda la información de las medidas originales y les asignamos nuevos ejes utilizando el mismo criterio que se usa en el análisis factorial, versión componentes principales: el primer eje expresa más datos que cualquier otro, y los ejes subsiguientes están situados en ángulo recto con respecto al resto de los ejes y abarcan cantidades gradualmente decrecientes de información. En el análisis factorial propiamente dicho, decidimos de antemano (por diversos procedimientos) no incluir toda la información en nuestros ejes factoriales. Sin embargo, ambas técnicas —el análisis factorial propiamente dicho, versión componentes principales, y el análisis de componentes principales— desempeñan la misma función conceptual y sólo difieren con respecto a la forma de realizar el cálculo. En ambos, el primer eje (la *g* de Spearman para los tests de inteligencia) es la dimensión «más adecuada» para expresar más información en un conjunto de vectores.

Desde hace aproximadamente una década, se ha ido difundiendo en los ambientes estadísticos una confusión semántica que tiende a limitar el uso de la denominación «análisis factorial» a la rotación de ejes que suele realizarse después de haberse calculado los componentes principales, mientras que la denominación «análisis de componentes principales» se aplica tanto al análisis de componentes principales propiamente dichos (donde se conserva toda la información) como al análisis factorial en la versión componentes principales (que entraña una reducción de las dimensiones y una pérdida de información). Este cambio de definición está en total desacuerdo con la historia de la cuestión y de la terminología. Spearman, Burt y muchos otros especialistas en psicometría trabajaron durante décadas en este terreno antes de que Thurstone y otros inventaran las rotaciones de los ejes. Realizaron todos sus cálculos dentro del marco de la versión de los componentes principales, y adoptaron para ellos mismos la denominación de «analistas factoriales». Por tanto, sigo utilizando el término «análisis factorial» en su sentido original, que incluye cualquier forma de orientación de los ejes: componentes principales o componentes rotados, ortogonales u oblicuos.

También utilizaré una abreviatura corriente, aunque un poco imprecisa, para referirme a la función de los ejes factoriales. Técnicamente, los ejes factoriales expresan la variancia de las medidas originales. Según un procedimiento habitual, diré que dichos ejes «explican» o «expresan» la información, lo que corresponde al sentido vulgar (pero no técnico) del término información. Es decir que, cuando el vector de una variable original se proyecta con fuerza sobre un conjunto de ejes factoriales, sólo una pequeña parte de su variancia queda sin expresar en unas dimensiones superiores situadas fuera del sistema de los ejes factoriales.

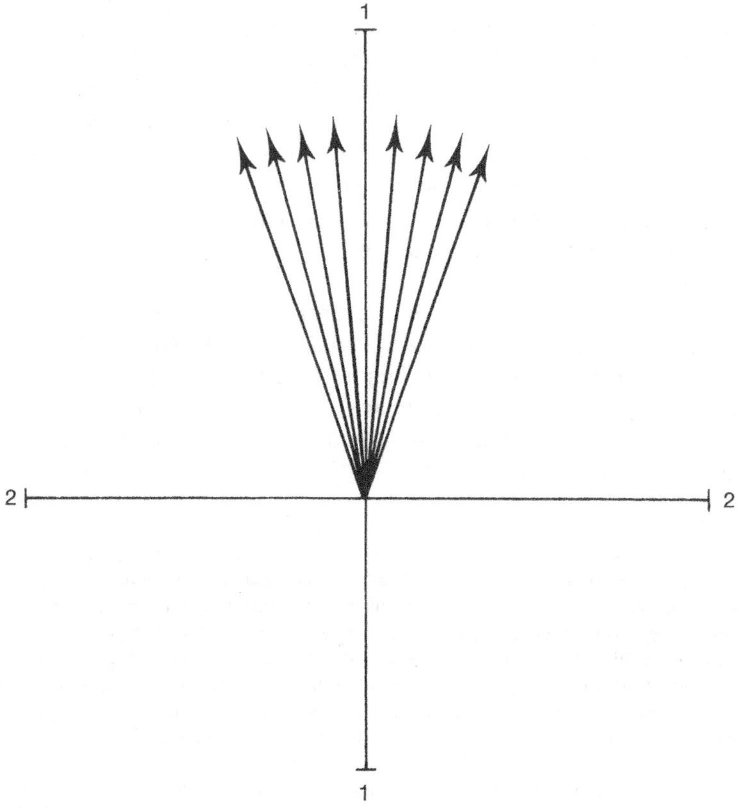

6.4. Representación geométrica de las correlaciones entre ocho tests cuando todos los coeficientes de correlación son elevados y positivos. El primer componente principal, 1, está situado cerca de todos los otros vectores, mientras que el segundo componente principal, 2, se encuentra en ángulo recto con el primero y no expresa demasiada información de los vectores.

del ángulo que forma cualquier par de vectores representa el coeficiente de correlación entre ellos. Si dos vectores se superponen, su correlación es perfecta, o 1,0; el coseno de 0° es 1,0. Si dos vectores forman un ángulo recto, son completamente independientes y su correlación es nula; el coseno de 90° es 0. Si dos vectores apuntan a direcciones opuestas, su correlación es perfectamente negativa, es decir −1,0; el coseno de 180° es −1,0. Una matriz de coeficientes de correlación muy elevados se representará como un haz de vectores separados entre sí por pequeños ángulos agudos (figura 6.4). Cuando descomponemos en factores ese haz, calculando los componentes principales, para obtener un conjunto más reducido de dimensiones, elegimos como primer componente aquel eje que tiene más capacidad de expresión, una suerte de promedio global entre todos los vectores. Esa capacidad de expresión se calcula proyectando cada

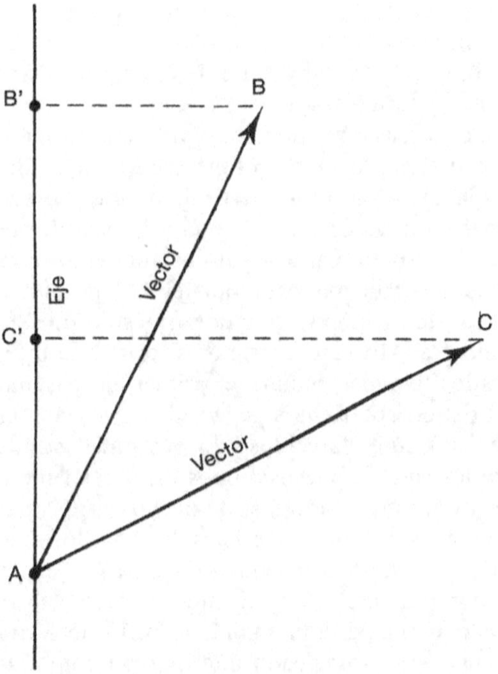

6.5. Cálculo de la cantidad de información de un vector expresado por un eje. Trazar una línea desde el extremo del vector hasta el eje, que sea perpendicular a dicho eje. La cantidad de información expresada por el eje es la relación entre la longitud proyectada sobre el eje y la longitud real del vector. Si un vector está situado cerca del eje, esa relación es elevada y el eje expresa la mayoría de la información del vector. El vector AB está cerca del eje y la relación entre la proyección AB' y el vector, AB, es elevada. El vector AC está lejos del eje y la relación entre su longitud proyectada AC', y el vector, AC, es baja.

vector sobre el eje. Para ello se traza una línea desde el extremo del vector hasta el eje, perpendicularmente a dicho eje. La proporción entre la longitud proyectada sobre el eje y la longitud real del vector mide el porcentaje de información de un vector que dicho eje puede expresar. (Esto es difícil de explicar con palabras, pero creo que la figura 6.5 evitará cualquier confusión.) Si un vector está situado cerca del eje, éste expresa gran parte de su información. Cuanto mayor es la distancia entre un vector y el eje —la separación máxima es de 90°—, más pequeña resulta la cantidad de información que dicho eje es capaz de expresar.

Situamos el primer componente principal (o eje) de modo tal que pueda expresar más información de todos los vectores que cualquier otro eje. En el caso de nuestra matriz de coeficientes de correlación altamente positivos, representada mediante un conjunto muy apretado de vectores, el primer componente principal pasa por el centro del conjunto (figura 6.4). El segundo componente principal se sitúa perpendicularmente al primero y expresa el máximo de la información restante. Pero si el primer componente ya hubiese expresado gran parte de la información de todos los vectores, el segundo eje principal, y los siguientes, sólo podrían dar cuenta de la pequeña cantidad de información restante (véase la figura 6.4).

Esos sistemas de correlaciones positivas muy elevadas son bastante frecuentes en la naturaleza. Por ejemplo, en mi primer estudio de análisis factorial consideré catorce medidas relativas a los huesos de veintidós especies de reptiles pelicosaurios (animales fósiles dotados de una vela dorsal; suele confundírselos con los dinosaurios, pero en realidad son los antepasados de los mamíferos). Mi primer componente principal expresaba el 97,1 por 100 de la información contenida en los catorce vectores, de modo que sólo quedaba un 2,9 por 100 para los ejes siguientes. Mis catorce vectores formaban un haz muy apretado (prácticamente todos se superponían); el primer eje pasaba por el centro del haz. La longitud del cuerpo de mis pelicosaurios variaba entre 50 cm y más de 330 cm. Todos eran muy parecidos y los animales grandes tenían medidas más grandes para los catorce huesos. Todos los coeficientes de correlación de los huesos entre sí eran muy elevados; de hecho, el más bajo era un enorme 0,912. Lo que no debe sorprender. Después de todo, los animales grandes tienen huesos grandes y los animales pequeños los tienen pequeños. Puedo interpretar mi primer componente principal como un factor abstracto de talla y de ese modo reducir (con una pérdida mínima de información) mis catorce medidas originales a una única dimensión interpretada como la talla corporal en crecimiento. En este caso, el análisis factorial permitió lograr tanto una *simplificación* mediante una reducción del número de dimensiones (de catorce a una sola) como una *explicación* mediante una interpretación biológica plausible del primer eje como factor de talla.

Sí, pero —y se trata de un pero descomunal— antes de regocijarnos y cantar las alabanzas del análisis factorial como panacea para la comprensión de los sistemas complejos de correlación, debemos reconocer que está sujeto a las mismas precauciones y objeciones que ya hemos visto al examinar los coeficientes de correlación. En las secciones siguientes abordaré dos problemas muy importantes.

El error de la cosificación

El primer componente principal es una abstracción matemática que puede calcularse para cualquier matriz de coeficientes de correlación: no es una «cosa» dotada de realidad física. Los especialistas en el análisis factorial han incurrido a menudo en la tentación de la *cosificación*, o sea, de atribuir un *significado físico* a todos los componentes principales muy marcados. En algunos casos, eso está justificado; me parece que tenía razones suficientes para interpretar mi primer eje de los pelicosaurios como un factor de talla. Pero una afirmación de ese tipo nunca puede basarse sólo en las matemáticas; es imprescindible contar con otros conocimientos relativos a la naturaleza física de las medidas mismas. Porque los sistemas de correlaciones absurdos también tienen componentes principales, y éstos pueden expresar más información que los componentes de otros sistemas que no son absurdos. Un análisis factorial de una matriz de correlaciones de cinco entradas de mi edad, la población de México, el precio del queso suizo, el paso de la tortuga que tengo en casa y la distancia media entre las galaxias durante los últimos diez años, dará un primer componente principal muy marcado. Puesto que todas las correlaciones son muy positivas, es probable que ese componente exprese un porcentaje de información tan elevado como el primer eje de mi estudio sobre los pelicosaurios. Pero no tendrá la menor significación física interesante.

En los estudios sobre la inteligencia, el análisis factorial se ha aplicado a matrices de correlación entre diferentes tests mentales. Por ejemplo, pueden aplicarse diez tests a cien personas. Cada entrada significativa en la matriz de correlaciones de diez por diez entradas es un coeficiente de correlación entre los resultados obtenidos en dos tests aplicados a cada una de las cien personas. Desde los comienzos de la utilización de los tests mentales, sabemos —y nadie se sorprenderá de ello— que la mayoría de esos coeficientes de correlación son positivos: es decir, que las personas que obtienen resultados elevados en un tipo de test tienden, en general, a obtener resultados también positivos en otros tests. La mayoría de las matrices de correlaciones de tests mentales contienen sobre todo correlaciones positivas. A partir de esta observación fundamental se desarrolló el análisis factorial. Charles Spearman inventó prácticamente esa técnica en 1904 como un instrumento para inferir causas partiendo de matrices de correlaciones de tests mentales.

Puesto que la mayoría de los coeficientes de correlación de la matriz son positivos, el análisis factorial debe producir un primer componente principal bastante marcado. En 1904 Spearman calculó indirectamente ese componente, y luego extrajo la conclusión esencialmente falsa que desde entonces ha hipotecado el análisis factorial: cosificó dicho componente transformándolo en una «entidad», e intentó darle una interpretación causal inequívoca. Lo llamó *g*, o inteligencia general, y supuso que había descubierto una cualidad unitaria subyacente en todas las actividades mentales cognitivas, una cualidad que podía expresarse mediante un número único y que podía utilizarse para clasificar a las personas según una escala unilineal de valor intelectual.

El factor *g* de Spearman —el primer componente principal de la matriz de correlaciones de tests mentales— nunca alcanza a desempeñar el papel predominante que el primer componente desempeña en muchos estudios sobre el crecimiento (como en el caso de mis pelicosaurios). A lo sumo, *g* expresa entre el 50 y el 60 por 100 de la información contenida en la matriz de tests. Las correlaciones entre los tests suelen ser mucho menos pronunciadas que las correlaciones entre dos partes de un cuerpo en crecimiento. En la mayoría de los casos, la correlación más elevada de una matriz de tests está lejos de alcanzar el valor *más bajo* de mi matriz de pelicosaurios: 0,912.

Aunque *g* nunca llegue a alcanzar la capacidad de expresión del primer componente principal en algunos estudios sobre el crecimiento, su respetable capacidad de expresión no me parece accidental. Hay razones causales que subyacen en las correlaciones positivas de la mayoría de los tests mentales. Pero ¿qué razones? No podemos deducirlas de un primer componente principal potente, como tampoco podemos deducir la causa de un solo coeficiente de correlación a partir de su magnitud. No podemos cosificar *g* transformándolo en una «cosa» salvo que dispongamos de información convincente, independiente del hecho mismo de la correlación.

La situación de los tests mentales se parece al caso hipotético, examinado más arriba, de la correlación entre los datos sobre lanzamientos de pelota de béisbol. Se trata de una relación muy definida, y tenemos derecho a considerar que no es accidental. Pero no podemos deducir la causa partiendo de la correlación, y esa causa es, sin duda, compleja.

El factor *g* de Spearman se presta particularmente a interpretaciones ambiguas, aunque no sea más que porque las dos hipótesis causales más contradictorias son compatibles con él: 1) *g* refleja un nivel heredado de agudeza mental (algunas personas obtienen buenos resultados en la mayoría de los tests porque han nacido más inteligentes); o 2) *g* refleja las ventajas y desventajas ambientales (algunas personas obtienen buenos resultados en la mayoría de los tests porque han recibido una educación adecuada, han estado bien alimentados durante el crecimiento, han vivido en hogares donde los libros eran algo habitual, y sus padres las han tratado con cariño). Si en principio la mera existencia de *g* puede interpretarse tanto de una manera puramente hereditarista como de una manera puramente ambientalista, entonces su sola presencia —e incluso su relativa importancia— no puede justificar ningún tipo de cosificación. La tentación es muy fuerte. La idea de que hemos detectado algo «subyacente» en las apariencias de un amplio conjunto de coeficientes de correlación, algo quizá más real que las mismas medidas superficiales, puede resultar embriagante. Es la esencia de Platón, la realidad eterna, abstracta, que subyace en las apariencias superficiales. Pero se trata de una tentación a la que debemos resistirnos, porque no corresponde a una verdad de la naturaleza, sino a un prejuicio inveterado del pensamiento.

La rotación y la no necesidad de componentes principales

Hay otro argumento, más técnico, que demuestra claramente la imposibilidad de cosificar sin más los componentes principales transformándolos en entidades causales. Si los componentes principales fuesen el único recurso para simplificar una matriz de correlaciones, sería lícito tratar de atribuirles una posición especial. Pero sólo representan uno de los muchos métodos para insertar ejes en un espacio multidimensional. Los componentes principales tienen una disposición geométrica precisa especificada por el criterio seguido para su construcción; a saber, que el primer componente principal expresará el máximo de información en un conjunto de vectores, y que los siguientes componentes serán perpendiculares entre sí. Pero ese criterio no es algo sacrosanto; los vectores pueden ser expresados por cualquier conjunto de ejes situados dentro de su espacio. En algunos casos, los componentes principales resultan esclarecedores, pero a menudo otros criterios son más útiles.

Consideremos la siguiente situación, en la que puede resultar preferible otro esquema de inserción de ejes. En la figura 6.6 presento las correlaciones entre cuatro tests mentales: dos de aptitud verbal y dos de aptitud aritmética. Se observa claramente la existencia de dos «haces», aunque las correlaciones entre todos los tests sean positivas. Supongamos que nos interesa identificar esos haces mediante el análisis factorial. Si utilizamos los componentes principales, es probable que no podamos reconocerlos. El primer componente principal (el factor *g* de Spearman) pasa justo por el centro, entre los dos haces. No está cerca de ningún vector y expresa una cantidad aproximadamente igual de cada uno, lo que equivale a ocultar la existencia de los haces verbal y aritmético. ¿Ese componente es una entidad? ¿Existe una «inteligencia general»? ¿O en este caso el factor *g* sólo es un promedio carente de significado, basado en la amalgama incorrecta de dos clases distintas de información?

Podemos captar los haces verbal y matemático en el segundo componente principal (denominado «factor bipolar» porque ciertas proyecciones sobre él serán positivas, mientras que otras serán negativas, cuando los vectores se sitúan a uno y otro lado del primer componente principal). En este caso, los tests verbales se proyectan sobre el lado negativo del segundo componente, y los tests aritméticos sobre el lado positivo. Pero de todas maneras podríamos dejar de detectar esos haces si el primer componente principal dominara todos los vectores. Porque las proyecciones sobre el segundo componente serían entonces pequeñas, y la configuración no es fácil de detectar (véase la figura 6.6).

Durante la década de 1930, los especialistas en el análisis factorial inventaron métodos para resolver este dilema y poder descubrir grupos de vectores a menudo enmascarados por los componentes principales. Lo consiguieron haciendo rotar los ejes factoriales desde la orientación de componentes principales hasta nuevas posiciones. El objetivo común de las rotaciones, que obedecen a una serie de criterios, consiste en situar los ejes cerca de los haces. En la figura 6.7, por ejemplo, utilizamos el criterio: situar los ejes cerca de los vectores que ocupan una posición extrema o periférica en el conjunto total. Si ahora expresamos todos los vectores sobre esos ejes rotados, podemos detectar los haces sin ninguna dificultad; porque los tests aritméticos tienen una proyección elevada en el eje 1 y una proyección débil en el eje 2, mientras que los tests verbales tienen una proyección elevada en el eje 2 y una proyección débil en el eje 1. Además, *g ha desaparecido.* Ya no encontramos un «factor general» de inteligencia, algo que pueda ser cosificado transformándolo en un único número que expresaría una habilidad global. Sin embargo, no ha habido pérdida alguna de información. Los dos ejes rotados expresan tanta información de los cuatro vectores como la que expresaban los dos componentes principales. Simplemente, distribuyen de otro modo la misma información sobre los ejes que la expresan. ¿Cómo podríamos afirmar que *g* es una entidad, si sólo aparece como una de las muchas maneras posibles de situar los ejes en un conjunto de vectores?

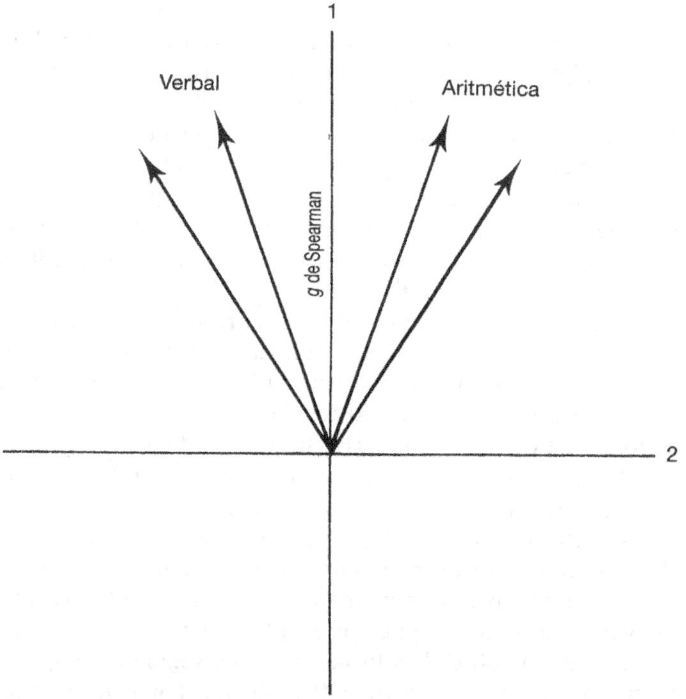

6.6. Un análisis de componentes principales para cuatro tests mentales. Todas las correlaciones son elevadas y el primer componente principal, el factor *g* de Spearman, expresa la correlación entera. Sin embargo, este tipo de análisis no expresa de forma adecuada los factores de grupo relativos a las aptitudes verbal y aritmética.

En suma, el análisis factorial simplifica amplios conjuntos de datos reduciendo la cantidad de dimensiones, y, a cambio de cierta pérdida de información, permite reconocer la presencia de una estructura ordenada en ese grupo más reducido de dimensiones. Como instrumento de simplificación ha resultado muy valioso en muchas disciplinas. Pero a menudo los especialistas del análisis factorial han querido ir más allá de la simplificación para definir los factores como entidades causales. Se trata de la cosificación, un error que ha falseado esa técnica desde su nacimiento. Estaba «presente en el momento de la creación», porque Spearman inventó el análisis factorial para estudiar la matriz de correlaciones de los tests mentales y luego cosificó su componente principal transformándolo en *g*, o inteligencia innata, general. El análisis factorial puede ayudarnos a comprender las causas orientándonos hasta cierto tipo de información situada más allá del aspecto matemático de las correlaciones. Pero los factores por sí solos no son cosas ni causas; son abstracciones matemáticas. Puesto que el mismo conjunto de vectores (véanse las figuras 6.6 y 6.7) puede repartirse entre *g* y un pequeño eje residual, o bien entre dos ejes de igual potencia capaces de identificar los grupos verbal y aritmético y de prescindir por

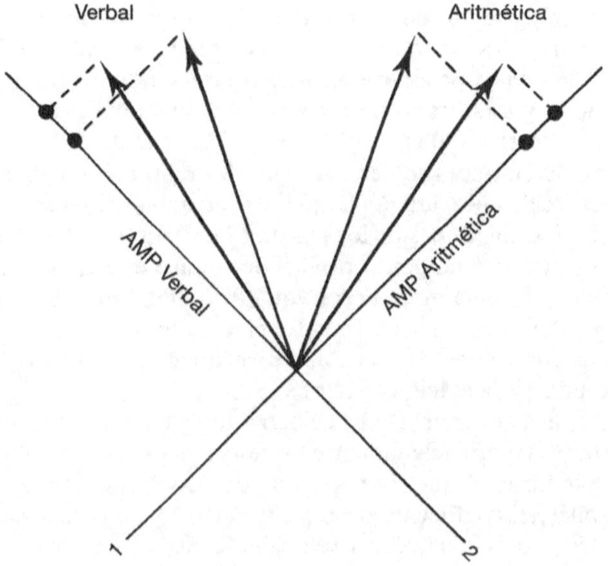

6.7. Ejes factoriales rotados para los mismos cuatro tests mentales representados en la figura 6.6. Ahora los ejes están situados cerca de los vectores de la periferia del haz. Ahora los factores de grupo ligados a las aptitudes verbal y aritmética aparecen bien identificados (véanse las elevadas proyecciones sobre los ejes, marcadas con puntos), pero el factor *g* ha desaparecido.

completo de *g*, no podemos afirmar que la «inteligencia general» de Spearman constituye una entidad ineluctable que necesariamente sea la causa y el fundamento de las correlaciones que existen entre los diferentes tests mentales. Aunque optemos por sostener que *g* no es un producto de la casualidad, ni su fuerza ni su posición geométrica permiten determinar cuál es su significado desde el punto de vista causal; aunque sólo sea porque sus características son igualmente consistentes con una concepción hereditarista extrema de la inteligencia y con una visión ambientalista extrema de la misma.

Charles Spearman y la inteligencia general

La teoría bifactorial

Los coeficientes de correlación son ahora tan ubicuos y habituales como las cucarachas en Nueva York. Hasta la calculadora de bolsillo más barata produce coeficientes de correlación con sólo apretar un botón. Sean o no indispensables, dichos coeficientes forman parte automáticamente del equipo de todo análisis estadístico que trabaja con más de una medida. En semejante situación, es fácil olvidar que antaño fueron aclamados como un descubrimiento sensacional en el dominio de la investigación, como un instrumento nuevo y apasionante para la detección de las estructuras subyacentes en las tablas de datos brutos. Podemos percibir ese entusiasmo leyendo los primeros artículos del gran biólogo y estadístico norteamericano Raymond Pearl (véanse Pearl, 1905 y 1906, y Pearl y Fuller, 1905). Pearl obtuvo el doctorado a comienzos del siglo y desde entonces se dedicó, como un niño con un juguete nuevo, a calcular las correlaciones de todo lo que se le cruzaba por delante, desde la correlación entre las longitudes de los gusanos de tierra y la cantidad de sus anillos (como no encontró ninguna correlación supuso que la longitud de los gusanos no estaba en función de la cantidad de anillos, sino del crecimiento de estos últimos), hasta la correlación entre el tamaño de la cabeza humana y la inteligencia (encontró una correlación muy pequeña, pero la atribuyó al efecto indirecto de una alimentación más rica).

Charles Spearman, eminente psicólogo y también estadístico brillante,[3] empezó a estudiar las correlaciones entre los tests mentales en aquella época eufórica. Spearman observó que si se aplican dos tests mentales a una gran cantidad de personas, el coeficiente de correlación entre ellos casi siempre resulta positivo. Meditó sobre ese hecho y se preguntó si podía extraerse alguna generalización más amplia. La correlación positiva indicaba claramente que cada test no medía un atributo independiente del funcionamiento mental. Una estructura más simple se ocultaba detrás de esas correlaciones positivas tan frecuentes; pero ¿qué estructura? Spearman imaginó dos posibilidades. Primero, las correlaciones positivas podían reducirse a un pequeño conjunto de atributos independientes, las «facultades» de la frenología y de otras escuelas de los comienzos de la psicología. Quizá la mente tuviese «compartimientos» separados para las aptitudes aritmética, verbal y espacial, por ejemplo. A esas teorías de la inteligencia, Spearman las denominó «oligárquicas». En segundo lugar, las correlaciones positivas podían reducirse a un solo factor general subyacente, una concepción que Spearman denominó «monárquica». En ambos casos, reconoció que los factores subyacentes —ya fuesen pocos (oligárquicos) o uno solo (monárquico)— no abarcaban toda la información de una matriz de coeficientes de correlación positivos para un gran número de tests mentales. Quedaba una «variación residual» constituida por la información específica de cada test, que no guardaba relación alguna con la del resto. En otras palabras, cada test tendría su componente «anárquico». Spearman denominó *s*, o información específica, a la variante residual de cada test. Así, según él, un estudio de la estructura subyacente podía conducir a una «teoría bifactorial» en la que cada test contendría cierta información específica (su *s*) y también reflejaba la actividad de un único factor subyacente, que Spearman denominó *g*, o inteligencia general. O bien cada test podía contener su información específica junto con la correspondiente a una o varias facultades independientes y subyacentes: una

3. Spearman se interesó especialmente en los problemas vinculados con la correlación, e inventó una medida que probablemente se sitúa después de la *r* de Pearson entre las que miden la asociación de dos variables: el llamado coeficiente de correlación de rango de Spearman.

teoría multifactorial. Si la teoría más simple, la bifactorial, resultaba cierta, todos los atributos comunes de la inteligencia podrían reducirse a una única entidad subyacente, una verdadera «inteligencia general» que podría medirse en cada persona, y que proporcionaría un criterio inequívoco para clasificarlas en función de su correspondiente valor mental.

Charles Spearman inventó el análisis factorial —que sigue siendo la técnica más importante en la moderna estadística multivariante— como un procedimiento para decidir entre una teoría bifactorial y una teoría multifactorial averiguando si la variancia común en una matriz de coeficientes de correlación podía reducirse a un único factor «general» o bien sólo podía reducirse a varios factores «de grupo» independientes. Lo que descubrió fue una única «inteligencia», de modo que optó por la teoría bifactorial y en 1904 publicó un artículo que más tarde un hombre que impugnó su resultado más importante valoró en estos términos: «Ningún acontecimiento de la historia de los tests mentales resultó tan descollante como la proposición por parte de Spearman de su famosa teoría bifactorial» (Guilford, 1936, p. 155). Exultante, y con la inmodestia que lo caracterizaba, Spearman dio a su artículo de 1904 este título grandilocuente: «La inteligencia general objetivamente medida y determinada». Diez años más tarde (1914, p. 237), escribía entusiasmado: «El futuro de la investigación sobre la herencia de las aptitudes debe concentrarse en la teoría "bifactorial". Sólo ella parece capaz de reducir a un orden transparente el desconcertante caos de hechos. Proporciona los medios para clarificar los problemas; en muchos aspectos ya se entrevé cuáles pueden ser sus soluciones; y en todos los casos [dicha teoría] asegura que a la larga encontrarán una solución definitiva».

El método de las diferencias tetrádicas

En sus primeros trabajos, Spearman no utilizó el método de los componentes principales descrito en las páginas 247-252. Elaboró un procedimiento más simple, aunque también más tedioso, que se adaptaba mejor a una época en que no existían los ordenadores y todos los cálculos debían hacerse a mano.[4] Calculaba toda la matriz de coeficientes de correlación entre los pares de tests; tomaba todos los grupos posibles de cuatro medidas, y calculaba para cada uno de ellos un número que denominaba «diferencia tetrádica». El siguiente ejemplo aclara en qué consiste la diferencia tetrádica y explica el uso que Spearman hizo de ella para probar si la variancia común de su matriz podía reducirse a un factor general único o sólo podía reducirse a varios factores de grupo.

Supongamos que queremos calcular la diferencia tetrádica correspondiente a cuatro medidas tomadas sobre una serie de ratones que comprende desde re-

4. El *g* calculado mediante la fórmula tetrádica equivale conceptualmente, y casi matemáticamente, al primer componente principal descrito en las pp. 248-252, y que se utiliza en el análisis factorial moderno.

cién nacidos hasta adultos: longitud de las patas, grosor de las patas, longitud de la cola y grosor de la cola. Calculamos todos los coeficientes de correlación entre los pares de variables y comprobamos, como era de esperar, que todos son positivos: a medida que los ratones crecen, las partes de su cuerpo van agrandándose. Pero nos interesaría saber si la variación común en las correlaciones positivas depende de un único factor general —el crecimiento— o bien de dos componentes distintos del crecimiento, en este caso un factor vinculado con las patas y otro factor vinculado con la cola, o bien un factor vinculado con la longitud y otro factor vinculado con el grosor. Spearman da la siguiente fórmula para la diferencia tetrádica:

$$r_{13} \times r_{24} - r_{23} \times r_{14}$$

donde r es el coeficiente de correlación y los dos subíndices representan las dos medidas correlacionadas (en este caso, 1 es la longitud de las patas, 2 es el grosor de las patas, 3 es la longitud de la cola y 4 es el grosor de la cola, de modo que r_{13} es el coeficiente de correlación entre la primera y la tercera medida, o entre la longitud de las patas y la longitud de la cola). En nuestro ejemplo, la diferencia tetrádica es:

(longitud de las patas y longitud de la cola) × (grosor de las patas y grosor de la cola) – (grosor de las patas y longitud de la cola) × (longitud de las patas y grosor de la cola)

Según Spearman, las diferencias tetrádicas que son cero entrañan la existencia de un único factor general, mientras que tanto los valores positivos como los negativos indican la presencia de factores de grupo. Supongamos, por ejemplo, que el crecimiento de los ratones depende de unos factores de grupo vinculados con la longitud general del cuerpo y el grosor general del cuerpo, que rigen el crecimiento de los ratones. En tal caso, obtendríamos un elevado valor positivo para la diferencia tetrádica porque los coeficientes de correlación entre ambas longitudes o entre ambos grosores tenderían a ser mayores que los coeficientes de correlación entre una longitud y un grosor. (Adviértase que la parte izquierda de la ecuación tetrádica sólo contiene longitudes con longitudes o grosores con grosores, mientras que la parte derecha sólo contiene longitudes con grosores.) En cambio, si un único factor general de crecimiento determinase la talla de los ratones, la correlación entre las longitudes y los grosores sería tan elevada como la correlación de las longitudes entre sí o los grosores entre sí, de modo que la diferencia tetrádica tendría un valor de cero. La figura 6.8 presenta una matriz de correlaciones hipotética para las cuatro medidas, que da una diferencia tetrádica de cero (los valores proceden de un ejemplo dado por Spearman en otro contexto, 1927, p. 74). La figura 6.8 también presenta otra matriz hipotética que da una diferencia tetrádica positiva; si las otras tétradas se comportasen de la misma manera, debería reconocerse la existencia de factores de grupo vinculados con la longitud y con el grosor.

	LP	GP	LC	GC
LP	1,0			
GP	0,80	1,0		
LC	0,60	0,48	1,0	
GC	0,30	0,24	0,18	1,0

Diferencia tetrádica:
0,60 X 0,24 - 0,48 X 0,30
0,144 - 0,144 = 0
ausencia de factores de grupo

	LP	GP	LC	GC
LP	1,0			
GP	0,80	1,0		
LC	0,40	0,20	1,0	
GC	0,20	0,40	0,50	1,0

Diferencia tetrádica:
0,40 X 0,40 - 0,20 X 0,20
0,16 - 0,04 = 0,12
factores de grupo para las longitudes y los grosores

6.8. Diferencias tetrádicas de cero (arriba) y de valor positivo (abajo) extraídas de matrices de correlación hipotéticas para cuatro medidas: LP = longitud de la pierna; GP = grosor de la pierna; LC = longitud de la cola, y GC = grosor de la cola. La diferencia tetrádica positiva indica la existencia de factores de grupo para las longitudes y los grosores.

La matriz superior de la figura 6.8 también ilustra otra cuestión importante cuya influencia ha sido constante en la historia del análisis factorial en psicología. Adviértase que, aunque la diferencia tetrádica sea de cero, los coeficientes de correlación no necesariamente deben ser iguales (y casi nunca lo son). En este caso, la correlación entre la longitud de las patas y el grosor de las patas es de 0,80, mientras que la correlación entre la longitud de la cola y el grosor de la cola sólo es de 0,18. Esas diferencias corresponden a distintos grados de «saturación» de *g*, el factor general único cuando las diferencias tetrádicas son cero. Las medidas de las patas tienen saturaciones más elevadas que las medidas de la cola, o sea, que se aproximan más a *g* o lo expresan mejor (en términos modernos, están más cerca del primer componente principal en las representaciones geométricas del tipo de la figura 6.6). Las medidas de la cola tienen menor carga de *g*.[5] Esas medidas contienen poca variación común y deben explicarse fundamentalmente por sus *s*, o sea, por la información específica de cada medida. Pasando a los tests mentales, podemos decir que si *g* representa la inteligencia general, entonces los tests mentales más saturados de *g* son los mejores sustitutos de la inteligencia general, mientras que los tests con escasa incidencia de *g* (y elevados valores de *s*) no pueden utilizarse como buenas medidas del valor mental general. La importancia de la carga de *g* se convierte en el criterio decisivo para saber si determinado test mental (un test de CI, por ejemplo) constituye o no una medida adecuada de la inteligencia general.

El procedimiento tetrádico de Spearman es muy trabajoso cuando se trata de matrices de correlaciones que abarcan una gran cantidad de tests. Cada diferencia tetrádica debe calcularse por separado. Si la variación común sólo corresponde a un único factor general, las tétradas deben ser igual a cero. Pero, como en todos los procedimientos estadísticos, no todos los casos coinciden con los valores previstos (cuando se arroja una moneda, la probabilidad es de 50 por 100 cara y 50 por 100 cruz, pero puede ocurrir que para obtener seis «caras» sucesivas haya que realizar sesenta y cuatro series de seis lanzamientos). Ciertas diferencias tetrádicas serán positivas o negativas aunque sólo exista un *g* y el valor previsto haya sido de cero. Así, Spearman calculó todas las diferencias tetrádicas y buscó las distribuciones de frecuencia normales con una diferencia tetrádica de cero, signo, según él, de la existencia de *g*.

El g *de Spearman y la gran renovación de la psicología*

Charles Spearman calculó sus tétradas, encontró una distribución bastante cercana a la normal, cuya media se aproximaba bastante a cero, y declaró que la variación común de los tests mentales correspondía exclusivamente a un único factor subyacente, el *g* de Spearman o inteligencia general. No ocultó su satisfacción porque estaba convencido de que había descubierto la entidad escurridiza cuya aprehensión permitiría convertir a la psicología en una verdadera ciencia. Había encontrado la esencia innata de la inteligencia, la realidad subyacente en todas las medidas superficiales e inadecuadas con las que hasta entonces se había intentado descubrirla. El *g* de Spearman sería la piedra filosofal de la psicología, su «cosa» sólida, cuantificable, la partícula elemental por la que debía pasar la vía hacia una ciencia exacta tan segura y fundamental como la física.

En su artículo de 1904, Spearman proclamó la omnipresencia de *g* en todos los procesos considerados intelectuales: «Todas las ramas de la actividad inte-

5. Los términos «saturación» y «carga» se refieren a la correlación entre un test y un eje factorial. Si un test tiene una fuerte «carga» de un factor, entonces la mayor parte de su información es expresada por dicho factor.

lectual tienen en común una función fundamental ... mientras que los elementos restantes o específicos parecen ser, en cada caso, totalmente diferentes entre sí ... Este *g*, lejos de limitarse a un pequeño conjunto de aptitudes cuyas correlaciones recíprocas han sido efectivamente medidas y recogidas en determinada tabla, puede intervenir en cualquier tipo de aptitud».

Los temas escolares ordinarios, en la medida en que reflejan la aptitud y no la mera adquisición de conocimientos, apenas permiten entrever, como a través de un vidrio oscuro, la esencia única oculta en el interior: «Todos los exámenes relativos a las diferentes facultades específicas, sensoriales, escolares y de otro tipo pueden considerarse como otras tantas aproximaciones independientes a la única gran Función Intelectiva común» (1904, p. 273). Con ello, Spearman trataba de resolver un dilema tradicional que se planteaba a propósito de la educación de la élite británica: ¿cómo podía el estudio de los clásicos contribuir a la mejor formación de los soldados o los gobernantes? «En lugar de seguir quejándonos inútilmente de que las notas altas en sintaxis griega no sirven para saber si los hombres serán o no aptos para estar al mando de tropas o para gobernar provincias, lo que por fin haremos será establecer el grado de exactitud de los diferentes instrumentos con que se mide la Inteligencia General» (1904, p. 277). En lugar de argumentar inútilmente, lo que hay que hacer es determinar la carga de *g* de la gramática latina y de la sagacidad militar. Si ambas se aproximan a *g*, entonces la habilidad para la conjugación podrá ser un buen indicador de la capacidad de mando del futuro militar.

Hay diferentes maneras de hacer ciencia, todas ellas legítimas y parcialmente válidas. El taxónomo que se deleita registrando las particularidades de cada nueva especie de escarabajos puede interesarse muy poco por la reducción, la síntesis o la búsqueda de la esencia de la «escarabajidad», ¡suponiendo que tal cosa exista! En el otro extremo, hay personas como Spearman, para quienes las apariencias externas de este mundo sólo constituyen guías superficiales para remontarse hasta una realidad subyacente más simple. Según una idea muy difundida (que, sin embargo, algunos profesionales se niegan a aceptar), la física es la ciencia que más lejos llega en la reducción de la aparente complejidad de nuestro mundo material a aquellas causas fundamentales y cuantificables que la engendran. Los reduccionistas que, como Spearman, trabajan en el terreno de las llamadas ciencias blandas de la biología de los organismos —la psicología o la sociología— han padecido a menudo de «envidia de la física». Se han esforzado por practicar su ciencia conforme a la vaga idea que tenían de la física, buscando leyes simplificadoras y partículas elementales. Así describe Spearman las grandes esperanzas que tenía de poder fundar una ciencia del conocimiento (1923, p. 30):

> Más allá de las regularidades de los hechos, que pueden observarse sin su concurso, [la ciencia] descubre otras más recónditas, pero por eso mismo más amplias, a las que se les confiere el nombre de leyes ... Cuando tratamos de encontrar algún acceso a ese ideal, sólo podemos descubrir algo así en la ciencia física, basada en las tres leyes fundamentales del movimiento. Así pues, lo que ahora buscamos paralela a esa *physica corporis* [física de los cuerpos] es una *physica animae* [física del alma].

Considerando a *g* como la partícula elemental, cuantificada, la psicología podría ocupar el puesto que le correspondía entre las verdaderas ciencias. «Sobre esta base —escribía Spearman en 1923 (p. 355)— tenemos derecho a esperar que la psicología ha de adquirir por fin el fundamento genuinamente científico que le permita ocupar el puesto que le corresponde entre las ciencias fundadas en principios sólidos, como la misma física.» Calificó a su obra de «revolución copernicana del punto de vista» (1927, p. 411), y se felicitó de que «esa Cenicienta de las ciencias tuviese la audacia de aspirar al nivel ya conquistado por la misma física» (1937, p. 21).

El g *de Spearman y la justificación teórica del CI*

Spearman, el teórico, el que buscaba la unidad a través de la reducción a las causas subyacentes, no solía emplear términos demasiado halagüeños para referirse a los objetivos de quienes utilizaban los tests de CI. En 1931 afirmó que este último era «el mero promedio de unos subtests recogidos y combinados entre sí sin ton ni son». Lamentaba que ese «revoltijo de tests» hubiera sido ennoblecido con el nombre de inteligencia. De hecho, pese a que en 1904 había llamado inteligencia general a *g*, más tarde renunció al término inteligencia, dada la irremediable ambigüedad en que el mismo había quedado sumido como consecuencia de las discusiones inacabables y las prácticas incoherentes de los especialistas en tests mentales (1927, p. 412; 1950, p. 67).

Sin embargo, sería un error —de hecho, reñido con la opinión del propio Spearman— pensar que se oponía a los tests de CI. Despreciaba el empirismo sin base teórica de los que utilizaban dichos tests, así como su tendencia a construirlos reuniendo elementos aparentemente heteróclitos, y a justificar tan extraño procedimiento aduciendo simplemente que daba buenos resultados. Sin embargo, reconocía que los tests de Binet funcionaban bien, y celebraba la renovación que habían introducido: «Esta gran investigación [la escala de Binet] transformó totalmente la situación. Los tests, que hasta hacía poco habían sido despreciados, fueron adoptados con entusiasmo en todos los países. Y en todas partes su aplicación práctica condujo a resultados notables» (1914, p. 312).

Lo que le molestaba a Spearman era que los especialistas en tests de CI reuniesen, con todo derecho, una serie de elementos heteróclitos en una escala única, pero luego se negaran a reconocer la teoría subyacente en ese procedimiento y siguiesen considerando que lo que hacían no excedía los límites de un empirismo rudimentario pero eficaz.

Spearman sostuvo con vehemencia que la justificación de los tests de Binet se encontraba en su propia teoría del factor *g* como única realidad subyacente en todas las actividades cognitivas. Los tests de CI funcionaban bien porque, sin que sus creadores lo supiesen, proporcionaban una medida bastante exacta de *g*. Cada prueba tenía determinada carga de *g*, junto con su propia información específica (o *s*), pero esa carga de *g* variaba entre casi cero y casi 100 por 100. Paradójicamente, la medida más exacta de *g* sería el resultado medio de un vasto conjunto de pruebas de muy distinta clase. Cada una de ellas proporciona cierta medida de *g*. La variedad garantiza que los factores *s* de las distintas pruebas variarán en todas las direcciones posibles y se neutralizarán unos a otros. Así, sólo quedará *g*, como factor común a todas las pruebas. El CI funciona bien porque mide *g*.

> En seguida surge una explicación del éxito de su curioso procedimiento consistente en ... agrupar pruebas de las características más dispares. Porque si cada resultado depende de dos factores, uno que siempre varía de forma aleatoria y otro que siempre es el mismo, resulta evidente que en el promedio las variaciones aleatorias tenderán a neutralizarse entre sí dejando que predomine solamente el otro factor, el constante (1914, p. 313; véanse también 1923, p. 6, y 1927, p. 77).

La «mezcolanza de todo tipo de medidas» de Binet respondía a una decisión teórica correcta y no a la mera intuición de un técnico experimentado: «Así, ese principio de hacer una mezcolanza —parecería imposible imaginar un procedimiento más arbitrario y más absurdo— tenía en realidad una profunda base teórica y una gran utilidad práctica» (Spearman, citado en Tuddenham, 1962, p. 503).

El *g* de Spearman y su corolario de que la inteligencia es una entidad única y medible suministraron la única justificación teórica prometedora que alguna vez hayan tenido las teorías hereditaristas del CI. Cuando, a comienzos del siglo XX, los tests mentales alcanzaron una posición muy influyente, se desarrollaron las dos corrientes de investigación que Cyril Burt caracterizó correctamente en 1914 (p. 36) como métodos basados en las correlaciones (análisis factorial) y métodos de escala de edad (tests de CI). En su biografía de Burt (1979, p. 47), Hearnshaw vuelve a señalarlo: «La novedad del siglo XX no residía en el concepto mismo de inteligencia, sino en su definición operacional en términos de técnicas de correlaciones, y en la elaboración de métodos adecuados de medida».

Nadie reconoció mejor que Spearman la estrecha relación existente entre su modelo de análisis factorial y las interpretaciones hereditaristas de los tests de CI. En un artículo que publicó en 1914 en la *Eugenics Review*, profetizaba la unión de esas dos grandes corrientes de los tests mentales: «Cada una de esas dos líneas de investigación aporta un respaldo, particularmente oportuno e imprescindible, a la otra ... Por grande que haya sido el valor de los tests de Simon-Binet, pese a haber sido aplicados en medio de una oscuridad teórica, su eficacia será mil veces mayor cuando se los utilice con pleno conocimiento de su naturaleza y sus mecanismos esenciales». Cuando, al final de su carrera, Spearman fue atacado por la manera en que practicaba el análisis factorial (véase *infra*, pp. 293-299) defendió el factor *g* aduciendo que éste proporcionaba la justificación del CI: «Estadísticamente, esta determinación se basa en su extrema simplicidad. Psicológicamente, tiene el mérito de constituir la única base de conceptos tan útiles como los de "aptitud general" o "CI"» (1939, p. 79).

Desde luego, no siempre los especialistas en tests mentales estuvieron dispuestos a aceptar que el factor *g* constituyese, como afirmaba Spearman, la justificación de su práctica. Muchos rechazaban la teoría y seguían insistiendo en que la utilidad práctica era la única justificación de su labor. Pero no hablar de teoría no entraña que la teoría esté ausente. La cosificación del CI en una entidad biológica se basó en el convencimiento de que el *g* de Spearman mide una «cosa» única, fundamental y reducible a una escala, que está localizada en el cerebro humano. Así lo consideraron muchos de los especialistas en tests mentales con mayores inclinaciones teóricas (véase Terman *et al.*, 1917, p. 152). C. C. Brigham no se retractó sólo porque tardíamente tuvo que reconocer que los tests mentales del ejército hablaban de propiedades innatas cuando se trataba de evidentes medidas culturales (véase *supra*, pp. 236-237); en su famosa retractación también señaló que combinando las pruebas no podía extraerse ningún *g* único y claramente definido, de modo que, después de todo, era probable que dichas pruebas no midiesen la inteligencia (Brigham, 1930). Y en cuanto a Arthur Jensen, sólo he de decir que reconoce que su teoría hereditarista del CI depende de la validez de *g*, y dedica gran parte de su libro más importante (1979) a defender la argumentación de Spearman tal como éste la formulara inicialmente, como hicieron Richard Herrnstein y Charles Murray en *The Bell Curve* (1994). (Véanse los ensayos al final de este libro.) Es imprescindible comprender bien los errores conceptuales de esa formulación para poder criticar las tesis hereditaristas sobre el CI en sus cimientos mismos, y no sólo en los enmarañados detalles de los procedimientos estadísticos.

Spearman y la cosificación de g

Spearman no pudo contentarse con la idea de que había descubierto un factor único y abstracto, subyacente en los resultados empíricos de los tests mentales. Tampoco pudo darse por satisfecho identificando ese factor con lo que llamamos propiamente inteligencia.[6] Se sintió obligado a pedirle más que eso a su *g*: tenía que medir una propiedad física del cerebro; tenía que ser una «cosa» en el sentido más directo y material. Aunque la neurología no hubiese descubierto sustancia alguna que pudiera identificarse con *g*, el funcionamiento del cerebro en los tests mentales probaba que ese sustrato físico tenía que existir. Así, víctima nuevamente de la envidia de la física, Spearman se atribuyó la «audacia de haber prescindido de todos los fenómenos efectivamente observables para inventar una entidad subyacente que, por analogía con la física, se llamó energía mental» (1927, p. 89).

Spearman consideró la propiedad fundamental de *g* —su mayor o menor influencia sobre las operaciones mentales— y trató de imaginar qué entidad física se ajustaba mejor a ese tipo de comportamiento. ¿Qué otra cosa —sostu-

6. Al menos en su primera época. Posteriormente, como hemos visto, abandonó la palabra inteligencia como consecuencia de la exasperante ambigüedad que se aprecia en su uso corriente. Sin embargo, no dejó de considerar a *g* como la esencia cognitiva única que debería llamarse inteligencia si este término no estuviese desfigurado por la confusión de la lengua vulgar (que no técnica).

vo—, sino una forma de energía presente en todo el cerebro y capaz de activar un conjunto de «motores» específicos localizados en diferentes partes del mismo? Cuanta más energía, más activación general y más inteligencia. Spearman escribió lo siguiente (1923, p. 5):

> Esta tendencia constante de la misma persona a obtener resultados positivos por más que varíen la forma y el contenido de las pruebas abordadas —es decir, cualquiera que sea el aspecto del conocimiento consciente de que se trate— sólo parece explicable por algún factor situado más allá de los fenómenos conscientes. Así surge el concepto de un hipotético factor general, puramente cuantitativo, que subyace en todos los comportamientos cognitivos, de cualquier tipo que éstos sean ... Mientras no se disponga de otra información, consideramos que ese factor consiste en una especie de «energía» o «poder» que alimenta toda la corteza cerebral (y quizás, incluso, la totalidad del sistema nervioso).

Si *g* es una energía general que está presente en toda la corteza cerebral, entonces los factores *s*, específicos de cada prueba, deben tener localizaciones más precisas. Deben de constituir grupos específicos de neuronas, activados de diferentes maneras por la energía que contiene *g*. Spearman sostuvo (y no se trataba de una mera metáfora) que esos factores *s* eran motores activados por un flujo de *g*.

> Además, cada operación diferente tiene que depender de un factor específico que le es propio. También para ese factor se ha postulado la existencia de un substrato fisiológico, a saber, el grupo de neuronas especialmente utilizado para ese tipo particular de operaciones. Así, esos grupos de neuronas funcionarían como otros tantos «motores» alimentados en cada caso por determinada carga de «energía». El resultado positivo de los diferentes actos dependería en parte del potencial energético del conjunto de la corteza cerebral, y en parte de la eficacia del grupo de neuronas que interviene en cada caso. La influencia relativa de los dos factores puede variar muchísimo según el tipo de operación; algunas dependerían más del potencial energético, mientras que otras dependerían más de la eficacia del motor (1923, pp. 5-6).

Esto proporcionaba una explicación provisional de las diferentes cargas de *g* atribuidas a las distintas pruebas: una operación mental podía depender fundamentalmente del carácter de su motor (fuerte carga de *s* y débil carga de *g*), mientras que otra podía depender de la cantidad de energía general que requería la activación de su motor (fuerte carga de *g*).

Spearman estaba tan seguro de haber descubierto la base de la inteligencia que declaró que su concepto era impermeable a toda refutación. Confiaba en que los fisiólogos descubrirían una energía física correspondiente a *g*: «Parecen existir fundadas razones para esperar que algún día se descubra una energía material como la que postulan los psicólogos» (1927, p. 407). Ese descubrimiento «marcaría —según Spearman— el mayor triunfo de la fisiología» (1927, p. 408). Pero, aunque no se descubriese una energía física, tenía que existir algún tipo de energía, que entonces sería de un carácter diferente:

> Y si sucediese lo peor y nunca pudiera descubrirse la explicación fisiológica buscada, no por ello los hechos mentales dejarían de existir. Si por su naturaleza esos hechos no admiten mejor explicación que la existencia de una energía subyacente, entonces esta última tendrá que conformarse simplemente a lo que, a fin de cuentas, han postulado desde hace mucho tiempo los más destacados psicólogos: tendrá que ser considerada como [una energía] puramente mental (1927, p. 408).

Al menos en 1927, Spearman no pensó en la alternativa evidente: que de entrada su intento de cosificar *g* careciese de validez.

A lo largo de toda su carrera, Spearman trató de descubrir otras regularidades del funcionamiento mental que confirmasen su teoría de la energía general y los motores específicos. Enunció (1927, p. 133) una «ley del rendimiento constante» según la cual la detención de una actividad mental entrañaba la puesta en marcha de otra actividad mental de igual intensidad. Así, sostenía, la energía general no disminuye y siempre tiene que activar algún motor. De otra parte, descubrió que la fatiga «se transfiere selectivamente», o sea, que el cansancio en una actividad mental provocaba el cansancio en algunos sectores afines, pero no en otros (1927, p. 318). Así, la fatiga no puede atribuirse a una «disminución del suministro de energía psicofisiológica general», sino que debe de corresponder a la acción de un conjunto de toxinas que atacan selectivamente determinado tipo de neuronas. La fatiga, afirmaba Spearman, «no se refiere fundamentalmente a la energía, sino a los motores» (1927, p. 318).

Sin embargo, como suele suceder en la historia de los tests mentales, Spearman empezó a tener cada vez más dudas hasta que, en su último libro (publicado póstumamente en 1950), tuvo que retractarse. Al parecer, trató de presentar la teoría de la energía y los motores como una locura de juventud (aunque la hubiese defendido con tanta vehemencia en sus años de madurez). Llegó incluso a renunciar al intento de cosificar los factores, reconociendo tardíamente que una abstracción matemática no tenía por qué corresponder a una realidad física. El gran teórico se había pasado al campo de sus enemigos y ahora se presentaba como un prudente empirista (1950, p. 25):

> No estamos obligados a responder a preguntas tales como: ¿Los «factores» tienen alguna existencia «real»? ¿Admiten una verdadera «medición»? ¿La noción de «aptitud» entraña en el fondo algún tipo de causa o poder? ¿O sólo tienen un carácter descriptivo? ... Desde luego, en su momento y en su sitio esos temas pueden justificarse. Incluso en su madurez, el autor se entregó a ellos sin demasiadas reticencias. *Dulce est desipere in loco* [es agradable a veces abandonarse a la insensatez — Horacio]. Pero para los fines que actualmente persigue se ha sentido obligado a mantenerse dentro de los límites del más puro empirismo, que, en su opinión, sólo consiste en describir y predecir ... Lo demás se reduce prácticamente a una ilustración mediante metáforas y comparaciones.

La historia del análisis factorial está sembrada de frustrados intentos de cosificación. No niego que puedan encontrarse regularidades de carácter causal, y razones físicas subyacentes, y estoy de acuerdo con Eysenck cuando afirma (1953, p. 113): «En determinadas circunstancias, los factores pueden interpretarse como hipotéticas influencias causales, que fundan y determinan las relaciones observadas entre un conjunto de variables. Sólo cuando se los interpreta de esta manera resultan interesantes y significativos para la psicología». Mi crítica se dirige contra la práctica que consiste en suponer que la mera existencia de un factor autoriza todo tipo de especulación causal. Los especialistas del análisis factorial han alertado una y otra vez contra dicha suposición, pero nuestra tendencia platónica a descubrir esencias subyacentes sigue prevaleciendo sobre la sensata prudencia. Podemos burlarnos, con la ventaja que da la mirada retrospectiva, del psiquiatra T. V. Moore, quien, en 1933, postuló la existencia de genes específicos para los distintos tipos de depresión —catatónica, delirante, maníaca, cognitiva y constitucional— porque su análisis factorial agrupaba las supuestas medidas de dichos síndromes en ejes diferentes (en Wolfle, 1940). Sin embargo, en 1972 dos autores descubrieron una relación entre la producción láctea y la exuberancia de la vocalización en el minúsculo decimotercer eje de un análisis factorial de diecinueve ejes relativos a los hábitos musicales de diferentes culturas; y eso les llevó a afirmar que «esa fuente suplementaria de proteínas explica muchos casos de vocalización enérgica» (Lomax y Berkowitz, 1972, p. 232).

Hay dos razones principales que invalidan la cosificación automática. Primero, como ya he analizado brevemente en las páginas 254-257 y como trataré *in extenso* en las páginas 293-311, ningún conjunto de factores puede aspirar a ser el único que concuerde con el mundo real. Toda matriz de correlaciones positivas puede ser dividida en factores, como hizo Spearman, de modo que de un lado quede *g* y del otro un conjunto de factores subsidiarios, o bien, como hizo Thurstone, en un conjunto de factores «de estructura simple», que suelen carecer de una dirección única dominante. Puesto que ambas soluciones expresan la misma cantidad de información, son idénticas desde el punto de vista matemático. Sin embargo, conducen a interpretaciones psicológicas opuestas. ¿Cómo podemos afirmar que una de ellas, o la otra, es el reflejo de la realidad?

Segundo, todo conjunto de factores puede interpretarse de diversas maneras. Spearman consideró que la importancia de su factor *g* demostraba la existencia de una única realidad subyacente en todas las actividades mentales cognitivas, una energía general localizada en el cerebro. Sin embargo, sir Godfrey Thomson, el más famoso colega de Spearman en cuestiones de análisis factorial, aceptó los resultados matemáticos de este último, pero se empeñó en interpretarlos de una manera opuesta. Spearman sostenía que el cerebro podía dividirse en un conjunto de motores específicos, alimentados por una energía general. Thomson, utilizando los mismos datos, dedujo que el cerebro carecía prácticamente de estructuras especializadas. Las células nerviosas, sostenía, están excitadas plenamente o no lo están en absoluto, están conectadas o desconectadas, sin estados intermedios. Cada prueba mental pone en actividad un conjunto aleatorio de neuronas. Las pruebas con elevada carga de *g* captan un numeroso grupo de neuronas en estado activo; otras, con baja carga de *g*, simplemente utilizan una cantidad menor de cerebro no estructurado. «Lejos de estar dividida en unos pocos "factores unitarios" —concluía Thomson (1939)—, la mente es un complejo rico y comparativamente indiferenciado de innumerables influencias; y del lado fisiológico es una intrincada red de posibilidades de intercomunicación.» Si la misma configuración matemática puede conducir a interpretaciones tan divergentes, ¿cómo puede aspirar cualquiera de ellas a representar la realidad?

Spearman y la herencia de g

Dos de las principales tesis de Spearman figuran en la mayoría de las teorías hereditaristas sobre los tests mentales: la identificación de la inteligencia con una «cosa» unitaria, y la deducción de que la misma tiene un substrato físico. Pero esas tesis no agotan la argumentación: una sustancia física única puede tener más o menos fuerza debido a la influencia del ambiente y la educación, y no por efecto de unas diferencias innatas. Faltaba un argumento más directo en favor de la heredabilidad de *g*. Spearman se ocupó de suministrarlo.

También en este caso, su marco teórico consistió en la identificación de *g* y *s* con la energía y los motores. Sostuvo que los factores *s* correspondían al nivel de educación, pero que la intensidad del *g* de cada persona correspondía exclusivamente a su capacidad heredada. ¿Cómo puede la educación influir sobre *g* —sostenía Spearman (1927, p. 392)— si *g* deja de crecer hacia los dieciséis años mientras que la educación puede proseguir indefinidamente? ¿Cómo puede la escolaridad alterar *g* si éste mide lo que Spearman llamaba *educción* (o aptitud para sintetizar y establecer relaciones) y no lo que él llamaba *retención* (la aptitud para aprender datos y recordarlos), y la función de la escuela se limita a la transmisión de conocimientos? Los motores pueden llenarse de información y configurarse a través del aprendizaje, pero la energía general del cerebro depende de su estructura innata:

> El efecto de la instrucción se limita al factor específico y no influye en absoluto sobre el factor general; desde el punto de vista fisiológico, ciertas neuronas se habitúan a determinados tipos de acción, pero la energía libre del cerebro permanece intacta ... Aunque no quepa duda de que el desarrollo de las capacidades específicas depende en gran medida de las influencias ambientales, el desarrollo de la capacidad general está regido casi exclusivamente por la herencia (1914, pp. 233-234).

El CI, como medida de *g*, corresponde a una inteligencia general innata; la cuestión de la herencia permitió consumar el matrimonio entre las dos grandes corrientes de la medición de la inteligencia (los tests de CI y el análisis factorial).

A propósito de la fastidiosa cuestión de las diferencias entre grupos humanos, las ideas de Spearman coincidían con las creencias habituales de los científicos de sexo masculino que más se destacaron por entonces en la Europa oc-

6.9. Estereotipo racista de un financiero judío, tomado de la primera página del artículo de Spearman de 1914 (véase la Bibliografía). Spearman utilizó esta figura para criticar las tesis favorables a los factores de grupo para determinados aspectos de la inteligencia; sin embargo, el hecho de que la publicara ilustra lo que se consideraba aceptable en aquellos tiempos.

cidental (véase la figura 6.9). Sobre los negros escribió lo siguiente (1927, p. 379), recurriendo a *g* para interpretar los tests mentales del ejército:

> En el promedio de todas las pruebas, los individuos de color presentaron alrededor de dos años de retraso con respecto a los blancos; su inferioridad se puso de manifiesto en las diez pruebas, pero fue más pronunciada precisamente en aquellas conocidas por su mayor carga de *g*.

Con otras palabras, los negros obtenían peores resultados en aquellas pruebas en que las correlaciones con *g* —o sea, la inteligencia general— eran más elevadas.

Sobre los blancos procedentes del sur y el este de Europa, Spearman escribió lo siguiente (1927, p. 379), elogiando la *American Immigration Restriction Act* de 1924:

> La conclusión general, subrayada por la casi totalidad de los investigadores, es que, con respecto a la «inteligencia», la raza germánica tiene una ventaja notable sobre la sureuropea. Y este resultado parece haber tenido consecuencias prácticas de una importancia capital para la elaboración de las recientes, y muy severas, leyes norteamericanas sobre la admisión de inmigrantes.

Sin embargo, sería incorrecto cargarle a Spearman la responsabilidad de haber formulado una teoría hereditarista de las diferencias de inteligencia entre los grupos humanos. Lo que hizo fue aportar algunos componentes fundamentales, en particular el argumento de que la inteligencia es una «cosa» innata única y medible. También suscribió las ideas imperantes sobre el origen de las diferencias medias de inteligencia entre las razas y entre los grupos nacionales. Pero no insistió en el carácter supuestamente ineluctable de dichas diferencias. De hecho, atribuyó las diferencias entre los sexos a la influencia de la educación y las convenciones sociales (1927, p. 229), y prácticamente no se refirió a las clases sociales. Además, al hablar de las diferencias raciales, siempre añadió a su tesis hereditarista sobre los resultados medios obtenidos otro argumento en el sentido de que, como la variación dentro de cada grupo racial o nacional era mucho más amplia que la pequeña diferencia media entre los grupos, muchos miembros de una raza «inferior» tenían una inteligencia superior a la inteligencia media de un grupo «superior» (1927, p. 350, por ejemplo).[7]

Spearman también reconoció la fuerza política de las tesis hereditaristas, si bien nunca abjuró de dichas tesis ni de dicha política: «Todos los esfuerzos por mejorar a los seres humanos a través de la instrucción se estrellan contra la apatía de quienes sostienen que el único método viable es el de una eugenesia más estricta» (1927, p. 376).

Pero lo más importante es que Spearman no parece haberse interesado demasiado por el tema de las diferencias hereditarias entre los pueblos. Mientras el debate arreciaba a su alrededor, y amenazaba con ahogar en tinta a sus colegas, él, que había inventado el factor *g* aportando un argumento fundamental a la escuela hereditarista, se mantenía alejado, sumido en una aparente apatía. Había estudiado el análisis factorial porque quería comprender la estructura del cerebro humano, y no para utilizarlo como una guía para medir las diferencias entre los grupos o, incluso, entre los individuos. Spearman puede haberle rondado sin llegar a decidirse, pero no fue él sino Cyril Burt, su sucesor en la cátedra de psicología del Colegio Universitario de Londres, quien construyó la unión políticamente poderosa del CI y el análisis factorial dentro del marco de una teoría hereditarista de la inteligencia. A Spearman pudo haberle tenido sin cuidado, pero para sir Cyril Burt el carácter innato de la inteligencia fue una obsesión permanente.

7. Richard Herrnstein y Charles Murray destacan el mismo argumento para obviar una carga de racismo contra *The Bell Curve* (1994). Véanse los dos primeros ensayos al final del libro.

Cyril Burt y la síntesis hereditarista

El origen del hereditarismo intransigente de Burt

Cyril Burt publicó su primer artículo en 1909. En él sostenía que la inteligencia era innata y que las diferencias entre las clases sociales dependían en gran medida de la herencia; también se basaba fundamentalmente en el factor *g* de Spearman. El último artículo de Burt en una revista de vasta difusión se publicó póstumamente en 1972. Se trataba siempre de la misma cantinela: la inteligencia es innata y la existencia del factor *g* de Spearman lo demuestra. Porque si alguna cualidad tuvo Cyril Burt, sin duda fue la constancia. En el artículo de 1972 declara lo siguiente:

> Las dos principales conclusiones a que hemos llegado parecen evidentes e incontrovertibles. La hipótesis de un factor general que intervendría en todos los procesos cognitivos, sugerida a título provisional sobre la base de argumentos basados en la neurología y la biología, está plenamente confirmada por las pruebas estadísticas; y la afirmación de que las diferencias con respecto a ese factor general dependen en gran medida de la constitución genética de los individuos, parece indiscutible. El concepto de una aptitud cognitiva innata y general, que se desprende de esos dos supuestos, concuerda totalmente, pese a tratarse, sin duda, de una pura abstracción, con los hechos empíricos (1972, p. 188).

Lo único que había cambiado era la intensidad de los adjetivos de sir Cyril Burt. En 1912, su argumentación era «concluyente»; en 1972 se había vuelto «indiscutible».

El análisis factorial está en el centro mismo de la definición de inteligencia de Burt como aptitud i. g. c. (innata, general, cognitiva). En su principal obra sobre el análisis factorial (1940, p. 216), Burt expuso su manera peculiar de utilizar la tesis de Spearman. El análisis factorial demuestra que «hay un factor *general* que interviene en todos los procesos *cognitivos*», y «ese factor general resulta ser en gran parte, cuando no en su totalidad, heredado o *innato*»: nuevamente, una aptitud i. g. c. Tres años antes (1937, pp. 10-11), había insistido con mayor fuerza aún en el carácter inevitablemente hereditario de *g*:

> Ese factor intelectual general, central y omnipresente, muestra además otra característica que también ponen de manifiesto los tests y las estadísticas. Resulta ser heredado, o al menos innato. Ni el conocimiento ni la práctica, ni el interés ni la aplicación lograrán incrementarlo.

Ya otros, Spearman entre ellos, habían establecido la relación entre *g* y la herencia. Pero sólo sir Cyril Burt se empecinó tanto en el tema que llegó a obsesionarse por él, y sólo en sus manos se convirtió en un instrumento político tan poderoso. La posición inflexible de Burt se basaba en la amalgama del prejuicio hereditarista con la cosificación de la inteligencia como una entidad única y medible.

Ya he analizado las raíces del segundo componente: la inteligencia como un factor cosificado. Pero ¿de dónde procedía el primer componente —el hereditarismo rígido— de la concepción burtiana de la existencia? No era una consecuencia lógica del análisis factorial, porque no se deduce del mismo (véase *supra*, pp. 252-254). Tampoco intentaré responder esta pregunta refiriéndome a las características psicológicas de Burt, o a su época (aunque Hearnshaw, 1979, haya sugerido algo en tal sentido). Me interesa mostrar que el hereditarismo de Burt no se basaba en sus investigaciones empíricas (ya fuesen honestas o fraudulentas), sino que constituía un prejuicio *a priori* proyectado sobre un conjunto de datos que supuestamente venían a justificarlo. Y, en el caso de este hombre obsesionado por su idea fija, también contribuyó a distorsionar su capacidad de juzgar, y, finalmente, a incitarlo al fraude.[8]

Burt y su primera «prueba» del innatismo. A lo largo de su extensa carrera, Burt citó continuamente su primer artículo de 1909 sobre el carácter innato de la inteligencia. Sin embargo, ese estudio adolece tanto de un defecto lógico (razonamiento circular) como de una base empírica notablemente exigua y superficial. Lo único que demuestra ese artículo a propósito de la inteligencia es que Burt abordó su estudio con una convicción *a priori* del carácter innato de la misma, y que incurrió en un círculo vicioso al tratar de justificar retroactivamente esa creencia inicial. Las «pruebas» —o lo que se presentaba como tal— sólo constituían una fachada.

Al comienzo de aquel artículo de 1909, Burt se proponía alcanzar tres objetivos. Los dos primeros reflejaban la influencia de la obra precursora de Spearman en el terreno del análisis factorial («¿la inteligencia general puede detectarse y medirse?»; «¿es posible determinar su naturaleza y analizar su significación?»). El tercero correspondía a una preocupación del propio Burt: «¿El desarrollo depende fundamentalmente de la influencia del ambiente y de lo que el individuo adquiere, o depende más bien de la herencia de un carácter racial o de un rasgo familiar?» (1909, p. 96).

Burt no sólo declaró que esta tercera pregunta era «en muchos sentidos la más importante», sino que también reveló su respuesta al explicar las razones por las que debíamos asignarle esa importancia:

> ... es cada vez mayor el convencimiento de que los caracteres innatos de la familia influyen más en la evolución que los caracteres adquiridos del individuo, así como la comprensión de que el humanitarismo y la filantropía en cuanto tales pueden impedir la eliminación natural de las estirpes inadaptadas; dadas estas dos características de la sociología contemporánea, la cuestión de la herencia de la aptitud reviste una importancia fundamental (1909, p. 169).

8. Sobre la creencia de Burt en el carácter innato de la inteligencia, Hearnshaw escribe lo siguiente (1979, p. 49): «Era para él casi un artículo de fe, que estaba dispuesto a defender contra toda crítica, y ya no una hipótesis provisional susceptible de refutación a través de pruebas empíricas. Resulta difícil dejar de advertir que casi toda la obra del primer Burt manifiesta una confianza excesiva en el carácter definitivo y correcto de sus conclusiones».

Burt seleccionó cuarenta y tres muchachos de dos escuelas de Oxford: treinta hijos de pequeños comerciantes procedentes de una escuela primaria y trece muchachos de clase alta procedentes de una escuela preparatoria. Para esta «demostración experimental del carácter hereditario de la inteligencia» (1909, p. 179), basada en una muestra tan ridículamente pequeña, Burt aplicó a cada muchacho doce tests de «funcionamiento mental, de diferentes grados de complejidad». (La mayoría de dichos tests no eran directamente cognitivos en el sentido habitual, sino más bien semejantes a los viejos tests fisiológicos galtonianos sobre la atención, la memoria, la discriminación sensorial y los tiempos de reacción.) A continuación, Burt obtuvo «cuidadosas valoraciones empíricas de la inteligencia» de cada muchacho. Para ello no aplicó rigurosamente los tests de Binet, sino que pidió a una serie de observadores «experimentados» que clasificaran a los muchachos según el grado de inteligencia, independientemente de los conocimientos escolares. Esas clasificaciones le fueron suministradas por los directores de las escuelas, por varios maestros y por «dos muchachos competentes e imparciales» que formaban parte de la muestra. Era la época del apogeo del colonialismo y del valor británico, y Burt explicó así a los muchachos el significado de la inteligencia:

> Suponed que tenéis que escoger un jefe para dirigir una expedición a un país desconocido. ¿Cuál de estos 30 muchachos os parecería el más inteligente? Y en caso de que no pudiese, ¿cuál sería el siguiente? (1909, p. 106).

A continuación, Burt investigó las correlaciones entre los resultados obtenidos en los doce tests y las clasificaciones suministradas por sus expertos. Comprobó que cinco tests presentaban coeficientes de correlación con la inteligencia superiores a 0,5, y que las correlaciones más bajas correspondían a los tests relacionados con «los sentidos inferiores: el tacto y el peso», mientras que las mejores correlaciones correspondían a aquellos tests en que los elementos cognitivos eran más evidentes. Burt, que estaba convencido de que los doce tests medían la inteligencia, examinó luego los resultados. Comprobó que los muchachos pertenecientes a la clase alta obtenían mejores resultados que los de clase media baja en todos los tests salvo en los relativos al peso y el tacto. Por tanto, los muchachos de clase alta debían de ser más listos.

Pero ¿la superioridad intelectual de los muchachos de clase alta es innata o adquirida como consecuencia de determinadas ventajas familiares y escolares? Burt propuso cuatro argumentos para descartar la influencia del ambiente:

1. El ambiente de los muchachos de clase media baja no puede ser tan pobre como para crear una diferencia, porque sus padres están en condiciones de pagar los nueve peniques por semana para que puedan asistir a la escuela: «Ahora bien, en el caso de las clases sociales más bajas la inferioridad general en los tests mentales podría atribuirse a la influencia negativa del ambiente y de las condiciones posnatales ... Pero tal no puede ser el caso de unos muchachos que asisten a la Escuela Primaria Central, cuya tarifa es de 9 peniques por semana» (1909, p. 173). Con otras palabras, la influencia ambiental sólo

cuenta cuando se trata de muchachos que están al borde de la inanición.

2. Las «influencias educativas del hogar y la vida social» parecen poco importantes. Al formular esta apreciación, cuyo carácter subjetivo reconocía, Burt se basaba en una intuición aguzada por años de experiencia visceral. «Sin embargo, en este caso se trata de unos argumentos especulativos poco convincentes para quienes no tengan un conocimiento directo del comportamiento real de los muchachos.»

3. La naturaleza misma de los tests excluye gran parte de la influencia ambiental. Al igual que los tests de sensación o de comportamiento motor, no suponen «un grado apreciable de habilidad o conocimiento adquiridos ... Por tanto, hay razones para creer que las diferencias comprobadas son fundamentalmente innatas» (1909, p. 180).

4. 18 meses más tarde, cuando varios de los muchachos habían entrado en la vida profesional o habían pasado a otras escuelas, volvieron a aplicárseles los tests sin que fuera necesario introducir mayores modificaciones en la clasificación. (¿Nunca se le ocurrió a Burt que la influencia fundamental del ambiente podía ejercerse durante los primeros años de vida, y no sólo en situaciones inmediatas?)

Todos estos argumentos, así como el proyecto global del estudio, presentan la dificultad de estar basados en un razonamiento evidentemente circular. La tesis de Burt se apoyaba en determinadas correlaciones entre los resultados obtenidos en los tests y una clasificación de la inteligencia elaborada por observadores «imparciales». (Los argumentos relativos al «carácter» mismo de los tests son secundarios, porque Burt no los habría tomado en cuenta si dichos tests no hubiesen podido correlacionarse con valoraciones de la inteligencia obtenidas independientemente de los mismos.) Para interpretar las correlaciones y para poder utilizar los propios tests es preciso conocer el significado de esas clasificaciones subjetivas. Porque si las clasificaciones elaboradas por los maestros, los directores y los compañeros —cuya sinceridad no se trata de cuestionar— reflejasen más las ventajas de la educación que las bendiciones preferenciales de la genética, entonces las distintas categorías corresponderían básicamente a diferencias ambientales y los resultados de los tests sólo aportarían una nueva (y más imperfecta) medida de lo mismo. Burt utilizó la correlación entre dos criterios como prueba del carácter hereditario sin haber demostrado jamás que alguno de dichos criterios midiese realmente su propiedad favorita.

De todos modos, todos estos argumentos en apoyo de la herencia son indirectos. Burt adujo también, como argumento definitivo, una prueba directa de la herencia: existía una correlación entre la inteligencia de los muchachos y la de sus padres:

> En todo proceso relacionado con la inteligencia, estos muchachos de extracción superior se parecen a sus padres por el hecho de ser también ellos superiores ... La habilidad para responder a dichos tests no depende de circunstancias fortuitas ni de la instrucción, sino de una cualidad innata. Por tanto, la semejanza de los muchachos y sus padres con respecto al grado de inteligencia tiene que depender de la herencia. Así, disponemos de una demostración experimental de que la inteligencia es hereditaria (1909, p. 181).

Pero ¿cómo midió Burt la inteligencia de los padres? La respuesta, notable incluso desde el punto de vista de Burt, es que no la midió: se limitó a suponerla basándose en sus profesiones y en su nivel social. Los padres de clase alta que tienen profesiones intelectuales deben estar dotados de una inteligencia innata superior a la de los tenderos. Pero el objetivo del estudio era determinar si los resultados obtenidos en los tests se debían a la existencia de unas cualidades innatas o bien a las condiciones sociales más o menos ventajosas. Por tanto, no se puede dar un giro completo y deducir directamente la inteligencia basándose en el nivel social.

Sabemos que los últimos estudios de Burt sobre la herencia fueron fraudulentos. Sin embargo, sus trabajos iniciales, honestos, adolecen de vicios tan fundamentales que tampoco valen más que aquéllos. Al igual que en el estudio de 1909, Burt argumenta siempre a favor de la herencia basándose en la existencia de correlaciones entre la inteligencia de los padres y la de su progenie. Siempre partiendo del nivel social para valorar la inteligencia de los padres, en lugar de someterlos a unos tests.

Por ejemplo, después de haber terminado su estudio de Oxford, Burt emprendió en Liverpool un programa más amplio de aplicación de tests mentales. Uno de sus principales argumentos a favor del carácter innato de la inteligencia estaba basado en la existencia de elevadas correlaciones entre padres e hijos; sin embargo, nunca publicó los resultados obtenidos por los padres. Cincuenta años después, L. S. Penrose releyó el trabajo de Burt y advirtió la ausencia de esos datos, de modo que le preguntó a este último qué procedimiento había utilizado para medir la inteligencia de los padres. Burt, que ya era muy mayor, contestó lo siguiente (en Hearnshaw, 1979, p. 29):

> La inteligencia de los padres se valoró sobre todo basándose en las profesiones que desempeñaban y verificando luego esas estimaciones en entrevistas personales; además, para normalizar esas valoraciones subjetivas, alrededor de una quinta parte fue sometida a tests.

Hearnshaw comenta así esta respuesta (1979, p. 30): «Esta primera incursión de Burt en el terreno de la genética se caracteriza por una base empírica muy endeble y unas conclusiones imprudentes. He aquí, al comienzo mismo de su carrera, los gérmenes de la posterior enfermedad».

Incluso en los casos en que Burt aplicó tests a los sujetos, por lo general no publicó los resultados efectivamente obtenidos, sino unos datos «ajustados» basándose en su propia valoración del margen de error que dichos tests podían tener para medir la inteligencia tal como él y otros expertos eran capaces de apreciarla mediante un juicio subjetivo. En una de sus obras principales reconoció lo siguiente (1921, p. 280):

> No me atuve a los meros resultados de los tests. Los analicé cuidadosamente con los maestros, y, siempre que la opinión del maestro sobre los méritos relativos de sus alumnos parecía justificar una valoración superior, introduje las correcciones pertinentes.

El procedimiento puede responder a una intención loable. Supone el reconocimiento de que un simple número, calculado sobre la base de una breve serie de tests, es incapaz de expresar una noción tan sutil como la inteligencia. Permite registrar el juicio autorizado de los maestros y otras personas que conocen bien a los sujetos. Sin embargo, descalifica cualquier intento de presentar determinada hipótesis como susceptible de una verificación objetiva y rigurosa. Porque, si se piensa de antemano que los niños de buena familia son los que tienen una inteligencia innata superior, entonces ¿en qué dirección habrá que ajustar los resultados de los tests?[9]

Pese a lo exiguo de su muestra, a lo ilógico de sus argumentos y a lo dudoso de sus procedimientos, Burt concluyó su artículo de 1909 con una afirmación de triunfo personal (p. 176):

> Por tanto, la inteligencia de los padres puede heredarse, la inteligencia individual puede medirse y la inteligencia general puede analizarse; y pueden analizarse, medirse y heredarse en un grado que hasta el presente pocos psicólogos se han atrevido legítimamente a sostener.

Cuando, en 1912, Burt volvió a utilizar esos datos en un artículo para la *Eugenics Review*, añadió «pruebas» suplementarias basadas en muestras aún más pequeñas. Analizó el caso de las dos hijas de Alfred Binet: observó que el padre había sido poco propenso a relacionar los signos físicos con las habilidades mentales, y señaló que la hija de aspecto teutónico —rubia, de ojos azules y cabeza grande— era imparcial y franca, mientras que la otra, de cabellos más oscuros, tendía a ser sentimental y carecía de sentido práctico. *Touché!*

Burt no era tonto. Confieso que empecé a leer sus trabajos con la impresión —alimentada por una serie de artículos periodísticos espectaculares sobre el carácter fraudulento de los mismos— de que no era más que un astuto y pérfido charlatán. Sin duda, llegó a serlo, y por una serie compleja de razones (véase *supra*, pp. 238-242). Sin embargo, a medida que avanzaba en la lectura fui tomándole respeto por su inmensa erudición, su notable sensibilidad en muchos terrenos, y la sutileza y complejidad de sus razonamientos; acabé apreciándolo a pesar de mí mismo. Y sin embargo, esta valoración hace aún más desconcertante la extraordinaria debilidad de su razonamiento sobre el carácter innato de la inteligencia. Si no hubiese sido más que un tonto, la estupidez de sus argumentos habría indicado al menos una coherencia de carácter.

Mi diccionario define una idea fija como «una idea persistente u obsesiva, a menudo delirante, de la que el sujeto no puede liberarse». El carácter innato

9. En ocasiones, Burt incurrió en un círculo vicioso aún más grave afirmando que los tests tenían que medir la inteligencia innata porque para eso habían sido creados: «De hecho, a partir de Binet prácticamente todos los investigadores que trataron de crear ''tests de inteligencia'' buscaron fundamentalmente una medida de la capacidad innata, diferente del conocimiento o la habilidad adquiridos. Conforme a esta interpretación, es evidente que carece de sentido preguntarse en qué medida la ''inteligencia'' depende del ambiente, y en qué medida depende de la constitución innata: ya la definición plantea y resuelve la cuestión» (1943, p. 88).

ante ese dogma hereditarista al que debía su fama, y que acabaría sellando su ruina intelectual. Puede llamar la atención que Burt haya podido razonar con dos estilos tan diferentes. Pero más sorprendente aún me parece el hecho de que tantas personas hayan aceptado las tesis de Burt sobre la inteligencia cuando sus argumentos y sus datos —todos accesibles en publicaciones de amplia difusión— contenían tal cúmulo de errores patentes y afirmaciones engañosas. ¿Qué mejor demostración de que el dogma compartido se oculta tras la máscara de la objetividad?

Argumentos posteriores. ¿Quizá he sido injusto al concentrar mi crítica en el primer trabajo de Burt? ¿Quizá la locura de la juventud no tardó en ceder ante la sabiduría y la cautela de la edad madura? En absoluto: si alguna cualidad tuvo Burt fue la de ser ontogenéticamente coherente. El argumento de 1909 nunca cambió, nunca se refinó, y acabó basándose en datos amañados. El carácter innato de la inteligencia siguió funcionando como un dogma. Veamos el argumento esencial del más famoso libro de Burt, *The Backward Child* (1937), escrito en el momento culminante de su carrera, y antes de llegar al fraude deliberado.

El retraso, observa Burt, suele definirse por el rendimiento en la escuela, y no por los resultados obtenidos en los tests de inteligencia: los niños retrasados son aquellos que presentan más de un año de atraso en la tarea escolar. Burt sostiene que los efectos del ambiente —suponiendo que tengan alguna importancia— deberían influir más sobre esta clase de niños (los más atrasados en la escuela son los que padecen de deficiencias genéticas más graves). Por tanto, abordó el estudio estadístico del ambiente estableciendo una correlación entre el porcentaje de niños retrasados y los niveles de pobreza de los distritos de Londres. Obtuvo una cantidad impresionante de correlaciones elevadas: 0,73 con respecto al porcentaje de personas situadas por debajo del límite de la pobreza; 0,89 con respecto al hacinamiento; 0,68 con respecto al desempleo, y 0,93 con respecto a la mortalidad juvenil. A primera vista, estos datos parecerían demostrar el predominio de la influencia ambiental sobre el retraso. Pero Burt alega otra posibilidad: quizá las estirpes innatamente inferiores sean las que se agrupan en los peores distritos, de modo que el grado de pobreza sólo sería una medida imperfecta de la incapacidad genética.

Guiado por su idea fija, Burt optó por la hipótesis de la estupidez innata como causa primaria en la pobreza (1937, p. 105). Su principal argumento se basó en los tests de CI. La mayoría de los niños retrasados obtienen una desviación típica de 1 a 2 por debajo del promedio (70-85), en una categoría que técnicamente se denominó subnormalidad. Puesto que el CI registra la inteligencia innata, la mayoría de los niños retrasados se desempeñan mal en la escuela porque son subnormales, y no (o sólo indirectamente) porque sean pobres. Burt incurre otra vez en el mismo círculo vicioso: desea probar que la deficiencia de la inteligencia innata es la principal causa del fracaso escolar; sabe perfectamente que el nexo entre el CI y el innatismo es un problema aún no resuelto en los intensos debates sobre el significado del CI; en reiteradas ocasiones admite que el test de Stanford-Binet es, a lo sumo, una medida imperfecta del innatismo (por ejemplo, 1921, p. 90); sin embargo, guiándose por los resultados de los tests, concluye:

> En mucho más de la mitad de los casos, el retraso parece debido principalmente a factores mentales intrínsecos; por tanto, es algo primario, innato, y en esa medida excluye toda esperanza de curación (1937, p. 110).

Conviene destacar la curiosa definición de innato que ofrece Burt en este pasaje. Un carácter innato, es decir, congénito y, tal como usa Burt el término, heredado, es aquel que forma parte de la constitución biológica del organismo. Pero no basta demostrar que un carácter representa la naturaleza no afectada por lo adquirido para probar que el mismo se conserva ineluctablemente. Burt, por ejemplo, heredó su miopía. Ningún médico reconstruyó sus ojos guiándose por un modelo perfecto; pero Burt usaba gafas... y el único defecto de su vista era de tipo conceptual.

The Backward Child también abunda en afirmaciones tangenciales que reflejan los prejuicios hereditaristas del autor. A propósito de una desventaja ambiental —la frecuencia con que los pobres se constipan— menciona una predisposición hereditaria (totalmente plausible) haciendo gala de una sorprendente capacidad descriptiva:

> ... se da sobre todo en aquellos sujetos cuyos rostros muestran determinados defectos de desarrollo —la frente abombada y huidiza, el hocico saliente, la nariz corta y respingona, los labios gruesos— que se combinan para dar al niño de los barrios bajos un aspecto negroide o un poco simiesco ... «Simios que apenas son antropoides», según ha dicho un director de escuela propenso a resumir sus observaciones en una frase (1937, p. 186).

Burt se interroga sobre el éxito intelectual de los judíos y lo atribuye, en parte, a la miopía hereditaria que los aparta de los campos de deporte y los predispone para el estudio de los libros de contabilidad.

> Antes de la invención de las gafas, los judíos, cuya existencia dependía de la capacidad de llevar y leer libros de contabilidad, habrían quedado profesionalmente incapacitados a los cincuenta años, en caso de haber presentado una tendencia habitual a la hipermetropía; en tanto que un miope (como puedo atestiguar personalmente) ... puede prescindir de las gafas, sin gran pérdida de eficiencia, para los trabajos a corta distancia (1937, p. 219).

La ceguera de Burt. El poder enceguecedor del prejuicio hereditarista de Burt puede apreciarse mejor examinando su enfoque de otros temas, distintos de la inteligencia. Porque en esos casos demostraba constantemente una cautela digna de elogio. Reconocía la complejidad de las causas y la sutil influencia que puede ejercer el ambiente. Protestaba contra las suposiciones simplistas y reservaba su juicio hasta contar con pruebas suficientes. Sin embargo, apenas retomaba su tema favorito —la inteligencia—, aparecían las anteojeras y el catecismo hereditarista volvía a imponerse.

Burt escribió páginas muy expresivas sobre el efecto debilitante de los ambientes pobres. Señala que el 23 por 100 de los jóvenes *cockneys* entrevistados no había visto jamás un campo o un terreno verde, «ni siquiera en un parque público»; un 64 por 100 jamás había visto un tren, y un 98 por 100 no conocía el mar. El siguiente pasaje, pese a cierta condescendencia paternalista y al uso de estereotipos, presenta una vívida imagen de la pobreza en los hogares de la clase trabajadora, y de su efecto intelectual sobre los niños (1937, p. 127):

> Su madre y su padre lo ignoran prácticamente todo sobre cualquier vida que no sea la propia, y no tienen ni el tiempo, ni la disponibilidad, ni la capacidad ni la actitud necesaria para enseñar lo poco que saben. La madre sólo abre la boca para hablar de la limpieza y la cocina, o para regañar a los hijos. En cuanto al padre, cuando no trabaja suele pasar la mayor parte del tiempo «en el rincón», dando reposo a su fatigado cuerpo, o, después de haberse quitado el abrigo y la gorra, chupando su pipa junto al fuego, sumido en un lúgubre silencio. El vocabulario que el niño asimila se reduce a unos centenares de palabras, en su mayoría inadecuadas, vulgares o mal pronunciadas, y el resto irreproducibles en el aula. En la casa no hay literatura digna de ese nombre, y el universo del niño está confinado entre los muros de ladrillo y una capa de humo. En todo el año puede que no vaya más lejos que a la tienda o el campo de juego más cercanos. El campo o el litoral marino son para él meras palabras, que sugieren oscuramente unos sitios adonde se envía a quienes han sufrido algún accidente, y que probablemente imagina a través de una fotografía que lleva la leyenda «recuerdo de Southend», o de algún «recuerdo de Margate» con marco de conchillas, que sus padres trajeron tras pasar allí un día feriado, pocas semanas después de su boda.

Burt añadía el siguiente comentario de un «robusto conductor de autobús»: «Aprender de los libros no es para unos muchachos que tendrán que ganarse el pan. Sólo sirve para los que quieren darse aires de intelectual».

Nuestro autor era capaz de aplicar lo que tan bien comprendía a cualquier tema que no fuera el de la inteligencia. Por ejemplo, a la zurdería y a la delincuencia juvenil. Escribió extensamente sobre la causa de la delincuencia, que atribuía a complejas relaciones entre los niños y su ambiente: «El problema nunca reside sólo en el ''niño problemático'': siempre reside en las relaciones entre ese niño y su ambiente» (1940, p. 243). Si un tipo de comportamiento deficiente recibe esa clase de explicación, ¿por qué no aplicarla también al rendimiento intelectual deficiente? Cabría pensar que Burt se apoya de nuevo en los resultados de los tests, y que afirma que, como los delincuentes obtienen buenos resultados, su mal comportamiento no tiene nada que ver con una estupidez innata. Pero, de hecho, los delincuentes solían obtener resultados tan malos como los niños pobres que Burt consideraba deficientes congénitos en materia de inteligencia. Sin embargo, reconocía que el CI de los delincuentes podía no reflejar una limitación de las aptitudes heredadas, porque solían resistirse a pasar los tests:

> Por lo general, los delincuentes sienten poca inclinación y gran disgusto ante lo que probablemente les parece otro examen escolar. De entrada, esperan más

> el fracaso que el éxito, más los reproches que los elogios ... De hecho, si no se logra evitar sus sospechas y no se obtiene su colaboración recurriendo a unas tácticas sumamente cuidadosas, los resultados que obtendrán en los tests serán muy inferiores a su verdadera capacidad ... Entre las causas de la delincuencia juvenil ... es indudable que la importancia de la inferioridad intelectual ha sido magnificada por aquellos que, confiando sólo en la escala de Binet-Simon, han pasado por alto los factores que tienden a rebajar los resultados (1921, pp. 189-190).

Pero ¿por qué no decir entonces que también la pobreza entraña la misma falta de interés y la misma expectativa de derrota?

Burt (1937, p. 270) considera que la zurdería es «la incapacidad motriz ... más perjudicial para las tareas ordinarias de la escuela». Como psicólogo jefe de las escuelas londinenses, estudió profundamente sus causas. Dado que en este caso estaba libre de toda convicción *a priori*, consideró e intentó poner a prueba una amplia variedad de posibles influencias ambientales. Examinó pinturas medievales y renacentistas para ver si María solía llevar al niño Jesús apoyado contra la cadera derecha. De ser así, el niño pasaría el brazo izquierdo por el cuello de la madre, y tendría la mano derecha libre para realizar movimientos más diestros (literalmente, de la mano derecha). Burt se preguntaba si la mayor frecuencia de la «destreza» podía corresponder a la asimetría de los órganos internos y la necesidad de protección impuesta por nuestros hábitos. Si el corazón y el estómago se encuentran a la izquierda, entonces, un guerrero o un trabajador naturalmente alejará su lado izquierdo del peligro potencial, «confiando en el más firme apoyo ofrecido por el lado derecho del tronco y también para poder llevar con su mano y brazo derechos instrumentos y armas pesados» (1937, p. 270). Finalmente, Burt opta por la cautela y concluye que no puede pronunciarse de forma definitiva:

> Yo diría, en última instancia, que probablemente todas las formas de zurdería son sólo indirectamente hereditarias: siempre parece contribuir la influencia posnatal ... Debo repetir, por tanto, que, en este como en cualquier otro aspecto de la psicología, nuestro conocimiento actual es demasiado escaso para permitir que establezcamos, con algún grado de seguridad, qué es innato y qué no lo es (1937, pp. 303-304).

Bastaría reemplazar «zurdería» por «inteligencia» para que la afirmación fuera un modelo de inferencia prudente. En verdad, la zurdería es una entidad más obvia que la inteligencia, y probablemente está sometida a influencias hereditarias definidas y especificables. Sin embargo, en este asunto, en que podía defender mejor el innatismo, Burt consideró todas las influencias ambientales que pudo imaginar —algunas muy rebuscadas— y finalmente declaró que el tema era demasiado complejo para resolverlo.

Burt y el uso político del innatismo. Burt sólo aplicó su creencia en el innatismo de la inteligencia individual a un único aspecto de las diferencias medias entre los grupos. No creía (1912) que la inteligencia heredada de las razas variara mucho, y sostuvo (1921, p. 197) que la conducta diferente de muchachos y chicas dependía en gran medida del trato de los padres. Pero, en cambio, las diferencias de clase social, el talento de las personas de éxito y la torpeza de los pobres, dependerían de la capacidad heredada. Si la raza es el problema social primordial en Estados Unidos, la clase ha sido la principal preocupación en Inglaterra.

En el artículo sobre «aptitud y renta» (1943), que marcó su cambio de procedimiento,[10] Burt concluía que «la amplia desigualdad de la renta personal es en gran medida, aunque no totalmente, efecto indirecto de la amplia desigualdad de la inteligencia innata». Los datos «no respaldan la opinión (que aún suscriben muchos reformadores sociales y educacionales) de que la evidente desigualdad de la inteligencia de niños y adultos es esencialmente una consecuencia indirecta de la desigualdad de las condiciones económicas» (1943, p. 141).

Burt negó con frecuencia que al considerar los tests como medidas de la inteligencia innata se propusiera limitar las oportunidades de éxito. Sostenía, por el contrario, que los tests permitían identificar a los pocos individuos de las clases bajas cuya elevada inteligencia innata pasaría de otro modo inadvertida bajo el barniz de la desventaja ambiental. Porque, «entre las naciones, el éxito en la lucha por la supervivencia está destinado a depender cada vez más de los éxitos de un pequeño puñado de individuos dotados por la naturaleza de excepcionales dones de carácter y aptitud» (1959, p. 31). Estas personas deben ser identificadas y educadas para compensar «la comparativa ineptitud del público general» (1959, p. 31). Se las debe alentar y recompensar, porque la elevación y la caída de una nación no dependen de genes peculiares a toda una raza, sino de «cambios en la fertilidad relativa de sus miembros o de sus clases dirigentes» (1962, p. 49).

Quizá los tests hayan sido el vehículo para que unos pocos niños escaparan al rígido condicionamiento de una estructura de clases bastante inflexible. Pero ¿cuál ha sido su efecto sobre la vasta mayoría de niños de clase baja, que Burt califica injustamente de hereditariamente incapacitados para desarrollar una gran inteligencia, y que, por tanto, no merecen, razonablemente, ocupar una condición social más elevada?

> Todas las tentativas actuales para fundar nuestra futura política educacional sobre el supuesto de que no existen diferencias reales, o por lo menos, importantes, entre la inteligencia media de las distintas clases sociales, no sólo están condenadas al fracaso: es probable que entrañen desastrosas consecuencias para el bienestar de la nación en su totalidad, al mismo tiempo que desalientan innecesariamente a los alumnos. No podemos negar los hechos que demuestran la desigualdad genética, aunque no correspondan a nuestros deseos e ideales personales (1959, p. 28) ... Las limitaciones de la capacidad innata de los niños fijan inexorablemente un límite definido a lo que éstos pueden lograr (1969).

10. Hearnshaw (1979) sospecha que ese fue el primer artículo en que Burt se valió de datos fraudulentos.

Burt y su extensión de la teoría de Spearman

Cyril Burt puede ser más conocido públicamente como hereditarista en el campo de los tests mentales; pero su reputación como psicólogo teórico se asienta esencialmente en sus trabajos de análisis factorial. Él no inventó la técnica, como sostuvo más tarde; pero fue el sucesor de Spearman tanto literal como figuradamente, y se convirtió en el mayor especialista inglés de su generación en análisis factorial.

Sus auténticos éxitos en este campo han sido sustanciales. Su libro acerca del tema (1940), complejo y denso, fue la coronación de la escuela de Spearman. Burt escribió que «quizá sea una contribución más duradera a la psicología que cualquiera de mis escritos anteriores» (carta a su hermana, citada en Hearnshaw, 1979, p. 154). Burt impulsó también (aunque no inventó) dos importantes extensiones del enfoque de Spearman: una técnica invertida (véase *infra*, pp. 290-291) que denominó «correlación entre personas» (conocida ahora por los especialistas como «análisis factorial del modo Q»), y una ampliación de la teoría bifactorial de Spearman, que incluye los «factores de grupo» introducidos en un nivel situado entre *g* y *s*.

Burt siguió estrictamente el camino de Spearman en su primer trabajo de 1909. Spearman había insistido en que cada test debía registrar solamente dos propiedades de la mente: un factor general común a todos los tests, y un factor específico propio solamente de cada test. Negaba que una batería de tests pudiera mostrar alguna tendencia significativa a constituir «factores de grupo» entre sus dos niveles; es decir, no veía prueba alguna de la existencia de las «facultades» de la vieja psicología, pues ningún haz representaba, por ejemplo, la aptitud verbal, espacial o aritmética. En su artículo de 1909, Burt observó una tendencia «discernible, aunque pequeña», a la agrupación entre los tests que estaban relacionados. Pero proclamó que esa tendencia era suficientemente débil para ignorarla («diminuta hasta la desaparición», según sus propias palabras), y sostuvo que sus resultados «confirmaban y extendían» la teoría de Spearman.

Pero Burt, contrariamente a Spearman, era un trabajador práctico en el campo de los tests (responsable de todas las escuelas de Londres). Los estudios posteriores sobre el análisis factorial confirmaron la presencia de factores de grupo, aunque siempre accesorios en relación con *g*. Burt comprendió que no podía ignorarlos, pues constituían una ayuda práctica para la orientación de los alumnos. ¿Qué podía decirse a un alumno, ateniéndose al enfoque de Spearman, sino que era en general inteligente u obtuso? Era necesario orientarlo hacia distintas profesiones identificando fuerzas y debilidades en áreas más específicas.

Cuando Burt escribió su obra fundamental sobre el análisis factorial, el fatigoso método de las diferencias tetrádicas de Spearman ya había sido reemplazado por el enfoque de los componentes principales (véase *supra*, pp. 248-252). Burt identificó los factores de grupo estudiando la proyección de los tests individuales sobre el segundo componente principal y los siguientes. Veamos la figura 6.6: en una matriz de coeficientes de correlación positivos, los vectores que representan cada test se agrupan. El primer componente principal, el factor *g* de Spearman, pasa por el centro del grupo y expresa más información que cualquier otro eje. Burt reconoció que no se hallaría ninguna configuración coherente en los ejes subsiguientes si se comprobaba la teoría bifactorial de Spearman; los vectores no formarían subgrupos si su única variancia común ya estaba incluida en *g*. Pero si los vectores forman subgrupos que representan aptitudes más especializadas, entonces el primer componente principal debe pasar entre los subgrupos, porque es el mejor promedio de todos los vectores. Como el segundo componente principal es perpendicular al primero, algunos subgrupos deben proyectarse positivamente sobre él, y otros negativamente (como muestra la figura 6.6 con sus proyecciones negativas para los tests verbales y positivas para los tests aritméticos). Burt llamó a estos ejes *factores bipolares*, porque incluían grupos de proyecciones positivas y negativas. Identificó como *factores de grupo* a los grupos de proyecciones positivas y negativas.

La identificación de los factores de grupo de Burt podía parecer, superficialmente, un ataque a la teoría de Spearman; pero en realidad constituía una extensión y una mejora, que Spearman, posteriormente acogió con beneplácito. La esencia de la teoría de Spearman es la primacía de *g*, así como la subordinación a *g* de todos los demás determinantes de la inteligencia. La identificación de los factores de grupo preservaba esta noción de jerarquía y la extendía añadiendo otro nivel entre *g* y *s*. De hecho, el tratamiento otorgado por Burt a los factores de grupo, como un nivel en una jerarquía subordinada a *g*, salvó la teoría de Spearman de los datos que parecían amenazarla. Spearman negó inicialmente los factores de grupo, pero las pruebas de su existencia seguían acumulándose. Muchos especialistas del análisis factorial empezaban a considerar esas pruebas como una refutación de *g* y como una cuña para derribar todo el edificio de Spearman. Burt fortaleció ese edificio, preservó el papel primordial de *g* y extendió la teoría de Spearman enumerando nuevos niveles subordinados a *g*. Los factores —escribió Burt (1949, p. 199)— están «organizados sobre lo que podría llamarse una base jerárquica ... Primero hay un factor general comprensivo, que corresponde a todas las actividades cognitivas; luego, una cantidad comparativamente pequeña de amplios factores de grupo, que corresponde a diferentes aptitudes clasificadas según su forma o su contenido ... Toda la serie parece dispuesta en niveles sucesivos; así, los factores del nivel más bajo son los más específicos y los más numerosos».

Spearman había propuesto una teoría bifactorial; Burt proclamaba una teoría de cuatro factores: el factor *general*, o *g* de Spearman, los factores particulares o *de grupo*, que él había identificado, los factores específicos o *s* de Spearman (vinculados con un carácter único, y medidos en todas las ocasiones), y lo que Burt llamaba factores *accidentales*, vinculados con un carácter único, medido solamente en una ocasión.[11] Burt había sintetizado todas las perspectivas. En

11. Esta variancia accidental, que corresponde a los aspectos específicos de cada situación en que se aplican los tests, forma parte de lo que los estadísticos denominan «error de medida». Es importante cuantificarlo porque puede constituir un nivel de comparación básico para la identificación de las causas en una familia de técnicas denominada «análisis de la variancia». Sin embargo, no representa una cualidad del test o del sujeto a quien se aplica, sino el aspecto específico de la circunstancia de aplicación.

términos de Spearman, su teoría era monárquica porque reconocía el dominio de *g*; oligárquica porque identificaba los factores de grupo, y anárquica porque tomaba en cuenta los factores *s* de cada test. Pero el modelo de Burt no era un compromiso, sino la teoría jerárquica de Spearman con un nuevo nivel subordinado a *g*.

Además, Burt aceptó y elaboró considerablemente los puntos de vista de Spearman sobre el innatismo diferencial de los niveles. Spearman había considerado que *g* era hereditario, y *s* una función de lo adquirido. Burt pensaba igual pero también incluía la influencia de la educación entre sus factores de grupo. Mantenía la distinción entre un factor *g*, heredado e ineluctable, y un conjunto de aptitudes más especializadas que era posible mejorar por medio de la educación:

> Aunque la deficiencia en inteligencia general fija un límite preciso al progreso educacional, es raro que eso suceda en el caso de la deficiencia en aptitudes intelectuales especiales (1937, p. 537).

Burt declaraba también, con su habitual energía y constancia, que la importancia esencial del análisis factorial radica en su capacidad de identificar cualidades heredadas y permanentes:

> Desde el comienzo mismo de mi tarea educacional me ha parecido esencial no sólo demostrar que un factor general es el fundamento del grupo cognitivo de actividades mentales, sino también que ese factor general (o alguno de sus componentes importantes) es innato o permanente (1940, p. 57).
>
> De este modo, la búsqueda de factores se convierte, en gran medida, en la tentativa de descubrir las potencialidades congénitas que más tarde limitarán o favorecerán permanentemente la conducta del individuo (1940, p. 230).

Burt y la cosificación de los factores

El punto de vista de Burt sobre la cosificación —como ha deplorado Hearnshaw— es poco claro y hasta contradictorio (en ocasiones, dentro de una misma publicación).[12] Con frecuencia, Burt se refiere a la cosificación de los factores como una tentación que es preciso evitar:

12. Otros estudiosos se quejaron a menudo de la tendencia de Burt a confundir las cuestiones, contemporizar o jugar a los dos bandos cuando abordaba determinadas cuestiones difíciles y controvertidas. D. F. Vincent escribió lo siguiente a propósito de su correspondencia sobre la historia del análisis factorial (en Hearnshaw, 1979, pp. 177-178): «No podía obtener una respuesta simple a una pregunta simple. Recibía media docena de folios escritos a máquina donde, en un estilo muy educado y cordial, se planteaba media docena de cuestiones subsidiarias que no me interesaban particularmente pero a las que, por razones de buena educación, estaba obligado a responder ... Posteriormente, recibía más folios escritos a máquina donde se planteaban cuestiones aún más extrañas al tema ... A partir de la primera carta, mi problema había sido el de cómo concluir el intercambio de cartas sin caer en la descortesía».

> Sin duda, este lenguaje causal, que todos utilizamos en cierta medida, procede en parte de la incontenible disposición de la mente humana a cosificar e incluso a personificar todo lo que puede; a imaginar que las razones inferidas son realidades, y a dotar esas realidades de una fuerza activa (1940, p. 66).

Hablaba con elocuencia de este error de pensamiento:

> La mente ordinaria se complace en reducir los modelos a entidades aisladas, como los átomos; en tratar la memoria como una facultad elemental alojada en un órgano frenológico; en comprimir toda la consciencia en la glándula pineal; en llamar reumáticos a una docena de síntomas diferentes y en considerar que todos derivan de un germen específico; en declarar que la energía reside en la sangre o en el cabello; en tratar la belleza como una cualidad elemental que puede aplicarse como un barniz. Pero la tendencia unánime de la ciencia actual es buscar sus principios unificadores no en meras causas unitarias, sino en el propio sistema o modelo estructural (1940, p. 231).

Y negaba explícitamente que los factores fueran cosas situadas en la cabeza (1937, p. 459):

> En suma, los «factores» deben considerarse como abstracciones matemáticas cómodas, y no como «facultades» mentales concretas, alojadas en distintos «órganos» del cerebro.

Más claro, imposible.

Sin embargo, en un comentario biográfico, Burt (1961, p. 53) afirmaba que su discusión con Spearman no cuestionaba la cosificación de los factores, sino la *forma* en que debían cosificarse: «Spearman identificaba el factor general con una "energía cerebral". Yo lo he identificado con la estructura general del cerebro». En el mismo artículo, daba más detalles acerca de la supuesta localización física de entidades identificadas por factores matemáticos. Los factores de grupo, decía, son zonas definidas de la corteza cerebral (1961, p. 57), en tanto que el factor general representa el conjunto y la complejidad del tejido cortical: «Me parece que es este carácter general del tejido cerebral del individuo —es decir, el grado general de complejidad sistemática de la arquitectura de las neuronas— el que representa el factor general, y explica las altas correlaciones positivas obtenidas en varios tests cognitivos» (1961, pp. 57-58; véase también 1959, p. 106).[13]

13. Esta aparente contradicción podría resolverse afirmando que Burt se negó a cosificar sobre la base de pruebas meramente matemáticas (en 1940) y sólo lo hizo cuando dispuso de información neurológica independiente que confirmaba la existencia de unas estructuras cerebrales susceptibles de ser identificadas con los factores. Es verdad que Burt adujo algunos argumentos neurológicos (1961, p. 57, por ejemplo) a propósito de la comparación entre el cerebro de los individuos normales y el de los «deficientes leves». Pero se trata de argumentos esporádicos, superficiales y marginales. Burt los repitió casi literalmente en sucesivas publicaciones, sin citar las fuentes ni justificar en modo alguno la asociación de los factores matemáticos con propiedades corticales.

Para eludir la tentación de considerar estas afirmaciones tardías como un cambio de posición, desde la cautela del investigador de 1940 hasta el menguado juicio del hombre enfangado en los fraudes de sus últimos años, observaré que en 1940 Burt presentaba los mismos argumentos en defensa de la cosificación, al mismo tiempo que sus advertencias contra ella:

> Ahora bien, aunque no identifico al factor general *g* con ninguna forma de energía, estaría dispuesto a otorgarle tanta «existencia real» como la que puede reivindicar legítimamente la energía física (1940, p. 214). De ningún modo considero que la inteligencia designe una forma especial de energía; esa inteligencia especifica, en cambio, diferencias individuales en la estructura del sistema nervioso central: diferencias cuya naturaleza concreta podría describirse en términos histológicos (1940, pp. 216-217).

Burt llegó incluso a sugerir que el carácter «todo o nada» de la descarga neural «apoya la exigencia de realizar un análisis a fondo de los factores ''ortogonales'' o independientes» (1940, p. 222).

Pero quizá la mejor indicación sobre lo que Burt esperaba de la cosificación se encuentra en el título mismo que eligió para su obra fundamental de 1940. Lo llamó *The Factors of the Mind.*

Burt siguió a Spearman en el intento de buscar una localización física en el cerebro para los factores matemáticos extraídos de la matriz de correlaciones de los tests mentales. Pero fue más lejos, e introdujo la cosificación en un dominio en el que Spearman jamás se hubiera atrevido a penetrar. Burt no podía quedar satisfecho con algo tan vulgar y material como un trocito de tejido neural donde estarían localizados los factores. Tenía una visión más amplia que recordaba la del propio Platón. Los objetos materiales, situados en la Tierra, son representaciones inmediatas e imperfectas de unas esencias superiores que residen en un mundo ideal situado más allá de nuestro alcance.

A lo largo de su extensa carrera, Burt sometió muchas clases de datos al análisis factorial. Sus interpretaciones de los factores evidencian una creencia platónica en una realidad superior, imperfectamente encarnada en los objetos materiales, pero discernible en ellos mediante la idealización de sus propiedades esenciales subyacentes en los factores de los componentes principales. Analizó una serie de rasgos emocionales (1940, pp. 406-408) e identificó su primer componente principal con un factor de «emocionalidad general». (Descubrió también dos factores bipolares correspondientes a extrovertido-introvertido y a eufórico-deprimido.) Descubrió «un factor paranormal general» en un estudio de datos de percepción extrasensorial (en Hearnshaw, 1979, p. 222). Analizó la anatomía humana e interpretó el primer componente principal como un tipo ideal para la humanidad (1940, p. 113).

No es indispensable inferir, sobre la base de estos ejemplos, que Burt creyera literalmente en una realidad superior; quizá consideraba que esos factores generales idealizados sólo eran principios de clasificación útiles para el entendimiento humano. Sin embargo, en su análisis factorial del juicio estético, expresó explícitamente su convicción de que existían verdaderas normas de belleza, independientemente de la presencia de seres humanos que las aprecien. Seleccionó cincuenta tarjetas postales con ilustraciones que variaban entre reproducciones de pinturas de los grandes maestros y «las más vulgares y chillonas tarjetas de aniversario que pude encontrar en una tienda de los barrios bajos». Pidió a un grupo de sujetos que clasificaran las tarjetas por orden de belleza y, luego, realizó el análisis factorial de las correlaciones entre las distintas series. Nuevamente descubrió un factor general subyacente en el primer componente principal; declaró que se trataba de una norma universal de belleza, y al identificar esta realidad superior expresó su repudio por la estatuaria ceremonial victoriana:

> Vemos la belleza porque existe para ser vista ... Siento la tentación de sostener que las relaciones estéticas, como las lógicas, poseen una existencia objetiva independiente: la Venus de Milo seguiría siendo más hermosa que la estatua de la reina Victoria del Mall, y el Taj Mahal valdría más que el Albert Memorial, aunque los gases de un cometa destruyeran a su paso a todos los hombres y mujeres del mundo.

En los análisis de la inteligencia, Burt afirmaba con frecuencia (por ejemplo, 1939, 1940, 1949) que cada nivel de su teoría jerárquica de cuatro factores correspondía a una categoría reconocida en «la lógica tradicional de clases» (1939, p. 85): el factor general, al *genus*; los factores de grupo, al *species*; los factores específicos, al *proprium*; los factores accidentales, al *accidens*. Parecía considerar estas categorías como algo más que unos instrumentos adecuados para el ordenamiento humano de la complejidad del mundo: eran instrumentos necesarios para analizar una realidad jerárquicamente estructurada.

Burt creía sin duda que había reinos de existencia situados más allá de la realidad material de los objetos cotidianos. Aceptaba gran parte de los datos de la parapsicología y postulaba una superalma o *psychon*, «una especie de mente de grupo formada por la interacción telepática subconsciente entre las mentes de algunas personas que viven en la actualidad, y tal vez el depósito psíquico a partir del cual se formaron las mentes de individuos ahora muertos, y en el que se reabsorbieron al morir sus cuerpos» (Burt, citado en Hearnshaw, 1979, p. 75). En ese reino supremo de la realidad psíquica, los «factores de la mente» podían tener existencia real como modos de un pensamiento verdaderamente universal.

Burt consiguió amalgamar tres puntos de vista contradictorios acerca de la naturaleza de los factores: abstracciones matemáticas útiles para la razón humana; entidades reales alojadas en propiedades físicas del cerebro, y categorías reales de pensamiento situadas en un reino superior de realidad psíquica, jerárquicamente organizado. Spearman no había sido muy audaz en materia de cosificación; jamás se aventuró más allá de la tendencia aristotélica a localizar abstracciones idealizadas dentro de los cuerpos físicos. Al menos en parte, Burt se elevó a un reino platónico situado por encima y más allá de los cuerpos físicos. En este sentido, Burt fue quien cosificó con más audacia y, literalmente, con mayor amplitud.

Burt y los usos políticos del factor g

Generalmente, el análisis factorial se aplica a una matriz de correlación de tests. Burt fue el primero en proponer una forma «invertida» de análisis factorial, equivalente a la usual en términos matemáticos, pero basada en la correlación entre las personas y no en los tests. Si cada vector de la forma corriente (llamada técnicamente análisis de modo R) representa los resultados de varias personas en un solo test, cada vector del estilo invertido de Burt (llamado análisis de modo Q) refleja los resultados de una persona sola en varios tests. En otras palabras, cada vector representa una persona y no un test; y las correlaciones entre vectores miden el grado de relación entre los individuos.

¿Por qué se esforzó Burt hasta tal punto por crear una técnica matemáticamente equivalente a la forma usual, y en general más compleja y más difícil de aplicar, porque un diseño experimental suele contener más personas que tests? Para responder esta pregunta hay que tomar en cuenta la singularidad del enfoque de Burt. Cuando Spearman y la mayoría de los analistas estudiaban las correlaciones entre los tests que medían distintos aspectos del funcionamiento mental, procuraban conocer la naturaleza del pensamiento o la estructura de la mente. En cambio, a Cyril Burt, psicólogo oficial del Consejo del Condado de Londres (1913-1932), le interesaba clasificar a los alumnos. Burt escribió en una declaración autobiográfica (1961, p. 56): «[sir Godfrey] Thomson se interesaba esencialmente en la descripción de las *aptitudes* examinadas por los tests, y en las diferencias entre esas aptitudes; yo tenía mayor interés por las *personas* sometidas a tests y por las diferencias entre ellas» (la cursiva es de Burt).

Para Burt la comparación no era un asunto abstracto. Deseaba evaluar a los alumnos de acuerdo con su propia y característica manera de proceder, fundada en dos principios rectores: primero (el tema de este capítulo), la inteligencia general es una entidad única y medible (el factor *g* de Spearman); segundo (la idea fija de Burt), la inteligencia general de una persona es casi enteramente innata e inmutable. De este modo, Burt buscaba la relación entre las personas en una *escala unilineal de valor mental heredado*. Usaba el análisis factorial para convalidar esa escala única y para situar en ella a las personas. «El objeto propio del análisis factorial —escribía (1940, p. 136)— es deducir, a partir de un conjunto empírico de medidas de tests, la cifra única de cada individuo.» Se proponía descubrir (1940, p. 176) «un orden ideal que se comportase como un factor general, común al examinador y al examinado; un factor que predominase sobre otras influencias subsidiarias, aunque sin duda éstas pudieran perturbarlo en cierta medida».

La concepción de una única clasificación fundada en la aptitud innata fue la base del mayor triunfo político de las teorías hereditaristas de los tests mentales en Inglaterra. Si la *Immigration Restriction Act* de 1924 marcó la mayor victoria de los psicólogos hereditaristas norteamericanos, el examen llamado de 11+ otorgó a sus colegas británicos un triunfo de no menor repercusión. Conforme a ese sistema de distribución de alumnos en diferentes tipos de escuela secundaria, los niños eran sometidos a un amplio examen a la edad de diez u once años. Como resultado de esos tests —destinados en gran medida a tratar de establecer el valor del factor *g* de Spearman en cada niño—, el 20 por 100 era enviado a las *grammar schools* [institutos], donde podía recibir una preparación para ingresar en la universidad, mientras que el 80 por 100 quedaba relegado a las escuelas técnicas o «secundarias modernas», por considerarlos incapacitados para recibir educación superior.

Cyril Burt justificó esa separación afirmando que se trataba de una medida adecuada para «evitar la decadencia y caída que han sufrido todas las grandes civilizaciones del pasado» (1959, p. 117):

> Es esencial, tanto en interés de los propios niños como de la nación entera, que los que poseen aptitudes superiores —los más inteligentes de los inteligentes— sean identificados con la mayor precisión posible. De todos los métodos ensayados hasta el presente, el llamado examen 11+ ha resultado con mucho ser el de más confianza.

De lo único que se quejaba Burt (1959, p. 32) era de que el test, y la subsiguiente selección, se aplicaban a una edad demasiado avanzada.

El sistema del examen 11+ y la subsiguiente separación escolar surgió respaldado por veinte años de informes oficiales elaborados por una serie de comisiones gubernamentales (los informes Hadow de 1926 y 1931, el informe Spens de 1938, el informe Norwood de 1943, y el Libro Blanco sobre la Reforma Educacional preparado por el Ministerio de Educación; todos esos informes condujeron a la *Butler Education Act* de 1944, que se mantuvo vigente hasta que, a mediados de la década de 1960, el Partido Laborista se comprometió a acabar con la selección impuesta por el test 11+). Entre la metralla disparada al producirse la denuncia de las prácticas fraudulentas de Burt figuró a menudo la acusación de haber sido el artífice de ese examen. Eso no es exacto. Burt ni siquiera fue miembro de esas comisiones, aunque en muchas oportunidades las asesoró, y redactó buena parte de sus informes.[14] Sin embargo, poco importa quién los haya escrito. Los informes contienen un enfoque de la educación claramente identificado con la escuela británica de análisis factorial, y, sin duda, muy próximo a la versión de Cyril Burt.

El examen 11+ era una aplicación de la teoría jerárquica de la inteligencia elaborada por Spearman, según la cual un factor general innato está presente en todas las actividades cognitivas. Un crítico se refirió a esa serie de informes como a otros tantos «himnos de alabanza al factor *g*» (en Hearnshaw, 1979, p. 112). El primer informe Hadow definía la capacidad intelectual que medían

14. Hearnshaw (1979) señala la gran influencia de Burt sobre el informe Spens de 1938, donde se recomendaba seleccionar a los alumnos sobre la base del examen 11+ y se rechazaba explícitamente cualquier prolongación del aprendizaje en la misma escuela a partir del momento del examen. Burt se enfadó con el informe Norwood porque en él se desestimaban las pruebas psicológicas; sin embargo, como señala Hearnshaw, esa contrariedad «ocultaba una concordancia fundamental con las recomendaciones, que en principio, no diferían demasiado de las propuestas por la comisión Spens, a las que ya había otorgado su aprobación».

los tests valiéndose de los términos favoritos de Burt, o sea, caracterizándola como una aptitud i. g. c. (innata, general, cognitiva): «El desarrollo intelectual progresa durante la infancia como si dependiese en gran medida de un factor único y central que suele llamarse ''inteligencia general'' y que se define aproximadamente como una aptitud *innata*, *global* e *intelectual* [las cursivas son mías]; un factor que al parecer interviene en todo lo que el niño piensa, dice o hace; su rendimiento en la escuela parece depender fundamentalmente de dicho factor».

Fueron los analistas factoriales ingleses los que suministraron la justificación general del examen 11+; además, varias de sus características proceden de la escuela de Burt. Por ejemplo: ¿por qué el examen y la separación se producían a los once años? Sin duda, existían razones prácticas e históricas para ello: hacia los once años solía producirse el paso de la escuela primaria a la secundaria. Sin embargo, los analistas factoriales aportaron dos importantes bases teóricas. Primero, los estudios sobre el desarrollo de los niños mostraban que *g* variaba ampliamente en los primeros años para luego empezar a estabilizarse hacia los once años. En 1927 Spearman escribió (p. 367): «Una vez que se dispone de una medida bastante exacta del valor relativo de *g* en un niño de once años, es inútil que sus padres y maestros se forjen vanas ilusiones sobre la posibilidad de que tardíamente alcance un nivel superior». Segundo, los «factores de grupo» de Burt, que (a los efectos de una separación basada en el valor mental general) sólo podían considerarse perturbadores, no afectan realmente al niño hasta después de los once años. Según el informe Hadow de 1931, «rara vez las aptitudes especiales se manifiestan con fuerza antes de los once años».

En reiteradas ocasiones Burt afirmó que su defensa del 11+ respondía a un criterio «liberal»: se trataba de permitir el acceso a la educación superior de aquellos niños de las clases bajas cuyo talento innato pasaría, si no, inadvertido. Admito que algunos niños de elevada aptitud pudieran beneficiarse con ese procedimiento, pero el propio Burt no creía que en las clases inferiores abundaran los individuos de gran inteligencia. (Además, pensaba que esas clases se iban empobreciendo intelectualmente a medida que los individuos inteligentes ascendían en la escala social [1946, p. 15]. R. Herrnstein provocó en 1971 un escándalo considerable al volver a utilizar, reciclado, ese mismo argumento.)[15]

Sin embargo, el principal efecto del 11+ sobre las vidas y las esperanzas de los seres humanos residía en su principal resultado numérico: la descalificación del 80 por 100 de los niños para el acceso a la educación superior debido a su baja aptitud intelectual innata. Recuerdo un par de hechos que observé en los dos años que pasé en Inglaterra cuando aún estaba vigente el 11+: unos niños, ya suficientemente delatados por la localización de su escuela, recorriendo cada día a pie las calles de Leeds vestidos con unos uniformes escolares que

15. El reciclado alcanzó toda su extensión y su total cumplimiento cuando Herrnstein y Charles Murray utilizaron el mismo argumento como estrategia inicial y base general para *The Bell Curve* (1994).

permitían identificarlos de inmediato como aquellos que habían fracasado en el 11+; una amiga que, pese a no haberlo aprobado, logró entrar a la universidad estudiando latín por su cuenta, puesto que en su escuela secundaria moderna no se enseñaba esa asignatura, aún exigida para el ingreso a ciertas carreras universitarias. (Me pregunto cuántos adolescentes de la clase obrera contaban con los medios, o la motivación, para hacer otro tanto, cualesquiera que fuesen sus aptitudes o deseos.)

Dada su visión eugenética de la salvación de Inglaterra, Burt estaba empeñado en detectar y educar a las pocas personas dotadas de gran inteligencia. En cuanto a las demás, supongo que deseaba su bien y esperaba que recibieran una educación acorde con sus aptitudes, tal como él las apreciaba. Pero ese 80 por 100 estaba excluido del plan para la preservación de la grandeza británica. Acerca de esas personas escribió lo siguiente (1959, p. 123):

> Una parte esencial de la educación del niño debería consistir en enseñarle a afrontar un posible fracaso en el 11+ (o en cualquier otra prueba), del mismo modo en que debe aprender a afrontarlo en una carrera de media milla, o en un combate de boxeo o en un partido de fútbol contra el equipo de otra escuela.

¿Cómo podía apreciar Burt el dolor de las esperanzas frustradas por un decreto biológico si era capaz de comparar seriamente un estigma imborrable de inferioridad intelectual con la derrota en una sola carrera?

L. L. Thurstone y los vectores de la mente

Thurstone y su crítica y nueva formulación del análisis factorial

L. L. Thurstone nació (1887) y se educó en Chicago; obtuvo su doctorado en la Universidad de Chicago en 1917 y fue allí profesor de psicología desde 1924 hasta su muerte en 1955. Quizá no sea sorprendente que un hombre que escribió su obra principal en el corazón de Norteamérica durante la Gran Depresión haya sido el ángel exterminador del factor *g* de Spearman. Sería fácil imaginar una fábula moral al estilo heroico: Thurstone, libre de cegadores dogmas y prejuicios de clase, advierte el error de la cosificación y de las hipótesis hereditaristas, y desenmascara el factor *g* revelando que es lógicamente falaz, científicamente inútil y moralmente ambiguo. Pero nuestro complejo mundo confirma pocas fábulas, y ésta es tan falsa y vacía como casi todas. Thurstone combatió el factor *g* por algunas de las razones citadas; pero no porque reconociera los profundos errores conceptuales que lo habían engendrado. ¡La verdad era que a Thurstone le desagradaba el factor *g* porque consideraba que no era bastante real!

No dudaba de que el principal objetivo del análisis factorial fuese la detección de determinados aspectos reales de la mente, susceptibles de asociarse con causas definidas. El libro más importante de Cyril Burt se llamó *The Factors of the Mind*; la principal obra de Thurstone (1935), que inventó la representación mediante los vectores de los tests y los factores (véanse las figuras 6.6 y 6.7), se tituló *The Vectors of Mind*. «El objeto del análisis factorial —escribió Thurstone (1935, p. 53)— consiste en descubrir las facultades mentales.»

Thurstone sostenía que el método de los componentes principales, de Spearman y Burt, no lograba identificar verdaderos vectores de la mente porque situaba los ejes de los factores en posiciones geométricas erróneas. Rechazaba enérgicamente tanto el primer componente principal (que producía el factor *g* de Spearman) como los componentes subsiguientes (que identificaban los «factores de grupo» en grupos de proyecciones de tests positivas y negativas).

El primer componente principal, el factor *g* de Spearman, era un promedio global de todos los tests en una matriz de coeficientes de correlación positivos, en la que todos los vectores debían tener la misma dirección general (véase la figura 6.4). ¿Qué sentido psicológico podía tener semejante eje —se preguntaba Thurstone— si su posición dependía de los tests considerados, y variaba drásticamente de una batería de tests a otra?

Consideremos la figura 6.10, procedente de la edición ampliada de *The Vectors of Mind* que Thurstone publicó en 1947. Las líneas curvas forman un triángulo esférico en la superficie de una esfera. Todos los vectores proceden del centro (no representado) de la esfera y cortan la superficie de la misma en un punto representado por uno de los doce pequeños círculos. Thurstone supone que los doce vectores representan tests de tres facultades «reales» de la mente, A B y C (verbal, numérica y espacial, si se quiere). El conjunto de doce tests de la izquierda incluye ocho que miden especialmente la aptitud espacial, y que están cerca de C; dos tests situados cerca de A miden la aptitud verbal, y otros dos, la aptitud numérica. Pero ni el número ni la distribución de tests de una batería son cosas sacrosantas. Estas decisiones son arbitrarias; en realidad, quien hace los tests no puede adoptar decisión alguna, porque de antemano no sabe a qué facultades subyacentes corresponden los diferentes tests. Otra batería de tests (a la derecha en la figura 6.10) podría incluir ocho tests para la aptitud verbal y sólo dos para las aptitudes numérica y espacial.

Las tres facultades, según Thurstone, ocupan una posición real e invariante independientemente de cuántos tests las midan en cualquier batería dada. Pero ¿qué ocurre con el factor *g* de Spearman? Es simplemente el promedio de todos los tests; y su posición —la x de la figura 6.10— se desplaza notoriamente por la razón arbitraria de que una batería incluye más tests espaciales (desplazando el factor *g* hacia el polo espacial C) y la otra más tests verbales (acercando *g* al polo verbal A). ¿Qué significado psicológico puede tener el factor *g* si sólo es un promedio empujado hacia aquí o hacia allá cuando cambia la cantidad de tests para cada aptitud? Sobre el factor *g*, Thurstone escribió lo siguiente (1940, p. 208):

> Ese factor siempre puede extraerse mecánicamente para cualquier conjunto de tests que presentan correlaciones positivas; sólo es el promedio de todas las aptitudes consideradas en la batería. Por consiguiente, varía entre una y otra ba-

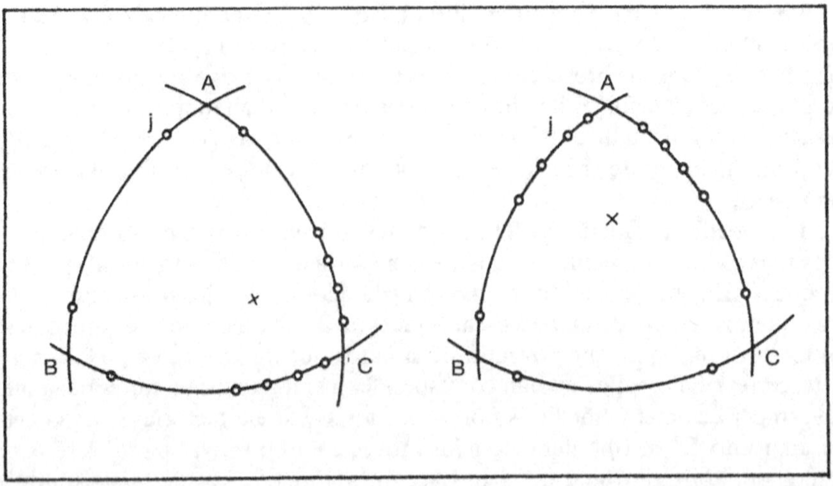

6.10. Ilustración de Thurstone donde se muestra cómo los tipos de tests incluidos en la batería afectan la posición del primer componente principal (representado por x en ambas figuras).

> tería, y su único significado psicológico se vincula con la colección arbitraria de tests que cualquier persona haya podido reunir en determinado caso ... No puede interesarnos un factor general que sólo es el promedio de una colección de tests reunida de forma aleatoria.

Burt había identificado los factores de grupo buscando grupos de proyecciones positivas y negativas en el segundo componente principal y en los subsiguientes. Thurstone objetó vigorosamente este método; no por motivos matemáticos, sino porque entendía que los tests no podían tener proyecciones negativas sobre «cosas» reales. Si un factor representaba un vector verdadero de la *mente*, entonces un test individual podía medir en parte esa entidad y tener una proyección sobre el factor, o bien no medirla de ningún modo, y mostrar una proyección cero. Pero un test no podía tener una proyección negativa sobre un vector real de la mente:

> Un valor negativo ... debería interpretarse en el sentido de que la posesión de una aptitud tiene un efecto perjudicial sobre el desempeño en el test. Se puede comprender de inmediato cómo la posesión de cierta aptitud puede favorecer la realización de un test, y es posible imaginar que una aptitud no tenga efecto sobre la realización de un test; pero es difícil concebir aptitudes que tanto puedan significar una ayuda como un impedimento para la resolución de los tests. Sin duda, una matriz factorial correcta para tests cognitivos no puede incluir demasiados valores negativos, y sería deseable que no incluyera ninguno (1940, pp. 193-194).

Por tanto, Thurstone emprendió la búsqueda de una «matriz factorial correcta» eliminando las proyecciones negativas de los tests sobre los ejes, y haciendo que todas las proyecciones fueran de valor positivo o cero. Los ejes de componentes principales de Spearman y Burt no podían lograr eso porque, necesariamente, incluían todas las proyecciones positivas en el primer eje (*g*) y las combinaciones de grupos negativos y positivos en los ejes «bipolares» subsiguientes.

La ingeniosa solución de Thurstone resultó ser, a pesar de su sencillez, la idea más asombrosamente original de la historia del análisis factorial. En lugar de que el primer eje constituyese un promedio global de todos los vectores, mientras que los demás contuviesen cantidades cada vez menores de información en los vectores, ¿por qué no tratar de situar todos los ejes cerca de los grupos de vectores? Los grupos podían corresponder a verdaderos «vectores de la mente», imperfectamente medidos por varios tests. Un eje factorial situado cerca de un grupo de ese tipo dará elevadas proyecciones positivas para los tests que miden esa aptitud primaria,[16] y proyecciones muy bajas o cero para todos los tests que miden otras aptitudes primarias, siempre que las aptitudes primarias sean independientes y no correlacionadas.

Pero ¿cómo situar matemáticamente los ejes factoriales cerca de los haces? Aquí es donde Thurstone tuvo su gran iluminación. Los ejes de los componentes principales de Burt y Spearman (véase la figura 6.6) no ocupan la única posición que pueden adoptar los ejes factoriales: representan sólo una de las posibles soluciones, dictada por la convicción apriorística de Spearman de que existía una sola inteligencia general. En otras palabras, no son matemáticamente necesarios, sino que se fundan en una teoría; y una teoría puede ser errónea. Thurstone decidió conservar un aspecto del modelo de Spearman-Burt: sus ejes factoriales se mantendrían perpendiculares y, por tanto, matemáticamente no correlacionados. Los verdaderos vectores de la mente, pensaba Thurstone, debían representar aptitudes primarias *independientes*. Entonces calculó los componentes principales de Spearman-Burt y los *rotó* a posiciones diferentes hasta que estuvieron lo más cerca posible (sin dejar de ser perpendiculares entre sí) de los grupos reales de vectores. En su nueva posición rotada, cada eje factorial recibía elevadas proyecciones positivas de los pocos vectores agrupados cerca de él, y proyecciones cero o próximas a cero de todos los demás vectores. Donde cada vector tenía una elevada proyección sobre un eje factorial, y proyecciones cero o próximas a cero sobre todos los demás, Thurstone decía que se trataba de una *estructura simple*. Redefinió el problema de los factores como una búsqueda de estructuras simples, rotando los ejes factoriales desde las orientaciones de sus componentes principales hasta las posiciones de máxima proximidad a los grupos de vectores.

Las figuras 6.6 y 6.7 muestran geométricamente el proceso. Los vectores es-

16. Thurstone cosificó sus factores y los denominó «aptitudes primarias» o «vectores de la mente». Todos esos términos se refieren al mismo objeto matemático del sistema de Thurstone: los ejes factoriales situados cerca de los grupos de vectores correspondientes a los tests.

tán dispuestos en dos grupos que representan tests verbales y matemáticos. En la figura 6.6 el primer componente principal (*g*) es un promedio de todos los vectores, y el segundo es un factor bipolar en que los tests verbales se proyectan negativamente, y los aritméticos positivamente. Pero los grupos verbales y aritméticos no están bien definidos en dicho factor bipolar porque la mayor parte de su información se ha proyectado ya sobre *g* y queda poco por expresar en el segundo eje. En cambio, si se rotan los ejes hasta que formen la estructura simple de Thurstone (véase la figura 6.7), los dos grupos quedan bien definidos puesto que cada uno se sitúa cerca de un eje factorial. Los tests aritméticos presentan proyecciones elevadas en el primer eje de la estructura simple, y bajas en el segundo; los tests verbales presentan proyecciones elevadas en el segundo eje, y bajas en el primero.

El problema factorial no se resuelve gráficamente, sino por medio del cálculo. Thurstone utilizó varios criterios matemáticos para descubrir la estructura simple. Uno, que aún se emplea habitualmente, se llama «varimax»; es un método para hallar la *variancia máxima* en cada eje factorial rotado. La «variancia» de un eje se mide por la dispersión de las proyecciones de tests sobre él. La variancia es baja en el primer componente principal porque todos los tests tienen aproximadamente la misma proyección positiva, mientras que la dispersión es limitada. Pero la variancia es elevada en los ejes rotados situados cerca de los grupos, porque dichos ejes tienen pocas proyecciones muy elevadas y los demás muestran proyecciones cero o cercanas a cero, lo que determina una dispersión máxima.[17]

Las dos soluciones opuestas —los componentes principales y la estructura simple— son matemáticamente equivalentes; ninguna es «mejor». Rotando los ejes no se gana ni se pierde información: ésta sólo resulta redistribuida. La elección depende del significado que se atribuya a los ejes factoriales. La existencia del primer componente principal puede demostrarse. Para Spearman, su valor consiste en que mide la inteligencia general innata. Para Thurstone, es un promedio no significativo de una batería arbitraria de tests, carente de significado psicológico, y cuyo cálculo sólo es un paso intermedio de la rotación hacia una estructura simple.

No todos los conjuntos de vectores poseen una «estructura simple» definible. Una disposición aleatoria sin haces no admite un conjunto de factores dotado de pocas proyecciones elevadas y una cantidad mayor de proyecciones cercanas al cero. Para descubrir una estructura simple, los vectores tienen que agruparse en grupos, y esos grupos deben ser relativamente independientes en-

17. Aquellos lectores que hayan estudiado el análisis factorial en un curso de estadística o metodología de las ciencias biológicas o sociales recordarán quizá la rotación de los ejes hasta posiciones varimax. Como a mí, es probable que les hayan enseñado ese procedimiento como si se tratara de una deducción matemática para hacer frente a las dificultades de los componentes principales en la detección de grupos. De hecho, esa técnica surgió históricamente en relación con una teoría concreta de la inteligencia (la creencia de Thurstone en la existencia de aptitudes mentales primarias independientes) y para oponerse a otra (la de la inteligencia general y la subordinación jerárquica de los factores subsidiarios), basada en los componentes principales.

tre sí. Thurstone descubrió muchas estructuras simples de vectores de tests mentales y por eso afirmó que los tests medían una pequeña cantidad de «aptitudes mentales primarias», o vectores de la mente, independientes; en cierto sentido, eso constituía un retorno a la antigua «psicología de facultades» que consideraba la mente como un conglomerado de aptitudes independientes.

> Ahora bien, a menudo sucede que cuando se descubre una matriz factorial con gran cantidad de valores cero, al mismo tiempo desaparecen los valores negativos. Es poco probable que ello se deba a la casualidad. Quizá la causa resida en el hecho de que cada tipo de tarea entraña un proceso mental diferente ... A esos procesos los he denominado aptitudes mentales primarias (1940, p. 194).

Thurstone creía haber descubierto unas entidades mentales reales dotadas de posiciones geométricas fijas. Las aptitudes mentales primarias (o AMP, como él las denominaba) no cambiaban de posición ni de cantidad en las diferentes baterías de tests. La AMP, verbal se encontraba en un sitio fijo, ya fuera medida por sólo tres tests en una batería, o por veinticinco tests en otra.

> Los métodos factoriales tienen por objeto aislar las aptitudes primarias mediante procedimientos experimentales objetivos, de modo que sea posible establecer con seguridad cuántas aptitudes están representadas en un conjunto de pruebas (1938, p. 1).

Thurstone cosificó sus ejes de estructura simple en forma de aptitudes mentales primarias, y trató de especificar su cantidad. Fue modificando su opinión a medida que iba descubriendo nuevas aptitudes mentales primarias, o condensando algunas; pero su modelo fundamental comprendía siete: V, o comprensión verbal; W, o fluidez de palabra; N o número (cálculo); S, o visualización espacial; M, o memoria asociativa; P, o velocidad perceptual; y R, o razonamiento.[18]

¿Y qué ocurrió con el factor *g* —la inteligencia general, innata e inevitable de Spearman— tras la rotación de los ejes? Simplemente desapareció. Había sido suprimida por la rotación; ya no estaba (véase la figura 6.7). Thurstone estudió los mismos datos empleados por Spearman y Burt para descubrir *g*. Pero ahora, en lugar de una jerarquía con una inteligencia general dominante e innata y varios factores de grupo subsidiarios y modificables por la educación, los mismos datos arrojaban un conjunto de aptitudes mentales primarias, independientes y de igual importancia, sin una jerarquía ni un factor ge-

18. Al igual que Burt, Thurstone sometió muchos otros conjuntos de datos al análisis factorial. Encadenado a su modelo jerárquico, Burt encontró siempre un factor general dominante y ejes bipolares secundarios, independientemente de que se tratase de datos anatómicos, parapsicológicos o estéticos. Thurstone, apegado también a su modelo, descubrió siempre factores primarios independientes. En 1950, por ejemplo, sometió al análisis factorial unos tests de temperamento, y descubrió unos factores primarios, también en número de siete. Los denominó actividad, impulsividad, estabilidad emocional, sociabilidad, interés atlético, ascendiente y capacidad de reflexión.

neral dominante. ¿A qué significación psicológica podía aspirar el factor *g* si representaba sólo una versión posible de informaciones sujetas a interpretaciones matemáticamente equivalentes, pero radicalmente diferentes? Thurstone comentó de la siguiente manera su estudio empírico más famoso (1938, p. VII):

> Hasta el momento, en nuestro trabajo, no hemos hallado el factor general de Spearman ... Por lo que podemos determinar actualmente, los tests que se suponía saturados por el factor general común distribuyen su variancia entre factores primarios que no están presentes en todos los tests. No hemos podido descubrir un solo factor general común en la batería de 56 tests analizados en el presente estudio.

La interpretación igualitarista de las AMP

Los factores de grupo para las aptitudes especializadas han sufrido una interesante odisea en la historia del análisis factorial. En el sistema de Spearman recibían la denominación de «perturbadores» de la ecuación tetrádica, y con frecuencia se eliminaban deliberadamente mediante la supresión de todos los tests menos uno en un grupo: notable forma de lograr que una hipótesis sea invulnerable a la refutación. En un famoso estudio, realizado específicamente para descubrir si los factores de grupo existían o no, Brown y Stephenson (1933) pasaron veintidós tests a trescientos niños de diez años. Calcularon algunas tétradas fastidiosamente elevadas, y eliminaron dos tests «puesto que 20 es una cantidad suficiente para nuestros propósitos actuales». Luego eliminaron otro porque producía tétradas demasiado extensas, y se excusaron declarando: «en el peor de los casos, no es un pecado omitir un test de una batería tan abundante». La aparición de otros valores elevados determinó la exclusión de todas las tétradas que incluían la correlación entre dos de los diecinueve tests restantes, puesto que «el promedio de todas las tétradas que incluyen esta correlación es más de cinco veces superior al error probable». Finalmente, suprimida casi una cuarta parte de las tétradas, las once mil restantes presentaban una distribución bastante parecida a la normal. Proclamaron entonces que la «teoría de los dos factores» de Spearman «había pasado con éxito la prueba de la experiencia». «En esta demostración residen los cimientos y el desarrollo de una psicología científica experimental; y en este sentido constituye, sin jactancia, una ''revolución copernicana''» (Brown y Stephenson, 1933, p. 353).

Para Cyril Burt, los factores de grupo, aunque reales e importantes para la orientación vocacional, eran subsidiarios de un factor *g* dominante e innato.

Para Thurstone, los antiguos factores de grupo se habían convertido en aptitudes mentales primarias. Estas eran las entidades mentales irreductibles; el factor *g* era ilusorio.

Se puede considerar la teoría heliocéntrica de Copérnico como una hipótesis puramente matemática, que ofrece una representación más simple a partir de los mismos datos astronómicos que Ptolomeo aplicaba poniendo a la Tierra en el centro. De hecho, los defensores de Copérnico, incluido el autor del prefacio a *De Revolutionibus*, propugnaron precisamente, con gran cautela y sentido práctico, esa actitud pragmática en un mundo donde imperaban la Inquisición y los índices de libros prohibidos. Pero la teoría de Copérnico terminó por causar un estallido de furia cuando sus defensores, dirigidos por Galileo, insistieron en considerarla como una afirmación acerca de la verdadera organización del cielo, y no meramente como una representación numérica simplificada del movimiento de los planetas.

Lo mismo ocurrió con el conflicto entre la escuela de análisis factorial de Spearman-Burt y la de Thurstone. Sus representaciones matemáticas eran equivalentes e igualmente lícitas. Pero el debate fue tan reñido porque ambas escuelas matemáticas proponían puntos de vista radicalmente diferentes acerca de la verdadera naturaleza de la inteligencia; y la aceptación de uno u otro de esos puntos de vista implicaba un conjunto de consecuencias fundamentales para la práctica de la educación.

Con el factor *g* de Spearman, cada niño podía ser clasificado en una única escala de inteligencia innata; todo lo demás era subsidiario. Se podía medir a edad temprana la aptitud general, distribuyendo a los niños según sus respectivas posibilidades intelectuales (como en el examen 11+).

Con las AMP de Thurstone, ya no había una aptitud general que pudiera medirse. Algunos niños se destacaban en algunos campos; otros descollaban en dominios mentales diferentes e independientes. Más aún: una vez rota la hegemonía del factor *g*, las aptitudes mentales primarias podían crecer como flores en primavera. Thurstone sólo reconocía unas pocas, pero otros modelos proponían 120 (Guilford, 1956) y quizá más (Guilford, 1959, p. 477). (Los 120 factores de Guilford no procedían de una inducción empírica, sino de una predicción a partir de un modelo teórico representado en forma de un cubo de dimensiones $6 \times 5 \times 4 = 120$. Designaban factores que debían descubrirse mediante estudios empíricos.)

Ya no había lugar para la clasificación unilineal de los alumnos, ni siquiera en el mundo de Thurstone, constituido por tan pocas AMP. La esencia de cada niño se convertía, así, en su individualidad. Thurstone escribió lo siguiente (1935, p. 53):

> Aunque cada individuo pudiera describirse mediante un pequeño número de aptitudes independientes, cada persona podría ser diferente a todas las demás. Cada persona puede describirse tomando sólo en cuenta sus calificaciones con respecto a una cantidad limitada de aptitudes independientes. La cantidad de permutaciones de esas calificaciones bastaría, probablemente, para asegurar a cada persona la conservación de su individualidad.

En medio de una depresión económica que redujo a la pobreza a gran parte de la elite intelectual de los Estados Unidos, esa nación de ideales igualitaristas (rara vez llevados a la práctica) desafiaba la tradicional identificación británica entre clase social y capacidad innata. El factor *g* de Spearman había sido eliminado por la rotación, y con él también se había evaporado el valor mental general.

El debate entre Burt y Thurstone podría interpretarse como una discusión matemática sobre la localización de los ejes factoriales. Pero eso sería igual de agudo que interpretar la disputa entre Galileo y la Iglesia como la discusión sobre dos modelos matemáticamente equivalentes para describir el movimiento de los planetas. Sin duda, Burt era perfectamente consciente del alcance más amplio del debate cuando defendía el examen 11+ contra los ataques de Thurstone:

> En la práctica educacional, la apresurada suposición de que el factor general ha sido completamente demolido ha contribuido mucho a imponer la idea impracticable de que para clasificar a los niños según sus diversas capacidades ya no es necesario considerar su grado de aptitud general, sino solamente distribuirlos entre los distintos tipos de escuelas según sus aptitudes especiales. En suma, que el examen 11+ debería basarse en el mismo principio que aquella carrera de *Alicia en el País de las Maravillas* donde todo el mundo gana y cada uno obtiene algún premio (1955, p. 165).

Thurstone, por su parte, desarrollaba una campaña muy intensa, presentando argumentos (y nuevos tests) a favor de su creencia de que los niños no deberían ser juzgados sobre la base de una sola cifra. Lo que quería era evaluar a cada persona como un individuo dotado de fuerzas y debilidades, basándose en los resultados obtenidos con respecto a una serie de aptitudes mentales primarias (como prueba del éxito que obtuvo en la modificación del uso de los tests en los Estados Unidos, véanse Guilford, 1959, y Tuddenham, 1962, p. 515).

> En lugar de intentar describir las dotes mentales de cada individuo mediante un único índice, como la edad mental o el cociente de inteligencia, es preferible describirlo en la forma de un perfil de todos los factores primarios significativos ... Si alguien se empeña en disponer de un índice como el CI, es posible obtenerlo promediando todas las aptitudes conocidas; pero ese índice tenderá a desdibujar la descripción de un hombre, porque todas sus potencialidades y limitaciones mentales quedarán ocultas bajo dicho índice único (1946, p. 110).

Dos páginas más adelante, Thurstone vinculaba explícitamente su teoría abstracta de la inteligencia con sus propias opiniones sociales.

> Este trabajo es compatible no sólo con el objetivo científico de identificar las funciones mentales distinguibles, sino también con el deseo de diferenciar nuestro tratamiento de las personas reconociendo a cada una de ellas sobre la base de los valores mentales y físicos que la convierten en un individuo único (1946, p. 112).

Thurstone produjo su nueva formulación sin atacar ninguno de los supuestos básicos que habían motivado a Spearman y a Burt: la cosificación y el hereditarismo. Trabajó dentro del marco tradicional del debate sobre el análisis factorial; reelaboró los resultados, y su significado, sin alterar las premisas.

Thurstone jamás dudó de que sus aptitudes mentales primarias fuesen entidades ligadas a causas identificables (su primer trabajo, de 1924, pp. 146-147, contiene el germen de su tendencia a cosificar los conceptos abstractos —en ese caso, el carácter gregario— como cosas situadas dentro de nosotros). Confiaba, incluso, en que sus métodos matemáticos permitirían identificar los atributos de la mente antes de que la biología dispusiese de los instrumentos necesarios para verificarlos: «Es muy probable que las aptitudes mentales primarias sean aisladas con bastante precisión por métodos factoriales antes de que puedan verificarse mediante los métodos de la neurología o la genética. Finalmente, los resultados de los diversos métodos de investigación para estudiar un mismo fenómeno deberán coincidir» (1938, p. 2).

Los vectores de la mente son reales, pero sus causas pueden ser muy diversas y complejas. Thurstone admitía la fuerte influencia potencial del ambiente, pero hacía hincapié en la influencia biológica congénita:

> Algunos de los factores quizá lleguen a definirse por sus efectos endocrinológicos. Otros se definirán por los parámetros bioquímicos o biofísicos de los fluidos corporales o del sistema nervioso central. Unos, por las relaciones neurológicas o vasculares en alguna localización anatómica; otros, por estar vinculados con parámetros de la dinámica del sistema nervioso autónomo, y otros, además, en términos de experiencia y educación (1947, p. 57).

Thurstone atacó a la escuela ambientalista basándose en unos estudios sobre la herencia de las aptitudes mentales primarias en gemelos univitelinos. También sostuvo que la educación tendía a reforzar las diferencias innatas, si bien contribuía a mejorar el rendimiento tanto de los niños deficientes como de los bien dotados:

> La herencia determina en gran medida el funcionamiento mental. Estoy persuadido de que los argumentos de los ambientalistas sólo se basan en razones sentimentales. A menudo llegan hasta el fanatismo. Si los hechos apoyan la interpretación genética, entonces no debe acusarse a los biólogos de antidemocráticos. Si en este caso alguien va contra la democracia, sin duda ha de ser la Madre Naturaleza. Si se pregunta por la posibilidad de educar las aptitudes mentales, la única respuesta sensata parece ser la afirmativa. Pero, por otra parte, si dos muchachos con aptitudes muy distintas para la visualización, por ejemplo, reciben la misma formación para ese tipo de pensamiento, me temo que al final del período de formación diferirán aún más que antes (1946, p. 111).

Como he destacado a lo largo de todo el libro, no cabe establecer una ecuación simple entre las preferencias sociales y las posiciones biologistas. No podemos contar una historieta en la que los hereditaristas serían los «malos» que relegan razas, clases y sexos a una inferioridad biológica permanente, mientras que los ambientalistas serían los «buenos» que alaban el valor irreductible de los seres humanos. En realidad, se trata de una ecuación compleja cuya formulación requiere el «factorizar» otros prejuicios (pido perdón por el uso de la jerga técnica). El hereditarismo sólo se convierte en un instrumento para dictaminar la inferioridad de los grupos cuando va asociado a la creencia en la jerarquía y el valor diferencial. La síntesis hereditarista de Burt combinó las dos cosas. Thurstone fue más allá al optar por una forma ingenua de cosificación, y no se opuso al hereditarismo (aunque tampoco se adhirió a él con la obsesiva determinación de Burt). Consideró, sin embargo, que las personas no debían pesarse ni medirse por referencia a una escala única de mérito general; y al destruir el principal instrumento de clasificación de Burt —el factor *g* de Spearman— modificó el curso de la historia de los tests mentales.

Spearman y Burt reaccionan

Cuando Thurstone denunció el carácter ilusorio del factor *g*, Spearman aún vivía y estaba en plena forma; en cuanto a Burt, se encontraba en la cúspide de su poder e influencia. Spearman había defendido hábilmente el factor *g* durante treinta años incorporando las críticas a su sistema, pero comprendió que la flexibilidad de este último era inoperante en el caso de Thurstone.

> Hasta ahora, todos los ataques contra él [el factor *g*] han acabado reduciéndose a meras tentativas de explicarlo de modo más simple. Pero la crisis que ahora se presenta es muy diferente: un estudio reciente ha llegado a la conclusión de que no hay nada que explicar; el factor general sencillamente se ha esfumado. Además, no se trata de un estudio ordinario. Tanto por la eminencia del autor como por la seriedad del plan y la amplitud de sus alcances, sería difícil encontrar algo comparable al reciente trabajo de L. L. Thurstone sobre Aptitudes Mentales Primarias (Spearman, 1939, p. 78).

Spearman admitió que el factor *g*, como promedio de varios tests, podía variar de posición entre una y otra batería. Pero sostenía que sus desplazamientos eran de menor alcance, y que siempre señalaban la misma dirección, determinada por la omnipresente correlación positiva entre los tests. Thurstone no había eliminado el factor *g*; meramente lo había escamoteado mediante una artimaña matemática, distribuyendo sus componentes entre un conjunto de factores de grupo: La «nueva operación consiste esencialmente en dispersar *g* entre tantos factores de grupo que el fragmento asignado a cada factor resulta demasiado pequeño para ser perceptible» (1939, p. 14).

Luego, Spearman utilizó el argumento favorito de Thurstone en contra de él mismo. Decidido partidario de la cosificación, este último creía que las aptitudes mentales primarias estaban «en alguna parte», y ocupaban posiciones fijas en el espacio factorial. Sostenía que los factores de Spearman y Burt no eran «reales» porque variaban en número y posición en las distintas baterías de tests. Spearman respondió que las aptitudes mentales primarias de Thurstone eran también productos de los tests elegidos, y no vectores invariables de la mente. Para crear una aptitud mental primaria bastaba construir una serie de tests redundantes que midieran varias veces la misma cosa, y obtener así un apretado grupo de vectores. Del mismo modo, cualquier aptitud mental primaria se podía dispersar reduciendo o eliminando los tests que la medían. Las AMP no eran localizaciones invariables, presentes antes de que se inventaran tests para identificarlas: eran resultado de los mismos tests:

> Se nos induce a considerar que los factores de grupo, lejos de constituir un pequeño número de nítidas aptitudes «primarias», son innumerables, tienen alcances indefinidamente variables e incluso poseen una existencia inestable. Todo elemento constitutivo de una aptitud puede convertirse en un factor de grupo; cualquiera puede dejar de serlo (1939, p. 15).

Spearman tenía motivos para quejarse. Por ejemplo, dos años más tarde Thurstone halló una nueva AMP que no pudo interpretar (en Thurstone y Thurstone, 1941). La denominó X_1 y la identificó mediante fuertes correlaciones entre tres tests de recuento de puntos. Admitió incluso que X_1 se le habría escapado por completo si su batería hubiese incluido un solo test de ese carácter:

> Todos estos tests tienen un factor en común; pero como los tres tests de recuento de puntos están prácticamente aislados del resto de la batería y no hay saturación alguna en el factor numérico, muy poco podemos decir acerca de la naturaleza del factor. Sin duda, se trata de la clase de función que ordinariamente se habría perdido en la variancia específica de los tests si sólo se hubiera incluido en la batería un test de recuento de puntos (Thurstone y Thurstone, 1941, pp. 23-24).

La fidelidad de Thurstone a la cosificación le impidió ver una alternativa obvia. Supuso que X_1 existía realmente y que hasta entonces se le había escapado por no incluir suficientes tests para reconocerla. Pero ¿por qué no suponer que X_1 era una creación de los tests mismos, sólo «descubierta» en ese momento porque tres medidas redundantes habían dado un grupo de vectores (y potencialmente una AMP), en tanto que un solo test diferente sólo habría sido considerado una excentricidad?

Hay un error general en la argumentación de Thurstone cuando sostiene que las aptitudes mentales primarias no dependen de los tests, y que los mismos factores aparecerán en cualquier batería correctamente elaborada. Thurstone sostenía que un test individual siempre registrará la misma AMP, pero sólo en estructuras simples que estuviesen «completas y sobredeterminadas» (1947, p. 363); o sea, en otras palabras, siempre que todos los vectores de la mente hayan sido correctamente identificados y localizados. Si *realmente* hubiera sólo unos pocos vectores de la mente, y si pudiéramos saber cuándo todos han sido identificados, cualquier test adicional se situaría en su posición correcta y estable dentro de la estructura simple invariante. Pero no existe una estructura simple «sobredeterminada» en la que se hayan descubierto todos los ejes factoriales posibles. Quizá los ejes factoriales no tengan un número fijo, sino susceptible de incrementarse a medida que se agregan nuevos tests. Quizá sean en verdad dependientes de los tests; quizá no sean de ningún modo entidades subyacentes. El hecho mismo de que la estimación del número de las aptitudes primarias varíe desde las 7 de Thurstone hasta las 120 o más de Guilford indica que los vectores de la mente bien pueden ser sólo ficciones mentales.

Mientras Spearman atacaba a Thurstone defendiendo su amado factor *g*, Burt paró el golpe protegiendo también una de sus teorías favoritas: la identificación de los factores de grupo como grupos de proyecciones positivas y negativas sobre ejes bipolares. Thurstone había atacado a Spearman y Burt aceptando que los factores debían cosificarse, pero rechazando el método británico. Se oponía al factor *g* de Spearman porque su posición era demasiado variable, y a los factores bipolares de Burt porque no era posible la existencia de «aptitudes negativas». Burt replicó, con todo acierto, que Thurstone tenía una concepción demasiado burda de la cosificación. Los factores no son objetos materiales situados en la cabeza, sino principios de clasificación que ordenan la realidad. (Burt defendió muchas veces la posición contraria; véase *supra*, pp. 286-289.) La clasificación avanza mediante la dicotomía lógica y la antítesis (Burt, 1939). Una proyección negativa no significa que una persona tenga menos que cero de una cosa concreta: sólo registra el contraste relativo entre dos cualidades de pensamiento abstractas. El exceso de una suele ir acompañado del defecto de otra, como sucede, por ejemplo, con el trabajo administrativo y la productividad académica.

Como carta de triunfo, Spearman y Burt afirmaron que Thurstone no había realizado una revisión convincente de su realidad, sino sólo una nueva formulación matemática de los mismos datos.

> Por supuesto, podemos inventar métodos de investigación factorial que produzcan siempre una configuración de factores con cierto grado de formación «jerárquica»; o, si se prefiere, lo que a veces se llama una «estructura simple». Pero los resultados significarán poco o nada; en el primer caso, casi siempre podremos demostrar que existe un factor general; en el segundo, casi siempre podremos demostrar, incluso con el mismo conjunto de datos, que ese factor no existe (Burt, 1940, pp. 27-28).

¿Acaso Burt y Spearman no comprendían que semejante defensa no sólo entrañaba la ruina de Thurstone, sino también la de ellos? Sin duda, tenían razón. Thurstone no había demostrado la existencia de otra realidad. Había partido de distintos supuestos sobre la estructura de la mente, y había inventado un modelo matemático más ajustado a sus preferencias. Pero la misma crítica se podía aplicar, con idéntico rigor, a Spearman y Burt. También ellos habían partido de un supuesto acerca de la naturaleza de la inteligencia y habían creado un sistema matemático para apuntalarlo. Si los mismos datos podían acomodarse a dos modelos matemáticos tan diferentes, ¿cómo podemos afirmar con seguridad que uno representa la realidad y el otro es una chapuza? Las dos ideas de la realidad pueden estar equivocadas, y su fracaso puede radicar en un error común: la creencia en la cosificación de los factores.

Copérnico estaba en lo cierto, aunque con el sistema de Ptolomeo se podían obtener tablas aceptables de posiciones planetarias. Burt y Spearman podían estar en lo cierto aun cuando el procedimiento matemático de Thurstone procesaba los mismos datos con igual eficiencia. Para justificar alguna de las dos tesis, era necesario apelar a hechos exteriores a la matemática abstracta. En este caso, era preciso descubrir alguna fundamentación biológica. Si los bioquímicos hubiesen hallado la energía cerebral de Spearman; si los neurólogos hubieran localizado las AMP de Thurstone en un mapa definido de la corteza cerebral, habría sido posible adoptar legítimamente una decisión. Todos los contendientes se volvían hacia la biología y formulaban tenues suposiciones; pero jamás se ha encontrado un nexo concreto entre un objeto neurológico y un eje factorial.

Sólo disponemos de las matemáticas y, por lo tanto, no podemos convalidar ninguno de ambos sistemas. Ambos están afectados por el error conceptual de la cosificación. El análisis factorial es una magnífica herramienta descriptiva; sin embargo, no pienso que permita descubrir los elusivos (e ilusorios) factores, o vectores, de la mente. Thurstone destronó al factor *g*, no porque su nuevo sistema fuera acertado, sino porque era igualmente erróneo, poniendo con ello en evidencia los errores metodológicos de toda la empresa.[19]

Los ejes oblicuos y el factor g *de segundo orden*

Como Thurstone fue el pionero de la representación geométrica de los tests mediante vectores, sorprende que no haya advertido de inmediato el defecto técnico de su análisis. Si los tests están positivamente correlacionados, todos los vectores deben formar un conjunto en el que ningún par presente un ángulo superior a los 90°, puesto que un ángulo recto corresponde a un coeficiente de correlación cero. Thurstone deseaba situar los ejes de sus estructuras simples tan cerca como fuera posible de los grupos, dentro del conjunto completo de vectores. Pero insistía en que los ejes fueran perpendiculares entre sí. Este criterio aseguraba que los ejes no pudieran estar verdaderamente cerca de los grupos de vectores, como indica la figura 6.11. Porque la máxima separación de los vectores es menor de 90°; y cualquier par de ejes, obligados a la perpendicularidad, deben estar, por lo tanto, fuera de los grupos mismos. ¿Por qué no abandonó este criterio, permitiendo que los ejes estuvieran correlacionados (separados por un ángulo inferior a los 90°) y que se situaran directamente dentro de los grupos de vectores?

19. Escribe Tuddenham (1962, p. 516): «Los creadores de tests seguirán utilizando los procedimientos del análisis factorial, en tanto éstos permitan mejorar la eficacia y el valor predictivo de nuestras baterías de tests, pero la esperanza de que el análisis factorial pueda proporcionar una breve lista de "aptitudes fundamentales" está en vías de desaparición. Las continuas dificultades planteadas por el análisis factorial durante el último medio siglo parecen indicar que los modelos que estudian la inteligencia sobre la base de un número finito de dimensiones lineales deben de adolecer de algún error fundamental. A la máxima del estadístico en el sentido de que todo lo que existe puede ser medido, los especialistas del análisis factorial han añadido el postulado de que todo lo que puede ser "medido" debe existir. Pero esa relación no tiene por qué ser reversible, de modo que el postulado puede resultar falso».

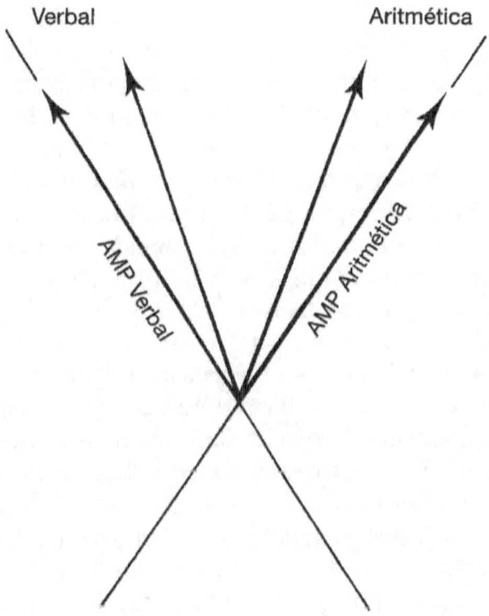

6.11. Ejes oblicuos de la estructura simple de Thurstone para los mismos cuatro tests mentales descritos en las figuras 6.6 y 6.7. Los ejes factoriales ya no son perpendiculares entre sí. En este ejemplo, los ejes factoriales coinciden con los vectores periféricos del grupo.

Los ejes perpendiculares poseen una gran ventaja conceptual. Son matemáticamente independientes (no correlacionados). Si se desea identificar los ejes factoriales como «aptitudes mentales primarias», quizá sea mejor que no estén correlacionados; puesto que si los ejes factoriales están correlacionados entre sí, ¿no será entonces la causa de esa correlación más «primaria» que los factores mismos? Pero los ejes correlacionados tienen también una ventaja conceptual de otra clase: se pueden colocar más cerca de los grupos de vectores para que representen «aptitudes mentales». No es posible conseguir las dos cosas con conjuntos de vectores extraídos de una matriz de coeficientes de correlación positivos: los factores pueden ser independientes y sólo estar cerca de los grupos; o bien correlacionados y estar situados dentro de los grupos. (Ninguno de estos sistemas es «mejor»; cada uno posee ventajas en determinadas circunstancias. Aún se utilizan ejes correlacionados y no correlacionados, y la discusión continúa, incluso en nuestros días y a pesar de la sofisticación introducida por los ordenadores en el análisis factorial.)

Thurstone creó la rotación de los ejes y la estructura simple a principios de la década de 1930. A finales de la misma década empezó a experimentar con las llamadas estructuras simples oblicuas, o sistemas de ejes correlacionados. (Se llama «ortogonales» o mutuamente perpendiculares a los ejes no correlacionados; los ejes correlacionados son «oblicuos», porque el ángulo que hay entre ellos es menor de 90º.) Así como se pueden usar varios métodos para determinar estructuras simples ortogonales, se puede calcular de muchas maneras los ejes oblicuos, aunque el objeto es siempre situar los ejes dentro de los grupos de vectores. Según un método relativamente sencillo, que ilustra la figura 6.11, se utilizan como ejes factoriales vectores reales que ocupan posiciones extremas dentro del conjunto. Obsérvese, comparando las figuras 6.7 y 6.11, que los ejes factoriales correspondientes a las aptitudes verbales y aritméticas se han desplazado desde el exterior de los grupos reales (en la solución ortogonal) hasta los grupos mismos (en la solución oblicua).

La mayoría de los analistas factoriales parten de la suposición de que las correlaciones pueden tener causas, y de que los ejes pueden ayudarnos a identificarlas. Si los ejes factoriales están correlacionados entre sí ¿por qué no aplicar el mismo argumento y preguntarse si esta correlación refleja alguna causa superior o más fundamental? Los ejes oblicuos de una estructura simple para tests mentales suelen estar positivamente correlacionados (como en la figura 6.11). ¿No se puede identificar la causa de esta correlación con el factor *g* de Spearman? ¿El viejo factor general es después de todo ineluctable?

Thurstone se empeñó con lo que él llamaba este *g* de «segundo orden» y confieso que no entiendo por qué se empeñó tanto, a menos que los muchos años de trabajo con las soluciones ortogonales hubieran hecho inflexible su ánimo y hubieran convertido esta idea en algo demasiado inusual para aceptar desde un buen principio. Si alguien entendió la representación geométrica de los vectores, éste fue Thurstone. Esta representación garantiza que los ejes oblicuos estarán positivamente correlacionados y que, por lo tanto, tiene que existir un factor general de segundo orden. Un *g* de segundo orden es simplemente una manera cómoda de reconocer lo que los meros coeficientes de correlación muestran: que todos los coeficientes de correlación entre tests mentales son positivos.

En todo caso, Thurstone finalmente se inclinó ante lo inevitable y admitió la existencia de un factor general de segundo orden. Incluso una vez lo describió en términos casi spearmanianos (1946, p. 110):

> Parece existir un amplio número de aptitudes especiales que pueden identificarse como aptitudes primarias mediante métodos de análisis factorial y, subyacente a estas aptitudes especiales, parece existir algún factor central energético que promueve la actividad de estas aptitudes especiales.

Puede parecer que todo el sonido y la furia de la discusión de Thurstone con los factorialistas británicos terminara en una especie de acuerdo, más favorable a Burt y Spearman, y que colocara al pobre Thurstone en la poco envidiable posición de luchar para salvar la faz. Si la correlación de ejes oblicuos conlleva un *g* de segundo orden, entonces, ¿acaso no habían tenido siempre razón Spearman y Burt en su fundamental insistencia acerca de un factor general? Thurstone había demostrado, quizá, que los factores de grupo eran más importantes de lo que jamás había reconocido ningún analista factorial británico; pero ¿la primacía del factor *g* no había vuelto a imponerse por sí sola?

Esta es la interpretación que propone Arthur Jensen (1979); pero la misma entraña una grave distorsión de la historia de aquel debate. El factor *g* de segundo orden no unió las escuelas opuestas de Thurstone y los analistas factoriales ingleses, ni hubo verdadero acuerdo entre las partes. Después de todo, los textos de Thurstone que he citado acerca de la futilidad de clasificar a los individuos basándose en el CI y la necesidad de construir perfiles, fundados en las aptitudes mentales primarias de cada individuo, fueron escritos después de que admitiera la existencia de un factor general de segundo orden. Las dos escuelas no se unieron, y el factor *g* de Spearman no fue restaurado por tres razones:

1. Para Spearman y Burt, el factor *g* no sólo debía existir, sino predominar. El punto de vista *jerárquico* —un factor *g* innato y dominante, y factores de grupo subsidiarios sensibles a la educación— era fundamental para la escuela inglesa. De lo contrario, ¿cómo podía mantenerse la clasificación unilineal? ¿Cómo podía defenderse el examen 11 + ? Supuestamente, ese examen medía una fuerza mental reguladora que definía el potencial general del niño y condicionaba todo su futuro intelectual.

Thurstone admitió un factor *g* de segundo orden; pero lo consideraba de importancia *secundaria* en relación con lo que seguía llamando aptitudes mentales *primarias*. Aparte de toda especulación psicológica, las matemáticas básicas ciertamente apoyan el punto de vista de Thurstone. El factor *g* de segundo orden (la correlación de los ejes oblicuos en la estructura simple) sólo suele explicar un pequeño porcentaje de la información total de una matriz de tests. Por otra parte, el factor *g* de Spearman (el primer componente principal) con frecuencia comprende más de la mitad de la información. Todo el aparato psicológico —así como todos los planes prácticos— de la escuela inglesa dependían del predominio del factor *g*, y no de su mera presencia. Cuando Thurstone revisó en 1947 *The Vectors of Mind*, después de admitir el factor general de segundo orden continuó diferenciándose de los analistas factoriales ingleses al sostener que su modelo consideraba primarios los factores de grupo, y residual el factor general de segundo orden, en tanto que ellos exaltaban el factor *g* y consideraban secundarios los factores de grupo.

2. La razón central aducida para sostener que la tesis de Thurstone refutaba la necesidad del factor *g* de Spearman conserva toda su validez. Thurstone extrajo su interpretación de los mismos datos, simplemente colocando los ejes factoriales en distinta posición. Después de esto ya no era posible pasar directamente de las matemáticas de los ejes factoriales a los significados psicológicos.

A falta de pruebas biológicas fehacientes a favor de un modelo o del otro, ¿cómo elegir? En definitiva, por más que los científicos se nieguen a admitirlo, la decisión es cuestión de gusto, o de preferencia previa fundada en los prejuicios personales o culturales. Spearman y Burt, ciudadanos privilegiados de la Inglaterra clasista, defendían el factor *g* y su clasificación lineal. Thurstone prefería los perfiles individuales y las numerosas aptitudes primarias. En una digresión, involuntariamente divertida, sobre las diferencias técnicas entre Burt y él, afirmó que la preferencia del primero por las representaciones algebraicas de los factores, en detrimento de las geométricas, procedía de una carencia de aptitud mental primaria espacial:

> Es evidente que a Burt le disgustan las interpretaciones fundadas en configuraciones, porque en su texto no hay un solo diagrama. Quizás esto indique la existencia de unas diferencias individuales en los tipos de imaginación, que explicaría las diferencias de interpretación y método entre los hombres de ciencia (1947, p. IX).

3. Burt y Spearman fundaban su interpretación psicológica de los factores en la creencia de que el factor *g* era dominante y *real*: una inteligencia general, innata, que señalaba la naturaleza esencial de una persona. El análisis de Thurstone sólo les concedía, a lo sumo, un débil factor *g* de segundo orden. ¿Y si se hubieran impuesto, estableciendo la inevitabilidad de un factor *g* dominante? Su argumentación habría sido igualmente falaz, por una razón tan básica que nadie la advirtió. El problema residía en un error lógico, en el que han caído todos los grandes especialistas en análisis factorial con quienes he hablado: el deseo de cosificar los factores y convertirlos en entidades. Es curioso, pero en cierto sentido toda la historia que acabo de narrar no tiene importancia. Si Burt y Thurstone nunca hubiesen existido; si todos los profesionales se hubiesen contentado con la teoría bifactorial de Spearman, cantando loas a su factor *g* dominante durante tres cuartos de siglo a partir del momento en que él lo propuso, el error seguiría siendo igualmente flagrante.

La omnipresencia de la correlación positiva entre los tests mentales debe contarse entre los grandes descubrimientos menos sorprendentes de la historia de la ciencia. Porque la correlación positiva es una predicción de casi todas las teorías, por mucho que puedan divergir acerca de su eventual causa, incluyendo los puntos de vista más opuestos: el hereditarismo puro (que Spearman y Burt estuvieron a punto de consagrar) y el ambientalismo puro (que ningún pensador importante ha sido jamás tan necio como para proponer). De acuerdo con el primero, los individuos se las apañan bien o mal, de manera homogénea, en toda clase de tests, porque nacen inteligentes o estúpidos. De acuerdo con el segundo, porque en su infancia han leído, comido, aprendido y vivido en la pobreza o la riqueza. Puesto que ambas teorías predicen correlaciones positivas, la existencia de dichas correlaciones no permite confirmar ninguna de ellas. Como el factor *g* sólo es una forma elaborada de expresar esas correlaciones, su presunta existencia tampoco dice nada acerca de las causas.

Thurstone y la utilidad del análisis factorial

En ocasiones Thurstone exhibía grandiosas ambiciones acerca de los alcances explicativos de su obra. Pero también tenía una tendencia a la modestia que jamás se observa en Burt ni en Spearman. En sus momentos de reflexión, reconocía que la elección del método del análisis factorial se debía al escaso desarrollo de los conocimientos en determinado campo. El análisis factorial es una técnica brutalmente empírica, que se utiliza cuando una disciplina no posee principios firmemente establecidos, sino sólo una masa de datos sin elaborar, y con la esperanza de que ciertos modelos de correlación aporten sugerencias acerca de ulteriores y más fructíferas direcciones de la investigación. Thurstone escribió (1935, p. XI):

> A nadie se le ocurriría investigar las leyes fundamentales de la mecánica clásica con métodos correlacionales o factoriales, porque esas leyes ya son bien conocidas. Si no se supiera nada acerca de la ley de la caída de los cuerpos, sería sensato analizar factorialmente muchos atributos de los objetos que caen o son arrojados desde un lugar elevado. Se descubriría entonces que un factor está muy cargado en cuanto al tiempo de caída y a la distancia recorrida, y que, en cambio, muestra una carga nula en cuanto al peso del objeto. La utilidad de los métodos factoriales se sitúa así en las fronteras de la ciencia.

Nada había cambiado cuando revisó *The Vectors of Mind* (1947, p. 56):

> Con frecuencia no se comprende el carácter exploratorio del análisis factorial. El análisis factorial es útil sobre todo en las fronteras de la ciencia ... El análisis factorial es útil especialmente en aquellos dominios en que existe una carencia fundamental de conceptos básicos y fructíferos, y donde ha sido difícil idear experimentos cruciales. Los nuevos métodos poseen un papel humilde. Sólo nos capacitan para trazar un primer mapa rudimentario de un nuevo dominio.

Obsérvese la expresión reiterada: útil «en las fronteras de la ciencia». Según Thurstone, sólo se decide uno a utilizar el análisis factorial como método primario cuando se ignoran los principios y las causas. El hecho de que los tres mayores especialistas en análisis factorial de la psicología no pasaran más allá de estos métodos, a pesar de todas sus manifestaciones verbales acerca de la neurología, la endocrinología y cualquier otro medio potencial de descubrir una determinación biológica innata, demuestra hasta qué punto Thurstone estaba en lo cierto. La tragedia de esta historia es que los hereditaristas británicos impusieron de todos modos su interpretación innatista del factor *g* dominante, frustrando así las esperanzas de millones de seres humanos.

Epílogo: Arthur Jensen y la resurrección del factor *g* de Spearman

Cuando en 1979 inicié mis estudios sobre este tema, no ignoraba que el fantasma del factor *g* continuaba rondando por las teorías modernas de la inteligencia. Pero creía que su imagen estaba velada, y que su influencia se había desvanecido en gran medida. Esperaba que el análisis histórico de los errores conceptuales de su formulación y de su empleo pondría de manifiesto las falacias ocultas de algunas concepciones contemporáneas acerca de la inteligencia y el CI. Nunca pensé que me encontraría con una defensa moderna del CI desde una perspectiva explícitamente spearmaniana.

Pero Arthur Jensen, el más famoso hereditarista norteamericano, resultó ser un spearmaniano a la antigua: las 800 páginas (1979) que dedicó a la defensa del CI están basadas en la realidad del factor *g*. Más recientemente, Richard Herrnstein y Charles Murray también basan su igualmente extensa *The Bell Curve* (1994) en la misma falacia. Analizaré el error de Jensen aquí y la versión de *The Bell Curve* en los primeros dos ensayos del final del libro. La historia suele recaer cíclicamente en los mismos errores.

Jensen realiza la mayor parte de sus análisis factoriales adoptando la orientación de los componentes principales que Spearman y Burt habían preferido (aunque tampoco desdeñe el factor *g* que aparece en la correlación de Thurstone entre ejes oblicuos de la estructura simple). A lo largo de toda la obra, nombra y cosifica los factores apelando exclusiva y abusivamente al modelo matemático. Así, encontramos factores *g* para la inteligencia general, al igual que factores *g* para la aptitud atlética general (junto con factores de grupo subsidiarios para la fortaleza de la mano y el brazo, la coordinación entre la mano y el ojo, y el equilibrio del cuerpo).

Jensen define explícitamente la inteligencia como «el factor *g* de una batería de tests mentales indefinidamente amplia y variada» (p. 249). «Identificamos la inteligencia con el factor g», declara. «En la medida en que un test ordena los individuos según el factor *g* se puede decir que es un test de inteligencia» (p. 224). El CI es nuestro test de inteligencia más eficaz porque se proyecta fuertemente sobre el primer componente principal (*g*) en los análisis factoriales de los tests mentales. Jensen indica (p. 219) que el CI global de la escala de Wechsler para adultos presenta una correlación aproximada de 0,9 con el factor *g*, en tanto que la de Stanford-Binet de 1937 proyecta una correlación aproximada de 0,8 sobre un factor *g* que se mantiene «elevadamente estable en los niveles de edad sucesivos» (en tanto que los escasos y pequeños factores de grupo no están siempre presentes y tienden, de todos modos, a ser inestables).

Jensen proclama la «ubicuidad» del factor *g*, extendiendo su alcance hasta unos límites que quizá hubieran dejado perplejo al propio Spearman. Jensen no sólo clasifica a los seres humanos: cree que todas las criaturas de Dios pueden ser ordenadas a lo largo de una escala *g*, desde la ameba, en el extremo inferior (p. 175), hasta las inteligencias extraterrestres en el superior (p. 248). No había encontrado un encadenamiento tan explícito de los seres vivientes desde mi última lectura de las especulaciones de Kant acerca de los seres superiores habitantes de Júpiter que constituirían un puente entre Dios y el hombre.

Jensen ha combinado dos de los más antiguos prejuicios culturales del pensamiento occidental: la escala del progreso como un modelo para organizar la vida, y la cosificación de una cualidad abstracta como criterio para la clasificación. Jensen elige la «inteligencia» y sostiene realmente que el desempeño de los invertebrados, los peces y las tortugas en sencillos tests de comportamiento representa, en forma disminuida, la misma esencia que está presente en mayor medida en los seres humanos: es decir, el factor *g*, cosificado como un objeto medible. La evolución se convierte así en un ascenso hacia sucesivos reinos que poseen un factor *g* cada vez mayor.

Como paleontólogo estoy totalmente perplejo. La evolución es un árbol que se ramifica copiosamente; no una secuencia lineal progresiva. Jensen habla de «diferentes niveles de la escala filética, es decir, lombrices de tierra, cangrejos, peces, tortugas, palomas, ratas y monos». ¿No comprende que los actuales cangrejos y lombrices de tierra son descendientes de linajes que han evolucionado separados de los vertebrados durante más de 500 millones de años? No son nuestros antepasados; no son siquiera «inferiores» ni menos complicados que los seres humanos en ningún sentido significativo. Representan buenas soluciones para su propio modo de vida; no deben ser juzgados según la arrogante idea de que determinado primate constituye la norma para todas las formas de vida. En cuanto a los vertebrados, «la tortuga» no es, como sostiene Jensen, «filogenéticamente superior al pez». Las tortugas evolucionaron mucho antes que la mayoría de los peces modernos, y existen cientos de especies, en tanto que los actuales peces óseos comprenden casi veinte mil especies diferentes. ¿Qué son entonces «*el* pez» y «*la* tortuga»? ¿Piensa realmente Jensen que paloma-rata-mono-hombre es una secuencia evolutiva en los vertebrados de sangre caliente?

La caricatura de evolución que hace Jensen pone en evidencia su preferencia por una clasificación lineal fundada en un valor implícito. Desde semejante perspectiva, el factor *g* se vuelve casi irresistible, y Jensen lo aplica como un criterio universal de clasificación:

> Los caracteres comunes de los tests experimentales elaborados por especialistas en psicología comparada, que distinguen con mayor claridad, por ejemplo, a las gallinas de los perros, a los perros de los monos inferiores y a éstos de los chimpancés, sugieren que es posible clasificarlos, en términos generales, a lo largo de una dimensión *g* ... El factor *g* puede considerarse un concepto interespecífico dotado de una amplia base biológica que culmina en los primates (p. 251).

No contento con otorgar al factor *g* la posición real del guardián de las clasificaciones terrenales, Jensen lo extiende a todo el universo al sostener que toda inteligencia concebible debe medirse por él:

> La ubicuidad del concepto de inteligencia aparece claramente en los estudios sobre aquellos seres cuya diferencia cultural es la mayor que podamos imaginar: la vida extraterrestre en el universo ... ¿Cabe imaginar unos seres «inteligentes» para quienes no exista el factor *g*, o cuyo factor *g* sea cualitativa, y no sólo cuantitativamente, distinto del que conocemos? (p. 248).

Jensen analiza el trabajo de Thurstone, pero no considera que constituya una crítica puesto que termina por reconocer un factor *g* de segundo orden. Pero Jensen no advierte que si el factor *g* es sólo un efecto de segundo orden, numéricamente débil, no puede respaldar la idea de la inteligencia como una entidad unitaria y dominante del funcionamiento mental. Pienso que Jensen percibe esta dificultad, porque en una tabla (p. 220) calcula primero el factor *g* clásico como el componente principal y luego rota todos los factores (incluso *g*) para obtener un conjunto de ejes de estructura simple. De este modo registra dos veces lo mismo para cada test: el factor *g* como el primer componente principal y luego la misma información dispersada entre los ejes de estructura simple; de este modo otorga a algunos tests una información total superior al 100 por 100. Como en la misma tabla aparecen grandes factores *g* y fuertes cargas en los ejes de estructura simple, se podría inferir falsamente que el factor *g* se mantiene elevado incluso en las soluciones de estructura simple.

Jensen desdeña la estructura simple ortogonal de Thurstone, que considera «sencillamente equivocada» (p. 675) y «un error egregio, en términos científicos» (p. 258). Si reconoce que la estructura simple es matemáticamente equivalente a los componentes principales, ¿por qué la rechaza con tanta fuerza? Es falsa, afirma, «no en términos matemáticos, sino psicológicos y científicos» (p. 675), porque «oculta o sumerge artificialmente el amplio factor general» (p. 258) al eliminarlo mediante la rotación. Jensen ha caído en un círculo vicioso. Supone *a priori* que el factor *g* existe y que la estructura simple es errónea porque dispersa el factor *g*. Pero Thurstone había elaborado el concepto de la estructura simple en gran medida para demostrar que el factor *g* era una ficción matemática. Thurstone deseaba suprimir el factor *g* y lo consiguió; reiterar que lo ha hecho no constituye precisamente una refutación de su posición.

Jensen utiliza además el factor *g* más específicamente para sostener su tesis de que la diferencia media de CI entre blancos y negros corresponde a la deficiencia innata de los negros en materia de inteligencia. A propósito del pasaje (véase *supra*, p. 271) donde se afirma que los negros obtienen resultados inferiores en los tests cuyas correlaciones con el factor *g* son más elevadas, comenta que se trata de una «interesante hipótesis de Spearman»:

> Esta hipótesis es importante para el estudio de la influencia de los prejuicios en los tests, porque, de ser cierta, significaría que las diferencias entre negros y blancos en los resultados de los tests no puede atribuirse a las idiosincrasias culturales de tal o cual test, sino a un factor general que miden todos los tests de aptitud. Una diferencia media entre poblaciones que se relacionase con uno o más factores de grupo pequeños, parecería más fácil de explicar en términos de diferencias culturales que una diferencia media entre los grupos más estrechamente ligada a un amplio factor general común a una gran variedad de tests (p. 535).

Estamos ante la reencarnación del argumento más antiguo de la tradición spearmaniana: el contraste entre un factor *g*, dominante e innato y los factores de grupo, sensibles a la educación. Pero, como he demostrado, no está claro que el factor *g* sea una cosa, y si lo fuese tampoco tendría por qué ser innato. Aunque existieran datos que probasen la «interesante hipótesis» de Spearman, esos resultados tampoco respaldarían la tesis de Jensen en el sentido de una diferencia innata e ineluctable.

Una cosa debo agradecer a Jensen: ha demostrado con el ejemplo que el factor *g* cosificado de Spearman es todavía la única justificación promisoria de las teorías hereditarias de las diferencias medias de CI entre los grupos humanos. *The Bell Curve* de Herrnstein y Murray (1944) ha agravado esa pobreza, incluso bancarrota, de la justificación por la teoría de la inteligencia unitaria, medible, innata y efectivamente inmutable (estos autores apoyan todo el edificio en la falacia del factor *g* de Spearman). Los errores conceptuales de la cosificación han socavado al factor *g* desde un principio, y la crítica de Thurstone es hoy tan válida como en la década de 1930. El factor *g* de Spearman no es una entidad ineluctable; es una solución matemática entre muchas alternativas equivalentes. La naturaleza quimérica del factor *g* es el cimiento podrido de la obra de Jensen, de *The Bell Curve* y de toda la escuela hereditarista.

Un pensamiento final

> Siempre ha sido fuerte la tendencia a creer que todo lo que tiene un nombre es una entidad o un ser dotado de existencia propia independiente. Y cuando no se ha logrado hallar una entidad real que corresponda al nombre, no por eso han pensado los hombres que esa entidad no existía; han imaginado, en cambio, que se trataba de algo particularmente abstruso y misterioso.
>
> John Stuart Mill

7

Una conclusión positiva

Walt Whitman, ese gran hombre de cerebro pequeño (véase *supra*, p. 109), nos aconseja «dar gran importancia a las cosas negativas», y este libro obedece a sus palabras con un rigor que a algunos les parecerá excesivo. Casi todos podemos apreciar una buena limpieza con la escoba, pero es algo que no suele despertar gran afecto ni favorece, ciertamente, la integración. Sin embargo, no considero este libro como un ejercicio negativo de desmitificación, que nada ofrece a cambio después de desenmascarar el prejuicio social que generan los errores del determinismo biológico. Me parece que podemos aprender mucho sobre nosotros mismos partiendo del hecho innegable de que somos animales surgidos de la evolución. Es una idea que no logra atravesar los enquistados hábitos mentales que nos incitan a cosificar y clasificar; esos hábitos surgen en determinadas situaciones sociales y a su vez contribuyen a consolidarlas. Mi mensaje —al menos tal como espero poder transmitirlo— es francamente positivo por tres razones principales.

La desmitificación como ciencia positiva

La impresión popular de que la refutación representa un aspecto negativo de la ciencia procede de una idea corriente, pero errónea, de la historia. La idea del progreso unilineal no sólo es el fundamento de las clasificaciones raciales que, como he mostrado a lo largo de todo el libro, expresan determinados prejuicios sociales; sugiere además una falsa idea de la forma en que se desarrolla la ciencia. Desde esa perspectiva, toda ciencia empieza en la ignorancia total y avanza hacia la verdad recogiendo más y más información, y construye teorías a medida que se acumulan los hechos. De ser así, la desmitificación resultaría esencialmente negativa, porque se limitaría a quitar algunas manzanas podridas del tonel en que se acumula el conocimiento. Pero el tonel de la teoría siempre está lleno; desde el principio, para explicar los hechos, las ciencias utilizan complejos marcos conceptuales. La biología creacionista se equivocaba de medio a medio acerca del origen de las especies; pero el creacionismo de Cuvier no era una visión del mundo más pobre o menos desarrollada que la de Darwin. La ciencia progresa sobre todo sustituyendo, y no adicionando. Si el tonel siempre está lleno, entonces sí hay que eliminar las manzanas podridas para poder añadir después otras mejores.

Los científicos no desmitifican sólo para limpiar y purificar. Refutan las ideas más antiguas *a la luz* de una visión diferente de la naturaleza de las cosas.

Aprender desmitificando

Para que posea algún valor duradero, una buena desmitificación debe hacer algo más que reemplazar un prejuicio social por otro: debe utilizar una concepción biológica más adecuada para expulsar las ideas falaces. (Aunque los prejuicios sociales puedan ser difíciles de desarraigar, al menos es posible desmontar las bases biológicas en que se apoyan.)

Hemos rechazado muchas teorías específicas de determinismo biológico porque nuestro conocimiento de la biología, la evolución y la genética humanas ha aumentado. Por ejemplo, los científicos modernos no podrían repetir con la misma decisión los notorios errores de Morton porque están obligados a seguir cánones de procedimiento estadístico. El antídoto contra la tesis de Goddard de que un gen único produce la debilidad mental no fue principalmente un cambio en las preferencias sociales, sino un importante progreso de la teoría genética: la idea de la herencia poligénica. Por absurdo que hoy parezca, los primeros mendelianos trataron realmente de asociar la acción de genes específicos con las peculiaridades más complejas y sutiles (tanto del carácter como de la apolítica anatomía). La herencia poligénica postula la participación de muchos genes —y de un ejército de efectos interactivos y ambientales— en caracteres como el color de la piel humana.

Una cuestión más importante —que justifica la necesidad del conocimiento biológico— es la notable falta de diferenciación genética entre los grupos humanos (argumento biológico clave para desmitificar el determinismo). Esa falta de diferenciación es un resultado contingente de la evolución, no una verdad necesaria y *a priori*. El mundo podría estar ordenado de otra manera. Supongamos que hubiesen sobrevivido una o varias especies de nuestro género ancestral *Australopithecus*; situación, en teoría, perfectamente plausible, porque las nuevas especies surgen por división de las antiguas (los antepasados suelen sobrevivir durante algún tiempo), y no mediante la transformación global de toda la población. En tal caso, nosotros —es decir, *Homo sapiens*— habríamos tenido que afrontar todos los dilemas morales que entraña el trato con una especie humana de capacidad mental netamente inferior. ¿Qué habríamos hecho con ella? ¿Esclavizarla? ¿Eliminarla? ¿Coexistir con ella? ¿Emplearla para el trabajo doméstico? ¿Confinarla en reservas o en zoológicos?

Del mismo modo, nuestra especie, *Homo sapiens*, podría incluir un conjunto de subespecies (razas) dotadas de capacidades genéticas significativamente diferentes. Si nuestra especie tuviera millones de años de antigüedad (como es el caso de muchas), y si sus razas hubieran estado geográficamente separadas durante la mayor parte de ese tiempo sin intercambio genético significativo, entonces quizá se habrían acumulado lentamente grandes diferencias genéticas entre los grupos. Pero *Homo sapiens* sólo tiene, a lo sumo, unos pocos centenares de miles de años de edad, y probablemente todas las razas modernas se escindieron de un linaje ancestral común hace aproximadamente cien mil años. Unos pocos caracteres ostensibles de la apariencia externa nos conducen a considerar subjetivamente que se trata de diferencias importantes. Pero los biólogos han afirmado recientemente, aunque lo sospechaban hace tiempo, que las diferencias genéticas globales entre las razas humanas son asombrosamente pequeñas. Aunque la frecuencia de los distintos estados de un gen difieren entre las razas, no hemos encontrado «genes de la raza», es decir, estados establecidos en ciertas razas y ausentes en todas las demás razas. Lewontin (1972) estudió la variación de diecisiete genes que codifican diferencias de la sangre y comprobó que sólo el 6,3 por 100 de la variación se podía atribuir a la pertenencia a una raza. Nada menos que el 85,4 por 100 de la variación se daba dentro de poblaciones locales (el 8,3 por 100 restante correspondía a diferencias entre poblaciones locales dentro de una misma raza). Como observaba Lewontin (comunicación personal), si llegara el holocausto y si los únicos sobrevivientes fueran los miembros de una pequeña tribu residente en lo más profundo de los bosques de Nueva Guinea, se conservarían casi todas las variaciones genéticas actualmente presentes en los innumerables grupos de nuestra población de cinco mil millones de personas.

Esta información acerca de las limitadas diferencias genéticas entre los grupos humanos es tan útil como interesante, incluso en el sentido más profundo, para salvar vidas humanas. Cuando los eugenistas norteamericanos atribuyeron las enfermedades de la pobreza a la constitución genética inferior de la gente pobre, no pudieron proponer otro remedio sistemático que la esterilización. Cuando Joseph Goldberger demostró que la pelagra no era un trastorno genético, sino una consecuencia de la avitaminosis entre los pobres, pudo curarla.

Biología y naturaleza humana

Si la gente es genéticamente tan similar, y si todas las tentativas anteriores de elaborar una explicación biológica de los hechos humanos no han reflejado la naturaleza, sino los prejuicios culturales, ¿entonces la biología no tiene nada que aportar al conocimiento de nosotros mismos? ¿En el momento de nacer, somos, después de todo, aquella *tabula rasa* que imaginaron los filósofos empiristas del siglo XVIII? Como biólogo evolucionista no puedo aceptar semejante posición nihilista sin renegar del descubrimiento fundamental de mi disciplina. El mensaje principal de la revolución darwiniana a la especie más arrogante de la naturaleza es la unidad entre la evolución humana y la de todos los demás organismos.

Somos parte inextricable de la naturaleza, lo que no niega el carácter único del hombre. «Nada más que» un animal es una afirmación tan falaz como «creado a imagen y semejanza de Dios». ¿No es simplemente orgullo sostener que *Homo sapiens* es especial en cierto sentido, puesto que, a su manera, cada especie es única? ¿Cómo elegir entre la danza de las abejas, el canto del rorcual y la inteligencia humana?

Las repercusiones del carácter único del hombre sobre el mundo han sido enormes porque han introducido una nueva clase de evolución que permite transmitir el conocimiento y la conducta aprendidos a través de las generaciones. El carácter único del hombre reside esencialmente en nuestro cerebro. Se expresa en la cultura construida sobre nuestra inteligencia y el poder que nos da para manipular el mundo. Las sociedades humanas cambian por evolución cultural, y no como resultado de alteraciones biológicas. No tenemos pruebas de cambios biológicos en cuanto al tamaño o la estructura del cerebro desde que *Homo sapiens* apareció en los registros fósiles, hace unos cincuenta mil años. (Broca estaba en lo cierto cuando afirmaba que la capacidad craneal de los hombres de Cro-Magnon era igual o superior a la nuestra.) Todo lo que hemos hecho desde entonces —la mayor transformación que ha experimentado nuestro planeta, y en el menor tiempo, desde que la corteza terrestre se solidificó hace aproximadamente cuatro mil millones de años— es el producto de la evolución cultural. La evolución biológica (darwiniana) continúa en nuestra especie; pero su ritmo, comparado con el de la evolución cultural, es tan desmesuradamente lento que su influencia sobre la historia de *Homo sapiens* ha sido muy pequeña. En el tiempo en que el gen de la anemia falciforme ha disminuido de frecuencia entre los negros norteamericanos, hemos inventado el ferrocarril, el automóvil, la radio, la televisión, la bomba atómica, el ordenador, el avión y la nave espacial.

La evolución cultural puede avanzar tan rápidamente porque opera —a diferencia de la evolución biológica— al modo «lamarckiano», mediante la herencia de caracteres adquiridos. Lo que aprende una generación se transmite a la siguiente mediante la escritura, la instrucción, el ritual, la tradición y una cantidad de métodos que los seres humanos han desarrollado para asegurar la continuidad de la cultura. Por otra parte, la evolución darwiniana es un proceso indirecto: para construir un rasgo ventajoso debe existir previamente una variación genética, y luego, para preservarlo, es necesaria la selección natural. Como la variación genética se produce al azar, y no está dirigida preferencialmente hacia los rasgos ventajosos, el proceso darwiniano avanza con lentitud. La evolución cultural no sólo es rápida; también es fácilmente reversible porque sus productos no están codificados en nuestros genes.

Los argumentos clásicos del determinismo biológico fracasan porque los caracteres que invoca para establecer diferencias entre grupos son por lo general productos de la evolución cultural. Los deterministas buscaron pruebas en caracteres anatómicos creados por la evolución biológica. Pero trataron de emplear la anatomía para hacer inferencias acerca de unas capacidades y conductas que ellos vinculaban con la anatomía, y que nosotros consideramos de origen cultural. Para Morton y Broca, la capacidad craneal en sí tenía tan poco interés como las variaciones en la longitud del dedo medio del pie; sólo les interesaban por las características mentales supuestamente asociadas con las diferencias en el tamaño cerebral medio de los distintos grupos. Ahora creemos que las distintas actitudes y los distintos estilos de pensamiento entre los grupos humanos son por lo general productos no genéticos de la evolución cultural. En una palabra, la base *biológica* del carácter único del hombre nos conduce a rechazar el determinismo biológico. Nuestro gran cerebro es el fundamento biológico de la inteligencia; la inteligencia es la base de la cultura; y la transmisión cultural crea una nueva forma de evolución, más eficaz, en su terreno específico, que los procesos darwinianos: la «herencia» y la modificación de la conducta aprendida. Como ha afirmado el filósofo Stephen Toulmin (1977, p. 4): «La cultura tiene el poder de imponerse a la naturaleza desde dentro».

Sin embargo, si la biología humana engendró cultura, también es cierto que la cultura, una vez desarrollada, evolucionó con poca o ninguna referencia a la *variación* genética entre los grupos humanos. Entonces, ¿la biología no desempeña ningún otro papel válido en el análisis de la conducta humana? ¿No es más que una base que sólo aporta el dato, poco esclarecedor por cierto, de que el desarrollo de una cultura compleja requiere cierto nivel de inteligencia?

La mayoría de los biólogos aprobarán mi argumentación en contra de la existencia de una base genética para la mayor parte de las *diferencias* de comportamiento entre los grupos humanos y para el *cambio* en la complejidad de las sociedades humanas en el curso de la historia reciente de nuestra especie. Pero ¿qué decir de las supuestas constancias de personalidad y comportamiento, de los caracteres mentales que comparten los seres humanos de todas las culturas? ¿Qué decir, en suma, de una «naturaleza humana» general? Algunos biólogos están dispuestos a atribuir a los procesos darwinianos un papel fundamental en la aparición, en épocas ya remotas, de un conjunto de conductas adaptativas específicas que configuran una «naturaleza humana» biológicamente condicionada. Creo que los argumentos de esta vieja tradición —que ha encontrado su expresión más reciente en la «sociobiología humana»— es incorrecta, no porque la biología no tenga nada que decir, ni porque la conducta humana sólo refleje una cultura desencarnada, sino porque la *biología* humana indica que la genética desempeña un papel distinto y menos determinante en el análisis de la naturaleza humana.

La sociobiología comienza con una moderna lectura de la selección natural: el éxito reproductivo diferencial de los individuos. Según el imperativo darwiniano, los individuos son seleccionados para maximizar la contribución de sus propios genes a las futuras generaciones; esto es todo. (El darwinismo no es una teoría del progreso, de la creciente complejidad, ni de la armonía desarrollada para el bien de las especies o de los ecosistemas.) Paradójicamente (como piensan muchos), según este criterio se puede elegir tanto el altruismo como el egoísmo; los actos altruistas pueden beneficiar a los individuos porque establecen lazos de obligación recíproca, o también porque ayudan a un pariente que posee genes similares a los del altruista.

Los sociobiólogos examinan luego nuestra conducta aplicando ese criterio. Cuando identifican una conducta que parece adaptativa porque favorece la transmisión de los genes de un individuo, explican su origen por la selección natural que habría actuado sobre la variación genética influyendo sobre el acto específico mismo. (Estas reconstrucciones rara vez tienen el respaldo de otra prueba que no sea la mera inferencia basada en la adaptación.) La sociobiología humana es una teoría del origen y la conservación de *conductas adaptativas específicas* por *selección natural*;[1] estas conductas deben tener, por tanto, una *base genética*, porque la selección natural no puede funcionar si no hay variación genética. Por ejemplo, los sociobiólogos han intentado descubrir los fundamentos adaptativos y genéticos de la agresividad, el odio, la xenofobia, el conformismo, la homosexualidad,[2] y quizá también el ascenso social (Wilson, 1975).

Creo que la biología moderna proporciona un modelo equidistante entre la desalentadora tesis de que la biología no nos enseña nada acerca de la conducta humana y la teoría determinista de que la selección natural programa genéticamente los comportamientos específicos. Por mi parte, considero que la biología puede contribuir en dos aspectos fundamentales:

1. Las analogías fecundas. Sin duda, gran parte de la conducta humana es adaptativa. Si no lo fuera, ya no estaríamos aquí. Pero la adaptación, entre los humanos, no es un argumento apropiado y ni siquiera bueno a favor de la influencia genética. Porque, como he sostenido antes (véase *supra*, p. 291), en el ser humano la adaptación se puede dar por la vía alternativa de la evolución cultural, no genética. Como la evolución cultural es mucho más rápida que la darwiniana, su influencia debería prevalecer en la diversidad de comportamientos que exhiben los grupos humanos. Pero aunque una conducta adaptativa no sea genética, la analogía biológica podría ser útil para interpretar su significado. Con frecuencia, las exigencias adaptativas son fuertes, y ciertas fun-

1. El alboroto que en los últimos años ha suscitado la sociobiología procede de esta versión dura del argumento, que intenta explicar genéticamente (a partir de la existencia de la adaptación) determinadas conductas de los seres humanos. Otros estudiosos de la evolución se denominan «sociobiólogos», pero rechazan ese tipo de conjeturas sobre aspectos específicos. Si un sociobiólogo es aquel que considera que la evolución biológica influye de alguna manera en el comportamiento humano, entonces me parece que todo el mundo (salvo los creacionistas) es sociobiólogo. Sin embargo, en ese caso el término se vacía de significado. La sociobiología humana se incorporó a las publicaciones (tanto técnicas como de divulgación) como una teoría muy concreta sobre la base genética y adaptativa de determinados rasgos específicos del comportamiento humano.

2. E. O. Wilson (1975, 1978) justifica de la siguiente manera el hecho de explicar también la homosexualidad partiendo de la adaptación, pese a que los homosexuales exclusivos no se reproduzcan: la sociedad humana ancestral estaba organizada sobre la base de una gran cantidad de unidades familiares rivales. Algunas unidades eran exclusivamente heterosexuales; en cambio, el patrimonio genético de otras unidades contenía factores ligados a la homosexualidad. La función de los homosexuales era ayudar a criar a los hijos de sus parientes heterosexuales. Ese comportamiento favorecía a sus genes, porque la mayor cantidad de aquellos parientes a cuya crianza contribuían determinaba que éstos fuesen portadores de más genes similares a los suyos de la que habrían tenido sus propios hijos en caso de haber sido heterosexuales. Los grupos que contaban con ayudantes homosexuales podían criar más niños, porque, gracias a los mayores cuidados y a una tasa de supervivencia más elevada, podían contrarrestar con creces las pérdidas potenciales debidas a la no fecundidad de los homosexuales. Así, los grupos que incluían homosexuales acabaron prevaleciendo sobre los exclusivamente heterosexuales, y esto explica la supervivencia de los genes de la homosexualidad.

ciones se ven a veces obligadas a seguir unos caminos fijos, independientemente de que su impulso subyacente sea el aprendizaje o la programación genética.

Por ejemplo, los ecólogos han desarrollado una potente teoría cuantitativa, denominada estrategia de recolección óptima, para estudiar modelos de explotación de la naturaleza (de las plantas por los herbívoros; de los herbívoros por los carnívoros). El antropólogo Bruce Winterhalder, de la Universidad de Cornell, ha demostrado que una comunidad de pueblos de lengua cree, del norte de Ontario, cumplen algunas predicciones de esa teoría en su conducta de cacería e instalación de trampas. Aunque Winterhalder utilizó una teoría biológica para interpretar ciertos aspectos de la cacería, no cree que los pueblos estudiados estuvieran genéticamente seleccionados para la cacería, como predecía la teoría ecológica:

> De más está decir ... que las causas de la variabilidad humana en las conductas de caza y recolección residen en el terreno sociocultural. Por esa razón, los modelos que he utilizado eran adaptados, no adoptados, y luego aplicados a un campo de análisis muy circunscrito ... Por ejemplo, los modelos ayudan a analizar qué especies perseguirá un cazador, entre las asequibles, *una vez que se ha tomado la decisión de salir a cazar* [la cursiva es de Winterhalder]. Sin embargo, son inútiles para analizar por qué los cree todavía cazan (no necesitan hacerlo), cómo deciden, un día determinado, si ir a cazar o unirse a una cuadrilla de construcción, el significado de la caza para un cree, o cualquier otra infinidad de preguntas importantes (comunicación personal, julio de 1978).

En este campo, los sociobiólogos han incurrido a menudo en uno de los errores de razonamiento más comunes: descubrir una analogía e inferir una similitud genética (en este caso, literalmente). Las analogías son útiles, pero tienen sus limitaciones; pueden reflejar condicionamientos comunes, pero no causas comunes.

2. Potencialidad biológica contra determinismo biológico. Los seres humanos son animales y, en cierto sentido, todo lo que hacemos está regido por nuestra biología. Algunas exigencias biológicas están hasta tal punto integradas en nuestro ser que rara vez las reconocemos, porque jamás imaginamos que la vida pudiera ser de otro modo. Pensemos en la limitada variabilidad de la talla media del adulto, y en las consecuencias de vivir en el mundo gravitacional de los grandes organismos, y no en el mundo de fuerzas superficiales en que habitan los insectos (Went, 1968; Gould, 1977). O en el hecho de que nacemos indefensos (no ocurre lo mismo con muchos animales); o en varios otros hechos: que maduramos lentamente; que debemos dormir gran parte del día; que no practicamos la fotosíntesis; que podemos digerir tanto carne como vegetales; que envejecemos y morimos. Todas estas características son resultado de nuestra constitución genética, y todas ejercen enorme influencia sobre la naturaleza y la sociedad humanas.

Estos límites biológicos son tan evidentes que jamás han provocado controversia. Los temas controvertidos son conductas específicas que nos angustian y que nos esforzamos penosamente por cambiar (o que nos producen placer y tememos abandonar): la agresividad, la xenofobia, el predominio masculino, por ejemplo. Los sociobiólogos no son deterministas genéticos en el viejo sentido eugénico de postular la existencia de genes únicos para tan complejas conductas. Todos los biólogos saben que no hay un gen «de» la agresividad, como tampoco de la muela del juicio inferior izquierda. Todos reconocemos que la influencia genética se puede distribuir entre muchos genes, y que los genes fijan límites a las posibilidades de variación; no proporcionan planos para construir réplicas exactas. En cierto sentido, la polémica entre los sociobiólogos y sus críticos es una polémica acerca de la amplitud de la gama de variación posible. Según los sociobiólogos, la gama es suficientemente restringida para que sea posible predecir la programación de un comportamiento específico a partir de la presencia de ciertos genes. Los críticos responden que la gama de variación de estos factores genéticos es suficientemente amplia para incluir todas las conductas que los sociobiólogos atomizan en distintos caracteres codificados por genes separados.

Pero, en otro sentido, mis diferencias con los sociobiólogos no se reducen a una discusión cuantitativa acerca de la amplitud de las gamas. Y no se resolverán amistosamente en algún punto intermedio ideal en que una parte admita más restricción y la otra más flexibilidad. Los defensores de las gamas amplias o estrechas no ocupan simplemente posiciones distintas en un continuo: apoyan dos teorías cualitativamente distintas acerca de la naturaleza biológica de la conducta humana. Si las gamas son estrechas, entonces los genes codifican caracteres específicos y la selección natural puede crear y mantener, por separado, elementos individuales de conducta. Si las gamas son amplias, entonces la selección puede establecer algunas normas profundamente arraigadas; pero las conductas específicas son epifenómenos de esas normas, y no objetos de estudio darwiniano propiamente dichos.

Creo que los sociobiólogos han cometido un error fundamental de categorías. Buscan la base genética de la conducta humana en el nivel equivocado. La buscan entre los productos específicos de las leyes generadoras —la homosexualidad de Joe, el miedo a los extraños de Marta—, cuando las mismas leyes son las estructuras genéticas profundas de la conducta humana. Por ejemplo, E. O. Wilson (1978, p. 99) escribe: «¿La agresividad de los seres humanos es innata? Esta pregunta, frecuente en los seminarios universitarios y en las conversaciones mundanas, despierta pasiones en todos los ideólogos políticos. La respuesta ha de ser afirmativa». Como prueba, Wilson aduce la constancia de las guerras en la historia, y descarta cualquier caso de negativa a luchar: «Las tribus más pacíficas de hoy han sido a menudo las más destructoras de ayer, y probablemente volverán a producir soldados y asesinos en el futuro». Pero si algunos pueblos son ahora pacíficos, entonces la agresividad misma no puede estar codificada en sus genes: sólo puede estarlo su potencialidad. Si innato sólo significa posible, o incluso probable en determinadas circunstancias, entonces todo lo que hacemos es innato y la palabra carece de sentido. La agresividad es una manifestación de una ley generadora que en otras circunstancias favorece la paz. La gama de amplitud de las conductas específicas engendradas por esa ley es enorme, y constituye un magnífico ejemplo de la flexibilidad típica de la conducta humana. Esa flexibilidad no debería quedar velada por el error terminológico que consiste en calificar de «innatas» algunas manifestaciones de la ley cuya aparición podemos predecir en determinadas circunstancias.

Los sociobiólogos actúan como si Galileo hubiese subido a lo alto de la torre de Pisa (aparentemente, no lo hizo), para arrojar un conjunto de objetos diferentes en busca de una explicación separada para cada conducta: la violenta caída de la bala de cañón, como un resultado de la «baladecañonidad»; el suave descenso de la pluma, como algo intrínseco a la «plumidad». Pero sabemos que la amplia gama de conductas de los cuerpos que caen se explica por la interacción entre dos leyes físicas: la gravedad y la fricción. Esta interacción puede generar mil formas diferentes de caída. Si nos concentramos en cada objeto, y buscamos una explicación específica de su conducta, estamos perdidos. La búsqueda de la base genética de la naturaleza humana en las conductas específicas es un ejemplo de *determinismo biológico*. La búsqueda de leyes generadoras subyacentes expresa el concepto de *potencialidad biológica*. El problema no se plantea en términos de naturaleza biológica contra lo adquirido no biológico. Tanto el determinismo como la potencialidad son teorías *biológicas*; pero buscan la base genética de la naturaleza humana en niveles esencialmente diferentes.

Continuando con la analogía galileana: si las balas de cañón actúan a causa de la «baladecañonidad», y las plumas, de la «plumidad», entonces poco podemos hacer aparte de inventar una historia sobre la significación adaptativa de ambos caracteres. Nunca se nos ocurrirá realizar el experimento histórico decisivo: igualar el ambiente poniendo la bala y la pluma en el vacío. Y no podremos comprobar que caen exactamente de la misma manera. Este ejemplo hipotético ilustra el papel social del determinismo biológico, que es, fundamentalmente, una teoría de los límites. Interpreta la gama habitual en el ambiente moderno como la expresión de una programación genética directa, y no como la manifestación limitada de un potencial mucho más amplio. Si la pluma actúa por «plumidad», no podremos cambiar su conducta mientras siga siendo una pluma. Si su conducta es una expresión de leyes amplias vinculadas a circunstancias específicas, podemos prever una amplia gama de comportamiento en distintos ambientes.

¿Por qué son tan amplias las gamas de la conducta, cuando son tan restringidas las anatómicas? Nuestra defensa de la flexibilidad del comportamiento ¿es meramente una esperanza social, o está respaldada por la biología? Dos argumentos distintos me llevan a concluir que las gamas amplias de comportamiento deberían ser consecuencia de la evolución y de la organización estructural de nuestro cerebro. Pensemos, primeramente, en las probables razones adaptativas que pudieron determinar la evolución de un cerebro tan grande. El carácter único del hombre radica en la flexibilidad con que puede actuar nuestro cerebro. ¿Qué es la inteligencia, sino la aptitud para resolver problemas de un modo no programado o, como suele decirse, creativo? Si la inteligencia nos otorga un lugar especial entre los organismos, me parece probable que la selección natural haya actuado para maximizar la flexibilidad de nuestra conducta. ¿Qué sería mejor, desde el punto de vista de la adaptación, para un animal que piensa y aprende: la selección de genes específicos para la agresividad, el odio y la xenofobia, o de leyes de aprendizaje capaces de generar una conducta agresiva en determinadas circunstancias y una conducta pacífica en otras?

En segundo lugar, debemos ser cautelosos cuando otorgamos demasiado poder a la selección natural e interpretamos todas las capacidades básicas de nuestro cerebro como adaptaciones directas. No dudo de que la selección natural haya ejercido su acción en lo que concierne a la construcción de nuestros cerebros de gran tamaño; y confío igualmente en que nuestros cerebros se agrandaron para adaptarse a determinadas funciones (probablemente un conjunto complejo de funciones interactuantes). Pero estas suposiciones no conducen a la noción —muchas veces sostenida dogmáticamente por los darwinianos estrictos— de que todas las capacidades principales del cerebro deben ser productos directos de la selección natural. Nuestros cerebros son ordenadores inmensamente complejos. Si instalo un ordenador, mucho más simple, para llevar la contabilidad de una fábrica, ese ordenador también puede realizar muchas otras tareas, mucho más complejas, no relacionadas con la función original. Esas capacidades adicionales son consecuencias ineluctables del diseño estructural, y no adaptaciones directas. Nuestros ordenadores orgánicos, muchísimo más complejos, han sido construidos también para fines determinados, pero poseen una pavorosa reserva de capacidades adicionales, entre las que se encuentran, sospecho, la mayor parte de las que nos convierten en seres humanos. Nuestros antepasados no leían ni escribían, ni se preguntaban por qué la mayoría de las estrellas no cambian de posición relativa mientras que cinco erráticos puntos luminosos y dos discos más grandes se mueven en una zona que denominamos Zodíaco. No es necesario que consideremos a Bach como un afortunado efecto secundario del papel que desempeña la música para asegurar la cohesión tribal, ni a Shakespeare como una afortunada consecuencia del papel del mito y la narrativa épica en las partidas de caza. La mayoría de los «caracteres» de comportamiento que intentan explicar los sociobiólogos quizá nunca hayan estado sometidos a la selección natural directa; pueden exhibir, por tanto, una flexibilidad que los caracteres indispensables para la supervivencia nunca presentan. ¿Pueden incluso llamarse «caracteres» estas complejas consecuencias del diseño estructural? Esta tendencia a atomizar un repertorio de conductas, a convertirlo en un conjunto de «cosas», ¿no es un nuevo ejemplo de la misma falacia de cosificación, que ha viciado los estudios sobre la inteligencia durante todo nuestro siglo?

La flexibilidad es la marca de la evolución humana. Si los seres humanos han evolucionado, como creo, por neotenia (véase el capítulo 4, *supra*, y Gould, 1977, pp. 352-404), entonces somos, en un sentido algo más que metafórico, niños que no crecen. (En la neotenia, el ritmo de desarrollo se vuelve más lento, y las etapas juveniles de los antepasados se convierten en las etapas adultas de los descendientes.) Muchos caracteres esenciales de nuestra anatomía nos vinculan con las etapas fetales y juveniles de los primates: la cara pequeña, el

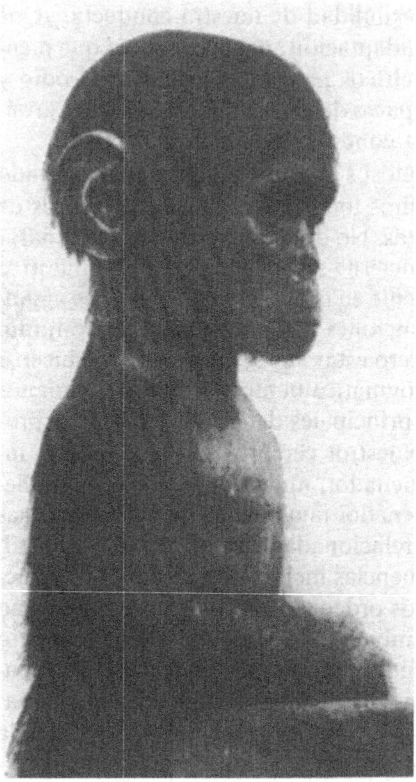

7.1. Chimpancé joven y chimpancé adulto. La semejanza entre el primero y los seres humanos ilustra el principio de la neotenia en la evolución humana.

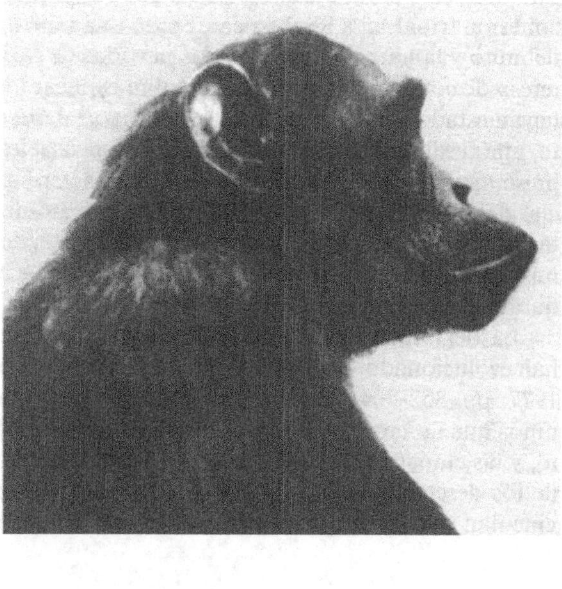

cráneo abovedado, el cerebro grande en relación con la talla corporal, el dedo grande del pie no rotado, el *foramen magnum* en la base del cráneo, para la correcta orientación de la cabeza en la postura erecta, la distribución del pelo en la cabeza, las axilas y la zona púbica. Si una imagen vale por mil palabras, obsérvese la figura 7.1. En otros mamíferos, la exploración, el juego y la conducta flexible son cualidades de los jóvenes, y sólo raramente de los adultos. No sólo conservamos la marca anatómica de la infancia, sino también su flexibilidad mental. La idea de que la selección natural se haya dirigido hacia la flexibilidad en la evolución humana no es una noción *ad hoc* nacida de la esperanza, sino una consecuencia de la neotenia, proceso fundamental en nuestra evolución. Los humanos son animales que aprenden. En la novela de T. H. White *The Once and Future King*, un tejón narra una parábola acerca del origen de los animales. Dios, dice, creó a todos los animales en forma de embriones y los congregó ante su trono, ofreciéndoles las adiciones a su anatomía que desearan. Todos optaron por rasgos adultos especializados: el león pidió garras y agudos dientes, el ciervo cuernos y fuertes cascos. El embrión humano se adelantó en último término y dijo:

> —Creo, Señor, que me has hecho en la forma que ahora tengo por razones que tú conoces mejor, y que un cambio sería descortés. Si puedo elegir, deseo mantenerme tal como soy. No alteraré ninguna de las partes que me has dado ... Continuaré siendo toda mi vida un embrión indefenso, haciendo lo posible para construir algunos instrumentos con la madera, el hierro, y los demás materiales que has juzgado conveniente poner a mi alcance...
>
> —Muy bien —exclamó el Creador en tono jubiloso—. Venid aquí todos vosotros, embriones, con vuestros picos y demás, y mirad a Nuestro Primer Hombre. Es el único que ha adivinado Nuestro enigma ... En cuanto a ti, Hombre ... Parecerás un embrión hasta que te entierren; pero todos los demás serán embriones ante tu poder. Eternamente inmaduro, siempre conservarás en potencia Nuestra imagen; podrás conocer algunas de Nuestras aflicciones y sentir algunas de Nuestras alegrías. Sentimos pena, Hombre, por ti, pero también Nos llenas de esperanza. Ahora, ve y haz lo mejor que puedas.

Epílogo

En 1927 Oliver Wendell Holmes Jr. pronunció la sentencia del Tribunal Supremo que confirmaba la ley de esterilización del estado de Virginia en el caso *Buck contra Bell*. Carrie Buck, una joven madre con un niño que padecía de supuesta debilidad mental, había alcanzado una edad mental de nueve años en la escala de Stanford-Binet. La madre de Carrie Buck, que tenía entonces cincuenta y dos años, había alcanzado en el mismo test la edad mental de siete años. Holmes escribió una de las declaraciones más famosas y espantosas de nuestro siglo:

> Hemos visto más de una vez que el bienestar público puede reclamar la vida de los mejores ciudadanos. Sería extraño que no pudiera pedir un sacrificio menor a quienes ya minan las fuerzas del estado ... Tres generaciones de imbéciles son suficientes.

(Con frecuencia se cita erróneamente la última frase, como si fuera «tres generaciones de idiotas»; pero Holmes conocía bien la jerga técnica de su época, y los Buck, aunque no eran «normales» según el Stanford-Binet, estaban con todo un grado por encima de los idiotas.)

Buck contra Bell es un hito en la historia, y también un acontecimiento que, por mi parte, asocio con un pasado remoto. 1927 fue el año en que Babe Ruth logró sus sesenta *home-runs*, y estas leyendas son aún más maravillosas porque parecen tan distantes. Por tanto, un artículo del *Washington Post* del 23 de febrero de 1980 me conmovió profundamente, porque pocas cosas pueden ser más desconcertantes que la yuxtaposición de hechos cuidadosamente ordenados y separados en el tiempo. «Más de 7.500 personas esterilizadas en Virginia» era el título. La ley que Holmes había ratificado se había aplicado durante cuarenta y ocho años, desde 1924 hasta 1972. Las operaciones se habían realizado en hospitales psiquiátricos, principalmente en hombres y mujeres blancos considerados débiles mentales y antisociales, incluyendo «madres solteras, prostitutas, delincuentes menores y niños con problemas de disciplina».

Carrie Buck, que entonces tenía unos setenta años, aún vivía cerca de Charlottesville. Algunos periodistas y científicos visitaron a Carrie Buck y a su hermana, Doris, durante los últimos años de sus vidas. Ambas mujeres, a pesar de no poseer una gran educación, eran claramente capaces e inteligentes. Sin embargo, Doris Buck fue esterilizada, en virtud de la misma ley, en 1928. Se casó posteriormente con Matthew Figgins, fontanero. Pero jamás se le informó de lo que le habían hecho. «Me dijeron —recordaba Doris— que era una operación de hernia y apendicitis.» De modo que trató de concebir un hijo de Matthew Figgins. Consultaron médicos de tres hospitales durante sus años fértiles; ninguno advirtió que las trompas de Falopio habían sido cortadas. En 1980 Doris Buck Figgins descubrió la causa de la tristeza de toda su vida.

Uno podría hacer un frío cálculo y decir que la decepción de Doris Buck nada significa en comparación con los millones que han muerto en las guerras para justificar designios de dementes, o la arrogancia de los gobernantes. Pero ¿acaso se puede medir el dolor de un solo sueño insatisfecho; la esperanza de una mujer indefensa, frustrada por el poder público en nombre de una ideología que pretende la purificación de una raza? Valga el testimonio simple y elocuente de Doris Buck como representación de millones de muertes y frustraciones, y que nos ayude a recordar que el Sabbath se ha hecho para el hombre, y no el hombre para el Sabbath: «Me eché a llorar. Mi esposo y yo deseábamos desesperadamente tener hijos. Estábamos locos por ellos. Nunca supe lo que me habían hecho».

Crítica de *The Bell Curve*

The Bell Curve

The Bell Curve de Richard J. Herrnstein y Charles Murray proporciona una oportunidad soberbia y poco habitual para profundizar en la significación del experimento como método científico. La reducción de las variables confusas es el primer desiderátum de todo experimento. Introducimos toda la confusión zumbante y floreciente del mundo exterior en nuestros laboratorios y, manteniendo todo lo demás constante en nuestra simplicidad artificial, tratamos de que varíe un único factor potencial en cada ocasión. No obstante, a menudo no podemos utilizar este método experimental, sobre todo en la mayor parte de los fenómenos sociales, cuando la importación al laboratorio destruye el objeto a investigar; y entonces sólo podemos suspirar por que haya en la naturaleza indicadores que simplifiquen. Si, por lo tanto, el mundo exterior hace el favor de mantener constantes para nosotros algunos factores de importancia crucial, entonces sólo podemos dar gracias por esa aportación de la naturaleza al conocimiento.

Cuando un libro consigue tanta atención como ha merecido *The Bell Curve*, deseamos conocer las causas. Se podría sospechar que debe ser el contenido mismo —una sorprendente idea nueva, alguna antigua sospecha verificada ahora mediante datos convincentes—, pero la razón bien puede ser la aceptabilidad social, o bien simplemente el bombo publicitario. *The Bell Curve* no contiene ningún argumento nuevo ni presenta datos precisos que sostengan su anacrónico darwinismo social. Por lo tanto, debo concluir que el éxito inicial de ganar tal atención debe reflejar el estado de ánimo depresivo de nuestro tiempo: un momento histórico de mezquindad sin precedentes en que el ánimo para reducir radicalmente los programas sociales puede fomentarse mediante el argumento de que no es posible ayudar a los beneficiarios debido a los innatos límites cognitivos que se ponen de manifiesto en las bajas puntuaciones del CI.

The Bell Curve se apoya en dos argumentos claramente distintos pero consecutivos que juntos abarcan el corpus clásico del determinismo biológico como filosofía social. La primera tesis (capítulos 1-12) repite los dogmas del darwinismo social tal como se constituyó originalmente. (El «darwinismo social» se ha utilizado a menudo como término general para cualquier argumentación sobre las bases biológicas de las diferencias entre los seres humanos, pero el significado inicial se refería a la específica teoría de la estratificación de las clases dentro de las sociedades industriales, en especial a la noción de una clase baja perpetuamente pobre y compuesta de personas genéticamente inferiores que se habían precipitado en su inevitable sino.)

Esta mitad darwinista social de *The Bell Curve* surge de una paradoja del igualitarismo. Mientras las personas se mantienen en lo alto de la pirámide social por el azar de un apellido noble o de la riqueza procedente de los padres, y mientras los miembros de las castas despreciadas no pueden ascender cualesquiera que sean sus talentos, la estratificación social no reflejará el mérito intelectual, y la brillantez estará repartida por todas las clases. Pero si puede conseguirse la auténtica igualdad de oportunidades, entonces ascienden las personas inteligentes y las clases inferiores se vuelven más rígidas al retener sólo a los intelectualmente incompetentes.

Esta discusión decimonónica ha atraído a diversos adalides del siglo XX, entre otros al psicólogo Lewis M. Terman, de Stanford, que importó de Francia el test original de Binet, desarrolló el test Stanford-Binet de CI y dio una interpretación hereditaria a los resultados (la que Binet había rechazado decididamente al crear este tipo de test); a Lee Kuan Yew, primer ministro de Singapur, quien trató de implantar un plan para premiar a las mujeres bien educadas que aumentaran su natalidad; y a Richard Herrnstein, coautor de *The Bell Curve* y autor de un artículo aparecido en 1971 en *Atlantic Monthly* donde presentaba el mismo argumento sin documentarlo. No es que la tesis general carezca de interés ni que sea ilógico, pero requiere que sean válidas cuatro premisas inciertas, todas las cuales son afirmadas (pero en absoluto expuestas ni defendidas) por Herrnstein y Murray. En su formulación, la inteligencia debe poder describirse con un único número, capaz de clasificar a las personas en orden lineal, de base genética y efectivamente inmutable. Si alguna de estas premisas es falsa, todo el argumento se desmorona. Por ejemplo, si todas son ciertas excepto la inmutabilidad, entonces los programas para intervenir desde muy pronto en la educación podrían operar aumentando persistentemente el CI, lo mismo que un par de gafas puede corregir un defecto genético de visión. El argumento central de *The Bell Curve* falla porque la mayor parte de las premisas son falsas.

La segunda tesis (capítulos 13-22), el pararrayos sobre el que cae la mayor parte del comentario, extiende el argumento a favor de la estratificación cognitiva innata en concordancia con las clases sociales a una reivindicación de las diferencias raciales hereditarias de CI: pequeña en el caso de la superioridad asiática sobre los caucásicos, pero grande en el de los caucásicos sobre las personas de origen africano. Este argumento es tan antiguo como el estudio de las razas. El debate de la última generación se centró en la sofisticada obra de Arthur Jensen (mucho más elaborada y variada que todo lo presentado en *The Bell Curve* y, por lo tanto, todavía una mejor fuente para comprender el argumento y sus falacias) y en la tortuosa defensa de William Shockley.

La falacia central de utilizar la heredabilidad sustancial del CI dentro de los grupos (entre los blancos, por ejemplo) como una explicación de las diferencias entre los grupos (blancos frente a negros, por ejemplo) es ahora bien conocida y reconocida por todo el mundo, incluidos Herrnstein y Murray, pero merece una nueva exposición mediante ejemplos. Tómese un rasgo mucho más heredable de lo que nadie haya considerado para el CI, pero políticamente no problemático: la talla corporal. Supongamos que mido la talla de los varones adultos en un pobre poblado indio acosado por privaciones alimentarias generalizadas. Supongamos que la altura media de los varones adultos fuera de 168 cm, bien por debajo de la media estadounidense de 175 cm. La heredabilidad dentro de la aldea es posible que sea alta; lo que significa que los padres altos (que pueden tener una media de 172 cm) tienden a tener hijos altos, mientras que los padres bajos (con una media de 163 cm) tienden a tener hijos bajos. Pero la alta heredabilidad dentro de la aldea no significa que una mejor alimentación no pudiera elevar la talla media a 178 cm (por encima de la media estadounidense) en pocas generaciones. Del mismo modo, la diferencia media de 15 puntos que hay entre los CI de blancos y negros en Estados Unidos, con una sustancial heredabilidad del CI en los linajes familiares dentro de cada grupo, no permite sacar la conclusión de que una verdadera igualdad de oportunidades no podría elevar la media de los negros hasta igualar o superar a la de los blancos.

Puesto que Herrnstein y Murray conocen y reconocen esta crítica, deben construir una argumentación admitidamente circunstancial para atribuir la mayor parte de la diferencia entre blancos y negros a factores genéticos irrevocables, a la vez que subrayan que las diferencias medias no sirven en absoluto para juzgar a ninguna persona concreta, puesto que muchos individuos negros tienen una puntuación por encima de la media blanca en CI. Al margen de la incertidumbre retórica con que se adorna esta vieja táctica trillada —«algunos de mis mejores amigos son del grupo x»—, Herrnstein y Murray quebrantan la equidad al convertir un caso complejo, que sólo puede dar pie a agnosticismo, en un compendio tendencioso a favor de las diferencias permanentes y hereditarias. Le imponen este giro haciendo de cada paja a su favor un roble, mientras que no mencionan sino de pasada el poderoso argumento circunstancial a favor de la maleabilidad ni la cortedad de las diferencias genéticas medias (las impresionantes mejoras del CI en los niños negros pobres adoptados en hogares bienestantes e intelectuales; la media del CI aumenta en algunos países desde la segunda guerra mundial tanto como la diferencia de 15 puntos que separa ahora a los blancos de los negros en Estados Unidos; el no haber podido encontrar ninguna diferencia cognitiva entre dos grupos de niños nacidos de mujeres alemanas fuera del matrimonio y criados en Alemania como alemanes, pero engendrados por soldados norteamericanos blancos y negros).

Aun encontrando inquietante el anacronismo de *The Bell Curve*, todavía me acongoja más su patente duplicidad. Los autores omiten hechos, utilizan mal métodos estadísticos y no parecen tener ninguna gana de admitir las consecuencias de sus propias palabras.

Duplicidad de contenido

El océano de publicidad que ha rodeado a *The Bell Curve* tiene su base en lo que Murray y Herrnstein (*New Republic*, 31 de octubre de 1994) llaman «el punto de ignición de la inteligencia como tema de interés público: la cuestión de las diferencias genéticas entre las razas». Y sin embargo, desde el día de la publicación, Murray ha estado contemporizando y negando que la raza sea en absoluto un tema importante del libro; por el contrario, acusa a la prensa de haber avivado con mala fe estas concretas llamaradas. Escribe a medias con Herrnstein (que murió justamente un mes antes de la publicación) en *New Republic*: «Esto es lo que esperamos que sea nuestra contribución a la polémica. Lo escribimos en cursiva; si pudiéramos lo escribiríamos con luces de neón: *La respuesta no tiene importancia*».

Lo cual es bastante exacto, en el sentido estricto de que cualquier individuo puede ser un miembro de rara brillantez de un grupo cuya media es la estupidez (y, por lo tanto, no sujeto a juicio por la media del grupo), pero Murray no puede negar que *The Bell Curve* trata la raza como uno de los dos grandes temas, concediendo igual espacio a ambos; ni puede pretender que las tesis vigorosamente enunciadas sobre las diferencias entre los grupos no tengan impacto político en una sociedad obsesionada por las significaciones y las consecuencias de la etnicidad. La misma primera frase del prefacio de *The Bell Curve* reconoce la igualdad de tratamiento para los dos temas que son las diferencias individuales y las grupales: «Este libro trata de las diferencias de capacidad intelectual entre las personas y entre los grupos, y de lo que significan esas diferencias para el futuro estadounidense». Y el artículo de Murray y Herrnstein en *New Republic* comienza por identificar las diferencias raciales como el tema clave que interesa: «Lo que se dice en privado de las razas en Estados Unidos es distinto de lo que se dice en público».

Duplicidad de la argumentación

The Bell Curve es una obra maestra de la retórica cientificista y de esa especial ansiedad y ofuscación que imponen los números a los comentaristas no profesionales. El libro se extiende a lo largo de 845 páginas que incluyen más de 100 de apéndices repletos de cifras. De manera que el texto tiene un aspecto complicado y los comentaristas han huido espantados con la excusa, a manera de reflejo rotuliano, de que, aunque sospechen la existencia de falacias en la argumentación, la verdad es que no pueden juzgar. Así Mickey Kaus escribe en *New Republic* (31 de octubre): «Como lector profano de *The Bell Curve* no estoy capacitado para juzgar con objetividad»; lo mismo hace Leon Wieseltier en el mismo número: «Murray también oculta el rigor de sus ideas políticas detrás del rigor de su ciencia. Y su ciencia, por lo que yo sé, es floja ... O eso me imagino. No soy científico. No entiendo nada de psicometría». O bien Peter Passell en el *New York Times* (27 de octubre de 1994): «Pero este comentarista no es biólogo y dejará la discusión a los especialistas».

En realidad, *The Bell Curve* es extraordinariamente unidimensional. El libro no hace el menor intento de investigar la amplitud de los datos disponibles y presta sorprendentemente poca atención a la rica e informativa historia de este discutible tema. (Sólo hay que acordarse de la máxima de Santayana, en la actualidad un cliché de la vida intelectual: «Quienes no se acuerdan del pasado están condenados a repetirlo».) Prácticamente todos los análisis se basan en una misma técnica aplicada a cada conjunto distinto de datos; todo probablemente realizado en una única operación de ordenador. (Estoy de acuerdo en que los autores han utilizado la técnica más adecuada —la regresión múltiple— y la mejor fuente de información —la Encuesta Longitudinal Nacional sobre la Juventud (*National Longitudinal Survey of Youth*)—, aunque más adelante expondré una falacia central de su procedimiento. Sin embargo, sencillamente ocurre que unas tesis tan generales como las propuestas en *The Bell Curve* no es posible defenderlas como es debido —es decir, corroborarlas o negarlas adecuadamente— mediante un enfoque tan restringido.)

Los flagrantes errores e inexactitudes de *The Bell Curve* podían haber sido pescados por los comentaristas profanos en la materia con no haberse dejado asustar por los números; pues Herrnstein y Murray escriben con claridad y sus faltas son a la vez patentes y accesibles. Yo clasificaría las falacias en dos categorías: las omisiones y confusiones, y el contenido.

1. *Omisiones y confusiones*: Si bien renuncia a sus propias capacidades para juzgar, Mickey Kaus (en *New Republic*) identifica correctamente «las dos primeras tesis» que son absolutamente esenciales «para que funcione el pesimista argumento de la la diferencia étnica»: «1) que existe una única medida general de la capacidad mental; 2) que los tests de CI que pretenden medir esta capacidad ... no sean culturalmente tendenciosos».

Nada me enfada más en *The Bell Curve* que el hecho de que los autores no aporten ninguna justificación a su tesis central, el *sine qua non* de su entera argumentación: la realidad del CI en tanto que número que mide una auténtica propiedad de la cabeza, el celebrado «factor general» de inteligencia (conocido por *g*) que identificó en primer lugar Charles Spearman en 1904. Murray y Herrnstein se limitan a proclamar que la cuestión ya ha sido decidida, como en este pasaje de su artículo en *New Republic*: «Entre los especialistas está actualmente fuera de discusión técnica que existe un factor general de capacidad cognitiva sobre el que difieren los seres humanos, que este factor general se mide de forma razonablemente exacta mediante una diversidad de tests estandarizados, y mejor que por ninguno mediante los tests de CI diseñados con este propósito».

Esta afirmación representa una extraordinaria ofuscación, conseguida al definir al «especialista» como «ese grupo de psicometristas que trabajan siguiendo la tradición del *g* y su avatar, el CI». Los autores incluso admiten (pp. 14-19) que ahora mismo existen en disputa tres principales escuelas de interpretación psicométrica y que sólo una apoya su opinión sobre el *g* y el CI: los clásicos, tal como son defendidos en *The Bell Curve* («la inteligencia como estructura»), los revisionistas («la inteligencia como procesamiento de la información») y los radicales («la teoría de las inteligencias múltiples»).

Este tema vital no puede decidirse, ni tan siquiera comprenderse, sin tratar la principal y única justificación que *g* ha mantenido desde que Spearman inventó el concepto en 1904: el análisis factorial. El hecho de que Herrnstein y Murray apenas mencionen la argumentación de la analítica factorial (el tema recibe una atención fugaz en dos párrafos) proporciona una acusación central e ilustra la vaciedad de *The Bell Curve*. ¿Cómo pueden los autores basar un libro de ochocientas páginas en una única afirmación a favor de la realidad del CI como algo que mide una capacidad cognitiva general, genuina y en buena medida genética; y después apenas mencionar, ni a favor ni en contra, el fundamento teórico de esta certeza? Vienen inmediatamente a la cabeza varios clichés como un «*Hamlet* sin príncipe de Dinamarca».

Aun admitiendo que el análisis factorial sea un asunto difícil y matemático, puede explicarse a los lectores profanos mediante la formulación geométrica desarrollada por L. L. Thurstone en la década de 1930 y utilizada por mí en el capítulo 7 de *La falsa medida del hombre*. Unos cuantos párrafos tal vez no basten para lograr una adecuada explicación, así que, aunque ofrezco más adelante unas imprecisas indicaciones, los lectores no deben preocuparse por su propio CI si el tema sigue resultándoles arcano.

En suma, los resultados de una persona en diversos tests psicológicos tienden a tener una correlación positiva; es decir, si se hace bien una clase de tests, se tiende a hacer bien todos los demás. El resultado bien poco puede sorprender y se le aplica una interpretación puramente genética (algo innato que hay en la cabeza y eleva todas las naciones) o bien puramente ambientalista (los buenos libros y la buena alimentación durante la infancia favorecen todas las realizaciones). Por lo tanto, las correlaciones positivas no dicen nada de por sí sobre sus causas.

Charles Spearman utilizó el análisis factorial para identificar un eje único —que llamó *g*— que es el que mejor identifica el factor común que hay detrás de las correlaciones positivas entre los tests. Pero Thurstone demostró posteriormente que se podía hacer desaparecer *g* mediante la simple rotación de los ejes factoriales a posiciones distintas. En una rotación, Thurstone situó los ejes cerca de los atributos más separados entre los tests, dando así pie a la teoría de las inteligencias múltiples (verbal, matemática, espacial, etc., sin ningún *g* que las englobe todas). Esta teoría (la visión «radical» en la clasificación de Herrnstein y Murray) ha sido apoyada por muchos psicometristas eminentes, entre otros por J. P. Guilford en la década de 1950 y, de manera muy notable, por Howard Gardner. En esta perspectiva, *g* no puede ser una realidad inherente, pues *g* surge en una sola forma de representación matemática de las correlaciones entre tests, y desaparece (o al menos se atenúa mucho) en otras formas que son absolutamente equivalentes en cuanto a la cantidad de información que explican. En cualquier caso, no es posible aprehender en absoluto el quid de la cuestión sin una clara exposición del análisis factorial; y *The Bell Curve* renuncia por completo a sus responsabilidades sobre este concepto central.

Sobre el segundo tema de Kaus, el del «prejuicio o sesgo cultural», la presentación de *The Bell Curve* iguala a Arthur Jensen, y a otros hereditaristas, al confundir el significado técnico (y propio) de un prejuicio (yo lo llamo «prejuicio E», por «estadístico») con el concepto vulgar, absolutamente distinto, que llamaré «prejuicio V», que agita el debate popular. Todos estos autores juran y perjuran (estoy totalmente de acuerdo con ellos) que los tests no están sesgados en el sentido estadístico. La ausencia de prejuicio E significa que la misma puntuación, cuando la logran miembros de grupos distintos, producen la misma consecuencia; es decir, que una persona negra y otra blanca con idéntica puntuación de 100 en el CI tendrán las mismas probabilidades de hacer cualquier cosa que se suponga que predice el CI. (Debo confiar en que los tests mentales no estén sesgados en el sentido E, pues la profesión de realizador de tests no valdría mucho si quienes la ejercen no pudieran eliminar fuentes de inexactitud tan evidentes mediante una cuidadosa elección y articulación de las preguntas.)

Pero el sesgo V, el que preocupa a la opinión pública, encarna un asunto totalmente distinto que, por desgracia, utiliza la misma palabra. El público quiere saber si la media de 85 de los negros y la de 100 de los blancos se deben a que la sociedad trata desigualmente a los negros; es decir, si la puntuación más baja de los negros está sesgada en este sentido social. Y esta cuestión crucial (a la que no sabemos cómo responder) no puede tratarse mediante la demostración de que no existe sesgo E (el único aspecto que se aborda, bien que correctamente, en *The Bell Curve*).

2. *Contenido*: Como se ha expuesto antes, prácticamente todos los datos de *The Bell Curve* proceden de un único análisis: la representación, realizada mediante una técnica denominada regresión múltiple, de comportamientos sociales que nos inquietan, como la delincuencia, el desempleo y los nacimientos extramatrimoniales (tratados como variables dependientes), que se contraponen tanto al CI como al nivel socioeconómico de los padres (tratados como variables independientes). Los autores mantienen primero constante el CI y examinan la relación de los mismos comportamientos sociales con el CI. En general, encuentran una mayor correlación con el CI que con el nivel socioeconómico; por ejemplo, las personas con CI bajo es probable que abandonen en mayor número los estudios en la escuela que las personas que tienen padres con bajo nivel socioeconómico.

Pero estos análisis deben atender a dos aspectos —la forma *y la importancia* de la relación— y Herrnstein y Murray sólo se ocupan del aspecto que favorece su punto de vista, mientras que prácticamente ignoran (y en un pasaje clave casi ocultan voluntaria e intencionadamente) el otro factor que pesa tan profundamente en su contra. Los numerosos gráficos sólo presentan la *forma* de las relaciones; es decir, dibujan las curvas de regresión de las variables sobre el CI y el nivel socioeconómico. Pero, violando todas las normas estadísticas que yo haya aprendido, *sólo* trazan la curva de regresión y no muestran la dispersión de la variación alrededor de la curva, de modo que los gráficos no muestran nada de la *importancia* de la relación; es decir, la cantidad de variación de los factores sociales explicada mediante el CI y el nivel socioeconómico.

Ahora bien, ¿por qué se centran Herrsntein y Murray en la forma e ignoran la importancia? Casi todas sus relaciones son muy débiles; es decir, muy poca parte de la variación de los factores sociales puede explicarse por el CI y por el nivel socioeconómico (aunque la forma de esta pequeña cantidad tienda a situarse en la dirección deseada). En resumen, el CI no es un factor importante para determinar la variación en casi ninguno de los factores sociales que estudian; y en consecuencia sus alardeadas conclusiones se hunden, o bien quedan hasta tal punto atenuadas que su pesimismo y su programa social conservador no ganan ningún apoyo significativo.

Herrnstein y Murray admiten todo esto de hecho, por lo menos en un pasaje crucial de la página 117, pero ocultan la pauta. Escriben: «Casi siempre explica menos del 20 por 100 de la variancia, por usar un término estadístico, por regla general menos del 10 por 100 y a menudo menos del 5 por 100. Lo que significa esto hablando claro es que no se puede predecir lo que hará una persona dada a partir de su puntuación en el CI ... Por otra parte, a pesar de la baja asociación en el plano individual, grandes diferencias de comportamiento social separan a grupos de personas cuando los grupos difieren en la media intelectual». Pese a esta renuncia, en la siguiente y notable frase los autores hacen un fuerte alegato causal: «Defenderemos que la inteligencia en sí, no sólo su correlación con el nivel socieconómico, es responsable de las diferencias entre estos grupos». Pero un pequeño porcentaje de determinación estadística no equivale a una explicación causal (y las correlaciones no implican en ningún caso causa, ni siquiera cuando las correlaciones son fuertes: como en la fuerte, perfecta y positiva correlación entre mi edad cada vez mayor y el aumento de la deuda nacional). Además, su argumentación resulta aún peor para sus tesis en clave genética; pues citan heredabilidades de alrededor de un 60 por 100 para el CI, de modo que ¡casi hay que partir el pequeño porcentaje explicado si se quiere despejar la fuerza del determinismo genético según sus propios criterios!

Mi acusación de doblez recibe una fuerte confirmación en una frase escondida en la primera página del Apéndice 4, la 593, donde los autores afirman: «En el texto no nos referimos a la habitual forma de medir la bondad del ajuste en las regresiones múltiples, R^2, pero se presenta aquí a propósito de los análisis intercruzados». Ahora bien, ¿por qué excluyen del texto, y relegan a un apéndice que pocos leerán, ni tan siquiera consultarán, un número que, según ellos mismos admiten, es «la forma habitual de medir la bondad del ajuste»? Sólo puedo sacar la conclusión de que eligen no admitir en el texto principal la extrema debilidad de sus alardeadas relaciones.

Los coeficientes de correlación de Herrnstein y Murray son por regla general lo bastante bajos de por sí como para inspirar poca confianza. (Los coeficientes de correlación miden la importancia de la relación lineal entre variables: los valores positivos van desde 0,0, en que no hay ninguna relación, hasta 1,0, en que la relación lineal es perfecta.) Aunque las cifras bajas no son atípicas en las ciencias sociales para análisis grandes que incluyen muchas variables, la mayor parte de las correlaciones de Herrnstein y Murray son muy bajas, oscilando a menudo entre 0,2 y 0,4. Ahora bien, 0,4 puede sonar respetablemente fuerte, pero —y ahora llegamos al punto clave— R^2 es el cuadrado del coeficiente de correlación, y el cuadrado de un número comprendido entre 0 y 1 es menor que el número mismo, de modo que una correlación 0,4 da un R^2 de sólo 0,16. En el Apéndice 4, pues, descubrimos que la inmensa mayoría de las mediciones de R^2, excluidas del cuerpo principal del texto, tienen valores inferiores a 0,1. Estos valores tan bajos de R^2 exponen la verdadera debilidad, en el sentido vulgar de la palabra, de casi todas las relaciones que constituyen el meollo de *The Bell Curve.*

Duplicidad de programa

Como tantos ideólogos conservadores que denostan a un ogro en buena medida espurio de corrección política sofocante, Herrnstein y Murray alegan que sólo pretenden que se oigan las opiniones impopulares, para que así se haga pública la verdad. Y aquí, por una vez, estoy completamente de acuerdo. Como partidario (casi) absolutista de la Primera Enmienda, aplaudo la publicación de opiniones impopulares que algunas personas consideran peligrosas. Estoy encantado de que se haya escrito *The Bell Curve*, para que así queden expuestos sus errores, pues Herrnstein y Murray tienen razón en señalar la diferencia entre los programas públicos y los privados sobre las razas, y debemos esforzarnos para conseguir tener también impacto sobre los programas privados.

Pero *The Bell Curve* difícilmente puede calificarse de tratado académico de teoría social y genética de poblaciones. El libro es un manifiesto de ideología conservadora, y su lamentable y tendencioso tratamiento de los datos delata su intención principal: preconizar antes que nada. El texto evoca el retumbar melancólico y pavoroso de las tesis asociadas a las mentes de los teóricos del pensamiento conservador: reducción o eliminación de la asistencia social, supresión de la discriminación positiva en colegios y lugares de trabajo, cese del programa Head Start y de otras formas de enseñanza preescolar, recortes de los programas para quienes son más lentos aprendiendo y aplicación de fondos a los mejor dotados (Dios sabe que me gustaría ver que se presta más atención a los estudiantes con talento, pero no a este cruel y cínico precio).

El penúltimo capítulo presenta una visión apocalíptica de una sociedad con una población cada vez más numerosa atascada en los primeros años de carrera a resultas de la inevitable indolencia de su bajo CI. Sus representantes se apoderarán del centro de nuestras ciudades, seguirán teniendo hijos ilegítimos (pues muchos son demasiado estúpidos para practicar el control de natalidad), cometerán más delitos y en último término precisarán de una especie de Estado custodio, más para mantenerlos bajo control (y fuera de nuestros barrios con CI alto) que por ninguna esperanza de mejorar su suerte, que el bajo CI hace imposible en cualquier caso. Herrnstein y Murray escriben de hecho (p. 526): «En suma, cuando decimos Estado custodio estamos pensando en una versión altamente tecnificada y más pródiga de las reservas indias para una minoría sustancial de la población del país, mientras el resto de Estados Unidos procura llevar adelante sus ocupaciones».

El capítulo final trata, pues, de proponer una alternativa, pero nunca he leído nada tan flojo, tan improbable, casi tan grotescamente impropio. Añoran nostálgicamente los «buenos tiempos antiguos» de ciudades y barrios donde era posible encargar tareas valiosas a todo el mundo y había autoestima en todo el escalafón jerárquico del CI (con lo que Forrest Gump podría recoger ropa para la rifa de la iglesia, mientras el señor Murray y los demás tipos brillantes planifican y llevan las cuentas. ¿Se han olvidado del judío urbano y de los habitantes radicados al otro lado de las vías del tren que viven en muchos de esos idílicos pueblos?). Creo en este concepto del barrio y lucharé por que regrese. Me crié en un sitio de ésos, dentro del mosaico conocido como Queens, en la ciudad de Nueva York, pero ¿es que puede encontrar alguien ahí soluciones en serio (en lugar de valiosos paliativos) a nuestros infortunios sociales?

No obstante, si Herrnstein y Murray están equivocados con respecto al CI, en tanto que algo inmutable que hay en la cabeza, con los seres humanos graduados en una única escala de capacidad general, que deja en el fondo una gran cantidad de incompetentes a custodiar, entonces el modelo que genera su tenebrosa visión se desmorona y vuelve a emerger la hermosa diversidad de las capacidades humanas debidamente educadas. Debemos combatir la doctrina de *The Bell Curve* tanto por estar equivocada como porque, si se activara, cortaría toda posibilidad de adecuada educación para la inteligencia de todos. Desde luego, no todos podemos ser científicos espaciales ni cirujanos cerebrales (por utilizar dos sinécdoques del argot actual para indicar los más inteligentes de los inteligentes), pero los que no lo consigan podrán ser músicos de rock o atletas profesionales (y con eso ganar mucho más prestigio social y mejores sueldos), mientras que otros en realidad serán útiles con estar a la expectativa.

Acabé el capítulo 7 de *La falsa medida del hombre*, sobre la irrealidad de *g* y la falacia de considerar la inteligencia como algo único e innato que hay en la cabeza (en lugar de ser la palabra vulgar para aludir a una asombrosa panoplia de capacidades en buena medida independientes), con una maravillosa cita de John Stuart Mill que bien vale la pena repetir para bajar del pedestal a esta nuevo oleada generacional de determinismo biológico aplicado a la genética de la inteligencia:

> Siempre ha sido fuerte la tendencia a creer que todo lo que tiene un nombre es una entidad o un ser dotado de existencia propia independiente. Y cuando no se ha logrado hallar una entidad real que corresponda al nombre, no por eso han pensado los hombres que esa entidad no existía; han imaginado, en cambio, que se trataba de algo particularmente abstruso y misterioso.

Cuán extraño es que dejemos que un único número falso nos divida cuando la evolución ha unido a todos los pueblos en lo reciente de nuestros antepasados comunes, apuntalando de este modo, con la humanidad compartida, esa infinita diversidad que las costumbres no pueden echar nunca a perder. *E pluribus unum.*

Los fantasmas del pasado de las curvas de campana

No sé si la mayor parte de los hombres blancos saben o no saltar (aunque puedo atestiguar, gracias a la prolongada observación, que Larry Bird no podía, pero ¡por Dios que sabía jugar al baloncesto!). Y no me importa demasiado, aunque supongo que el tema tiene algún interés y legitimidad marginal en un entramado alternativo que evite insignificantes categorías biológicas como blanco y negro. Sin embargo, nunca puedo pronunciar un discurso sobre el tema de la diversidad humana sin que salga a relucir alguna variante de esta investigación en el tiempo final de preguntas. Entiendo que la «versión deportiva», supongo, es un aceptable sustituto de lo que realmente preocupa a la gente de buena voluntad (y de mala, aunque por otras razones).

Los viejos tiempos de racismo manifiesto no engendraron estos remilgos. Cuando el abuelo del racismo académico moderno, Joseph-Arthur, conde de Gobineau (1816-1882), hizo una pregunta similar acerca de la naturaleza de las diferencias supuestamente innatas e inmodificables de los grupos raciales, la planteó con total precisión. El título del capítulo final del volumen I de su obra más influyente, *Essai sur l'inégalité des races humaines* (Ensayo sobre la desigualdad de las razas humanas), reza: «Características morales y conceptuales de las tres grandes variedades». Nuestras preocupaciones siempre se han centrado en los inteligentes y la decencia, no en el salto de altura ni en la propensión a los paros cardiovasculares.

Y Gobineau no dejó dudas sobre su postura:

> La idea de las diferencias innatas y permanentes en la dotación moral y mental de los distintos grupos de la especie humana es una de las opiniones más antiguas así como más universalmente aceptadas. Con pocas excepciones, la mayor parte de éstas en nuestros tiempos, ha constituido el fundamento de casi todas las teorías políticas y ha sido la máxima fundamental de gobierno en todas las naciones, grandes o pequeñas. Los prejuicios nacionales no tienen otra causa; cada nación cree en su propia superioridad sobre sus vecinos y muy a menudo las distintas partes de la misma nación miran a las demás con desprecio.

Gobineau fue sin duda el racista académico más influyente del siglo XIX. Sus escritos afectaron vivamente a intelectuales como Wagner y Nietzsche e inspiraron un movimiento social llamado gobinismo. En buena medida gracias a su impacto sobre el fanático inglés Houston Stewart Chamberlain, las ideas de Gobineau sirvieron de fundamento a las teorías raciales que adoptó Adolf Hitler. Gobineau, aristócrata monárquico por sus orígenes, alternaba la escritura con una exitosa carrera diplomática al servicio del gobierno francés. Fue autor de varias novelas y de obras históricas no novelescas (una historia del pueblo persa y de la Europa renacentista, por ejemplo), pero lo que más fama le dio fue su obra en cuatro volúmenes sobre la desigualdad racial, publicada entre 1853 y 1855.

La postura fundamental de Gobineau es fácil de resumir: el sino de las civilizaciones está determinado en buena medida por la composición racial, siendo la decadencia y caída por lo general atribuibles a la disolución de la estirpe pura como consecuencia del cruzamiento. (Gobineau temía que el debilitamiento de su Francia contemporánea, en buena medida para provecho de Alemania, pudiera «rastrearse hasta la gran diversidad de elementos étnicos incompatibles que compone la población», según escribe su traductor en la introducción a la primera edición estadounidense de 1856). Las razas blancas (especialmente los subgrupos arios dominantes) podrían mantenerse en el poder, confiaba Gobineau, pero sólo si se mantenían relativamente libres de cruzamientos con las estirpes intelectual y moralmente inferiores de amarillos y negros (Gobineau utilizaba estos crudos términos del color en sus tres grupos principales).

Nadie dudará del potencial político de estas ideas y nadie concederá ningún crédito al alegato de que Gobineau sólo escribió en interés de la verdad abstracta, sin pretender defender un programa. No obstante, esto no impide señalar que la traducción norteamericana, publicada en Filadelfia en 1856, a la vez que se veía el caso Dred Scott ante el Tribunal Supremo, muy al borde de la guerra civil, seguramente tocó alguna fibra sensible de los tiempos peligrosos que corrían; pues la clara noción que tenía Gobineau de la pureza racial y del peligro del entremezclamiento seguro que tocó la fibra sensible en nuestro país con máxima diversidad racial y repleto de desigualdades, con esclavitud para los negros y exterminio para los indios. J. C. Nott, de Mobile, el más activo divulgador estadounidense de la antropología de tenor racista, escribió un largo apéndice a la traducción (su libro de texto *Types of Mankind*, escrito con G. R. Gliddon en 1854, fue el *best-seller* de la época en este campo). No fuera a ser que se le escapara a alguien la importancia local de este tratado europeo, el traductor escribió en el prefacio:

> El objetivo [de estudiar las diferencias raciales] es sin duda noble, y su prosecución no puede ser sino instructiva para el hombre de Estado y para el historiador, y no menos para el lector no especializado. En este país es particularmente interesante e importante, pues no sólo es nuestro inmenso territorio la morada de las tres variedades mejor definidas de la especie humana —la blanca, la negra y la india—, a las que se está agregando rápidamente como una cuarta la gran inmigración de chinos a nuestra costa occidental, sino que la fusión de las distintas nacionalidades no es en ninguna parte más rápida y completa.

Sin embargo, Gobineau necesitaba pruebas para sus tesis. (Mi anterior cita de Gobineau tan sólo afirma que la mayor parte de la gente cree en la desigualdad innata y no presenta ninguna prueba de que esta impresión general sea correcta.) Por lo tanto, en el último capítulo de su libro Gobineau esboza un intento de procurarse los necesarios datos que apoyen su racismo. Comienza por decirnos cómo *no* debemos estructurar la argumentación. No debemos, sostiene, señalar las pobres consecuciones de los individuos pertenecientes a las «razas inferiores», pues tal estrategia daría lugar a que se buscaran ejemplares sueltos de altas consecuciones dentro de los grupos por regla general sumidos en la ignorancia. Gobineau empieza el capítulo final escribiendo (la cita es larga y escalofriante, pero vale la pena el espacio porque sirve de recuerdo de las «certidumbres» de un pasado no tan lejano):

> En las páginas precedentes me he esforzado en mostrar que ... las distintas ramas de la familia humana se distinguen por diferencias permanentes e inerradicables, tanto desde el punto de vista físico como desde el mental. Son desiguales en capacidad intelectual, en belleza personal y en fuerza física ... Al llegar a esta conclusión me he abstenido por completo del método a que, desgraciadamente a causa de la ciencia, tan a menudo recurren los etnólogos y que, por no decir algo peor, es sencillamente ridículo. La discusión no se ha basado en el valor moral e intelectual de individuos aislados.
>
> No aguardaré a que los reivindicadores de la absoluta igualdad de todas las razas me aduzcan tal o cual pasaje de alguna publicación de misioneros o de navegantes donde conste que algún yolof se ha convertido en un hábil carpintero, que algún hotentote ha sido un excelente doméstico, que algún cafre toca bien el violín o que algún bambarra ha hecho muy respetables progresos en aritmética.
>
> Estoy preparado para admitir —y para admitirlo sin demostración— cualquier cosa de ese tipo, por notable que sea, que pueda contarse de los salvajes más degradados ... No, yo iré más lejos que mi oponente, y no estoy lo más mínimamente dispuesto a dudar de que entre los jefes de los rudos negros de África se puede encontrar un considerable número de inteligencias activas y vigorosas, que superan en mucho la fertilidad en ideas y los recursos mentales de la media de nuestro campesinado e incluso de algunas de nuestras clases medias.

(La ubicuidad del prejuicio reside en los detalles inconscientes. Obsérvese cómo Gobineau, al escribir a su «generosa» manera, sigue siendo incapaz de imaginar en un gobernante africano ningún nivel intelectual superior al del campesinado europeo, o quizás al de las capas más bajas de la burguesía, ¡pero nunca, Dios no lo permita, ni siquiera comparable con el de la peor de las clases altas!)

¿Cómo, entonces, se afirmará el nivel racial si no tienen validez los argumentos sobre los individuos? Gobineau afirma que debemos encontrar una medida, preferiblemente imbuida con el prestigio de las matemáticas, para las propiedades medias de los grupos:

> De una vez por todas, estos argumentos [sobre los individuos] me parecen carentes de valor para la auténtica ciencia ... Dejemos semejantes puerilidades y no comparemos a los individuos sino a las masas ... Esta tarea difícil y delicada no puede llevarse a cabo hasta haber determinado con precisión y, por así decirlo, matemáticamente la posición relativa de la masa entera de cada una de las razas.

Me sentí impulsado, lo confieso, a volver a leer a Gobineau por el actual revuelo levantado por *The Bell Curve* de Charles Murray y mi malogrado colega Richard Herrnstein, pues reconozco que utilizan exactamente la misma estructura argumentativa sobre individuos y grupos, aunque para propósitos absolutamente distintos, y la disparidad dentro de la similitud me afectó como un espectro. Herrnstein y Murray también sostienen que las diferencias de inteligencia entre los grupos raciales son reales y sobresalientes (también en buena medida innatas y de hecho inmutables), y también insisten en que tales disparidades grupales no conllevan ninguna implicación para juzgar a los individuos. De este modo esperan eludir la acusación de racistas y se aseguran ser tenidos por partidarios de los derechos humanos: pues ningún individuo negro, desde el punto de vista de ellos, debe ser devaluado por el hecho de que su grupo sea innatamente menos inteligente que el de los blancos; después de todo, este individuo en concreto tal vez sea un miembro de brillantez nada habitual de su raza, cuya media es estúpida. (Debo decir que considero este argumento o bien dúplice o bien ingenuo —y no me es posible ver al señor Murray como un ingenuo—, dada la realidad que constituyen las actitudes raciales en Estados Unidos pese a nuestra idealizada esperanza de juzgar a todos los hombres únicamente por sus obras y atributos personales, no por su pertenencia a grupos.)

Gobineau deseaba separar el juicio sobre los individuos del juicio sobre los grupos porque no quería que la «realidad» de las diferencias grupales se emturbiara a resultas de las realizaciones nada características de unos cuantos individuos. Herrnstein y Murray hacen la distinción en un clima político muy distinto; subrayan la *realidad* del logro individual (en lugar de la fastidiosa confusión que supone) con objeto de evitar (de manera suficientemente clara) la acusación de racismo, a la vez que mantienen algo bastante próximo a las diferencias de inteligencia y a la improbabilidad de que disminuyan, según Gobineau. (Por favor, compréndase que no estoy tratando de mancillar a Herrnstein y Murray con insultos tomados del pasado. No estoy tratando de establecer una vinculación indirecta con el Tercer Reich; y nunca podremos acusar a Gobineau por el extremista uso que de él hizo Hitler, vía Chamberlain. Pero me fascina que las estructuras de las ideas puedan ser tan similares a lo largo de los siglos, mientras los pensadores de mentalidad básicamente conformista subrayan partes distintas de una misma entidad dentro de climas que varían con cada época.)

Buscando un fundamento matemático para las diferencias grupales de inteligencia y moralidad, Gobineau quedó prendado de las mediciones, groseras y directas, de la ciencia racista del siglo XIX: sobre todo, las formas y tamaños de los cráneos y de otras partes del cuerpo (pues todavía no se había desarrollado ninguna valoración supuestamente «directa» mediante tests mentales). Por ejemplo, Gobineau localizaba el destino de los negros en la anatomía externa:

> Las razas oscuras son las inferiores de la escala. La forma de la pelvis tiene un carácter de animalismo, que queda impreso en los individuos de esa raza desde antes de su nacimiento y que parece anticipar su destino ... La frente estrecha y en retroceso de los negros parece marcarlos como inferiores en capacidad de razonar.

Además, de una manera muy característica de esta pseudociencia, Gobineau se las arregla para poner todas las observaciones a la luz de su prejuicio sobre la inferioridad de los negros. Incluso los rasgos ostensiblemente favorables se reorganizan al servicio de la interpretación racista. Sobre el supuesto estoicismo de los negros frente al dolor, por ejemplo, Gobineau cita el testimonio de un médico: «Soportan las intervenciones quirúrgicas mucho mejor que los blancos, y a lo que sería causa de dolor insoportable para un blanco, un negro casi no le presta atención. He amputado piernas a muchos negros que se han sujetado ellos mismos la parte superior del miembro». Cualquier blanco sería alabado por su coraje, su valor y su nobleza, pero Gobineau atribuye esta supuesta tolerancia al dolor de los negros a «una cobardía moral que fácilmente se refugia en la muerte, o en una especie de monstruosa impasibilidad».

Lo mismo que las mediciones corporales constituían los únicos instrumentos, sólo marginalmente exitosos (incluso en sus propios términos), del racismo científico decimonónico, la tecnología más sofisticada de los tests psicológicos —que miden el sutil interior, por así decirlo, en lugar del indirecto exterior— ha sentado las bases de la mayor parte de los argumentos sobre la desigualdad humana en el siglo XX. (Como explico con mucho mayor detalle en el texto principal, no soy contrario a todas las formas de test psicológico y desde luego no veo el empeño como inherentemente racista ni consagrado a argumentar a favor de las inmutables diferencias entre los hombres; pues a menudo se ha promovido exactamente la intención contraria, utilizando tests para medir la mejora que puede aportar una buena educación.)

No obstante, una filosofía concreta de los tests psicológicos apuntala la mayor parte de las argumentaciones hechas en nuestro siglo sobre las diferencias intelectuales entre los grupos humanos. Además, esta filosofía surge directamente de las técnicas más burdas para medir cuerpos que definieron el tema en el siglo XIX. En este sentido, podemos trazar la continuidad desde Gobineau hasta la moderna teoría hereditaria del CI. Creo que esta filosofía ha perdido influencia como resultado conjunto de las falacias puestas al descubierto en la argumentación general y de la incapacidad de los datos para revalidar las premisas esenciales. Pero Herrnstein y Murray han reavivado esta filosofía, en su forma íntegra y original, en *The Bell Curve*; y, por lo tanto, debemos volver a las fuentes históricas de la falacia.

La versión «gobinista» de los test psicológicos —utilizando el empeño para argumentar a favor de las diferencias innatas e inerradicables de inteligencia que hay entre los grupos humanos— se basa en cuatro premisas consecutivas e interrelacionadas, cada una de las cuales debe ser cierta de por sí (y todas las vinculaciones deben también ser válidas) para que no se desplome el edificio entero:

1. El conjunto de atributos humanos maravillosamente diversos y pluridimensionales que llamamos «inteligencia» en lenguaje vulgar debe depender en su integridad de un único factor global (o apuntalador) de la capacidad intelectual general, habitualmente llamado *g*, o factor general de inteligencia (véase mi crítica a esta noción y a su fundamento matemático en el capítulo 6 del texto principal).

2. La «cantidad» general de inteligencia de cada persona debe poderse medir con una única cifra (llamada «CI»); una clasificación lineal de las personas según el CI debe establecer, por lo tanto, una jerarquía de inteligencia diferen-

cial; y por último (por lo que respecta al factor social de la argumentación), las consecuciones de las personas, en la vida y en sus clasificaciones sociales dentro de las jerarquías de mérito y de riqueza, deben mantener una fuerte correlación con las puntuaciones del CI.

3. Este número único debe medir una cualidad innata de constitución genética y fuertemente heradable a lo largo de generaciones.

4. La puntuación del CI de una persona debe ser estable y permanente: sujeta a poca modificación (sólo a chapuzas menores y provisionales) por cualesquiera programas de intervención social y educativa.

En otras palabras, para caracterizar a cada uno de los cuatro razonamientos en una o dos palabras, la inteligencia humana debe ser abstraíble (en forma de número único), clasificable, muy heredable y prácticamente inmutable. Si falla alguno de estos supuestos, todo el razonamiento y el programa político adjunto queda panza arriba. Por ejemplo, con que sólo sea falsa la cuarta premisa, la de la inmutabilidad, los programas sociales de corrección educativa intensiva bien podrían incrementar, sustancial y perdurablemente, una desventaja innata y muy heredable del CI; exactamente igual que yo puedo comprarme un par de gafas para corregir un defecto de visión absolutamente innato y completamente hereditario. (La falsa igualación de «hereditario» con «permanente» o «inalterable» ha operado desde hace mucho tiempo como una falsedad de importancia cardinal en este debate.)

No puedo presentar en este ensayo una crítica completa de *The Bell Curve* (véase para más detalles el ensayo anterior). Sólo deseo rastrear algunas raíces históricas para sacar a la luz una pasmosa ironía. La argumentación de *The Bell Curve* sobre la inteligencia media entre los grupos raciales no es en absoluto diferente, ni está mejor fundada, que la versión fundacional de Gobineau. La principal adición es un cambio de metodología y de refinamiento: de medir cuerpos a medir el contenido de la cabeza en los tests de inteligencia. Pero la versión del CI se basa en suposiciones (los cuatro enunciados anteriores) tan insostenibles como aquellas con las que los decimonónicos apuntalaban las antiguas jerarquías de los tamaños de las cabezas. A esta luz, podemos obtener una mejor idea revisando la filosofía y las aspiraciones del hombre que fue el primero en inventar el moderno sistema de los tests mentales durante la primera década de nuestro siglo: el fisiólogo francés Alfred Binet (quien más tarde se convirtió en el epónimo del test cuando el profesor Lewis M. Terman, de Stanford, importó el aparato a Estados Unidos, desarrolló una versión local y la denominó el test de CI de Stanford-Binet).

Demostraré que las intenciones de Binet contradicen de plano la versión innatista, pues creía firmemente en las correcciones educativas y rechazó explícitamente cualquier interpretación hereditaria de sus resultados. Es irónico que la teoría hereditaria del CI (la imposición del aparato de Binet sobre la argumentación de Gobineau) surgiera en Estados Unidos, la tierra de la libertad y de la justicia para todos (pero durante nuestro período más patriotero, en y a continuación de la primera guerra mundial). La exposición de la intención original de Binet no demuestra que éste tuviera razón ni que los partidarios de la herencia estén equivocados (después de todo, una teoría con pretensiones de originalidad ¡funciona aún peor en la ciencia que en la legislación constitucional!). En cambio, Binet tiene razón porque sus argumentos siguen teniendo validez, y la distorsión de su sabio y humanitario empeño debe clasificarse como una de las grandes tragedias de la ciencia del siglo XX.

En 1904 Binet fue comisionado por el ministro de Educación Pública de Francia para que ideara un procedimiento para identificar los niños de la escuela primaria cuyas dificultades en las aulas normales indicaran alguna necesidad de educación especial. (En las escuelas públicas francesas las clases tienden a ser bastante largas y los planes de estudios inflexibles; los profesores tienen poco tiempo para atender individualmente a los alumnos con necesidades especiales.) Binet decidió un enfoque puramente práctico. Elaboró un test basado en un batiburrillo de diversas tareas relacionadas con los problemas de la vida cotidiana (contar monedas, por ejemplo) en que supuestamente participaban procesos básicos de razonamiento (lógica, ordenación, corrección) más bien que habilidades explícitamente aprendidas, como leer. Mezclando un número suficiente de tests sobre diferentes cualidades, Binet esperaba abstraer la capacidad general del niño en forma de una única puntuación. Binet subrayó la naturaleza rudimentaria y empírica de su test con la máxima: «Poco importa lo que sean los tests, con tal de que sean numerosos».

Binet rechazó explícitamente que su test —más tarde llamado cociente de inteligencia (o CI), cuando el psicólogo alemán W. Stern tabuló los resultados dividiendo la «edad mental» (según indagaba el test) por la edad cronológica— pudiera medir la propiedad biológica interna merecedora del nombre de «inteligencia general». Antes que nada, Binet creía que la propiedad compleja y múltiple llamada inteligencia no podía ser captada, en principio, por un único número válido para clasificar los niños en una jerarquía lineal. Escribió en 1905:

> En rigor, la escala no permite medir la inteligencia, porque las cualidades intelectuales no pueden superponerse y, por lo tanto, es imposible medirlas como se miden las superficies lineales.

Además, Binet temía que si los maestros interpretaban la cifra del CI como una cualidad innata inflexible, en lugar de (cual él pretendía) como una orientación para identificar a los alumnos necesitados de ayuda, utilizarían las puntuaciones como excusa cínica para erradicar a los alumnos problemáticos en lugar de para ayudarlos. Binet escribió de tales profesores: «Su razonamiento parece ser el siguiente: ''He aquí una excelente ocasión para deshacernos de todos los niños que nos causan problemas'', y sin auténtico sentido crítico se engloba a todos los que son rebeldes o no demuestran interés por la escuela». Binet también temía al fuerte prejuicio que desde entonces ha sido calificado de «profecía de la realización de los propios deseos» o efecto Pigmalión: si se les dice a los profesores que un alumno es ineducable por naturaleza, basándose en una falsa interpretación de las bajas puntuaciones de CI, tratarán al estudiante como a un discapacitado, con lo que fomentarán las notas bajas mediante una educación inadecuada, en lugar de responder a la naturaleza inherente del alumno. Invocando el caso que por entonces hacía furor en Francia, Binet escribió:

> Realmente es facilísimo descubrir signos de atraso en un individuo cuando ha habido una advertencia previa. No de otro modo operaron los grafólogos que, cuando se creía en la culpabilidad de Dreyfus, descubrieron en su escritura signos de que se trataba de un espía o de un traidor.

Binet opinaba que este test sería más útil para identificar formas leves de retraso o de incapacidades para aprender. Pero incluso en estas específicas y serias dificultades, Binet rechazó con firmeza la idea de que su test pudiera identificar las causas de los problemas educativos, particularmente su potencial fundamento en la herencia biológica. Sólo deseaba identificar a los niños con necesidades especiales, para así poder prestarles ayuda:

> Nuestro propósito consiste en poder medir la capacidad intelectual de un niño que nos traen para averiguar si es normal o atrasado ... Dejamos de lado su etiología, y no intentamos establecer distinción alguna entre la idiocia adquirida y la idiocia congénita ... No tratamos de establecer, o preparar, pronóstico alguno, y dejamos en suspenso la cuestión de si su atraso es o no incurable, o si es susceptible de mejora. Nos limitaremos a indagar la verdad respecto del estado mental que presenta en la actualidad.

Binet evitó cualquier alusión a límites biológicos congénitos, porque sabía que una interpretación innatista (que las puntuaciones de los tests no garantizan en ningún caso) tendría la perversa virtud de arruinar su propósito de ayudar a los niños con problemas de aprendizaje. Binet recriminó a los profesores que utilizaban la estupidez irremediable para eludir el esfuerzo especial que requieren los alumnos difíciles: «No tienen simpatía ni respeto por [los estudiantes] y su lenguaje inclemente los impulsa a pronunciar en su presencia frases del tipo "Este chico que nunca llegará a nada ... carece de toda inteligencia". ¡Cuántas veces he escuchado estas frases imprudentes!». En un pasaje elocuente, Binet da rienda suelta a su cólera contra los profesores que sostienen que un estudiante «nunca» tendrá éxito debido a su inferioridad biológica:

> ¡Nunca! ¡Qué palabra tan grave! Algunos pensadores recientes parecen haber respaldado moralmente estos veredictos lamentables al sostener que la inteligencia de un individuo constituye una cantidad fija, que no se puede aumentar. Debemos protestar y oponernos a este pesimismo brutal; debemos empeñarnos en demostrar que esto carece de todo fundamento.

Por último, Binet se regocijaba del éxito de los profesores que utilizaban sus tests para identificar a los estudiantes y proporcionarles la necesaria ayuda. Defendía los programas correctivos e insistió en que los beneficios así obtenidos debían interpretarse como genuinos aumentos de inteligencia:

> En este sentido práctico, el único de que disponemos, afirmamos que la inteligencia de esos niños se desarrolló. Logramos desarrollar aquello que constituye la inteligencia de un alumno: la capacidad de aprender y asimilar la enseñanza.

¡Cuán trágico y cuán irónico! Si los tests de CI se hubieran utilizado de acuerdo con lo que pretendía Binet, los resultados habrían sido enteramente beneficiosos (en este sentido, como ya he expuesto, no me opongo a los tests psicológicos por principio, sino sólo a determinadas versiones y filosofías). Pero el giro innatista y antimeliorista* que Binet había previsto y desaprobado se ha convertido en la interpretación dominante, y las intenciones de Binet han sido derrocadas e invertidas. Y esta inversión —la creación de la teoría hereditaria del CI— ocurrió en Estados Unidos, no en la elitista Europa. Los principales importadores del método de Binet promovieron la versión biodeterminista a la que se había opuesto Binet; y los resultados siguen sonando falsos en nuestro tiempo bajo la forma de *The Bell Curve.*

Consideremos los dos principales promotores iniciales de la escala de Binet en los Estados Unidos. El psicólogo H. H. Goddard, que tradujo al inglés artículos de Binet y defendió el uso generalizado del test, adoptó tanto la opinión hereditaria intransigente como el argumento a favor de la inteligencia como entidad única:

> Formulada en términos crudos, nuestra tesis consiste en afirmar que el principal factor determinante de la conducta humana es un proceso mental unitario que llamamos inteligencia; que ese proceso está condicionado por un mecanismo nervioso innato; que el grado de eficacia de dicho mecanismo nervioso y el consiguiente grado intelectual o mental que alcanza cada individuo dependen del tipo de cromosomas que aportan las células germinales; que, salvo los accidentes graves que puedan destruir parte de dicho mecanismo, las influencias posteriores inciden en muy pequeña medida sobre la inteligencia.

Lewis M. Terman, que codificó el CI para Estados Unidos como el test de Stanford-Binet, sostuvo la misma opinión, primero sobre la inteligencia como cantidad unitaria: «¿Es la capacidad intelectual una cuenta de la que podemos sacar o que necesitamos para todos los fines deseados, o bien un paquete de cheques distintos, cada uno extendido para atender un fin específico y no convertible?». Terman optó por la cuenta bancaria general. También expuso sus convicciones hereditarias: «Este estudio ha reforzado mi impresión acerca de la mayor importancia de la herencia, comparada con la educación, como factor determinante del mérito intelectual de cada individuo con respecto a sus congéneres».

Pero Binet había proporcionado todos los argumentos correctos en contra; y sus palabras, incluso hoy, pueden servir de detonador para la refutación, basada en la precisión científica y en principios éticos, de *The Bell Curve* de Herrnstein y Murray, el legado vivo de la característica aportación estadounidense a los tests de inteligencia: la interpretación hereditaria. La inteligencia, nos dijo Binet, no puede abstraerse en forma de una única cifra. El CI es un instrumen-

* El meliorismo es una doctrina filosófica según la cual el mundo tiende a mejorar y el hombre puede contribuir a ello con su esfuerzo. (*N. del t.*)

to útil para identificar los niños necesitados de ayuda, no un dictado inevitable de la biología. Esta ayuda puede ser eficaz, pues el entendimiento humano es ante todo flexible. No somos iguales en dotación heredada y no entramos en el mundo en forma de tableros en blanco, pero la mayor parte de las deficiencias pueden corregirse en un grado considerable, y el encubridor efecto del determinismo biológico determina su mayor tragedia: pues si renunciamos (porque aceptamos la doctrina de los límites congénitos inmutables), pero hubiéramos podido ayudarlos, entonces habremos cometido el error más deplorable, el de encadenar el espíritu humano.

¿Por qué debemos seguir el modelo, falaz y dicotómico, de oponer una biología supuestamente fija e innata a la flexibilidad de la instrucción, o sea, la naturaleza frente a la educación, en el melifluo emparejamiento de palabras que fija esta oposición en la mentalidad pública? La biología no es un destino inevitable; la educación no es un asalto a los límites biológicos. Más bien, nuestra amplia capacidad para mejorar mediante la educación señala una singularidad genética sólo dispensada a los seres humanos entre todos los animales.

Me sentí a la vez reconfortado y acongojado por un reportaje de *Newsweek* (24 de octubre de 1994) sobre una escuela de enseñanza media del Bronx dedicada a conseguir grandes expectativas de estudiantes desfavorecidos. *Newskeek* informa de que:

> Estos trescientos estudiantes negros y latinos proporcionan la base para una fuerte crítica de *The Bell Curve*. Richard Herrnstein y Charles Murray defienden que el CI es en buena medida genético y que un CI bajo significa escaso éxito en la sociedad. Por lo tanto, sostienen, ni las escuelas eficaces ni un medio ambiente más sano pueden hacer mucho por alterar el destino de las personas. Sin embargo, en Hostos las puntuaciones de lectura se han duplicado en dos años. La tasa de abandono de los estudios es baja, la asistencia a clase, alta. Alrededor del 70 por 100 de la clase de 1989 se graduó en su momento, el doble de la media de la ciudad.

Hermosa noticia y un buen refuerzo a las intenciones originales de Binet. Pero debo oponerme al título del reportaje: «Desafío a Darwin», y a la primera frase: «Hoy, en la calle 149 esquina a Grand Concourse, una escuela pública de enseñanza media para niños con riesgo desafía a Darwin día a día».

¿Por qué es Darwin el enemigo y el impedimento? Tal vez el *Newsweek* sólo pretenda darle un sentido metafórico al darwinismo (también se trata de una grave mala interpretación) como lucha en un mundo duro, donde la mayor parte de los combatientes son eliminados. Pero yo creo que la dirección de *Newsweek* utilizaba a «Darwin» como un sustituto de una visión con anteojeras de la «biología»: al decirnos que esta escuela refuta la idea de los límites genéticos fijos. La biología no es el enemigo de la flexibilidad humana, sino la fuente y el potenciador (si bien el determinismo genético representa una teoría falsa de la biología). El darwinismo no es una exposición de las diferencias fijas, sino la teoría central de una disciplina —la biología evolucionista— que ha descubierto las fuentes de la unidad humana en las mínimas distancias genéticas que hay entre nuestras razas y en el pasado geológico de nuestro origen común.

Perspectivas de tres siglos sobre la raza y el racismo

Falacias seculares del pensamiento y del mal olor

Nos estremecemos ante la idea de repetir los pecados iniciales de nuestra especie. Así, el tío de Hamlet deplora su fratricidio recordando el asesinato de Abel por Caín:

> Ay, atroz es mi ofensa, que apesta a los cielos;
> lleva consigo la más antigua de las maldiciones;
> ¡el asesinato de un hermano!*

Estas metáforas sobre olores desagradables tienen una fuerza especial porque nuestro sentido del olfato ocupa un lugar muy profundo en nuestra construcción evolutiva, pero permanece (quizás por esta razón) tan infravalorado que no suele mencionarse en nuestra cultura. Un escritor inglés de finales del siglo XVII reconoció este potencial y advirtió en concreto a sus lectores contra el uso de metáforas olfativas, porque la gente vulgar se las tomaría literalmente:

> La expresión metafórica se transformaba a menudo en su interpretación literal; pero resultaba fraudulenta ... Cuán peligroso es, en las cosas sensibles, utilizar expresiones metafóricas de cara a la gente, y qué absurdas fantasías se tragan al tomárselas literalmente.

La cita procede de un capítulo de la obra de sir Thomas Browne *Pseudodoxia Epidemica: or, Enquiries into Very Many Received Tenents [sic], and Commonly Presumed Truths* (Pseudodoxia epidémica o Investigaciones sobre muchísimos Dogmas y sobre verdades que normalmente se presuponen) (1646). Browne, un físico de Norwich, es más conocido por su obra de 1642, hermosa y que todavía se deja leer, en parte autobiográfica, en parte filosófica y en parte caprichosa, titulada *Religio Medici*, o bien «La religión de un médico». La *Pseudodoxia Epidemica* (título latinizado para referirse a una plétora de falsas

* [O! my offense is rank, it smells to heaven / It hath the primal eldest curse upon't; / A brother's murder!]

verdades) es el abuelito de un honorabilísimo género que todavía hoy se cultiva vigorosamente: desenmascaramiento de errores comunes y de la ignorancia popular, en especial de las falsas creencias que es más probable que causen perjuicios sociales.

Cito la afirmación de Browne tomada del único capítulo (entre más de cien) que a buen seguro hará que un estremecimiento recorra el espinazo de los lectores modernos: está desmontando la creencia común de que «los judíos huelen mal». Aunque siempre filosemita al máximo para los estándares de su siglo, Browne no se libraba de todos los sentimientos vigentes contra los judíos. Atribuía el origen de la patraña contra el mal olor de los judíos —de ahí mi anterior cita— a una equivocada interpretación literal de una metáfora legítimamente aplicada (o eso pensaba él) a los descendientes del pueblo que había preconizado la crucifixión de Jesús. Browne escribió: «Ahora bien, la razón que engendró o propagó esta afirmación podría ser la repugnante aversión que sienten los cristianos por los judíos, basada en la villanía de aquel hecho, lo que los hace abominables y malolientes a las narices de todos los hombres». (Los modernos apóstoles de la corrección política deberían ponderar la no inclusividad del «todos los hombres» de Browne en este contexto.)

Como justificación para desprestigiar un compendio de errores comunes, Browne señala correctamente que las falsas creencias surgen de las teorías incorrectas acerca de la naturaleza y, por lo tanto, actúan como impedimentos activos del saber, no únicamente de risibles signos de primitivismo: «Para conseguir un cuerpo de verdades claro y garantizado, debemos olvidar y distanciarnos de mucho de lo que sabemos». Además, señala Browne, la verdad es difícil de confirmar y la ignorancia es mucho más común que la exactitud. Escribiendo a mediados del siglo XVII, Browne utiliza «América» como una metáfora de los dominios de la ignorancia inexplorada y deplora nuestro fracaso para utilizar las buenas herramientas de la razón como guías por esta *terra incognita*: «No encontramos ningún trecho despejado ... en este laberinto; pero hay muchas ocasiones de vagabundear de buena gana por la América y por los parajes inexplorados de la verdad».

La *Pseudodoxia Epidemica*, la peregrinación de Browne por el laberinto de la ignorancia humana, consta de 113 capítulos repartidos en siete libros sobre temas generales, como los cuerpos minerales y vegetales, los animales, los seres humanos, las historias de la Biblia y los mitos geográficos e históricos. Browne desacredita todo un conjunto de opiniones comunes, incluidas la suposición de que los elefantes no tienen articulaciones, la de que los tejones tienen las piernas más cortas en un lado que en el otro y la de que los avestruces son capaces de digerir el hierro.

Como ejemplo de su estilo argumentativo, examinemos el capítulo 4 del libro 3: «Que el castor para escapar del cazador se arranca de un bocado los testículos», cruel táctica que, según la leyenda, o bien distrae al perseguidor o bien lo convence de que se quede a comer algo más pequeño que un cuerpo entero. Browne califica esta creencia de «dogma muy antiguo; y ha tenido esa ventaja para propagarse ... Los egipcios tampoco acertaron en el terreno de sus jeroglíficos cuando expusieron el castigo del adulterio mediante el castor que se priva a sí mismo de los testículos, que entre ellos era el castigo por tal incontinencia».

Browne se enorgullecía de utilizar una combinación de razón y de observación para llevar a cabo su desenmascaramiento. Comienza tratando de identificar la fuente del error; en este caso, una falsa inferencia etimológica a partir del nombre latino, *Castor*, que no comparte la raíz de «castración» (como ha supuesto la leyenda), sino que deriva en último término de la palabra sánscrita para almizcle; y de una incorrecta interpretación de la mutilación voluntaria a partir de la posición interna, lo que los hace casi invisibles, de los testículos del castor. A continuación presenta la prueba material de cómo son los machos intactos y el argumento razonado de que el castor ni siquiera podría alcanzarse los testículos si quisiera arrancárselos a mordiscos (y así, de forma inteligente, ¡el origen del error común —el que los testículos no sean visibles en el exterior— se convierte en prueba de su falsedad!).

> Los testículos propiamente así llamados son de pequeño tamaño y están situados en el interior de los ijares; y, por lo tanto, no sólo sería infructuosa, sino un acto imposible, la tentativa de autoeunucarse o autocastrarse; y podría ser una arriesgada práctica artística, si tan siquiera otros la intentaran.

El capítulo 7 del libro 2 desacredita la leyenda de «que el hombre tiene una costilla menos que la mujer», «presunción común derivada del relato del Génesis, desde donde se ha difundido, de que Eva fue hecha a partir de una costilla de Adán». (Lamento informar de que esta muestra de tontería todavía cuenta con partidarios. Hace poco he participado en un concurso televisivo a escala nacional para estudiantes de enseñanza media y una jovencita, una creacionista, citó este «hecho bien conocido» como prueba de la infalibilidad de la Biblia y de la falsedad de la evolución.) Además, Browne opta por la combinación de lógica y observación cuando afirma: «esto no sería consistente con la razón ni con la inspección». Un simple recuento de un esqueleto (Browne era médico de profesión) confirma que los dos sexos tienen el mismo número de costillas. Además, la razón no proporciona ningún argumento para suponer que la pérdida que sólo sufrió Adán se propagara a los futuros miembros de su sexo:

> Aunque concedamos que falta una costilla en el esqueleto de Adán, seguiría repugnando a la razón y a la observación habitual que su posteridad debiera tener la misma carencia. Pues observamos que las mutilaciones no se transmiten de padre a hijo; los ciegos engendran a quien sí que ve, hombres con un solo ojo a hijos con dos, y los tullidos que padecen alguna mutilación personal engendran descendientes perfectos.

El capítulo 10 del libro 4 —«Que los judíos huelen mal»— es uno de los más largos y sin duda tiene una especial importancia para Browne. Los argumentos son más elaborados, pero sigue el mismo proceder utilizado para disipar mitos menos nocivos: enumeración de hechos contradictorios entre los que intercala consideraciones más generales procedentes de la lógica y de la razón.

Browne empieza exponiendo la falacia: «Los judíos huelen mal de natural, es decir, que su raza y nación tiene mal olor, tal es la opinión recibida». Browne concede luego que las especies deben tener olores diferenciados y que seguramente también es así en el caso de los hombres. «Aristóteles dice que ningún animal huele bien salvo el leopardo. Nosotros confesamos que, además de los olores de la especie, debe haber olores individuales y que es posible que todo hombre tenga un olor propio y peculiar; que aunque no sea perceptible para el hombre, que tiene este sentido débil, es sin embargo perceptible a los perros, que gracias a eso pueden distinguir a sus amos en la oscuridad.»

En principio, pues, los distintos grupos de seres humanos tienen olores distintivos, pero la razón y la observación no permite hacer esa atribución a los judíos como grupo: «Que un olor ofensivo es gentilicio o nacional de los judíos, si se entiende como es debido, no podemos concederlo, ni inducirá a hacerlo la información procedente de la Razón ni la de los Sentidos».

Sobre las razones fácticas, la experiencia directa no ha proporcionado pruebas de esta malsana leyenda: «Este olor ofensivo no siempre se descubre en sus sinagogas, donde hay muchos y en razón del número no sería ocultable; tampoco es el mismo discernible en el comercio ni en la conversación con los que son limpios en los vestidos y decorosos en sus casas». El «caso a prueba» de los judíos convertidos al cristianismo demuestra la cuestión, pues ni siquiera los peores fanáticos acusan de oler mal a esas personas: «A los judíos conversos que son de la misma simiente nadie imputa ese olor desagradable; como si los aromatizara la conversión, pierden el olor con la religión y ya no huelen». Si las personas de linaje judío pudieran ser identificadas por el olor, la Inquisición habría sacado gran provecho de contar con una guía segura para identificar a los confesos hipócritas: «Hay actualmente muchos miles de judíos en España ... algunos con dispensa incluso para ser sacerdotes; el asunto es importante y el que olieran sería muy útil, no sólo para la Iglesia de Cristo, sino también para los Caudales de los Príncipes».

Volviendo a los argumentos procedentes de la razón, podrían producirse malos olores en los grupos de personas con costumbres insalubres en la dieta o en la higiene. Pero las leyes alimentarias judías garantizan la moderación y el buen sentido, mientras que los hábitos de bebida tienden a la abstinencia: «rara vez ofensivos por ebriedad o excesos en el beber, sin extraviarse en la gula ni en las carnes superfluas; con lo que previenen la indigestión y las ordinarieces, y en consecuencia la podredumbre de los humores».

Si, por lo tanto, no se encuentran razones en los hábitos de los judíos, la única justificación razonable de un olor racial malsano tendría que radicar en una «maldición impuesta a ellos por Cristo ... como una distintivo o sello de la raza que crucificó a su Salvador». Pero Browne rechaza esta propuesta, incluso con mayor fuerza, por considerarla una «fantasía en absoluto garantizada: y una forma fácil de cortar la discusión en llegando a tal oscuridad». La invocación de un agente milagroso, cuando no se encuentra ninguna explicación natural, es una escapatoria de cobarde o de perezoso ante el fracaso. (Browne no objeta la intervención celestial para acontecimientos verdaderamente grandiosos, como el diluvio de Noé o el abrirse las aguas del mar Rojo, pero apoyarse en milagros para cuestiones menores, como el supuesto olor racial de un pueblo injustamente estigmatizado, constituye una burla de la magnificencia divina. Browne, a continuación, pone en similar ridículo la leyenda de que Irlanda no tiene serpientes porque san Patricio las expulsó con su vara. Estas impropiedades exigen miríadas de pequeños milagros que sólo sirven para ahogar la discusión sobre la naturaleza de los fenómenos y el funcionamiento de las causas genuinas.)

Pero luego Browne remata el razonamiento contra la proposición de que «los judíos huelen mal» con un argumento de aún mayor enjundia, basado en la razón. Todo el asunto, arguye, no tiene sentido porque la categoría en cuestión —el pueblo judío— no representa la clase de entidad que pueda tener cualidades como un olor nacional diferenciado.

Entre las mayores falacias de la razón humana, estos «errores de categorización» son especialmente comunes al identificar los grupos y al definir sus características; y son problemas de especial interés para los taxonomistas como yo. Buena parte del texto de Browne es arcaico y ejerce en consecuencia una extraña fascinación, como si fuera una especie de fósil conceptual. Pero su lucha contra las categorías erróneas, al desacreditar la proposición «de que los judíos huelen mal», intercala un plano con significado moderno y revela un tipo distinto de razón, para las preocupaciones de la época, en los argumentos de la *Pseudodoxia Epidemica*.

Browne empieza señalando que los rasgos de los individuos no pueden extenderse automáticamente a propiedades de los grupos. Nosotros no dudamos de que los individuos tienen olores distintos, pero los grupos pueden abarcar todo el abanico de las diferencias individuales y, por lo tanto, no consiguen mantener ninguna identidad especial. ¿Qué clase de grupo podría entonces calificarse de buen candidato a tales propiedades distintivas?

Browne argumenta que ese grupo tendría que estar rigurosamente definido, ya fuera por estrictos criterios genealógicos (de modo que los miembros compartieran las características hereditarias propias de una filiación única) o bien por hábitos y estilos de vida que no siguieran otras personas (pero Browne ya ha mostrado que el estilo de vida de los judíos, de moderación e higiene, desmiente cualquier acusación de olor nacional desagradable).

Browne remacha su argumentación arguyendo que el pueblo judío no representa un grupo estrictamente genealógico. Los judíos han sido dispersados por todo el mundo, han sido denostados y despreciados, expulsados y excluidos. Muchos subgrupos se han perdido por asimilación, otros se han disuelto a través de extensivos matrimonios exogámicos. La mayor parte de las naciones, de hecho, están fuertemente mezcladas y, por lo tanto, no representan grupos discretos por definición genealógica; esta tendencia general se ha exagerado entre el pueblo judío. Los judíos no son un grupo hereditario diferenciado y, por lo tanto, no pueden tener propiedades tales como un olor nacional:

> No se encontrará ninguna fácil confirmación que vincule una propiedad material o temperamental con ninguna nación ... Mucho más difícil sería atribuir esta afección a los judíos; cuya raza, aunque se pretenda pura, necesariamente debe de haber sufrido inextricables mezclas con toda clase de naciones ... Estando reconocido, pues, que algunos [judíos] se han perdido, que es evidente que otros están mezclados y que no es seguro que ninguno sea diferente, difícil será establecer esta cualidad [la del olor nacional] para los judíos.

Durante muchos años de valorar las falaces teorías del determinismo biológico, y de reparar en su extraordinaria persistencia y tendencia a volver a aflorar después de su presunta extirpación, me ha sorprendido una propiedad que yo llamo «sustitución». Los argumentos concretos plantean una determinada acusación contra un grupo particular —que los judíos huelen mal, que los irlandeses beben, que las mujeres adoran el visón, que los africanos no piensan—, pero cada alegato concreto opera como una sustitución de otro. La forma general del argumento es siempre la misma y siempre está repleto de idénticas falacias a lo largo de los siglos. Táchese el argumento de que las mujeres, por su naturaleza biológica, no pueden ser eficaces como jefes de Estado y se descubrirá la misma estructura de deducción equivocada debajo del alegato que hace otro de que los afroamericanos nunca supondrán un porcentaje alto del total de candidatos a obtener un doctorado en ciencias.

Por eso, la antigua refutación hecha por Browne del mito de «que los judíos huelen mal» sigue siendo relevante en nuestra lucha actual, puesto que la forma de este argumento se aplica a nuestros actuales sistemas de devaluar a personas por supuestos defectos congénitos e inalterables de inteligencia o de concepción moral. Por suerte (dado que yo pertenezco al grupo) los judíos no padecen mucha animosidad en estos tiempos (aunque no necesito mencionar a nadie los corrosivos acontecimientos de la generación de mis padres para recordar a todo el mundo que la actual aceptación no debe dar pie a ninguna clase de complacencia). El mito favorito de esta temporada ha evocado otro venerable capítulo dentro de esta forma general de la infamia: la versión que presenta *The Bell Curve* de la tesis de que los descendientes de africanos tienen una media de inteligencia innata inferior a la de otras personas.

Siguiendo la estrategia de Browne, este alegato puede desacreditarse mediante una combinación de citas textuales y de argumentos lógicos. No voy a desglosar aquí todo el ejercicio, no vaya a convertirse este ensayo en un libro (véanse los dos primeros ensayos de esta sección). Pero deseo subrayar que el punto cumbre de Browne al refutar la leyenda de «que los judíos huelen mal» —su explicación de que la categoría incurre en el error de definir a los judíos como un grupo biológico— también socava el moderno mito de la inferioridad intelectual de los negros, desde Jensen y Shockley en la década de 1960 hasta Murray y Herrnstein hoy.

La actual población afroamericana de Estados Unidos no constituye una unidad genealógica en el mismo sentido que los judíos de Browne carecían de definición inclusiva por origen. Como legado de nuestra fea historia racista, todo el que cuenta con un componente perceptible de antepasados africanos pertenece a la categoría «negro», aunque muchas personas así designadas tienen también una cantidad sustancial, a menudo mayoritaria, de antepasados caucásicos. (Una vieja pregunta «tramposa» para aficionados al béisbol reza: «¿Qué jugador italoamericano hizo más de cuarenta *home-runs* para los Dodgers de Brooklyn en 1953?». La respuesta es «Roy Campanella», que tenía un padre italocaucásico y una madre negra, pero que, por nuestras convenciones sociales, siempre es identificado como negro.)

(Como nota a pie de página sobre el tema de la sustitución, a menudo las explicaciones de la equivocada categorización de negros y judíos adoptan la misma forma sesgada de acusar a la víctima. Aunque por regla general estaba refrescantemente libre de prejuicios antisemitas, Browne cita una argumentación particularmente fea para explicar los altos índices de uniones entre judíos y cristianos: la supuesta lascivia de las judías y su preferencia por los cristianos rubios antes que por los oscuros y poco atractivos judíos. Browne escribe: «Tampoco son infrecuentes las fornicaciones entre ambos [mujeres judías y hombres cristianos]; existe la opinión generalmente aceptada de la incitación, de que las mujeres desean copular con ellos mejor que con los de su propia nación, y prefieren la carnalidad cristiana antes que el acto venéreo con los circuncisos». Los racistas estadounidenses hacían a menudo el mismo alegato durante los días de la esclavitud: una mentira particularmente ignominiosa en este caso, pues el argumento opera excusando a los violadores y acusando a los verdaderos indefensos. Por ejemplo, Louis Agassiz escribió en 1863: «Tan pronto como el deseo sexual empieza a despertar en los jóvenes sureños, les resulta fácil satisfacerlo dada la prontitud con que se les brindan las criadas de color [mestizas] ... Esto estropea sus mejores instintos torciéndolos en esa dirección, y los conduce gradualmente a buscar parejas más sabrosas, como he oído decir a ciertos jóvenes disolutos para referirse a las mujeres totalmente negras.»)

Es evidente que no podemos sostener con coherencia que los «negros» sean cualquier cosa de forma innata debido a la herencia si las personas así categorizadas no forman una agrupación genealógica diferenciada. Pero el error de categoría va más lejos, es mucho más profundo que la dilución por entrecruzamiento generalizado con otras poblaciones. El descubrimiento más interesante y todavía en sus inicios de la moderna paleontología y de la genética humana nos obligará a repensar de un modo radical toda la cuestión de las categorías en que se dividen los seres humanos. Nos veremos obligados a reconocer que los «negros africanos» no pueden clasificarse como un grupo racial entre otras poblaciones convencionales como los «nativos americanos», los «caucásicos europeos» o los «asiáticos orientales», sino que debemos considerarlos algo más inclusivo que todos los demás juntos, en realidad no definibles como un grupo discreto y, por lo tanto, no utilizables en patrañas como «los negros africanos son menos inteligentes» o «los negros africanos que juegan mejor al baloncesto».

En la pasada década la antropología ha presentado un animado debate acerca del origen de la única especie humana que perdura, *Homo sapiens*. ¿Surgió nuestra especie por separado en los tres continentes (África, Europa y Asia) a partir de las poblaciones precursoras de *Homo erectus* que habitaban todas estas áreas, la llamada hipótesis multirregional? ¿O surgió *Homo sapiens* en un único lugar, probablemente África, a partir de una sola de esas poblaciones de *Homo erectus* y luego se fue extendiendo hasta abarcar todo el globo, la llamada hipótesis africana?

Los vaivenes de la argumentación han ido de un lado a otro, pero las pruebas recientes parecen ir convergiendo hacia el africanismo. Conforme se van ordenando secuencialmente cada vez más genes y analizando sus variaciones entre los grupos raciales humanos, y conforme reconstruimos los árboles genealógicos basados en estas diferencias genéticas, parece ir imponiéndose la misma conclusión: *Homo sapiens* surgió en África; la migración hacia el resto del mundo no comenzó hasta hace entre 112.000 y 280.000 años, y los últimos estudios, más técnicos y sofisticados, están a favor de la fecha más cercana de ese espectro.

En otras palabras, puede que *toda* la diversidad racial no africana —blancos, amarillos, cobrizos, todo el mundo desde los hopi hasta los noruegos y los fijianos— no tenga más antigüedad que un centenar de miles de años. Por el contrario, *Homo sapiens* ha vivido en África más tiempo. En consecuencia, puesto que la diversidad genética viene a estar correlacionada aproximadamente con el tiempo de que se ha dispuesto para los cambios evolutivos, la variedad genética exclusiva de los africanos ¡supera la suma total de diversidad genética que existe en todo el resto del mundo junto! Por lo tanto, ¿cómo podemos englobar a todos los «negros africanos» en un único grupo, y atribuirles rasgos favorables o desfavorables, cuando representan más espacio evolutivo y mayor diversidad genética de la que encontramos en todas las personas no africanas del resto del mundo? África constituye la mayor parte de la humanidad según cualquier definición genealógica adecuada; todo el resto de nosotros ocupamos una rama dentro del árbol africano. Esta rama no africana ha florecido, eso es seguro, pero nunca puede ser topológicamente más que una subsección dentro de una estructura africana.

Necesitaremos muchos años, y mucha reflexión, para asimilar las implicaciones teóricas, conceptuales e iconográficas de esta soprendente reorientación de nuestras concepciones sobre la naturaleza y el significado de la diversidad humana. Pero, para empezar, propongo que abandonemos por fin afirmaciones sin sentido tales como «los negros africanos tiene más ritmo, menos inteligencia y mayores cualidades atléticas». Tales presunciones, aparte de su perniciosidad social, no tienen ningún significado si no es posible concebir a los africanos como un grupo coherente debido a que representan más diversidad que todo el resto del mundo junto.

Nuestras mayores aventuras intelectuales ocurren a menudo dentro de nosotros: no en la infatigable búsqueda de nuevos hechos y nuevos objetos sobre la Tierra o en las estrellas, sino en la necesidad de erradicar los viejos prejuicios y construir nuevas estructuras conceptuales. Ninguna búsqueda puede tener mejor premio, un objetivo más admirable, que la emoción de revisar a fondo nuestra forma de entender las cosas: el viaje interior que hace estremecerse a los verdaderos estudiosos y nos encoge las entrañas al resto de nosotros. Necesitamos hacer esa expedición interior para volver a conceptualizar nuestras opiniones sobre la genealogía humana y sobre el significado de la diversidad evolutiva. Thomas Browne —pues debemos concederle la última palabra— alabó tal aventura interior por encima de todas la demás emociones intelectuales. Es interesante que en el mismo pasaje invocara también a África como metáfora de las maravillas ignoradas. No podía saber la misteriosa exactitud literal de sus palabras (de *Religio Medici*, libro I, sección 15):

> Nunca pude satisfacer mi contemplación con esas maravillas de orden general, el flujo y el reflujo del mar, las crecidas del Nilo, la orientación de la aguja [de la brújula] hacia el norte; y he estudiado para encontrarles paralelismos y encajarlas entre los elementos más evidentes y olvidados de la naturaleza, lo que puedo hacer, sin hacer más viajes, en la cosmografía de mí mismo; llevamos en nosotros las maravillas que buscamos fuera de nosotros: está en nosotros toda África y sus prodigios; somos ese audaz y afortunado fragmento de la naturaleza.

Geometría racial

A menudo hay historias interesantes codificadas en nombres que parecen caprichosos o mal construidos. ¿Por qué, por ejemplo, se llama «izquierdistas» a los radicales en política y «derechistas» a su contrapartida conservadora? En la mayor parte de los parlamentos europeos, los miembros más distinguidos se sientan a la derecha del presidente, siguiendo una costumbre de cortesía tan antigua como todos nuestros prejuicios a favor de la mano que predomina en la mayor parte de la gente. (Estos prejuicios son profundos y afectan a bastante más cosas que los abrelatas y los escritorios, hasta llegar al lenguaje mismo, donde «diestro» viene de la palabra latina para «derecha» y «siniestro» de la que significa «izquierda».) Dado que los distinguidos nobles y magnates tendían a defender opiniones conservadoras, la derecha y la izquierda del parlamento vienen a determinar una geometría de las opiniones políticas.

Entre estos nombres aparentemente caprichosos de mi campo de la biología y la evolución, ninguno me parece más curioso, y ninguno despierta mayor curiosidad por parte de los corresponsales y de quienes hacen preguntas después de las conferencias, que el que designa oficialmente a las personas de piel clara originarias de Europa, Asia occidental y norte de África: caucásicos. ¿Por qué ha de denominarse este grupo racial, muy abundante en el mundo occidental, por una cadena de montañas de Rusia? J. F. Blumenbach (1752-1840), el naturalista alemán que estableció la más influyente de todas las clasificaciones raciales, inventó este término en 1795, en la tercera edición de su trascendental obra *De generis humani varietate nativa* (Sobre la variedad natural del género humano). La definición original de Blumenbach cita dos razones para esta elección: la superior belleza de los originarios de esa pequeña región y la posibilidad de que los seres humanos fueran creados por primera vez en esa zona. Blumenbach escribió:

> *Variedad caucásica.* He tomado el nombre de esta variedad de los montes del Cáucaso, tanto porque sus vecindades, y especialmente la ladera meridional, producen la raza de hombres más bella como porque ... en estas regiones, más que en ninguna otra, podemos situar con las mayores probabilidades las autóctonas [formas originales] de la especie humana.

Blumenbach, uno de los mayores y más reconocidos naturalistas de la Ilustración, permaneció durante toda su carrera de profesor en la Universidad de Gotinga, en Alemania. Presentó por primera vez su obra *De generis humani varietate nativa*, como tesis doctoral, en la facultad de medicina de Gotinga, en 1775, a la vez que los milicianos de Lexington y Concord iniciaban la Revolución norteamericana. Después editó el texto en forma de libro a la venta en 1776, mientras una irrevocable reunión proclamaba en Filadelfia nuestra independencia. La coincidencia de tres grandes documentos en 1776 —la Declaración de Independencia de Jefferson (sobre la política de la libertad), *La riqueza de las naciones* de Adam Smith (sobre el individualismo económico) y el tratado de Blumenbach sobre la clasificación racial (sobre la ciencia de la diversidad humana)— da cuenta de la agitación social de aquellas décadas y establece el contexto general que hace la taxonomía de Blumenbach, y su decisión de llamar caucásica a la raza de toda Europa, tan importante para nuestra historia y nuestras actuales preocupaciones.

La solución de los grandes rompecabezas a menudo depende de minúsculas curiosidades, fáciles de descuidar o de pasar por alto. Propongo que la clave para comprender la clasificación de Blumenbach, el fundamento de lo que en tanta medida sigue influyéndonos y perturbándonos actualmente, radica en el peculiar criterio que utilizó para denominar raza caucásica a los europeos: la supuesta belleza superior de las gentes de esa región. ¿Por qué, para empezar, debe nadie conceder tal importancia a una valoración tan evidentemente subjetiva; y por qué, en segundo lugar, ha de convertirse un criterio estético en la base para un juicio científico sobre el lugar de origen? Para responder a estas preguntas debemos volver a la formulación original de Blumenbach en 1775 y pasar después a los cambios que introdujo en 1795, cuando los caucásicos recibieron su nombre.

La definitiva taxonomía de Blumenbach de 1795 dividía a todos los seres humanos en cinco grupos definidos tanto por la geografía como por la apariencia; en su ordenación: la «variedad caucásica», para las personas de piel clara de Europa y zonas adyacentes; la «variedad mongólica», para los habitantes de Asia oriental, incluidos China y Japón; la «variedad etiópica», para las personas de piel oscura de África; la «variedad americana», para las poblaciones nativas del Nuevo Mundo; y la «variedad malaya», para los polinesios y melanesios de las islas del Pacífico y para los aborígenes australianos. Pero la clasificación original de Blumenbach de 1755 sólo reconocía cuatro de estas cinco variedades e incluía la «variedad malaya» entre los demás pueblos de Asia, a quienes más tarde Blumenbach denominó «mongólicos».

Nos encontramos ahora con la paradoja de la reputación de Blumenbach como inventor de la moderna clasificación racial. El sistema original de cuatro razas, como ilustraré en su momento, no surgió de las observaciones ni de las teorizaciones de Blumenbach, sino que sólo representa, como está dispuesto a admitir este autor, la clasificación adoptada y promovida por su gurú, Linneo, en el documento fundador de la taxonomía, el *Systema naturae* de 1758. Por tanto, la posterior adición de una «variedad malaya», compuesta por algunos pueblos del Pacífico originalmente incluidos en un grupo asiático más amplio, representa la única contribución original de Blumenbach a la clasificación racial. Este cambio parece de muy escasa importancia. Entonces, ¿por qué acreditamos a Blumenbach, en lugar de a Linneo, como el fundador de la clasificación racial? (Se podría preferir decir «desacreditamos», dado que el empeño, por buenas razones, no disfruta en estos tiempos de buena reputación.) Deseo defender que el cambio de Blumenbach, en apariencia pequeño, señala en realidad un cambio teórico que no podía haber tenido mayor amplitud, ni ser más portentoso, en su alcance. Este cambio ha sido olvidado o mal interpretado en la mayor parte de los comentarios, porque los científicos posteriores no han aprehendido el principio vital, histórico y filosófico, de que las teorías son modelos sometidos a representación visual, por regla general en términos geométricos claramente definibles.

Al pasar del sistema de cuatro razas de Linneo a su esquema de cinco razas, Blumenbach cambió radicalmente la geometría del orden humano, sustituyendo un modelo de fundamento geográfico y sin jerarquización explícita por una doble jerarquía de valor, curiosamente basada en la belleza percibida y que se abría en dos direcciones a partir del ideal caucásico. La adición de la categoría malaya, como veremos, fue crucial para esta nueva formulación geométrica y el cambio menor llevado a cabo por Blumenbach entre 1775 y 1795 se convierte, por tanto, en la clave para una transformación conceptual en lugar de ser un simple refinamiento de la información fáctica contenida en el anterior esquema. (Por su aguda percepción de que las revoluciones científicas encarnan estos cambios geométricos, estoy en deuda con mi esposa, Rhonda Roland Shearer, que recrea estos temas en sus esculturas y en su próximo libro, *The Flatland Hypothesis*, llamado así por la gran obra de ciencia-ficción de Abbott,* que data de 1884, sobre las limitaciones que la geometría impone a nuestra concepción general de las teorías sociales.)

Blumenbach idolatraba a su maestro Linneo. En la primera página de la edición de 1795 de su clasificación racial, Blumenbach aclamaba «al inmortal Linneo, un hombre absolutamente creado para investigar las características de las obras de la naturaleza y organizarlas en un orden sistemático». También reconocía Blumenbach a Linneo como la fuente de su original clasificación cuádruple: «He seguido a Linneo en el número, pero he definido mis variedades por otros límites» (edición de 1775). Posteriormente, al agregar su «variedad malaya», Blumenbach identificaba su cambio como un alejamiento de su viejo gurú, Linneo: «Quedó muy en claro que ya no era posible adherirse a la división hecha por Linneo de la especie humana; por la cual razón yo, en esta obrita, cesé como otros de seguir a aquel hombre ilustre».

Linneo dividió su especie *Homo sapiens* en cuatro variedades, definidas en primer lugar por la geografía y secundariamente por tres palabras que indicaban el color, el temperamento y la postura. (Linneo también incluía otras dos variedades falsas o fantásticas dentro de *Homo sapiens*: *ferus*, para los «niños salvajes» que se habían descubierto en algunas ocasiones en los bosques, probablemente criados por animales [la mayor parte de los cuales resultaron ser jóvenes retrasados o enfermos mentales abandonados por sus padres]; y *monstrosus*, para los cuentos de viajeros sobre gentes peludas con cola y otras fábulas variopintas.)

Linneo presentaba, pues, las cuatro principales variedades ordenadas por la geografía y, lo que tiene interés, *no* clasificadas según la escala que prefería la mayor parte de la tradición racista europea. Se ocupaba, sucesivamente, de *Americanus, Europeus, Asiaticus* y *Afer* (o africano). Al hacerlo así, Linneo

* Hay versión española: *Planilandia*, Ediciones Guadarrama, Madrid (1976). (*N. del t.*)

no presentaba nada en absoluto original, sino que se limitaba a situar a los seres humanos de acuerdo con las cuatro regiones geográficas de la cartografía convencional.

En la primera línea de sus descripciones, Linneo caracterizaba a cada uno de los tres grupos con tres palabras sobre el color, el temperamento y la postura, en este orden. De nuevo, ninguna de estas tres categorías implica ninguna escala de valor. Sobre todo, Linneo se inclina de nuevo ante las teorías taxonómicas clásicas antes que acerca de sus propias observaciones a la hora de tomar decisiones. Por ejemplo, su división por temperamento (o «humor») recoge la teoría antigua y medieval de que el estado de ánimo de las personas surge del equilibrio entre los cuatro fluidos (*humor* es la palabra latina para «humedad»): la sangre, la flema, la cólera (o bilis amarilla) y la melancolía (o bilis negra). Una de las cuatro sustancias sería dominante y, por tanto, la persona sería sanguínea (el alegre reino de la sangre), flemática (perezosa), colérica (dada a la cólera) o melancólica (triste). Cuatro regiones geográficas, cuatro humores, cuatro razas.

Sobre la variedad americana, Linneo escribió: «*rufus, cholericus, rectus*» (roja, colérica, erecta); sobre la europea: «*albus, sanguineus, torosus*» (blanca, sanguínea, musculosa); sobre la asiática: «*luridus, melancholicus, rigidus*» (amarilla clara, melancólica, rígida); y sobre la africana: «*niger, phlegmaticus, laxus*» (negra, flemática, relajada).

No pretendo negar que Linneo tuviera creencias convencionales acerca de la superioridad de su propia variedad europea sobre las demás. Es seguro que sostenía el casi universal racismo de su tiempo; y ser sanguíneo y musculoso por europeo, con toda seguridad que sonaba mejor que ser melancólico y rígido por asiático. Además, Linneo incluyó una denominación más claramente racista en la última línea de su descripción de cada una de las variedades. Trata ahí de resumir el supuesto comportamiento en una única palabra, a continuación del enunciado «*regitur*» (dominados): para los americanos, *consuetudine* (por hábito); para los europeos, *ritibus* (por costumbre); para los asiáticos, *opinionibus* (por creencia); y para los africanos, *arbitrio* (por capricho). Con seguridad, la regulación mediante la costumbre establecida y aceptada supera la regla irreflexiva, lo que conduce a la implícita y convencional clasificación racista de los europeos primero, los asiáticos y los americanos en medio, y al final los africanos.

No obstante, y a pesar de estas implicaciones, la patente geometría del modelo de Linneo no es lineal ni jerárquica. Cuando resumimos mentalmente su esquema como una imagen esencial, vemos un mapa del mundo dividido en cuatro regiones, con las personas de cada región caracterizadas por una lista de rasgos distintos. En suma, Linneo utiliza la cartografía como principio básico para ordenar a los seres humanos; si hubiera deseado que la graduación fuese la imagen esencial de la variedad de los seres humanos, seguro que habría enumerado a los europeos en primer lugar y a los africanos los últimos, pero en vez de eso empezó por los nativos americanos.

El paso de la ordenación geográfica de la diversidad humana a la jerárquica señala una transición irrevocable en la historia de la ciencia occidental; pues, salvo los ferrocarriles y las bombas nucleares, ¿qué es lo que más impacto práctico ha tenido, en este caso casi enteramente negativo, en nuestra vida colectiva y en nuestras nacionalidades? Irónicamente, Blumenbach es el foco de este cambio; pues su esquema de cinco razas se ha vuelto canónico y fue él quien cambió la geometría del orden humano procedente de la cartografía de Linneo por la clasificación lineal según supuestos méritos.

Y digo que es irónico porque Blumenbach fue el menos racista, el más igualitario y el más genial de todos los autores ilustrados sobre el tema de la diversidad humana. Qué curioso que el hombre más comprometido con la unidad de la especie humana, y con la inconsecuencia de las diferencias morales e intelectuales entre los grupos, haya transformado la geometría mental del orden humano en un esquema que ha fomentado desde entonces el racismo convencional. Sin embargo, si se piensa bien, esta situación no es tan peculiar ni tan rara; pues siempre ha habido muchos científicos que no se han percatado de la tramoya mental ni, más concretamente, de las implicaciones visuales o geométricas que hay detrás de toda teorización.

Una vieja tradición de la ciencia proclama que los cambios de la teoría deben ser promovidos por la observación. Puesto que en su mayor parte los científicos creen en esta fórmula simplista, asumen que sus propios cambios de interpretación sólo señalan su mejor comprensión de los hechos recién descubiertos. Por lo tanto, los científicos tienden a no ser conscientes de sus propias imposiciones mentales sobre los hechos confusos y ambiguos del mundo. Estas imposiciones mentales surgen de una diversidad de fuentes, incluidas la predisposición psicológica y el contexto social. Blumenbach vivió en una época en que las ideas de progreso y de superioridad cultural de la vida europea dominaban el mundo político y social de sus contemporáneos. Las nociones de jerarquización racial, aunque formuladas de manera implícita y vaga (o incluso inconsciente), encajaban bien con esta visión del mundo; casi cualquier otro esquema taxonómico habría sido anómalo. Al transformar la geometría del orden humano en un sistema de clasificación por méritos, dudo de que Blumenbach hiciera conscientemente nada al abierto servicio del racismo. Creo que sólo recogía, y en buena medida pasivamente, las concepciones sociales dominantes en su tiempo. Pero las ideas tienen consecuencias, cualesquiera que sean los motivos o intenciones de quienes las promueven.

Es indudable que Blumenbach pensaba que su cambio, del sistema de cuatro razas de Linneo a su esquema de cinco razas —la base de su irrevocable cambio geométrico, como veremos, pasando de la cartografía a la jerarquía—, procedía de su mejor comprensión de los hechos de la naturaleza. Así lo expuso en la segunda edición (1781) de esta obra, al anunciar el cambio: «Antes, en la primera edición de esta obra, dividí toda la especie humana en cuatro variedades; pero después de haber investigado más activamente las distintas naciones de Asia oriental y América y, por así decirlo, de haberlas estudiado más de cerca, me vi obligado a renunciar a tal división y sustituirla por las siguientes cinco variedades, por ser más consonantes con la naturaleza». Y en el prefacio a la tercera edición, de 1795, Blumenbach afirma que renunció al esquema de Linneo a fin de reorganizar «las variedades de los hombres de acuerdo a la verdad de la naturaleza». Cuando los científicos adoptan el mito de que la teoría surge exclusivamente de la observación, y no examinan las influencias personales y sociales que nacen de su propia psique, no sólo se les escapan las causas de sus cambios de opinión, sino que también pueden no llegar a captar lo profundo y penetrante que es el cambio mental codificado en su nueva teoría.

Blumenbach sostuvo enérgicamente la unidad de la especie humana frente al punto de vista contrario, que entonces iba ganando popularidad (y seguramente conducía más directamente a formas convencionales de racismo), de que cada una de las grandes razas había sido creada por separado. Concluyó la tercera edición de su tratado escribiendo: «Ninguna duda puede ya quedar de que tenemos razón muy probablemente cuando remitimos todas las variedades de hombres ... a una única y misma especie».

Con respecto a su principal argumento a favor de la unidad, Blumenbach señala que todos los supuestos caracteres raciales pasan de forma gradual de un pueblo a otro y que no puede determinarse ningún grupo independiente y circunscrito.

> Pues aunque parece haber tan grandes diferencias entre las naciones muy distantes, que se puede fácilmente tomar a los habitantes del Cabo de Buena Esperanza, a los groenlandeses y a los circasianos por otras tantas especies distintas de hombres, sin embargo, cuando se considera el asunto globalmente, se ve que todas se continúan unas en otras y que cada variedad de la especie humana se transforma tan imperceptiblemente en otra que no es posible marcar límites entre ellas.

Refuta en especial la afirmación común de que los africanos negros, por ser los inferiores en la escala racista convencional, tengan rasgos que sean exclusivos de su inferioridad: «No hay ni un solo carácter tan peculiar y tan universal entre los etiópicos, sino lo que, por una parte, puede observarse en todas partes en las demás variedades de hombres».

Blumenbach creía que *Homo sapiens* había sido creado en una única región, desde la que se había extendido a todo el globo. Nuestra diversidad racial, argüía pues, era el resultado de nuestro traslado a otros climas y topografías, y de la consecuente adopción de hábitos y formas de vida distintos en esas diversas regiones. Siguiendo la terminología de su tiempo, Blumenbach se refería a estos cambios como «degeneraciones», sin pretender que esta palabra tuviese el moderno sentido de deterioro, sino el literal de alejamiento de la forma inicial de la humanidad en la creación (*de*, desde, y *genus*, que se refiere a nuestro linaje original).

La mayor parte de estas degeneraciones, sostuvo Blumenbach, proceden directamente de las diferencias climáticas; las cuales abarcan desde pautas tan extensas como la correlación de la piel oscura con los ambientes tropicales hasta atributos especiales (y fantasiosos), incluida la especulación de que los ojos rasgados de algunos australianos podrían haber surgido en respuesta a las «constantes nubes de mosquitos ... que harían contraerse las facciones naturales de los pobladores». Otros cambios se originaron como consecuencia de las diversas formas de vida adoptadas en las distintas regiones. Por ejemplo, las naciones que comprimen las cabezas de los niños, mediante tablas o mediante los transportadores de los indios americanos, acaban teniendo los cráneos relativamente alargados. Blumenbach sostiene que «casi toda la diversidad de formas de la cabeza en las distintas naciones hay que atribuirla al modo de vida y al arte».

Blumenbach no niega que tales cambios, fomentados a lo largo de muchas generaciones, pueden en último término volverse hereditarios (mediante un proceso generalmente llamado hoy «lamarckismo», o «herencia de caracteres adquiridos», pero expuesto según la sabiduría popular de finales del siglo XVIII y no como nada específico de Lamarck, como ilustra el que Blumenbach lo defendiera). «Con el paso del tiempo —escribe Blumenbach—, el arte puede degenerar en una segunda naturaleza.»

Pero Blumenbach sostuvo con firmeza que las mayores variaciones raciales, al ser imposición superficial del clima y del modo de vida, podían fácilmente alterarse o invertirse mediante el traslado a una nueva región o mediante la adopción de nuevas formas de comportamiento. A los blancos europeos que viven durante generaciones en el trópico puede oscurecérsele la piel, mientras que los africanos trasladados como esclavos a altas latitudes pueden a la larga volverse blancos: «El color, cualquiera que sea su causa, es a todos los efectos algo adventicio y fácilmente modificable, y nunca puede constituir una diversidad de especies».

Respaldado por estas opiniones sobre la superficialidad de las variaciones raciales, Blumenbach defendió con decisión la unidad moral y mental de todos los pueblos. Sostuvo opiniones especialmente firmes sobre la condición equiparable de los negros africanos y los blancos europeos, quizás porque los africanos habían sido los más estigmatizados por las creencias racistas convencionales.

Blumenbach creó en su casa una biblioteca especial, dedicada exclusivamente a textos de autores negros. Tal vez fuese condescendiente cuando alabó «la buena disposición y facultades de nuestros hermanos negros», pero el paternalismo es mejor que el desprecio. Hizo campaña por la abolición de la esclavitud cuando esas opiniones no gozaban de general aprobación y afirmó la superioridad de los esclavos sobre sus captores, hablando de una «natural ternura del corazón, que no ha sido entorpecida ni extirpada a bordo de los buques de transporte ni en las plantaciones de azúcar de las Indias Occidentales por la brutalidad de los verdugos blancos».

Blumenbach afirmaba «la perfectibilidad de las facultades mentales y de los talentos de los negros» y hacía una lista de las buenas obras de su biblioteca, alabando de manera especial la poesía de Phillis Wheatley, una esclava de Boston cuyos escritos sólo recientemente han sido redescubiertos y reimpresos en Estados Unidos: «Poseo poemas en inglés, holandés y latín por varios [autores negros], entre los que destacan sobre todos los de Phillis Wheatley, de Boston, que es justamente famosa por ellos y merece ser mencionada aquí». Finalmente, Blumenbach señalaba que muchas naciones caucásicas no podían presumir de un tan buen plantel de autores y estudiosos como habían producido los africanos negros bajo las más deprimentes condiciones, entre los prejuicios y la esclavitud: «No sería difícil mencionar provincias enteras bien conocidas de Europa en las que no sería fácil contar con encontrar así como así tan buenos autores, poetas, filósofos y corresponsales de la Academia de París».

No obstante, cuando Blumenbach presentó su implícito cuadro mental de la diversidad humana —su trasposición de la geografía a la clasificación jerárquica—, eligió identificar un grupo central, el más próximo al ideal creado, y luego caracterizar a los demás grupos por los distintos grados de alejamiento de ese modelo arquetípico. Concluyó con un sistema (véase la ilustración de la página 367, procedente del tratado) que sitúa a una única raza en el pináculo de la mayor aproximación a la creación original, y concibió dos líneas simétricas que se alejan de este ideal hacia una degeneración cada vez mayor.

Podemos volver ahora al enigma del nombre caucásico y al significado de que Blumenbach agregara una quinta raza, la variedad malaya. Blumenbach eligió considerar su propia variedad europea como la más cercana al ideal creado y luego buscó, dentro de la variedad europea, un grupo menor con la mayor perfección: la superior de la superior, por así decirlo. Como hemos visto, identificó los pueblos de alrededor de la cordillera del Cáucaso como la encarnación más próxima al ideal prístino y luego denominó a toda la raza europea con el nombre de sus representantes más hermosos.

Pero Blumenbach se enfrentaba ahora a un dilema. Ya había afirmado la igualdad mental y moral de todos los pueblos. Por lo tanto, no podía utilizar las normas convencionales de la clasificación racista para establecer los grados de relativo alejamiento con respecto al ideal caucásico. En lugar de eso, y por muy subjetivo que nos parezca el criterio hoy, Blumenbach eligió la belleza física como guía para su clasificación. Afirmó sencillamente que los europeos eran los más hermosos, con las gentes del Cáucaso en el pináculo más alto del donaire (de ahí su vinculación, en la cita presentada al principio de este artículo, de la máxima belleza con el lugar de origen de los hombres; pues Blumenbach consideraba todas las posteriores variaciones un alejamiento del ideal creado y, por lo tanto, las personas más hermosas debían ser las que más cerca vivieran de nuestro primer hogar).

Las descripciones de Blumenbach están imbuidas de su personal percepción de la belleza relativa, pero las presentaba como si estuviera hablando de una propiedad objetiva y cuantificable, no de algo sujeto a dudas y desacuerdos. Describe el cráneo de una georgiana (de las inmediaciones de la cordillera del Cáucaso) de su colección como «verdaderamente la forma más hermosa de cráneo que ... siempre atrae por sí solo todas las miradas, por poco observador que se sea». Después defiende su modelo europeo por razones estéticas:

> En primer lugar, ese linaje exhibe ... la forma más hermosa de cráneo, a partir de la cual, como de un tipo medio y originario, las demás divergen mediante

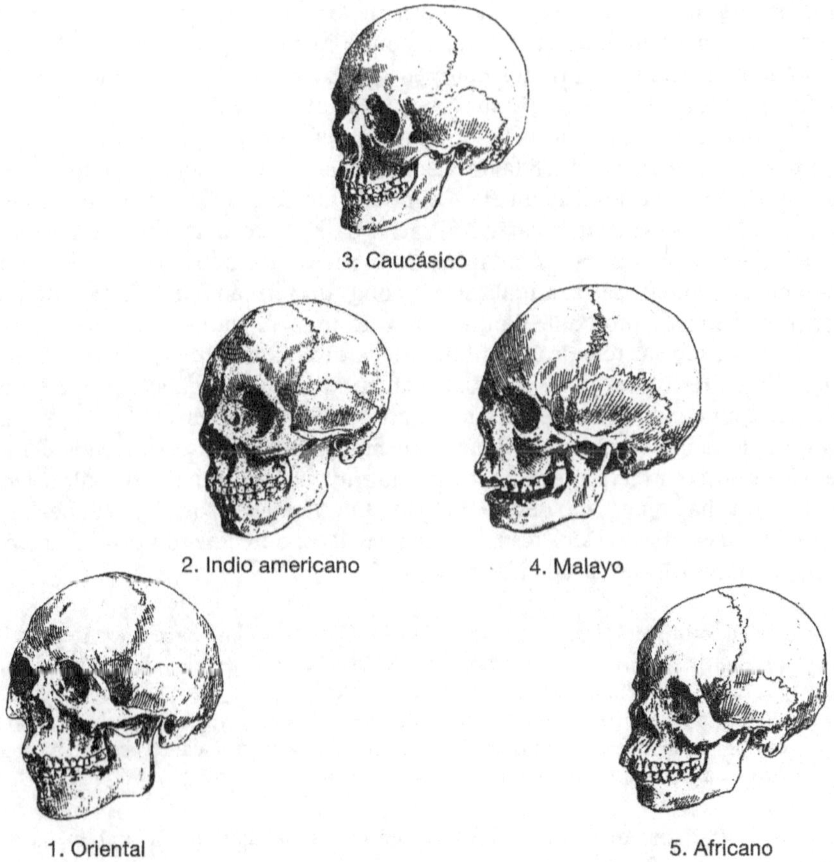

La geometría racial de Blumenbach, con dos líneas de «degeneración», pasa por las fases intermedias a partir del «ideal» caucásico que ocupa el centro. De *Anthropological Treatises*, J. F. Blumenbach, 1865.

> las gradaciones más naturales ... Además, es de color blanco, que podemos asumir legítimamente que ha sido el color primitivo de la especie humana, puesto que ... es muy fácil que éste degenerase en pardo, pero mucho más difícil que lo oscuro se convirtiera en blanco.

Blumenbach presentaba, pues, toda la variedad humana en dos líneas que se van alejando progresivamente del ideal caucásico hasta terminar en las dos formas de humanidad más degeneradas (menos atractivas, no moralmente indignas ni mentalmente obtusas): los asiáticos, por un lado, y los africanos, por el otro. Pero Blumenbach también quería determinar formas intermedias entre la ideal y las más degeneradas; sobre todo, dado que la misma gradación constituía su argumento fundamental a favor de la unidad de la especie humana. En su sistema original de cuatro razas, pudo identificar al nativo americano como el intermediario entre los europeos y los asiáticos, pero ¿quién serviría de forma intermedia entre los europeos y los africanos?

El sistema de cuatro razas no contenía ningún grupo que se prestara y no podía, pues, transformarse en la nueva geometría de un pináculo con dos miembros simétricos que supusieran el máximo alejamiento de la forma ideal. Pero la invención de una quinta categoría racial para las formas intermedias entre los europeos y los africanos completaría la nueva geometría; y, por lo tanto, Blumenbach agregó la raza malaya, no como un refinamiento fáctico de menor importancia, sino como lo que permitió una transformación geométrica global de las teorías (cuadros mentales) de la diversidad humana. Como intermediaria entre los europeos y los africanos, la variedad malaya proporcionó la crucial simetría a la taxonomía jerárquica de Blumenbach. Esta adición malaya, por lo tanto, completó la transformación geométrica, sustituyendo el modelo geográfico no jerarquizado por la jerarquía convencional, con valores implícitos, que ha alimentado desde entonces tantos agravios sociales. Blumenbach resumió su sistema en estos términos geométricos, defendiendo explícitamente el papel necesario de la adición malaya:

> He otorgado el primer lugar a la caucásica ... lo que hace que la estime la originaria. Ésta diverge en ambas direcciones en dos más alejadas y muy distintas entre sí; por una parte, a saber, la etiópica y, por la otra, la mongólica. Las dos restante ocupan las posiciones intermedias entre la variedad originaria y estas dos variedades extremas; es decir, la americana entre la caucásica y la mongólica y la malaya entre la caucásica y la etiópica.

Los estudiosos suponen a menudo que las ideas académicas deben perdurar, en el peor de los casos, por ser inofensivas y, en el mejor, por ser más bien divertidas e incluso instructivas. Pero las ideas no habitan en la torre de marfil de nuestras consabidas metáforas sobre la irrelevancia académica. Las personas, como dijo Pascal, son cañas que piensan, y las ideas motivan la historia humana. ¿Qué habría sido de Hitler sin el racismo, de Jefferson sin la libertad? Blumenbach vivió toda su vida como profesor enclaustrado, pero sus ideas reverberan a lo largo de nuestras guerras, nuestras conquistas, nuestros sufrimientos y nuestras esperanzas. Por lo tanto, acabo volviendo a la coincidencia de 1776, cuando Jefferson redactaba la Declaración de Independencia mientras Blumenbach publicaba la primera edición de su tratado en latín. Considérense las palabras de lord Acton sobre el poder de las ideas para impulsar la historia, como ejemplifica el paso potencial desde el latín a la acción:

> Fue desde América desde donde esas ... ideas largo tiempo encerradas en el pecho de los pensadores solitarios, y escondidas entre los folios en latín, estallaron como un conquistador sobre el mundo que estaban destinadas a transformar, bajo la denominación de Derechos del Hombre.

El estado moral de Tahití... y de Darwin*

La precocidad infantil es un fenómeno misterioso y fascinante. Pero no debemos olvidar sus límites; la edad y la experiencia confieren ciertas ventajas. Por dulces que resulten, las composiciones que Mozart escribió a los cuatro o a los cinco años no son inmortales obras maestras. Incluso disponemos de una palabra que designa este tipo de «obras literarias o artísticas creadas durante la juventud del autor» (*Oxford English Dictionary*): *juvenilia*. El término nunca ha podido librarse de cierto matiz despectivo; indudablemente, los artistas esperan experimentar un sustancial progreso ontogénico. John Donne, en el segundo empleo registrado del término (1633), dio este título a sus primeros trabajos: *Iuuenilia: or certaine paradoxes and problemes*.

No debería colocarme a mí mismo en compañía tan augusta, pero siento la necesidad de hacer una confesión. Mi primera obra fue un poema sobre los dinosaurios escrito a los ocho años de edad. El mero recuerdo de su primera estrofa me produce escalofríos:

> Había una vez un *Triceratops*
> que con sus cuernos daba grandes porrazos.
> Un día sacudió a un alosaurio
> que se alejó sin un gruñido.**

(Pero tiemblo todavía más al recordar su destino final. Envié el poema a mi héroe de entonces, Ned Colbert, conservador de los dinosaurios del Museo Americano de Historia Natural. Quince años más tarde, cuando ya asistía a su curso como estudiante de postgrado, a Colbert se le ocurrió poner orden en sus viejos archivos, descubrir el poema y compartirlo una tarde, para regocijo general, con todos mis compañeros de clase.)

Veamos ahora una cuestión trivial sobre el mismo tema: ¿cuál fue el primer trabajo publicado de Charles Darwin? ¿Una especulación sobre asuntos evolutivos? ¿Tal vez un relato sobre descubrimientos científicos a bordo del *Beagle*? No, el biólogo más eminente y revolucionario de la historia, el subversor del orden establecido, publicó su primer trabajo en el número de 1836 del *South African Christian Recorder*. Se trata de un artículo escrito en colaboración con Robert FitzRoy, a la sazón capitán del *Beagle*, sobre «El estado moral de Tahití». (El catálogo oficial de las publicaciones de Darwin cita una obra anterior: un opúsculo compuesto por las cartas que Darwin dirigió al profesor Henslow desde el *Beagle*, impreso por la Cambridge Philosophical Society en 1835. Pero este folleto fue editado exclusivamente para su distribución privada entre los miembros de la sociedad, en lo que sería el equivalente de las modernas fotocopias. «El estado moral de Tahití» es la primera aparición pública de Darwin

* Traducción castellana de Oriol Canals.

** [Once there was a *Triceratops* / With his horns he gave big bops / He gave them to an allosaur / Who went away without a roar.]

en letras de imprenta, y los biógrafos consideran este artículo su primera publicación, pese a que el trabajo es en su mayor parte obra de FitzRoy, con largos extractos intercalados y convenientemente reconocidos de los diarios de Darwin.)

Por aquel entonces, el gran explorador ruso Otto von Kotzebue había avivado una antigua y extendida controversia, al declarar que los misioneros cristianos habían resultado mucho más nocivos que benéficos, destruyendo las culturas nativas (y a menudo actuando cínicamente como tapadera de ambiciones colonialistas) bajo el disfraz del «progreso». FitzRoy y Darwin escribieron un artículo para rebatir los argumentos de Kotzebue, y para defender la bondad de la obra de los misioneros ingleses en Tahití y Nueva Zelanda.

Los dos compañeros de viaje empiezan por señalar con tristeza que, a la llegada del *Beagle* a Ciudad de El Cabo, advirtieron la existencia de fuertes sentimientos hostiles a los misioneros:

> Una brevísima estancia en el cabo de Buena Esperanza basta para convencer al extranjero de paso de que en Suráfrica impera una virulenta animadversión contra los misioneros. La causa de un sentimiento tan lamentable es algo que probablemente sólo conozcan los habitantes de El Cabo. Nosotros únicamente podemos dar cuenta de este hecho; y afligirnos por ello.

Tras una defensa general de las actividades evangelizadoras, FitzRoy y Darwin pasan a referirse a casos concretos de su propia cosecha, especialmente al mejorado «estado moral» de Tahití:

> Opiniones aparte ... sería deseable ver lo que se ha hecho en Otaheite (ahora llamado Tahití) y en Nueva Zelanda para convertir a los «bárbaros» ... El *Beagle* permaneció una parte del pasado mes de noviembre en Otaheite o Tahití. No he visto en ninguna otra parte del mundo comunidad más ordenada, pacífica e inofensiva. Todo el mundo parecía ansioso por complacer, risueño y feliz por propia naturaleza. Mostraban respeto por los misioneros, y una absoluta buena voluntad hacia ellos ... y aquéllos parecían plenamente merecedores de tales sentimientos.

Como es obvio, FitzRoy y Darwin tuvieron en cuenta un posible argumento contrario: el de que los tahitianos siempre habían sido tan decentes, y que la acción de los misioneros no había ejercido gran influencia sobre sus buenas cualidades, juzgadas según el criterio europeo. El artículo es en buena parte un argumento contra tal interpretación, y una defensa de los sustanciales «progresos» auspiciados directamente por la obra de los misioneros. Darwin, en particular, presenta dos argumentos, ambos extraídos directamente de su diario. Primero, el sentimiento cristiano de los tahitianos parece profundo y genuino, no «un mero escaparate» que se exhibe únicamente en presencia de los misioneros. Darwin recuerda un incidente ocurrido en uno de sus viajes en compañía de nativos al interior de la isla, lejos de la vigilancia de los religiosos. (Este incidente debió impresionar sobremanera a Darwin, pues lo relata en varias cartas a sus familiares, ya de vuelta a casa, y lo incluye también en su *Viaje del Beagle*):

> Antes de tumbarnos para dormir, el tahitiano de más edad se arrodilló y entonó una larga oración. Parecía rezar como debería hacerlo un cristiano, con una adecuada reverencia hacia Dios, sin ostentación excesiva de piedad, sin temor al ridículo. Al amanecer, tras sus oraciones matinales, mis compañeros prepararon un excelente desayuno a base de plátanos y pescado. Ninguno de ellos lo probó sin antes bendecir brevemente la mesa. Una experiencia similar habría resultado muy provechosa para aquellos viajeros que insinúan que los tahitianos sólo rezan en presencia de los misioneros.

Segundo, y más importante, las cualidades de los tahitianos han sido creadas, o fomentadas en gran medida, por la actividad de los misioneros. Antes de que llegara la civilización occidental, afirma Darwin, formaban un pueblo bastante dudoso.

> En líneas generales, pienso que el estado de la moralidad y de la religión en Tahití es muy estimable ... Los sacrificios humanos, las guerras más sangrientas, el parricidio y el infanticidio, el poder de los cultos idólatras, y un sistema impregnado de una lujuria sin parangón en los anales del mundo; todo ello ha sido abolido. La hipocresía, el libertinaje, la intemperancia, se han visto muy reducidos gracias a la introducción del cristianismo.

(En referencia a la cuestión de la libertad sexual de las mujeres, durante tanto tiempo objeto de comentarios y leyendas entre los viajeros de los Mares del Sur, desde el capitán Cook hasta Fletcher Christian, FitzRoy observa: «después de tan poco tiempo de trato, apenas me atrevo a formular una opinión general; pero puedo afirmar que no he presenciado conductas indecorosas». FitzRoy, sin embargo, admite que «no puede esperarse que la naturaleza humana sea superior en Tahití a la naturaleza pecadora del hombre en otras partes del mundo». Después, Darwin hace una aguda observación sobre la hipocresía de los viajeros occidentales que no guardan la consideración debida a los misioneros a consecuencia de su propia frustración en este terreno: «Realmente pienso que, decepcionados por no encontrar un terreno tan propicio como antaño para el libertinaje, y tal como era de esperar, no dan crédito a una moralidad que no desean practicar».)

En este interesante artículo se dan cita un gran número de argumentos, pero la idea dominante puede ser resumida, con toda seguridad, en una sola palabra: paternalismo. Sabemos lo que es bueno para los primitivos; y, gracias a Dios, en Tahití van respondiendo y mejorando, y en sus acciones y costumbres se van europeizando. Alabemos a los misioneros por su labor ejemplar. Un comentario, de nuevo de FitzRoy, ejemplifica esta idea de forma especialmente molesta (a nuestros ojos contemporáneos) debido al sentimiento de superioridad que trasluce, incluso respecto a la realeza:

> La Reina y un nutrido cortejo pasaron unas horas a bordo del *Beagle*. Su conducta fue sumamente correcta, y sus modales exquisitos. A juzgar por los informes anteriores, y según lo que pudimos presenciar, considero que van mejorando año a año.

Ahora, pues, podemos volver al tema inicial: la cuestión de los *juvenilia*. ¿Debemos situar este artículo sobre «El estado moral de Tahití», el primerísimo de Darwin, en la categoría de las obras de las que un autor se avergüenza más tarde? ¿Revisó Darwin sus opiniones sobre los pueblos y civilizaciones no occidentales? ¿Acabó por considerar su anterior paternalismo como un desvarío propio de la bisoñez de su juventud? Así lo aseguraría gran parte de la literatura hagiográfica, y siempre podrán hallarse fragmentos aislados, aquí y allá, que avalen tal interpretación (puesto que Darwin era un hombre complejo que, a lo largo de su vida, abordó materias muy profundas, y lo hizo en ocasiones de modo contradictorio).

Sin embargo, y como idea general, yo me inclinaría por la versión contraria. No creo que Darwin revisara jamás de forma seria sus opiniones antropológicas. Su actitud básica persistió: «ellos» son inferiores, aunque redimibles. Lo que sí cambió, con el discurrir de su vida, fue la fórmula de su argumentación. Dejó de explicar su actitud en términos de cristianismo tradicional y obra evangelizadora. Su vehemente entusiasmo paternalista fue apaciguándose mediante una creciente comprensión (cinismo sería una palabra demasiado fuerte) de las debilidades de la naturaleza *humana* en todas las culturas, incluida la suya. (Observamos los primeros frutos de esta sabiduría en su comentario, citado con anterioridad, sobre el motivo por el que los viajeros, frustrados sexualmente, no otorgaban crédito a los misioneros.) Sin embargo, en lo que respecta al progreso cultural, su fe en la existencia de una jerarquía, con los europeos blancos situados en la cumbre y los nativos de distintos colores en el furgón de cola, no se modificó.

Fijémonos en la gran obra de madurez de Darwin, *El origen del hombre* (1871). Darwin, a modo de resumen, escribe:

> Las razas difieren también en constitución, en aclimatación y en su propensión a ciertas enfermedades. Sus características mentales son asimismo muy distintas; sobre todo en lo que se refiere a sus sentimientos, pero también, en parte, a sus facultades intelectuales. Cualquiera que haya tenido oportunidad de comparar se habrá sorprendido del contraste que existe entre los taciturnos e incluso malhumorados aborígenes de Suramérica y los negros, festivos y parlanchines.

Pero el pasaje más llamativo aparece en un contexto diferente. Darwin argumenta que las discontinuidades presentes en la naturaleza no contradicen la idea de evolución, ya que la mayoría de formas intermedias se encuentran hoy extintas. Sólo hay que pensar, nos dice, en cuán mayor será la distancia que separe a los simios de los seres humanos cuando tanto los simios superiores como los hombres inferiores sean exterminados:

> En algún momento del futuro, no muy lejano si lo medimos en siglos, las razas humanas civilizadas exterminarán y reemplazarán, casi con toda seguridad, a las razas salvajes del mundo entero. Al mismo tiempo, los simios antropomorfos ... serán sin ninguna duda exterminados. En aquel momento la brecha crecerá, pues limitará por un lado con un hombre en una fase más civilizada, cabe

esperar, que la del caucasiano, y por el otro lado con algún simio de tan baja condición como el babuino. Ahora, en cambio, el negro o el australiano por un extremo, y el gorila por el otro, constituyen los respectivos límites.

La extendida (y falsa) idea sobre el igualitarismo de Darwin se nutre en gran medida de la práctica de citar de modo selectivo. Darwin se sentía muy atraído por ciertos pueblos, menospreciados con frecuencia por los europeos, y algunos autores posteriores han extrapolado de forma falaz dicho interés a una supuesta actitud general. Durante el viaje del *Beagle*, por ejemplo, habló con entusiasmo de los esclavos negros del Brasil:

> Resulta imposible ver a un negro y no sentir una inmediata simpatía hacia él; expresiones tan risueñas, francas, honestas, cuerpos tan hermosos y musculados; no puedo ver a ninguno de estos exiguos portugueses, con su rostro sanguinario, sin casi desear que Brasil siga el ejemplo de Haití.

Pero con respecto a otros pueblos, en especial los fueguinos del extremo austral de Suramérica, Darwin sólo sentía desdén: «Creo que si el mundo fuera explorado exhaustivamente, no podría hallarse una clase más baja de hombre». Más tarde, al proseguir viaje, Darwin elaboró algo más sus opiniones:

> Su piel roja, inmunda y grasienta, sus cabellos enmarañados, su voz disonante, sus gesticulaciones violentas y carentes de toda dignidad. Al observar a tales hombres, uno apenas puede creer que sean criaturas como nosotros, nuestro prójimo puesto en nuestro mismo mundo ... ¿No es un tema habitual de reflexión el dudoso placer que pueden extraer de la vida algunos de los animales menos dotados? Con mucha más razón, pues, podemos preguntarnos lo mismo con respecto a estos hombres.

En lo que concierne a las diferencias sexuales, tan a menudo utilizadas como analogía solapada de las diferencias raciales, Darwin escribe en *El origen del hombre* (y en directa analogía con las variaciones culturales):

> Por lo general se admite que cualidades como la intuición, la rapidez en la apreciación y, quizá, la capacidad de imitación, se encuentran más acentuadas en las mujeres; pero por lo menos algunas de estas facultades son características de las razas inferiores, y por ende de un estado de civilización más bajo y primitivo. La diferencia fundamental entre el poderío intelectual de cada sexo se manifiesta en el hecho de que el hombre consigue más eminencia, en cualquier actividad que emprenda, de la que puede alcanzar la mujer (tanto si dicha actividad requiere pensamiento profundo, poder de raciocinio, imaginación aguda o, simplemente, el empleo de los sentidos o las manos).

Darwin atribuye estas desigualdades a la lucha evolutiva que deben librar los machos por el éxito en el apareamiento: «Por consiguiente, estas facultades han sido puestas a prueba, han sido objeto de selección de forma continua durante el progreso de la masculinidad». Después, en un pasaje notable, expresa su alivio por el hecho de que las innovaciones evolutivas de cada sexo tienden a transmitirse, por herencia, a ambos sexos (no fuera a suceder que la disparidad entre hombres y mujeres se hiciera todavía mayor en virtud del éxito exclusivo de los machos):

> De hecho, es una suerte que la ley de transmisión equitativa de los caracteres a ambos sexos haya regido, de forma general, para la clase entera de los mamíferos; de otro modo, es probable que el hombre hubiera adquirido tanta superioridad en capacidad mental sobre la mujer como la del pavo real sobre la pava en relación a su plumaje ornamental.

Así pues, ¿etiquetamos a Darwin como racista y sexista impenitente a lo largo de toda su trayectoria, desde las ingenuidades de su juventud hasta las profundas reflexiones de su madurez? Actitud tan estricta y nada compasiva de poco va a servirnos si deseamos comprender y buscar enseñanzas en nuestro pasado. En lugar de ello voy a interceder por Darwin en dos terrenos; uno genérico, el otro personal.

El argumento genérico es obvio y sencillo de exponer. ¿Cómo podemos censurar a alguien por el hecho de repetir un prejuicio propio de su época, por mucho que deploremos hoy en día tal actitud? La creencia en la desigualdad racial y sexual constituía un credo clásico e incuestionable entre los varones de clase alta de la sociedad victoriana, seguramente tan controvertido como el teorema de Pitágoras. Darwin construyó una lógica distinta para explicar una certidumbre compartida por todos, y sobre ello sí podemos emitir algún juicio. Pero no veo qué objeto pueda tener la crítica virulenta de la aceptación, en gran parte pasiva, de las creencias populares. En lugar de eso, analicemos por qué un desatino tan potente y pernicioso pudo instalarse en las conciencias de entonces como certidumbre indiscutida.

Si decido repartir la culpa de los males sociales del pasado de manera individual, no quedará nadie digno de estima en algunos de los períodos más fascinantes de nuestra historia. Por ejemplo, y hablando a título personal, si tacho de inaceptable a todo antisemita victoriano, el repertorio musical y literario digno de mi aceptación resultaría triste y exiguo. Pese a que no albergo ni sombra de simpatía por los inquisidores activos, no puedo repudiar a todos los individuos que aceptaron de forma pasiva los criterios más arraigados de su sociedad. En lugar de ello, rechacemos estos criterios, e intentemos comprender las motivaciones de los hombres de buena voluntad.

El argumento personal es más complejo, y requiere un considerable conocimiento biográfico. Las actitudes son una cosa, y las acciones otra distinta (y por sus actos los conocerás). ¿Qué es lo que hacía Darwin con sus actitudes morales relativas a las razas, y de qué manera sus acciones entraban en contradicción con la moral de sus contemporáneos? Bajo este apropiado punto de vista, Darwin es digno de nuestra admiración.

Darwin no era defensor de la desigualdad en tanto que imperativo biológico de imposible erradicación, sino que fue un meliorista en el marco de la tradición paternalista. Ambas posturas pueden llevar a declaraciones desdeñosas sobre los pueblos inferiores, pero sus consecuencias prácticas son muy distintas. El meliorista puede desear la eliminación de tradiciones culturales, y puede mostrarse cruel e inflexible en su falta de estima por las diferencias, pero ve a los «salvajes» (en palabras de Darwin) como «primitivos» debido a sus circunstancias sociales, y como seres capaces de «mejorar» (léase «occidentalizarse»). El determinista, sin embargo, considera que una cultura «primitiva» es reflejo de una inferioridad biológica inalterable. Y en tal caso, ¿cuál es la política social que se deriva de ello en una era de expansión colonialista: eliminación, esclavitud, dominación perpetua?

Incluso en relación a sus aborrecidos fueguinos, Darwin comprendía la pequeña diferencia intrínseca entre ellos en su desnudez y él, adornado con sus insignias. Atribuía sus limitaciones a un ambiente natural hostil y esperaba, con su habitual estilo paternalista, que en última instancia fueran mejorando. En la página de su diario del *Beagle* correspondiente al 24 de febrero de 1834, escribió:

> Su país es una masa quebrada de rocas feroces, de colinas arduas, de bosques inútiles, un paisaje oculto bajo la niebla y las tormentas inacabables ... ¡Qué adversas condiciones para que los poderes superiores de la mente entren en juego! ¿Qué puede hallar ahí la imaginación para pintar, la razón para comparar, el entendimiento para discernir? Arrancar una lapa de la roca no precisa ni siquiera de astucia, la cualidad más baja de la mente ... Aunque esencialmente sean la misma criatura, qué poco debe parecerse la mente de uno de estos seres a la de un hombre instruido. ¡Cuán grande es la escala de progreso que separa las facultades de un salvaje fueguino de las de sir Isaac Newton!

La última línea sobre los fueguinos (*en Viaje del Beagle*) emplea a modo de resumen una frase muy interesante y reveladora: «Pienso que en este extremo de Suramérica el hombre existe en un estado de progreso inferior al de cualquier otra parte del mundo». Uno puede lamentar el paternalismo, pero «estado inferior de progreso» por lo menos apuesta por algún tipo de fraternidad en potencia. Darwin, además, advirtió la viga en el ojo de sus compañeros de tripulación, al escribir sobre sus creencias irracionales y compararlas con las de los fueguinos:

> Cada familia [fueguina] o tribu tiene un brujo o hechicero ... [Sin embargo] no creo que nuestros fueguinos sean mucho más supersticiosos que algunos de los marineros; un viejo contramaestre, sin ir más lejos, creía con toda firmeza que las sucesivas galernas que encontramos en el cabo de Hornos obedecían al hecho de haber tenido fueguinos a bordo.

Tengo que señalar una preciosa ironía, y referir (de forma sucinta) una historia extraña y maravillosa. De no haber sido por el paternalismo, el *Beagle* jamás hubiera zarpado, y es probable que Darwin no hubiera acudido a su cita con la historia. Lamentemos el paternalismo, riámonos de él, sobrecojámonos por su influencia; pero concedamos que éste tuvo un efecto sumamente benéfico, aunque indirecto, sobre Darwin. El capitán FitzRoy había realizado un viaje anterior a la Tierra del Fuego. Allí «adquirió», mediante compras y trueques, a cuatro nativos fueguinos, que se llevó consigo a Inglaterra para realizar un casquivano experimento sobre la «mejora» de los salvajes. Llegaron a Plymouth en octubre de 1830, y allí permanecieron hasta que el *Beagle* se hizo de nuevo a la mar, en diciembre de 1831.

Uno de los fueguinos murió de viruela poco después, pero los demás fueron instalados en Walthamstow y recibieron instrucción sobre la lengua, la religión y las costumbres inglesas. Suscitaron un interés generalizado, que llegó al extremo de motivar un requerimiento oficial para la celebración de una audiencia con el rey Guillermo IV. FitzRoy, comprometido a fondo con su experimento paternalista, proyectó el siguiente viaje del *Beagle* con el objetivo fundamental de devolver a los tres fueguinos a su tierra, junto a un misionero inglés y a un gran cargamento de artículos absolutamente disparatados e inútiles (entre ellos bandejas de té y juegos de exquisita porcelana), donados, con la mejor voluntad y la ingenuidad más profunda del mundo, por las mujeres de la parroquia. FitzRoy planeaba establecer en los confines de Suramérica una misión, con el propósito de iniciar la gran labor de progreso con aquellas criaturas, las más humildes de la Tierra.

FitzRoy habría fletado un barco de su propio bolsillo para devolver a York Minster, Jemmy Button y Fuegia Basket* a su hogar. (Los nombres de FitzRoy para sus cargos rayan en la irrisión paternalista. A quién le gustaría llamarse Chrysler Building, el equivalente secular moderno norteamericano de York). Pero el Almirantazgo, presionado por los poderosos familiares de FitzRoy, aparejó finalmente el *Beagle* y puso a aquél de nuevo al mando, esta vez con la compañía de Darwin. A éste le gustaron los tres fueguinos, y su prolongado y estrecho contacto con ellos contribuyó a convencerle de que todos los seres humanos comparten, independientemente de sus diferencias culturales, una biología común. Más tarde, en *El origen del hombre* (1871), Darwin iba a recordar:

> Las mentes de los nativos americanos, los negros y los europeos difieren tanto entre sí como las de cualesquiera otras tres razas que puedan nombrarse; sin embargo, mientras convivía con los fueguinos a bordo del *Beagle*, me vi constantemente sorprendido por un gran número de pequeños rasgos de carácter que revelaban cuán similar era su mente a la nuestra.

El noble experimento de FitzRoy se saldó, como era de prever, con un desastre. Atracaron en las vecindades del hogar de Jemmy Button, construyeron cabañas como sede de la misión, plantaron hortalizas europeas y desembarcaron a míster Matthews, avatar de Cristo entre los paganos,** junto a los tres

* Catedral de York, Botón de Palanca y Cesto Fueguino. (*N. del t.*)

** En la mitología hindú, «avatar» es una de las diversas encarnaciones de un dios. (*N. del t.*)

fueguinos. Matthews duró unas dos semanas. Su porcelana fue rota, su huerto fue pisoteado y, finalmente, FitzRoy le ordenó regresar al *Beagle*. En último término, lo desembarcaría en Nueva Zelanda, donde se encontraba su hermano misionero.

FitzRoy volvió un año y un mes más tarde. Allí encontró a Jemmy Button, quien le dijo que York y Fuegia le habían robado todas las ropas y herramientas y habían partido en canoa hacia su región natal. Jemmy, mientras tanto, había «revertido» completamente a su estilo anterior de vida, aunque todavía recordaba algo de inglés y expresó enorme gratitud a FitzRoy, al tiempo que le entregaba algunos obsequios para sus amigos más especiales: «un arco y una aljaba llena de flechas para el maestro de Walthamstow ... y dos puntas de lanza fabricadas especialmente para míster Darwin». En un admirable ejemplo de buena cara ante el mal tiempo, FitzRoy supo encontrar el lado más positivo de un desastre que le afectaba personalmente. A modo de conclusión, escribió:

> Tal vez, en el futuro, algún náufrago reciba ayuda y trato generoso por parte de los hijos de Jemmy Button; inspirados, sin duda y de forma casi inevitable, por las historias que habrán oído contar sobre hombres de otras tierras; y también por una idea, por muy vaga que esta sea, sobre su deber hacia Dios así como hacia su prójimo.

Pero el argumento más sólido en el que cimentar nuestra admiración por Darwin no reside en el carácter relativamente compasivo de sus creencias, sino en la forma de acción que eligió a partir de sus convicciones. No podemos servirnos de una nomenclatura política moderna para designar el espectro ideológico del pasado. Los objetivos igualitarios no existían para los políticos de los tiempos de Darwin. Bajo los criterios actuales, todos eran racistas. En el marco de dicho espectro ideológico, aquellos a los que hoy juzgamos con más dureza pretendían utilizar esta inferioridad como excusa para el pillaje y la esclavización de los pueblos, mientras que aquellos a los que retrospectivamente más admiramos defendían un principio moral de igualdad de derechos y de no explotación, con independencia de la condición biológica de los pueblos.

Darwin se alineaba con estos últimos, junto a los dos norteamericanos mejor considerados de la historia moderna: Thomas Jefferson y Abraham Lincoln, compañero espiritual de Darwin (pues compartían la misma fecha de nacimiento). Jefferson, aunque se expresaba sin gran confianza, escribió: «Afirmo, por lo tanto, como simple sospecha, que los negros ... son inferiores a los blancos tanto física como mentalmente». Pero no deseaba que esta sospecha sirviera para justificar políticas de desigualdad social forzosa: «Sea cual sea el alcance de sus talentos, éste no constituye la medida de sus derechos». En cuanto a Lincoln, muchas fuentes han recogido sus escalofriantes (y frecuentes) declaraciones sobre la inferioridad negra. Aun así, es el héroe nacional número uno por la clara distinción que efectúa entre valía biológica y juicios de valor acerca de cuestiones morales o de política social.

Darwin era también un ferviente y activo abolicionista. Algunos de los pasajes más emotivos jamás escritos contra el tráfico de esclavos figuran en el último capítulo de *Viaje del Beagle.* Tras recalar en Tahití, Nueva Zelanda, Australia y Suráfrica (donde FitzRoy y Darwin presentaron su fragmento de *juvenilia* a un periódico local), y antes de emprender rumbo directo a Inglaterra, el buque de Darwin hizo una última escala en Brasil. Darwin escribió:

> El 19 de agosto dejamos finalmente las costas del Brasil. Gracias a Dios no visitaré nunca más un país esclavista ... Cerca de Río de Janeiro vivía enfrente de una señora mayor que guardaba torniquetes para aplastar los dedos de sus esclavas. También pasé un tiempo en una casa en la que un joven sirviente mulato era injuriado, maltratado y perseguido cada día, cada hora, lo bastante como para quebrar el espíritu del más rastrero de los animales. He visto como un niño pequeño, de seis o siete años, era golpeado por tres veces en la cabeza con una fusta de caballo (antes de que yo pudiera intervenir), en castigo por haberme servido un vaso de agua no lo bastante limpio ... Estaba presente cuando un hombre de gran corazón se disponía a separar para siempre a hombres, mujeres y niños pequeños de un gran número de familias que habían vivido juntos durante mucho tiempo.

En las líneas siguientes, Darwin deja la descripción y da inicio a la crítica y a un alegato en pro de una acción positiva:

> Ni siquiera voy a referirme a las numerosas y nauseabundas atrocidades que realmente he oído contar; y tampoco hubiera hecho mención de los repugnantes pormenores anteriores de no haber conocido a tanta gente cegada hasta tal punto por la alegría innata de los negros que hablan de la esclavitud como de un mal menor.

Con una eficaz analogía en la que alude a su propia tierra, Darwin combate el típico argumento que invoca la benevolencia en el trato:

> Suele aducirse que el propio interés impide un trato excesivamente cruel; como si el propio interés protegiera a nuestros animales domésticos, por otra parte menos susceptibles de despertar las iras de sus salvajes patrones que los degradados esclavos.

Aunque las he leído cientos de veces, todavía no puedo abordar las líneas finales de Darwin sin que la fuerza de su prosa me estremezca de pies a cabeza, y sin que me envuelva una oleada de orgullo por tener un héroe intelectual dotado, además, de tan admirables cualidades humanas (una combinación no demasiado frecuente):

> Aquellos que sienten simpatía por el amo y frialdad de corazón por el esclavo no parecen ponerse nunca en el lugar de este último; ¡qué sombrías perspectivas, sin la menor esperanza de cambio! Imagínese a usted mismo ante la posibilidad, siempre planeando sobre su cabeza, de que su mujer y sus hijos (aquellos objetos que la naturaleza empuja a llamar propios incluso a un esclavo) sean arrancados

de su lado y vendidos al mejor postor como si fueran ganado. ¡Y tales actos son perpetrados y justificados por hombres que profesan amar al prójimo tanto como a sí mismos, hombres que creen en Dios y que rezan para que se haga su Voluntad sobre la Tierra! Le enciende a uno la sangre, pero también le encoge el corazón, pensar que los ingleses y nuestros descendientes americanos, con su orgulloso grito de libertad, hemos sido y somos tan culpables.

Por lo tanto, y si tuviéramos que formar un tribunal más de 150 años después del suceso (una idea bastante absurda, en cualquier caso, aunque parece que nos veamos empujados a tal anacronismo), pienso que a Darwin se le permitiría franquear las puertas del Paraíso, tal vez con una breve estancia en el purgatorio para reflexionar acerca del paternalismo. ¿Cuál, pues, es el antídoto contra el paternalismo y sus versiones modernas, todas ellas resultantes del insuficiente aprecio por las diferencias humanas (combinado con una ecuación excesivamente inmediata que equipara las características propias, en gran medida accidentales, a la virtud universal)? ¿Cuál, si no el estudio directo, justo y profundo de la diversidad cultural, que además constituye, al margen de sus virtudes relativas a la educación moral, la materia más fascinante del mundo? Esta es la auténtica cuestión. La cuestión que subyace en nuestro valioso movimiento moderno en defensa del pluralismo en el estudio de la literatura y la historia, en defensa del conocimiento de la cultura y la obra de las minorías y de los grupos despreciados, convertidos en invisibles por el saber tradicional.

No puedo negar que en ocasiones se hayan perpetrado abusos en nombre de esta buena causa, por parte de gente dedicada con excesiva pasión a su defensa; ¿qué hay de nuevo en ello? Pero el empeño de algunos reaccionarios todavía más entusiastas por distorsionar y caricaturizar este movimiento, tildándolo de fascismo de izquierdas pero «correcto políticamente», equivale a una cínica cortina de humo destinada a ocultar una lucha por el poder y por el control de los planes de estudio. Sí, Shakespeare ante todo y para siempre (y Darwin también). Pero enseñemos también la excelencia de las técnicas de rastreo de los pigmeos y de la supervivencia de los fueguinos bajo las condiciones climáticas más duras del mundo. La dignidad y la inspiración se revelan bajo muchas formas. ¿Preferiría alguien el vocinglero patriotismo de George Armstrong Custer a la elocuencia del jefe Joseph* tras la derrota?

Pensemos, para acabar, en una última frase darwiniana, tal vez la mejor, tomada del capítulo sobre la esclavitud de *Viaje del Beagle*. Aprendemos sobre la diversidad no sólo para aceptarla, sino también para comprender:

> Si la miseria de nuestros pobres no es causada por las leyes de la naturaleza sino por nuestras instituciones, cuán grande es nuestro pecado.

* Jefe de los nez percé, amerindios de la frontera entre Estados Unidos y Canadá. (*N. del t.*)

Bibliografía

Agassiz, E. C. (1895), *Louis Agassiz: his life and correspondence*, Houghton, Mifflin, Boston, 794 pp.

Agassiz, L. (1850), «The diversity of origin of the human races», *Christian Examiner*, 49, pp. 110-145.

Ashley Montagu, M. F. (1945), «Intelligence of northern Negroes and southern whites in the First World War», *American Journal of Psychology*, 58, pp. 161-188.

— (1962), «Time, morphology and neoteny in the evolution of man», en M. F. A. Montagu, ed., *Culture and the evolution of man*, Oxford University Press, Nueva York, pp. 324-342.

Bean, Robert Bennett (1906), «Some racial peculiarities of the Negro brain», *American Journal of Anatomy*, 5, pp. 353-432.

Binet, A. (1898), «Historique des recherches sur les rapports de l'intelligence avec la grandeur et la forme de la tête», *L'Année psychologique*, 5, pp. 245-298.

— (1900), «Recherches sur la technique de la mensuration de la tête vivante», más otras 4 memorias sobre cefalometría, *L'Année psychologique*, 7, pp. 314-429.

— (1909) (ed. 1973). *Les idées modernes sur les enfants* (con un prefacio de Jean Piaget), Flammarion, París, 232 pp.

—, y Th. Simon (1911), *A method of measuring the development of the intelligence of young children*, Courier Company, Lincoln, Illinois, 83 pp., 1912.

— (1916), «The development of intelligence in children (The Binet-Simon scale)», traducido de los artículos en *L'Année psychologique* desde 1905, 1908 y 1911, por Elizabeth S. Kite, Williams and Wilkins, Baltimore, 336 pp.

Block, N. J., y G. Dworkin (1976), *The IQ controversy*, Pantheon, Nueva York.

Blumenbach, J. F. (1825), *A manual of the elements of natural history*, W. Simpkin and R. Marshall, Londres, 415 pp.

— (1865), *Anthropological treatises*, Longman, Green, Longman, Roberts, and Green, Londres.

Boas, F. (1899), «The cephalic index», *American Anthropology*, 1, pp. 448-461.

— (1911), «Changes in the bodily form of descendants of immigrants», Documento del Senado 208, 6.º Congreso, 2.ª Sesión.

Bolk, L. (1926), *Das Problem der Menschwerdung*, Gustav Fischer, Jena, 44 pp.

— (1929), «Origin of racial characteristics in man», *American Journal Physical Anthropology*, 13, pp. 1-28.

Bordier, A. (1879), «Étude anthropologique sur une série de crânes d'assassins», *Revue d'Anthropologie*, serie 2.ª, vol. 2, pp. 265-300.

Borgaonkar, D., y S. Shah (1974), «The XYY chromosome, male - or syndrome», *Progress in Medical Genetics*, 10, pp. 135-222.
Brigham, C. C. (1923), *A study of American intelligence*, Princeton University Press, Princeton, N.J., 210 pp.
— (1930), «Intelligence tests of immigrants groups», *Psychological Review*, 37, pp. 158-165.
Brinton, D. G. (1890), *Races and peoples*, N. D. C. Hodges, Nueva York, 313 pp.
Broca, P. (1861), «Sur le volume et la forme du cerveau suivant les individus et suivant les races», *Bulletin Société d'Anthropologie Paris*, 2, pp. 139-207, 301-321 y 441-446.
— (1862a), «Sur les proportions relatives du bras, de l'avant bras et de la clavicule chez les nègres et les européens», *Bulletin Société d'Anthropologie Paris*, vol. 3, parte 2, 13 pp.
— (1862b), «Sur la capacité des crânes parisiens des diverses époques», *Bulletin Société d'Anthropologie Paris*, 3, pp. 102-116.
— (1862c), «Sur les projections de la tête et sur un nouveau procédé de céphalométrie», *Bulletin Société d'Anthropologie Paris*, 3, 32 pp.
— (1886), «Anthropologie», en A. Dechambre, ed., *Dictionnaire encyclopédique des sciences médicales*, Masson, París, pp. 276-300.
— (1868), *Mémoire sur les crânes des Basques*, Masson, París, 79 pp.
— (1873a), «Sur les crânes de la caverne de l'Homme-Mort (Lozère)», *Revue d'Anthropologie*, 2, pp. 1-53.
— (1873b), «Sur la mensuration de la capacité du crâne», *Memoire Société Anthropologie*, 2.ª serie, vol. 1, 92 pp.
— (1876), *Le programme de l'anthropologie*, Cusset, París, 22 pp.
Brown W., y W. A. Stephenson (1933), «A test of the theory of two factors», *British Journal of Psychology*, 23, pp. 352-370.
Browne, sir Thomas (1686), *The works of the learned sir Thomas Browne (complete writings)*, Thomas Bassett, Londres.
Burt, C. (1909), «Experimental tests of general intelligence», *British Journal of Psychology*, 3, pp. 94-177.
— (1912), «The inheritance of mental character», *Eugenics Review*, 4, pp. 168-200.
— (1914), «The measurement of intelligence by the Binet tests», *Eugenics Review*, 6, pp. 36-50 y 140-152.
— (1921), «Mental and scholastic tests», London County Council, 432 pp.
— (1937), *The backward child*, D. Appleton, Nueva York, 694 pp.
— (1939), «Lines of possible reconcilement», *British Journal of Psychology*, 30, pp. 84-93.
— (1940), *The factors of the mind*, University of London Press, Londres, 509 pp.
— (1943), «Ability and income», *British Journal of Educational Psychology*, 13, pp. 83-98.
— (1946), *Intelligence and fertility*, Eugenics Society, Londres, 43 pp.
— (1949), «The structure of the mind», *British Journal of Educational Psychology*, 19, pp. 100-111 y 176-199.
— (1955), «The evidence for the concept of intelligence», *British Journal of Educational Psychology*, 25, pp. 158-177.
— (1959), «Class differences in general intelligence: III», *British Journal of Statistical Psychology*, 12, pp. 15-33.
— (1959), «The examination at eleven plus», *British Journal of Educational Studies*, 7, pp. 99-117.

— (1961), «Factor analysis and its neurological basis», *British Journal of Statistical Psychology*, 14, pp. 53-71.
— (1962), «Francis Galton and his contributions to psychology», *British Journal of Statistical Psychology*, 15, pp. 1-49.
— (1972), «The inheritance of general intelligence», *American Psychology*, 27, pp. 175-190.
Bury, J. B. (1920), *The idea of progress*, MacMillan, Londres, 377 pp. (hay trad. cast.: *La idea del progreso*, Alianza, Madrid, 1971).
Chase, A. (1977), *The legacy of Malthus*, A. Knopf, Nueva York, 686 pp.
Chorover, S. L. (1979), *From genesis to genocide*, Massachusetts Institute of Technology Press, Cambridge, MA (hay trad. cast.: *Del Génesis al genocidio*, H. Blume, Madrid, 1982).
Combe, G., y B. H. Coates (1840), Review of *Crania Americana*, *American Journal of Science*, 38, pp. 341-375.
Conway, J. (presunto alias de Cyril Burt) (1959), «Class differences in general intelligence: II», *British Journal of Statistical Psychology*, 12, pp. 5-14.
Cope, E. D. (1887), *The origin of the fittest*, Macmillan, Nueva York, 467 pp.
— (1890), «Two perils of the Indo-European», *The Open Court*, 3, pp. 2.052-2.054 y 2.070-2.071.
Count, E. W. (1950), *This is race*, Henry Schuman, Nueva York, 747 pp.
Cox, Catherine M. (1926), «The early mental traits of three hundred geniuses», vol. II de L. M. Terman, ed., *Genetic studies of genius*, Stanford University Press, Stanford, CA, 842 pp.
Cravens, H. (1978), *The triumph of evolution: American scientists and the heredity-environment controversy, 1900-1941*, University of Pennsylvania Press, Filadelfia, 351 pp.
Cuvier, G. (1812), *Recherches sur les ossemens fossiles*, vol. 1, Deterville, París.
Darwin, C. (1871), *The descent of man*, John Murray, Londres (hay trad. cast.: *El origen del hombre*, EDAF, Madrid, 1982).
Davenport, C. B. (1928), «Crime, heredity and environment», *Journal of Heredity*, 19, pp. 307-313.
Dorfman, D. D. (1978), «The Cyril Burt question: new findings», *Science*, 201, pp. 1.177-1.186.
Down, J. L. H. (1866), *Observations on an ethnic classification of idiots*, London Hospital Reports, pp. 259-262.
Ellis, Havelock (1894), *Man and woman*, Charles Scribner's Sons, Nueva York, 561 pp.
— (1910), *The criminal*, Charles Scribner's Sons, Nueva York, 440 pp.
Epstein, H. T. (1978), «Growth spurts during brain development: implications for educational policy and practice», en J. S. Chall y A. F. Mirsky, eds., *Education and the brain*, National Society for the Study of Education, 77th Yearbook, University of Chicago Press, Chicago, pp. 343-370.
Eysenck, H. J. (1953), «The logical basis of factor analysis», *American Psychologist*, 8, pp. 105-114.
— (1971), *The IQ argument. Race, intelligence and education*, Library Press, Nueva York, 155 pp.
Ferri, E. (1897), *Criminal sociology*, D. Appleton and Company, Nueva York, 284 pp.
— (1911), «Various short contributions to criminal sociology», Internationaler Kongress der Kriminalanthropologie, Bericht 7, pp. 49-55 y 138-139.
FitzRoy, R., y C. Darwin (1839), «A letter, containing remarks on the moral state of Tahiti, New Zealand», *South African Christian Recorder*, 2(4), pp. 221-238.

Galton, F. (1884), *Hereditary genius*, D. Appleton, Nueva York, 390 pp.
— (1909), *Memories of my life*, Methuen, Londres.
Goddard, H. H. (1912), *The Kallikak family, a study in the hereditary of feeble-mindedness*, Macmillan, Nueva York, 121 pp.
— (1913), «The Binet tests in relation to immigration», *Journal of Psycho-Asthenics*, 18, pp. 105-107.
— (1914), *Feeble-mindedness: its causes and consequences*, MacMillan, Nueva York, 599 pp.
— (1917), «Mental tests and the immigrant», *Journal of Delinquency*, 2, pp. 243-277.
— (1917), «Review of L. M. Terman», *The Measurement of Intelligence. Journal of Delinquency*, 2, pp. 30-32.
— (1919), *Psychology of the normal and subnormal*, Dodd, Mead and Company, Nueva York, 349 pp.
— (1928), «Feeblemindedness: a question of definition», *Journal of Psycho-Asthenics*, 33, pp. 219-227.
Gossett, T. F. (1965), *Race: the history of an idea in America*, Schocken Books, Nueva York, 510 pp.
Gould, S. J. (1977), *Ever since Darwin*, W. W. Norton, Nueva York (hay trad. cast.: *Desde Darwin. Reflexiones sobre historia natural*, Hermann Blume, Madrid).
— (1977), *Ontogeny and phylogeny*, Harvard University Press, Cambridge, MA.
— (1978), «Morton's ranking of races by cranial capacity», *Science*, 200, pp. 503-509.
Guilford, J. P. (1956), «The structure of intellect», *Psychological Bulletin*, 53, pp. 267-293.
— (1959), «Three faces of intellect», *American Psychology*, 14, pp. 469-479.
Hall, G. S. (1904), *Adolescence. Its psychology and its relations to physiology, anthropology, sociology, sex, crime, religion, and education*, 2 vols., D. Appleton and Company, Nueva York, 589 y 784 pp.
Haller, J. S., Jr. (1971), *Outcasts from evolution: scientific attitudes of racial inferiority, 1859-1900*, University of Illinois Press, Urbana, Ill., 228 pp.
Hearnshaw, L. S. (1979), *Cyril Burt psychologist*, Hodder and Stoughton, Londres, 370 pp.
Herrnstein, R. (1971), «IQ», *Atlantic Monthly*, septiembre, pp. 43-64.
Herrnstein, Richard J., y Charles Murray (1944), *The Bell Curve: the reshaping of American life by difference in intelligence*, Free Press, Nueva York.
Hervé, G. (1881), «Du poids de l'encéphale», *Revue d'Anthropologie*, 2.ª serie, vol. 4, pp. 681-698.
Humboldt, A. von (1849), *Cosmos*, H. G. Bohn, Londres.
Jarvik, L. F., V. Klodin y S. S. Matsuyama (1973), «Human aggression and the extra Y chromosome: fact or fantasy?», *American Psychologist*, 28, pp. 674-682.
Jensen, A. R. (1969), «How much can we boost IQ and scholastic achievement?», *Harvard Educational Review*, 33, pp. 1-123.
— (1979), *Bias in mental testing*, Free Press, Nueva York.
Jerison, J. J. (1973), *The evolution of the brain and intelligence*, Academic Press, Nueva York.
Jouvencel, M. de (1861), «Discussion sur le cerveau», *Bulletin Société d'Anthropologie Paris*, 2, pp. 464-474.
Kamin, L. J. (1974), *The science and politics of IQ*, Lawrence Erlbaum Associates, Potomac, MD.
Kevles, D. J. (1968), «Testing the army's intelligence: psychologists and the military in World War I», *Journal of American History*, 55, pp. 565-581.

Kidd, B. (1898), *The control of the tropics*. MacMillan, Nueva York, 101 pp.
LeBon, G. (1879), «Recherches anatomiques et mathématiques sur les lois des variations du volume du cerveau et sur leurs relations avec l'intelligence», *Revue d'Anthropologie*, 2.ª serie, vol. 2, pp. 27-104.
Linneo (1758), *Systema naturae*, Estocolmo.
Lippmann, Walter (1922), «The Lippmann-Terman debate», en N. J. Block y G. Dworkin, eds., *The IQ controversy*, Pantheon Books, Nueva York, 1976, pp. 4-44.
Lomax, A., y N. Berkowitz (1972), «The evolutionary taxonomy of culture», *Science*, 177, pp. 228-239.
Lombroso, C. (1887), *L'homme criminel*, F. Alcan, París, 682 pp.
— (1895), «Criminal anthropology applied to pedagogy», *Monist*, 6, pp. 50-59.
— (1896), «Histoire des progrès de l'Anthropologie et de la Sociologie criminelles pendant les années 1895-1896», trav. 4th Cong. Int. d'Anthrop. Crim., Ginebra, pp. 187-199.
— (1911), *Crime: its causes and remedies*, Little Brown, Boston, 471 pp.
Lombroso-Ferrero, G. (1911), «Applications de la nouvelle école au Nord de l'Amérique», Bericht 7th Internationaler Kongress der Kriminalanthropologie, pp. 130-137.
Lovejoy, A. O. (1936), *The great chain of being*, Harvard University Press, Cambridge, MA. (hay trad. cast.: *La gran cadena del ser*, Icaria, Barcelona, 1983).
Ludmerer, K. M. (1972), *Genetics and American society*, Johns Hopkins University Press, Baltimore, MD.
Mall, F. P. (1909), «On several anatomical characters of the human brain, said to vary according to race and sex, with especial reference to the weight of the frontal lobe», *American Journal of Anatomy*, 9, pp. 1-32.
Manouvrier, L. (1903), «Conclusions générales sur l'anthropologie des sexes et applications sociales», *Revue de l'École d'Anthropologie*, 13, pp. 405-423.
Mark, V., y F. Ervin (1970), *Violence and the brain*, Harper and Row, Nueva York.
McKim, W. D. (1900), *Heredity and human progress*, G. P. Putnam's Sons, Nueva York, 279 pp.
Medawar, P. B. (1977), «Unnatural science», *New York Review of Books*, 3 de febrero, pp. 13-18.
Meigs, C. D. (1851), *A memoir of Samuel George Morton, M.D*, T. K. and P. G. Collins, Filadelfia, 48 pp.
Montessori, M. (1913), *Pedagogical anthropology*, F. A. Stokes Company, Nueva York, 508 pp.
Morton, S. G. (1839), *Crania Americana* or, *a comparative view of the skulls of various aboriginal nations of North and South America*, John Pennington, Filadelfia, 294 pp.
— (1844), «Observations on Egyptian ethnography, derived from anatomy, history, and the monuments» (reimpreso separadamente más tarde como *Crania Aegyptiaca*, con el título anterior como subtítulo), *Transactions of the American Philosophical Society*, 9, pp. 93-159.
— (1847), «Hybridity in animals, considered in reference to the question of the unity of the human species», *American Journal of Science*, 3, pp. 39-50 y 203-212.
— (1849), «Observations on the size of the brain in various races and families of man», *Proceedings of the Academy of Natural Sciences Philadelphia*, 4, pp. 221-224.
— (1850), «On the value of the word *species* in zoology», *Proceedings of the Academy of Natural Sciences Philadelphia*, 5, pp. 81-82.
— (1851), «On the infrequency of mixed offspring between European and Australian races», *Proceedings of the Academy of Natural Sciences Philadelphia*, 5, pp. 173-175.

Myrdal, G. (1944), «An American dilemma: the Negro problem and modern democracy», Harper and Brothers, Nueva York, 2 vols., 1.483 pp.
Newby, I. A. (1969), *Challenge to the court. Social scientists and the defense of segregation, 1954-1966*, Louisiana State University Press, Baton Rouge, 381 pp.
Nisbet, R. (1980), *History of the idea of progress*, Basic Books, Nueva York, 370 pp. (hay trad. cast.: *Historia de la idea de progreso*, GEDISA, Barcelona, 1981).
Nott, J. C., y G. R. Gliddon (1854), *Types of Mankind*, Lippincott, Grambo and Company, Filadelfia.
— (1868), *Indigenous races of the earth*, J. B. Lippincott, Filadelfia.
Parmelee, M. (1918), *Criminology*, MacMillan, Nueva York, 522 pp. (hay trad. cast.: *Criminología*, REUS, Madrid, 1925).
Pearl, R. (1905), «Biometrical studies on man. I. Variation and correlation in brain weight», *Biometrika*, 4, pp. 13-104.
— (1906), «On the correlation between intelligence and the size of the head», *Journal of Comparative Neurology and Psychology*, 16, pp. 189-199.
Pearl, R., y W. N. Fuller (1905), «Variation and correlation in the earthworm», *Biometrika*, 4, pp. 213-229.
Popkin, R. H. (1974), «The philosophical basis of modern racism», en C. Walton y J. P. Anton, eds., *Philosophy and the civilizing arts*, pp. 126-165.
Provine, W. B. (1973), «Geneticists and the biology of race crossing», *Science*, 182; pp. 790-796.
Pyeritz, R., H. Schreier, C. Madansky, L. Miller y J. Beckwith (1977), «The XYY male: the making of a myth», en *Biology as a social weapon*, pp. 86-100, Burgess Publishing Co., Minneapolis.
Schreider, E. (1966), «Brain weight correlations calculated from original results of Paul Broca», *American Journal of Physical Anthropology*, 25, pp. 153-158.
Serres, E. (1860), «Principes d'embryogénie, de zoogénie et de teratogénie», *Mémoire de l'Académie des Sciences*, 25, pp. 1-943.
Sinkler, G. (1972), *The racial attitudes of American presidents from Abraham Lincoln to Theodore Roosevelt*, Doubleday Anchor Books, Nueva York, 500 pp.
Spearman, C. (1904), «General intelligence objectively determined and measured», *American Journal of Psychology*, 15, pp. 201-293.
— (1914), «The heredity of abilities», *Eugenics Review*, 6, pp. 219-237.
— (1914), «The measurement of intelligence», *Eugenics Review*, 6, pp. 312-313.
— (1923), *The nature of «intelligence» and the principles of cognition*, MacMillan, Londres, 358 pp.
— (1927), *The abilities of man*, MacMillan, Nueva York, 415 pp.
— (1931), «Our need of some science in place of the word "intelligence"», *Journal of Educational Psychology*, 22, pp. 401-410.
— (1937), *Psychology down the ages*, MacMillan, Londres, 2 vols., 454 y 355 pp.
— 1939), «Determination of factors», *British Journal of Psychology*, 30, pp. 78-83.
— (1939), «Thurstone's work re-worked», *Journal of Educational Psychology*, 30, pp. 1-16.
—, y Ll. Wynn Jones (1950), *Human ability*, MacMillan, Londres, 198 pp.
Spencer, H. (1895), *The principies of sociology*, 3.ª ed., D. Appleton and Company, Nueva York.
Spitzka, E. A. (1903), «A study of the brain of the late Major. J. W. Powell», *American Anthropology*, 5, pp. 585-643.
— (1907), «A study of the brains of six eminent scientists and scholars belonging to

the American Anthropometric Society, together with a description of the skull of Profesor E. D. Cope», *Transactions of the American Philosophical Society*, 21, pp. 175-308.

Stanton, W. (1960), *The leopard's spots: scientific altitudes towards race in America 1815-1859*, University of Chicago Press, Chicago, 245 pp.

Stocking, G. (1973), *From chronology to ethnology. James Cowles Prichard and British Anthropology 1800-1850*, en facsímil de 1813 ed. por J. C. Prichard, «Researches into the physical history of man», University of Chicago Press, Chicago, pp. IX-CXVII.

Strong, J. (1900), «Expansion under new world-conditions», Baker and Taylor, Nueva York, 310 pp.

Sulli, James (1895), «Studies of childhood. XIV. The child as artist», *Popular Science*, 48, pp. 385-395.

Taylor, I., P. Walton y J. Young (1973), *The new criminology: for a social theory of deviance*, Routledge and Kegan Paul, Londres, 325 pp.

Terman, L. M. (1906), «Genius and stupidity. A study of some of the intellectual processes of seven "bright" and seven "stupid" boys», *Pedagogical Seminary*, 13, pp. 307-373.

— (1916), *The measurement of intelligence*, Houghton Mifflin, Boston, 362 pp.

—, y otros 12 (1917), *The Sanford Revision extension of the Binet-Simon scale for measuring intelligence*, Warwick and York, Baltimore, 179 pp.

— (1919), *The intelligence of school children*, Houghton Mifflin, Boston, 317 pp.

—, y otros 5 (1923), *Intelligence tests and school reorganization*, World Book Company, Yonkerson-Hudson, N.Y., 111 pp.

—, y A. Merrill Maud (1937), *Measuring intelligence. A guide to the administration of the new revised Stanford-Binet tests of intelligence*, Houghton Mifflin, Boston, 461 pp.

Thomson, G. H. (1939), *The factorial analysis of human ability*, Houghton Mifflin, Boston.

Thorndike, E. L. (1940), *Human nature and the social order*, Macmillan, Nueva York.

Thurstone, L. L. (1924), *The nature of intelligence*, Kegan Paul, Trench, Trubner and Company, Londres, 167 pp.

— (1935), *The vectors of mind*, University of Chicago Press, Chicago, 266 pp.

— (1938), *Primary mental abilities*, University of Chicago Press, Chicago, «Psychometric Monographs», n.º 1, 121 pp.

— (1940), «Current issues in factor analysis», *Psychological Bulletin*, 37, pp. 189-236.

— (1946), «Theories of intelligence», *Scientific Monthly*, febrero, pp. 101-112.

— (1947), *Multiple factor analysis*, University of Chicago Press, Chicago, 535 pp.

— (1950), «The factorial description of temperament», *Science*, 111, pp. 454-455.

—, y T. G. Thurstone, (1941), *Factorial studies of intelligence*, University of Chicago Press, Chicago, «Psychometric Monographs», n.º 2, 94 pp.

Tobias, P. V. (1970), «Brain-size, grey matter, and race —fact or fiction?», *American Journal of Physical Anthropology*, 32, pp. 3-26.

Todd, T. W., y D. W. Lyon, Jr. (1924), «Endocranial suture closure. Its progress and age relationship. Part 1. Adult males of white stock», *American Journal of Physical Anthropology*, 7, pp. 325-384.

— (1925a), «Cranial suture closure. II. Endocranial closure in adult males of white stock», *American Journal of Physical Anthropology*, 8, pp. 23-40.

— (1925b), «Cranial suture closure. III. Endocranial closure in adult males of Negro stock», *American Journal of Physical Anthropology*, 8, pp. 47-71.

Topinard, P. (1878), *Anthropology*, Chapman and Hall, Londres, 548 pp.
— (1887), «L'anthropologie criminelle», *Revue d'Anthropologie*, 3.ª serie, vol. 2, pp. 658-691.
— (1888), «Le poids de l'encéphale d'après les registres de Paul Broca», *Mémoires Société d'Anthropologie Paris*, 2.ª serie, vol. 3, pp. 1-41.
Toulmin, S. (1977), «Back to nature», *New York Review of Books*, 9 de junio, pp. 3-6.
Tuddenham, R. D. (1962), «The nature and measurement of intelligence», en L. Postman, ed., *Psychology in the making*, Alfred A. Knopf, Nueva York, pp. 469-525.
Vogt, Carl (1864), *Lectures on man*, Longman, Green, Longman, and Roberts, Londres, 475 pp.
Voisin, F. (1843), *De l'idiote chez les enfants*, J.-B. Ballière, París.
Washington, B. T. (1904), *Working with the hands*, Doubleday, Page and Company, Nueva York, 246 pp.
Went, F. W. (1968), «The size of man», *American Scientist*, 56, pp. 400-413.
Weston, R. F. (1972), *Racism in U.S. imperialism: the influence of racial assumptions on American foreign policy 1893-1946*, University of South Carolina Press, Columbia, 291 pp.
Wilson, E. O. (1975), *Sociobiology*, Harvard University Press, Cambridge, MA. (hay trad. cast.: *Sociobiología*, Omega, Barcelona, 1980).
— (1978), *On human nature*, Harvard University Press, Cambridge, MA.
— (1970), *Sir Charles Lyell's scientific journals on the species question*, Yale University Press, New Haven, 572 pp.
Wolfle, Dael (1940), *Factor analysis to 1940*, «Psychometric Monographs, No. 3», Psychometric Society, University of Chicago Press, Chicago, 69 pp.
Yerkes, R. M. (1917a), «The Binet version versus the point scale method of measuring intelligence», *Journal of Applied Psychology*, 1, pp. 111-122.
— (1917b), «How may we discover the children who need special care», *Mental Hygiene*, 1, pp. 252-259.
—, ed. (1921), «Psychological examining in the United States army», *Memoirs of the National Academy of Sciences*, vol. 15, 890 pp.
— (1941), «Man power and military effectiveness: the case for human engineering», *Journal of Consulting Psychology*, 5, pp. 205-209.
Zimmern, H. (1898), «Criminal anthropology in Italy», *Popular Science Monthly*, 52, pp. 743-760.

Índice alfabético

Índice